规划视野

乡村振兴 ● 总体规划 ● 地下空间

沈阳市规划设计研究院有限公司 / 编著

辽宁人民出版社

图书在版编目（CIP）数据

规划视野：乡村振兴/总体规划/地下空间 / 沈阳市规划设计研究院有限公司编著. — 沈阳：辽宁人民出版社，2019.12（2021.1重印）

ISBN 978-7-205-09839-1

Ⅰ.①规… Ⅱ.①沈… Ⅲ.①城乡规划–研究 Ⅳ.①TU98

中国版本图书馆CIP数据核字(2019)第296977号

出版发行：	辽宁人民出版社
	地址：沈阳市和平区十一纬路 25 号　邮编：110003
	电话：024-23284321（邮　购）　024-23284324（发行部）
	传真：024-23284191（发行部）　024-23284304（办公室）
	http://www.lnpph.com.cn
印　　　刷：	鞍山新民进电脑印刷有限公司
幅面尺寸：	215mm×275mm
印　　张：	13.25
字　　数：	450 千字
出版时间：	2019 年 12 月第 1 版
印刷时间：	2021 年 1 月第 2 次印刷
策　　划：	李　凯　　徐兆明
翻　　译：	徐冰蕊　　刘继佳
特约编辑：	沈阳市规划设计研究院有限公司编辑部
责任编辑：	郭　健
装帧设计：	沈阳智邦文化传媒有限公司
美术编辑：	王　超
责任校对：	吴艳杰
书　　号：	ISBN 978-7-205-09839-1
定　　价：	128.00 元

本书编委会

主　　编：毛　兵　梁成文

副 主 编：张晓云　谭许伟　张建军

编委会顾问：严文复　曾庆元　沈　跃
　　　　　　　曲长令　赵　辉　于丽新
　　　　　　　刘　岩　刘镇川　丁景华
　　　　　　　吕正华　支　伟　刘　威
　　　　　　　张绍银　周彦国　宫远山
　　　　　　　刘治国　殷　健

编　　者：严文复　张晓云　张建军
　　　　　　　韩玉鹤　宫远山　张晓科
　　　　　　　殷　健　李越轩　董志勇
　　　　　　　李彻丽格日　　　盛晓雪
　　　　　　　范婷婷　董志勇　徐　鑫
　　　　　　　王　磊　由宗兴　顾　琼
　　　　　　　张腾龙　陈　晨　曾繁忱
　　　　　　　钟　辉　王晓颖　李佳阳
　　　　　　　王　玲　孙　微　李铁鹏
　　　　　　　焉宇成　高子钧　刘春涛
　　　　　　　申　振　王　娜　侯　莹
　　　　　　　王　阳　霍　焱　李　莹
　　　　　　　朱　宁　张　菁　董　珂
　　　　　　　林　坚　吴宇翔　吴佳雨
　　　　　　　刘诗毅　石晓冬　杨　明
　　　　　　　和朝东　王吉力　庄少勤
　　　　　　　韩堤铉　王　兰

目 录

乡村振兴

2 // 践行城乡融合新发展　谱写乡村振兴新篇章

5 // 乡村振兴背景下农村产业互联网模式研究——以沈北新区涉农地区为例

15 // 基于文化复兴的乡村建设路径初探——以沈阳中寺村为例

23 // 民族型村庄特色挖掘与保护利用实践——以拉塔湖锡伯族村庄规划为例

32 // 乡村振兴背景下的传统村落重生——以法库叶茂台村为例

37 // 基于"差序发展"的沈阳乡村振兴之路

39 // 打造东北田园综合体标杆之作：沈阳稻梦空间

42 // 乡村振兴，听听大家怎么说——沈阳市乡村发展基层调研

46 // 乡村振兴，担当先行——规划三所设计师们的心声

50 // "共同缔造"理念下的沈阳村庄建设规划实践

53 // 田园综合体理论体系演进与实践分析

57 // 基于旅游地规划的乡村价值重构——沈阳市沈北新区涉农地区规划实践

61 // 愿乡情有所依

总体规划

64 // 基于"多规合一"改革的沈阳总体规划编制试点创新实践

73 // 基于"多规合一"改革的沈阳市新一版城市总体规划成果体系构建思路

78 // 空间规划体系下城市总体规划作用的再认识

84 // 论空间规划体系的构建——兼析空间规划、国土空间用途管制与自然资源监管的关系

92 // 沈阳建设东北亚国际化中心城市指标体系

97 // 面向治理体系和治理能力现代化的沈阳市规划改革探索与思考

106 // 改革背景下的沈阳空间规划体系探索与实践

112 // 面向实施的沈阳新一版城市总体规划改革探索

117 // 新版北京城市总体规划编制的主要特点和思考

124 // 迈向卓越的全球城市——上海新一轮城市总体规划的创新探索

131 // 首尔 2030 城市总体规划

134 // 迈向全球城市区域发展的芝加哥战略规划

地下空间

142 // 沈阳市地下空间规划与实施情况综述

146 // 我们需要怎样的地下空间规划

150 // 沈阳市地下空间控制性详细规划编制方法探讨

157 // 集约城市土地利用，打造城市地下空间——沈阳市地下空间开发利用规划研究

160 // 行动导向下的城市地下空间规划编制关键技术及沈阳实践

169 // 老城区地下空间控制性详细规划经验探索——以沈阳太原街地区为例

182 // 沈阳市金融商贸开发区地下空间控制性详细规划研究

189 // 以沈阳太原街为例探讨商业步行街区地下空间整体设计方法

198 // 由"地权"向"空间权"转变的地下空间规划方法探索
——以《沈阳市小东路地区地下空间控制性详细规划》为例

乡村振兴

当前我国城镇化率逼近60%，面临消费能力增长过缓、生态危机逐步显现、贫富差距逐步拉大、国际形势相对趋紧等问题。党的十九大报告首提乡村振兴战略，体现了新的时代要求和发展内涵，反映了我国社会主要矛盾变化的新特征，标志着城乡发展的重大战略性转变。

"霜草苍苍虫切切，村南村北行人绝"；

"绿遍山原白满川，子规声里雨如烟"；

"茅檐低小，溪上青青草"；

……

从古至今，乡村的诗篇何其多，美丽的田野与桃红柳绿从来都是"诗和远方"。

沈阳乡村振兴，重在规划统筹。乡村振兴涉及经济产业、文化、基层治理等诸多方面内容，既是新时代的政治使命和艰巨的历史任务，又是一项复杂的建设工程，不仅要抢抓各种机遇、整合各种资源，还要坚持乡村振兴与脱贫攻坚相结合、与县域经济发展相结合、与优化城乡空间相结合、与美丽乡村建设相结合、与乡村人才引聚相结合，才能形成合力，将振兴推动前行。

沈阳乡村振兴，成在因地制宜。2018年，沈阳市行政村和涉农社区超过1500个，各个都有自己独特的经济、人文、自然、景观特点，在发展中不可以偏概全，一言定论。要着力处理好"产业兴旺是基石，生态宜居是保证，乡风文明是灵魂，治理有效是核心，生活富裕是根本"的内在关系，要深入田间地头、深入砬子窝堡，要因情施测、分类研究，要挖掘文化内涵，注重保护、留住乡愁，要保护农村田园风貌，注重乡土味道，强化地域文化元素符号。

沈阳乡村振兴，贵在农民主体。2018年，沈阳市城镇化率超过80%，涉农户籍人口约260万，实际留住人口约160万，乡村振兴与"人"息息相关。与南方相比，东北的乡村人才相对匮乏，农业技术水平、经营理念存在差距。要树立农民"主心骨"，选好"带头人"，练好"真本领"；要尊重村民意愿，充分调动村民投身美丽家园建设；要发挥村规民约的作用，将农村环境卫生、古树名木保护等要求纳入村规民约；要提高农村文明健康意识，让村民形成环境卫生意识，摒弃乱扔、乱吐等陋习，从而"衣冠简朴古风存"。

作为一名城乡规划事业工作者，面对乡村振兴这个历史课题，要做到分类指导与统筹推进相结合，扶贫攻坚与人居环境整治相结合，因地制宜与突出特色相结合，坚决铭记"二十字方针"，做好乡村振兴这篇大文章，努力践行青山绿水就是金山银山的发展理念，重现"一望二三里，烟村四五家"的美丽画卷。

践行城乡融合新发展　谱写乡村振兴新篇章

张建军／沈阳市规划设计研究院有限公司

摘要：党的十九大提出实施乡村振兴战略，是党中央长期关注"三农"问题所做出的战略性选择，现已上升至国家战略高度，这标志着我国经济社会发展的重心从城市、工业向乡村、农业转移。乡村振兴战略成为化解现阶段我国发展中存在的城乡之间发展不平衡、乡村发展不充分等现实问题的战略抓手。本文通过对城乡融合与乡村振兴本质关系的思辨，深入剖析当前村庄发展症结，思考寻求未来乡村振兴的发展路径，旨在抛砖引玉，正视乡村面临现状，破解乡村治理难题，为乡村振兴实践提供研究思路。

大力实施乡村振兴战略，是党的十九大做出的重大决策，是党中央着眼"两个一百年"奋斗目标做出的战略安排，是决胜全面建成小康社会、全面建设社会主义现代化国家的重大历史任务，更是新时代做好"三农"工作的总抓手。它统揽了之前的"三农"政策，涵盖了广大农村地区经济、政治、文化、社会、生态文明建设的各领域各环节，对于加快农业农村发展、促进农村社会进步、传承弘扬中华农耕文明，具有重大而深远的意义。2018年中央"一号文件"明确提出把坚持城乡融合发展作为实施乡村振兴战略的基本原则之一，因此，树立"城乡等值""共存共荣""共建共享"的新理念，走城乡融合之路，实施乡村振兴战略，是中国特色社会主义建设进入新时代的客观要求。

一、背景与解析：新时期乡村振兴的内涵解读

1. 城乡融合对乡村振兴的战略意义

中共中央、国务院《关于实施乡村振兴战略的意见》提出"坚持城乡融合发展"的重要思路，强调通过城乡融合发展促进乡村振兴。城乡融合相较于以往的城乡统筹和城乡一体化有所不同，城乡统筹过分强调城市和乡村的个体地位，二者仍然作为二元主体存在，只是在促进城市发展的过程中，同时兼顾乡村的发展，使城市与乡村的差距不至于被越拉越大。城乡一体化则试图弱化城市和乡村作为个体的独立性，强调二者的无差别，用发展城市的思路去发展乡村，在某种程度上淡化了乡村存在的独有价值。而城乡融合在认可城市和乡村个体地位的同时，强调二者地位的平等性，在发展过程中既重视城乡之间存在的共同性，又承认城乡之间的差异性，在彰显城乡差异具有独特价值的基础上，规划设计城乡之间融合发展的具体路径，发挥乡村主动性，建立可持续的内生增长机制，构建新型城乡关系体系。

2. 新时期乡村振兴的内涵解读

城乡融合视域下的乡村振兴内涵是丰富的、广泛的、多角度的。城乡融合视域下的乡村振兴追求的是社会、经济、环境、文化等的全面协同发展。注重区域之间的相互融合协作，是包含农村区域在内的全域范围内的发展，进而形成大、中、小城镇和农村地区的协调融合发展；改变过去的城乡二元结构，把城镇的生产和生活方式普及到农村区域，把先进的生产方式运用到农村产业经济发展，实现农村经济的产业化、规模化和现代化发展，同时

让农民享有均等化的基础设施和公共服务配套，全面提升农村居民的生产和生活环境，以城乡融合实现乡村振兴，是以政府宏观调控和市场主导紧密结合的方式，实现资源的优化配置和高效利用，实现产业集聚化、规模化和现代化发展，充分考虑人口、经济、资源和环境的相互协调和融合，注重环境可承受能力和环境保护，经济发展应不以牺牲农业和环境为基础，注重人本精神，走低碳、绿色、节约的生态发展道路，打造环境优美的生产和生活环境，全面提升人的幸福感，让人们的生活更加美好。

二、现实与困境：全国各地乡村发展的实践特征

我国城市化和工业化在取得重要成就的同时，也深刻地改变着乡村社会的经济和人口等结构。在城市化和工业化过程中，数以亿计的人口从乡村流向城镇地区，这导致农村地区产生了许多"老人村""留守儿童村"等现象。国家统计局2017年的农民工监测调查报告数据显示，2017年农民工总量达到28652万人，其中进城农民工13710万人。不仅如此，农村资金、劳动力等资源大量向城市转移，还造成农村土地资源浪费，经济发展落后，农业发展空心化。

截至目前，沈阳市共有乡镇场、涉农街道141个，含1346个行政村，农村人口户数88.4万，户籍人口275.5万，其中农村常住人口约161万，全市常住人口城镇化率80.5%，外围郊县经济总量仅占全市比重的18%—19%，所占比重低，经济基础薄弱。历经国家、省市出台相关政策的带动引领，沈阳市宜居乡村建设已取得较大成效，但受东北老工业基地体制机制的影响，作为东北地区农村发展的典型代表，近年来愈发表现出经济增长乏力、产业转型困难、城乡收入差距大的瓶颈状态，农业收益低、农村空心化、农民增收难等一系列问题，在整个东北地区乃至全国具有代表性。因此在重塑城乡关系、走城乡融合发展之路的大背景下，如何实施乡村振兴，成为摆在我们面前亟待破解的重要课题（图1）。

图1 沈阳新农村

三、思考与探索：基于城乡融合的乡村振兴发展构想

实施乡村振兴，立在乡村，路在城乡融合。城乡融合是推动我国乡村振兴的重要支点，乡村振兴现已迈入一个全新的发展阶段，即顺应亿万农民对美好生活的向往，立足国情农情，统筹推进乡村振兴高质量发展和坚持农业农村优先发展，从而推动农业全面升级、农村全面进步、农民全面发展，实现"产业兴旺、生态宜居、乡风文明、治理有效、生活富裕"的总体要求。以乡村振兴化解城乡二元体制机制矛盾，推动城乡之间要素的自由流动和平等交换，形成城乡融合发展新格局。

1. 重塑城乡关系，构建乡村振兴新格局

坚持城乡融合发展，统筹城乡规划，完善现代城乡规划体系，建立健全多规合一、有机衔接的全域规划体系。通过城乡融合发展，科学推进城乡规划一体化，立体化布局乡村发展，优化乡村生产、生活、生态空间布局，差异化推进村庄发展，分类推进村庄建设，以振兴规划为引领，对城乡协同发展做出安排。

2. 补齐民生短板，打造升级版宜居乡村

以提升居民幸福指数、提高共建能力和共享水平为根本出发点，以均等化、特色化、集约化为发展理念，结合城乡体系功能定位，差异化配置，构建多层次、全覆盖、城乡一体、功能完备、逐层具象的社会服务网络体系。补足沈阳农村基础设施和公共服务设施建设短板，缩小城乡生活水平差距。开展美丽乡村建设，综合整治农村人居环境，推动经营性养殖人畜分离、化肥农药减量增效。推进乡村提质增绿，扩大绿色空间。加强水体连通和水系综合治理。做好传统村落和传统建筑保护工作，塑造特色乡村风貌，提升农村生活品质。

3. 建设田园综合体，实现乡村资源有机聚合

通过实施"农业＋文旅＋地产"的综合发展模式，打造新型田园综合体，促进一、二、三产业互融互动；通过各个产业的相互渗透融合，把休闲娱乐、养生度假、文化艺术、农业技术、农副产品、农耕活动等有机结合起来，拓展现代农业原有的研发、生产、加工、销售产业链，使传统功能单一的农业及加工食用的农产品成为现代休闲产品的载体，发挥产业价值的乘数效应，带动乡村振兴。

4. 健全保障措施，创新乡村治理体制机制

完善农用地管理和经营制度，深化农村集体产权制度改革，建立健全城乡融合发展体制机制和政策体系，破除城乡融合发展障碍，缩小城乡发展差距，推动城乡人才互动、城乡资金互流，形成城市与乡村互相联系、互相促进、共同发展的局面。加强农村文化建设，加强农村基层治理，提升社会治理功能。以党建工作为引领，创新培育农村社会组织，营造共谋、共建、共管、共评、共享的发展环境，建立村庄治理协商平台、法治服务平台、资金整合平台。构建自治、法治、德治于一体的现代乡村治理体系。

四、结语

综上，城乡融合发展更加强调了城乡发展的有机联系和相互促进，意味着解决好农村问题要借助城市的力量，解决好城市的问题也要借助农村的力量，城市与乡村应水乳交融、双向互动、互为依存。通过改革制度、完善机制，改变过去人、财、地等生产要素单向流动的被动局面，真正实现城乡双向流动，重塑新型城乡关系。在推进城镇化过程中及时提出并实施乡村振兴战略，走一条可持续性发展的城乡融合之路。

乡村振兴背景下农村产业互联网模式研究
——以沈北新区涉农地区为例

李佳阳　王玲　孙微 / 沈阳市规划设计研究院有限公司

摘要：乡村振兴发展战略对农村电子商务发展作出相关部署，为电子商务推动农村经济社会跨越式发展、城乡融合发展和乡村振兴带来历史性机遇。本文以"互联网+农村产业"为出发点，分析互联网与农业、乡村旅游之间的关系及其发展模式，以沈北新区涉农地区为研究对象，探索互联网时代农村产业布局及农村产业发展方向。

自2004年以来，中央连续13年颁布有关农村地区发展的"一号文件"，从最初提高农业生产能力到城乡统筹，再到2015年关于全面深化农村改革、推动现代化农业，体现了我国对于农村地区发展的高度重视。当前，中国正处在现代化建设和全面实现小康社会的关键时期、冲刺阶段，农业现代化是"四个现代化"的短板，2015年密集出台系列相关政策，推动移动互联网、云计算、大数据、物联网等与农村产业结合，促进农村电子商务、工业互联网和互联网金融健康发展。2018年中央"一号文件"《中共中央国务院关于实施乡村振兴战略的意见》中针对农村电商提出了七点具体要求，重点解决农产品销售中的突出问题，鼓励支持各类市场主体创新发展基于互联网的新型农业产业模式，深入实施电子商务进农村综合示范，加快推进农村流通现代化等。推进"互联网+"在农村的运用和普及，推动"互联网+"新业态、新模式不断涌现，将成为乡村振兴的有力抓手。

一、政策解读

1. 乡村政策解读

上世纪80年代初，在农村改革如火如荼推进的大背景下，从1982年到1986年，中央连续5年发布以农业、农村和农民为主题的五个"一号文件"，对当时农村改革和农业发展做出具体部署。18年后，自2004年起，中央"一号文件"又连续13年聚焦"三农"（图1），其中既有针对农业科技、农田水利、新农村建设等专项支撑，

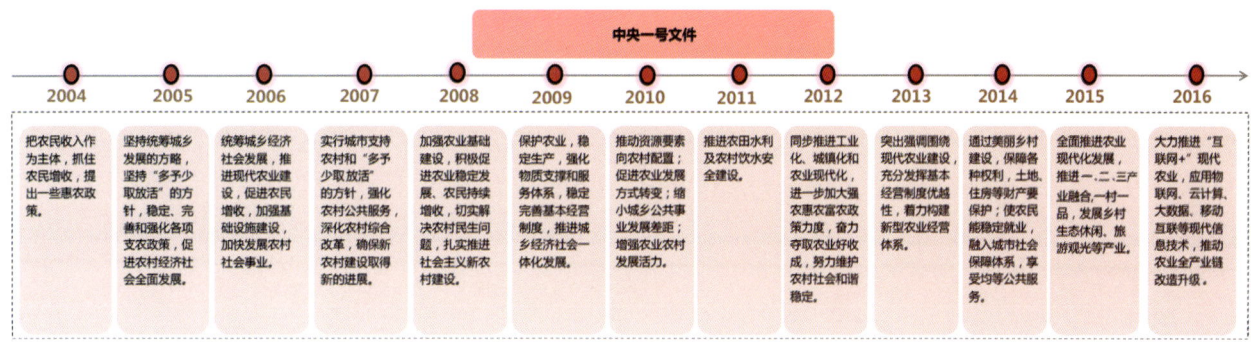

图1　历年中央"一号文件"主要内容概述

也有引导农民就业、增加农民收入、保障农民各种权利等惠民支撑。2016年提出大力推进"互联网+"现代农业，推动农业全产业链改造升级，促进农村电子商务发展。2018年，提出了乡村振兴取得决定性进展、农业农村现代化基本实现的发展目标。

2. 互联网政策解读

近年来，从中央到地方各级政府相继出台多项扶持政策，大力推动农村互联网发展。2015年，更是密集出台一系列扶持互联网发展的政策，国务院发布了《国务院关于大力发展电子商务 加快培育经济新动力的意见》《国务院办公厅关于促进农村电子商务加快发展的指导意见》，全面部署指导农村电子商务健康快速创新发展。《国务院关于积极推进"互联网+"行动的指导意见》提出"互联网+现代农业"的重点行动："构建依托互联网的新型农业生产经营体系，发展精准化生产方式，培育多样化网络化服务模式。"为"互联网+"现代农业发展指明了行动方向。同年9月，国务院办公厅印发《关于进一步促进旅游投资和消费的若干意见》，要求积极发展"互联网+旅游"，推动在线旅游平台企业发展壮大，支持有条件的旅游企业进行互联网金融探索，放宽在线度假租赁、旅游网络购物、在线旅游租车平台等新业态的准入许可和经营许可制度，到2020年，在全国打造1万家智慧景区和智慧旅游乡村（图2）。

2月	**中央一号文件** 文件从农产品电商、涉农电商平台建设、电子商务进农村三个方面进行了重点部署。
4月	**农村青年电商培育工程** 秉承"党有号召、团有行动"光荣传统的团中央及时与商务部启动农村青年电商培育工程。
5月	**国务院《关于大力发展电子商务 加快培育经济新动力的意见》** 将电商提升到前所未有的高度，从八个方面进行了全面部署；同月，国务院扶贫办在陇南启动电商扶贫试点。
6月	**国务院《关于促进跨境电子商务健康快速发展的指导意见》** 明确了跨境电子商务的主要发展目标，提出了五个方面的支持措施。
7月	**国务院《关于积极推进"互联网+"行动的指导意见》** 提出11大行动，多处提及电商；同月，财政部、商务部下发《关于开展2015年电商进农村综合示范工作的通知》，启动200个县的试点。
8月	**国务院《关于加快发展农村电子商务的指导意见》** 重点将集中在农村传统流通网络的信息化改造、发展农产品电商、支持农资农机生产和流通企业发展电商，以及拓展农村电商服务领域等四个方面。
9月	**国务院《关于推进线上线下互动 加快商贸流通创新发展转型升级的意见》** **农业部、国家发改委、商务部出台《推进农业电子商务发展行动计划》** 提出20项行动计划；全国供销总社牵头建设的全国性涉农电商平台于9月底上线试运行，融合多种交易形式于一体。
10月	**国务院《关于促进快递业发展的若干意见》** 提出打造"工业品下乡"和"农产品进城"双向流通渠道。
11月	**国务院办公厅下发《关于促进农村电子商务加快发展的指导意见》** 提出三项重点任务和七项措施。

图2 2015年颁布互联网相关政策、文件

辽宁省印发了《辽宁省关于加快转变农业发展方式的实施意见》，沈阳市先后印发了《沈阳市人民政府办公厅关于印发2014年沈阳市创中华人民共和国成立家电子商务示范城市工作要点的通知》（沈政办发〔2014〕60号）、《沈阳市人民政府办公厅关于印发沈阳市促进电子商务发展若干措施的通知》（沈政办发〔2014〕43号）及《沈阳市人民政府办公厅关于推进农村电子商务发展的实施意见》（沈政办发〔2015〕42号），将助力农业转型升级，推动农民创业就业、带动农村扶贫开发，释放农村消费潜力，农村居民消费呈现多样性、便利性、安全性趋势，农村电商的快速发展也倒逼传统农业加快向现代农业转型升级。

3. 互联网与农村产业共生关系

（1）农业+乡村旅游。

随着农家乐、乡村游越来越受到人们的追捧，以农业为基础的乡村旅游得到迅速发展，农村产业界限变得模糊，农业逐步向第三产业延伸和渗透，农业和旅游业深度融合形成资源互补，有利于农业产品功能优势和服务功能优势的充分发挥，促进农业转型升级，为农民增收提供了新的途径。

（2）互联网+农业。

农业现代化是中国"四化"的短板，需要新的理念引领推动农业供给侧的结构性改革，全面提升我国农业的竞争力。互联网是农业深度改造的催化剂，助推农业颠覆传统流通、营销模式，削弱传统供应链中阻碍供应链优化的弊端，转变农民跟风种植的守旧观念，打开信息大门，增强组织管理，重构供应链，助力农业转型升级。

（3）互联网+乡村旅游。

传统乡村旅游发展受基础环境、农村经济以及服务配套设施等客观因素限制，旅游消费者主要依赖传统旅行社提供预订、导游等服务的跟团游，旅行社与游客对旅游信息掌握的不对称性常引发低价游陷阱；乡村旅游通过互联网思维的运用，能够实现互联网式的营销、管理和服务水平的提升，不仅能够保证便捷性，还能盘活闲置的旅游资源，提供旅游产品的个性化定制，为文化传承、创新和消费带来现实的消费需求和市场转化的能力，形成全面革新管理方式，助推旅游业升级，创造乡村旅游的新价值形态（图3）。

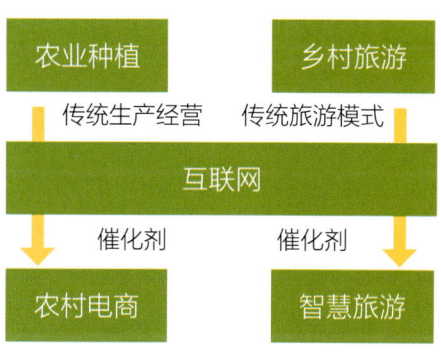

图3 互联网、农业、旅游之间关系分析图

二、"互联网+农村产业"实践思考

1."互联网+农村产业"实践

（1）淘宝村镇持续发展。

淘宝村经历了萌芽、生长、大规模复制、模式创新4个阶段，2015年全国范围内符合标准的淘宝村达780个，同比增长268%，覆盖活跃网店超过20万家。主要分布于17个省市区，其中，浙江、广东、江苏淘宝村数量位居全国前三位，并且发挥着较大的作用。

（2）农村微商逐渐兴起。

地标性特产是农特微商发展的基础，全国已经建立了20个农特微商创业孵化园，对接农特微商基地产品的渠道创业者都有资格申请渠道创业。此外，农特微商还积极打造全国的物流网络，为农特产品的配送创造良好的物流条件。

（3）大型电商纷纷下乡。

近年来，河北、河南、湖北等8省56县开展了综合示范工作，推动阿里、京东、苏宁等大型电商和许多快递企业布局农村市场；24个省市31个地县在阿里平台设立了"特设馆"；京东开业26家县级服务中心，下乡总目标是新开业500家县级服务中心。数据显示，2014年全国农村网购市场规模达1800亿元，预测到2016年将突破4600亿元，未来农资市场容量有望超过1.5万亿元、农产品市场容量超过4万亿元。

2. 现实困境

（1）"互联网+农村产业"处于萌芽阶段。

我国农村电子商务、互联网旅游发展初具规模，但仍处在萌芽阶段，农村从事电子商务的个体较少，农村电商市场规模偏小，电商从业人员仍停留在零散、无组织状态，没有形成电子商务产业整体雏形，电子商务经济潜力尚未得到充分发展和发挥。阿里巴巴研究院发布的《农村电子商务消费报告（2014）》显示，农村淘宝网购的占比从2012年的7.11%增长到2014年的8.3%，在2014年的第一季度达到最高点9.11%。农村网购占比较低，但呈现总体上升趋势，2014年全国农村网购市场总量达1800亿元以上，2016年突破4600亿元。

农村旅游资源分散，碎片化严重，电脑、手机移动互联网，微信、淘宝等各种平台以及创意互联网思维等与乡村旅游的融合，从多方整合信息资源，满足游客的个性化体验，"互联网+乡村旅游"具有广阔的发展前景，互联网精英们在不断探索互联网与乡村旅游的深度融合，创造乡村旅游新的价值形态。

（2）产品同质化，品质欠缺。

农副产品标准化体系不健全，农副产品生产加工环节缺乏相关标准，农副产品品质参差不齐，不利于细分市场、科学定价，影响产品整体竞争力。农产品生产环节的标准和流通环节的标准未能有效对接，品质和食品安全都难以保障，影响流通效率。乡村旅游同质化现象严重，旅游资源太过分散，没有形成产业集群，农家乐、采摘园式的乡村旅游已逐渐审美疲劳，不能满足旅游者品质旅游的需求，品牌性和创新性缺失，造成产品竞争力不强，知晓度不高。

（3）互联网产业标准化程度低。

农村电商、智慧乡村旅游产品产业化、标准化程度不高。一方面缺少专业人才队伍，电商从业人员大多以个体零散方式存在，缺少行业协会、服务机构等社会统一组织；另一方面物流运营能力有限，很多快递和网络销售平台最远能送至县、乡，未通达至村。

（4）配套设施短缺，基础差。

近年，农村"美丽乡村"行动主要集中于展现村庄乡土风貌、完善基础设施等，针对农村互联网发展的建设还不完善。一方面，农村网络基础设施较差，我国农村居民占人口总数的50%，农村网民仅占全部网民的27.5%。农村地区的互联网普及率仅为30%，比城市低34个百分点。农村互联网和智能手机的普及率远低于城市，并且信号差、网速低。另一方面，金融服务设施欠缺。由于农村地区人口密度低，银行设立网点经营成本高，导致农村地区金融服务水平落后。目前我国平均每万名农民仅拥有银行业金融机构1.5个、金融服务人员16人，金融服务不足已成为农村电商生产经营的一大障碍。

3. "互联网+农村产业"发展路径

（1）催化作用下的农村产业转型思考。

发展现代农业，打造优质品牌。引导农户走"基地化种植、产业化经营、规模化生产、网络化销售"的模式，将农业规模化、组织化、集约化、标准化和安全化贯穿于现代农业发展全过程，充分发挥比较优势，突出区域特色，重点发展农业主导产业，打造优质安全农产品生产基地，推动产业链前后延伸，通过资本注入和品牌塑造，将互联网企业与农产品结合起来，走上农业产业化的新道路。

挖掘特色旅游，延伸旅游链条。互联网时代，旅游模式由传统休闲观光向多元体验互动过渡。乡村旅游需要挖掘特色，对旅游基础较好的景区、景点提升品质，提档升级；对历史文化旅游资源进行修缮保护，深挖文化内涵；对原始旅游资源进行开发打造，使各景点形成一条功能互补、景区互联的精品旅游线路。乡村旅游的发展将更加透明，通过智能的互联网平台加大对乡村旅游景点服务的监督，通过网上评价或投诉，促使乡村旅游环境及乡村旅游服务质量提升。

（2）"互联网+农村产业"发展模式。

农业互联网化的趋势，不仅带动了农村市场的商品买卖以及服务，同时也促进了乡村旅游业的发展，"互联网+农村产业"发展模式较为多样，主要有淘宝村、农村微商、农村O2O服务平台、农产品直供模式F2B、供销社电商、乡村旅游平台、乡村旅游O2O模式等，目前比较成熟的电商模式有浙江遂昌"综合服务商+网商+传统产业"模式，浙江丽水"区域电商服务中心+青年网商"模式，吉林通愉"生产方+电商"模式，河北清河"专业市场+电商"模式，陕西武功"集散地+电商"模式，货通天下农商产业联盟模式，即农产品供应商+联盟

+采购企业等。

三、涉农地区产业升级探索

1. 涉农地区概况

（1）社会经济情况。

沈北新区涉农地区地处沈阳市区北郊，是除三县一市、蒲河新城、沈北新区以外，村庄分布最为密集的区域（新城区内的城中村已完成城市社区改制，未纳入），新区区域范围内仍保留农村建制的行政村范围。

截至2014年底，沈北新区涉农地区共含11个涉农街道，下辖100个行政村，总面积约500平方公里，涉农人口约13.5万。2014年农业增加值实现32.7亿元，农民人均收入约1.77万元（辽宁1.12万元、国家1.05万元）（图4、图5）。

（2）产业资源基础。

涉农地区农业主要发展种植（水田、旱田）及少量的水产养殖，农业现代化规模化经营初具规模，形成"清水大米"等地理标识产品和"蒲兴"禽畜产品等驰名商标。地区旅游要素基础雄厚，现有双州古城遗址、七星山碉堡群等历史文化旅游资源15处。七星山、怪坡等风景区和各类旅游景点15处。初步建成稻梦空间、薰衣草庄园等特色农业观光项目。涉农地区是多民族杂居、锡伯族主要聚居区，少数民族人口7.8万余人，约占全区人口总数的18.8%，少数民族村庄有32个，人口主要集中于3个街道，分别是兴隆台、黄家、石佛寺（图6、图7、图8）。

2. 宏观区域产业引导

（1）产业总体布局。

农村产业的发展不是孤立的，应放到城镇产业格局甚至区域的大格局中考虑。依托区域"东山西水"的特征，结合地区资源和产业条件

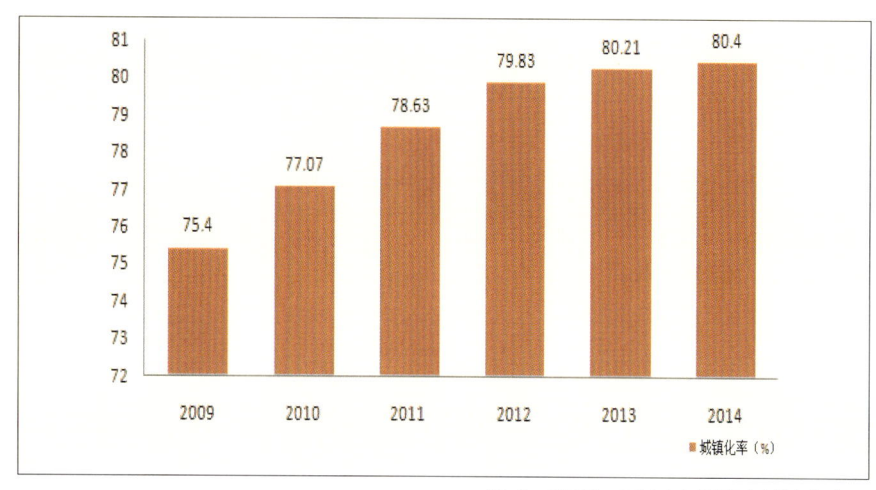

图4 2009—2014年沈阳市城镇化水平

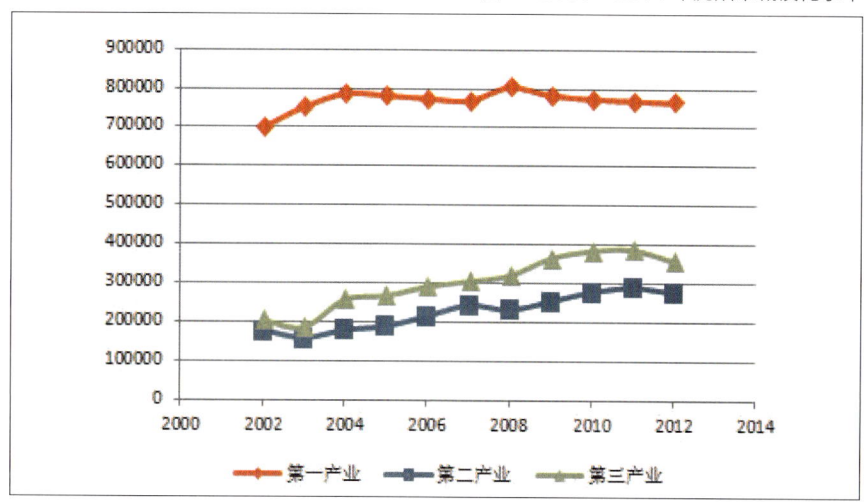

图5 沈阳乡村从业人员行业分布变化

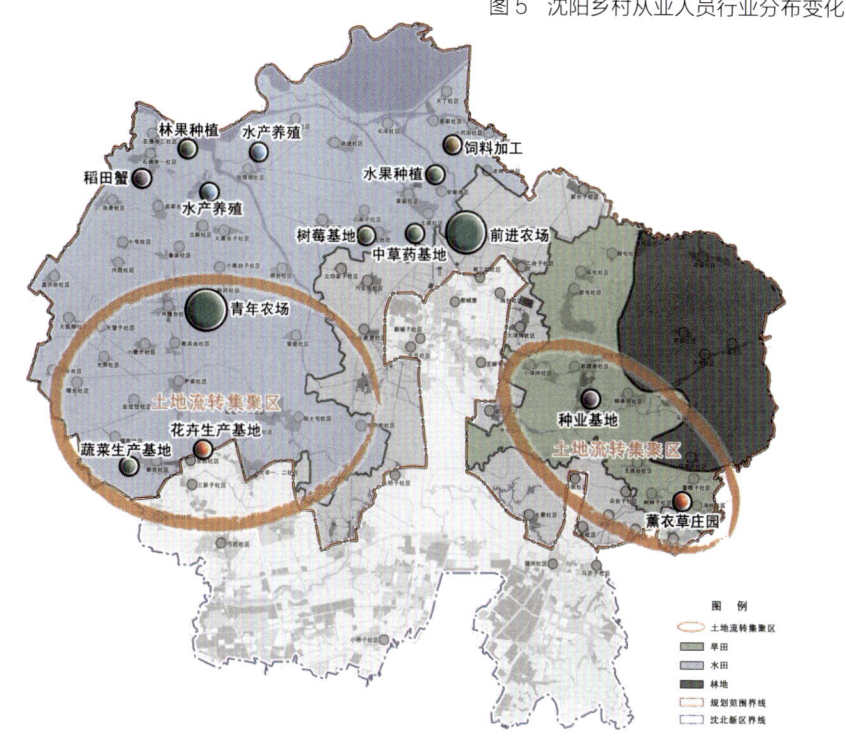

图6 产业布局图

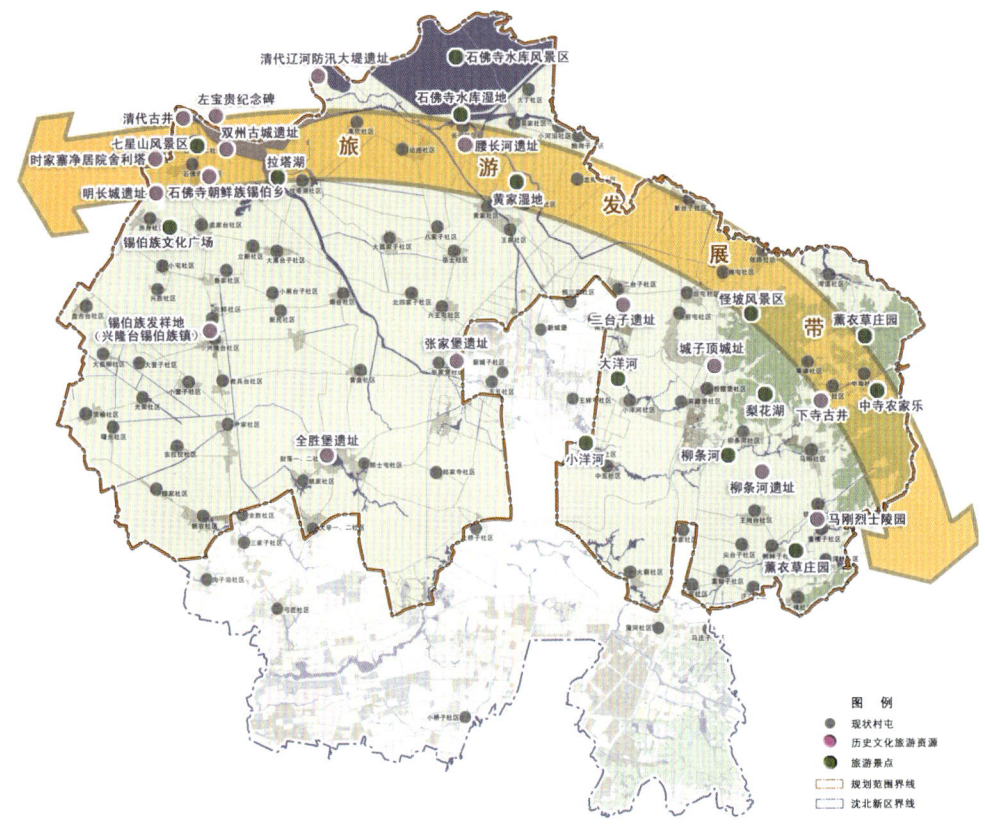

图7 文化资源分布图

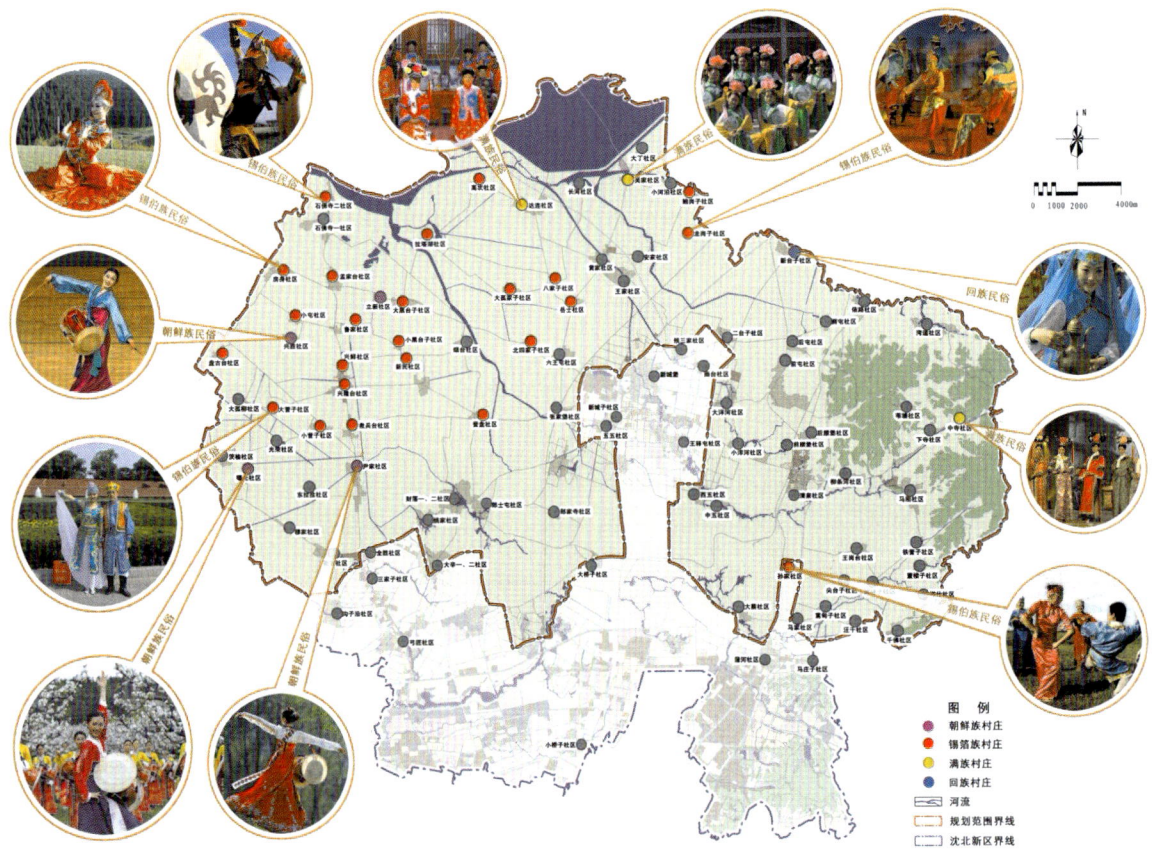

图8 民俗资源分布图

探索产业发展布局，形成"一带、一路、多区"产业网络格局。围绕"一带、一路"：农业资源优势区域，提高农业产业化、农业科技创新及转化能力，实现农业科学技术现代化；旅游资源优势区域，引导发展集观光、娱乐、休闲、度假于一体的乡村旅游业；文化积淀厚重区域，发展体现地方特色、群众喜闻乐见的文化产业；人流汇聚、客源较多区域，发展商业、饮食、运输、住宿等传统服务业。

一带：即观光农业发展带，结合省道107两侧的农业特点与发展定位，形成吃、住、游、购、娱一条龙的农业观光发展带。

一路：即山水风情旅游路，以旅游大道为依托展现辽河湿地景观的旅游路。

多区：即沿107省道打造四大观光农业区，沿旅游大道打造五大旅游组团。

（2）现代农业发展策略。

打造特色种植、有机水稻、高效农业、绿色林牧四大农业产业区。

特色种植区：位于兴隆台和尹家街道，围绕精品花卉、果类蔬菜、观赏水稻打造特色种植，提供农业观光、休闲、度假的旅游功能，形成农业与旅游业交叉的新型产业集聚区。

有机水稻区：位于黄家和石佛街道，依托优质水稻种植打造特色观赏农业，重点发展绿色有机大米，使"万亩稻花香"成为观光农业带上的新亮点。

高效农业区：位于清水街道，围绕高效农业、农产品深加工及物流园区建设，提升整个农业发展带的服务水平，使农业发展在高起点上实现新突破。

绿色林牧区：位于马刚街道，围绕林果种植、畜牧养殖，营造山地特有的农业空间环境，农业与山水格局相融，形成山地特色的农业观光项目展示区。

（3）风情旅游发展策略。

打造乡村休闲、七星文化、辽河湿地、怪坡娱乐、山旅风情五大旅游组团。

乡村休闲旅游组团：位于兴隆台和尹家街道，重点打造创意农业博览园、现代农业观光园、创意农庄——有机农庄、五星级园林式生态酒店、乡村嘉年华、稻梦空间、怡丰休闲农场等主题乡村深度休闲游憩项目。

七星文化旅游组团——位于石佛寺街道北部，重点打造七星山文化主题公园、七星山市民休闲公园、锡伯族文化园、石佛旅游风情小镇等乡村休闲、文化旅游项目。

辽河湿地旅游组团——位于黄家街道北部，发展自驾车营地、湿地农家乐、辽河渡口、水上运动、花海公园、七星山湿地公园、新世界环球湿地等水上休闲、文化体验项目。

怪坡娱乐旅游组团：依托怪坡风景区，重点打造怪坡旅客中心、世界怪文化展览苑、旁风沟国际户外运动基地、梨花湖国际度假中心、中寺关东风情镇、东北虎林园、卧龙禅寺、苇塘森林风情小镇、中国马主题公园等休闲娱乐、度假旅游项目。

山旅风情旅游组团：依托东部棋盘山、洋什水库景区生态旅游资源，发展紫烟薰衣草庄园、洋什水库、地中海印象度假酒店、马泉沟欧式风情小镇、现代乳业观光牧场等原生态体验、避暑旅游项目（图9、图10）。

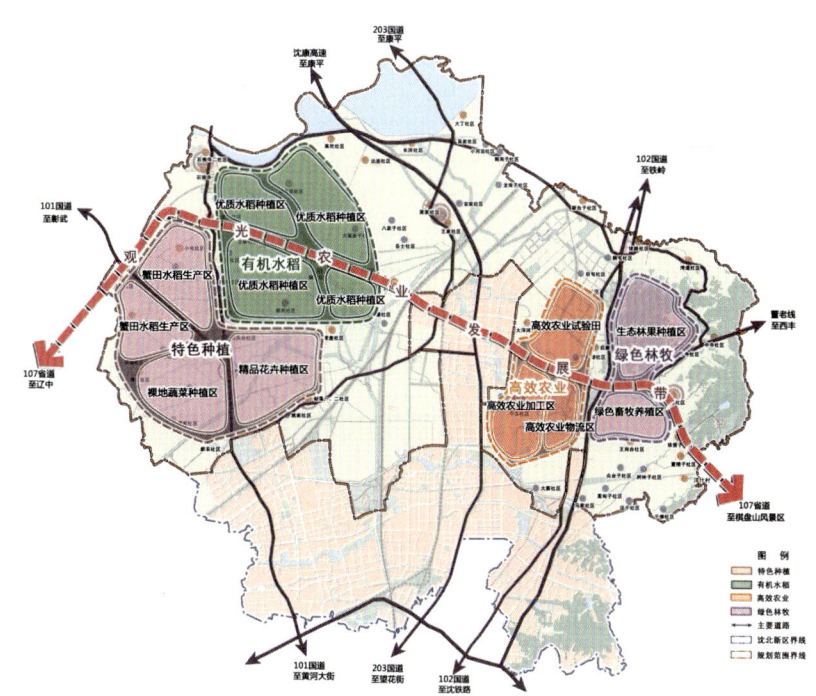

图9 观光农业发展带功能布局图

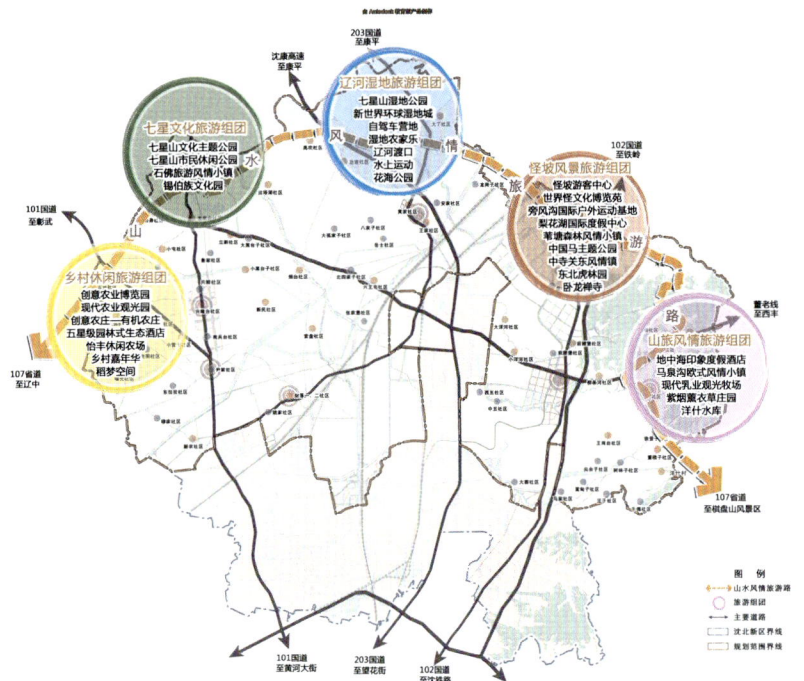

图 10 山水风情旅游路功能布局

3. 中观街道产业错位

总体功能以"东山西水"为特征。东部山林经济区：马刚、清水两街道重点依托东部"山、林、蕴"等山林资源特色，形成旅游休闲和农业产业服务片区。西部水乡经济区：石佛、黄家、兴隆台、尹家四街道，重点依托西部"水、田、色"等鱼米资源特色，形成旅游体验和特色农业种植片区。

黄家街道重点发展湿地观光旅游，营造文化水乡氛围的旅游乡镇；石佛街道重点发展文化旅游项目，打造历史文旅风情乡镇；兴隆台街道打造中华锡伯第一镇；马刚街道打造山旅休闲风情乡镇；尹家街道打造田园风光主题的农业观光型乡镇；清水街道打造现代农业服务型特色乡镇；财落街道打造近郊综合型乡镇。

4. 微观村庄产业细化

将村庄产业发展与城镇化、工业化及城市反哺等多方面内容结合进行思考，逐步形成农业发展成链，旅游发展成线。以清水台街道依路、黄家街道吴家村、尹家街道曙光村为例，探索理性选择符合规律、适合地方村庄产业发展思路。

（1）高新农业型。

依路村定位为以高新农业为主、多元产业综合发展的农业型村庄，依托村民务农，发展运输业的基础，丰富产业结构，提升产业科技含量，建设温室大棚，发展高新农业、养殖业、运输业（图11）。

（2）生态旅游型。

吴家村定位为以旅游服务为主，以观光农业、休闲度假、林果采摘等为辅的生态旅游型宜居乡村。依托七星湿地旅游区，充分利用良好的自然资源和满族民俗文化资源，

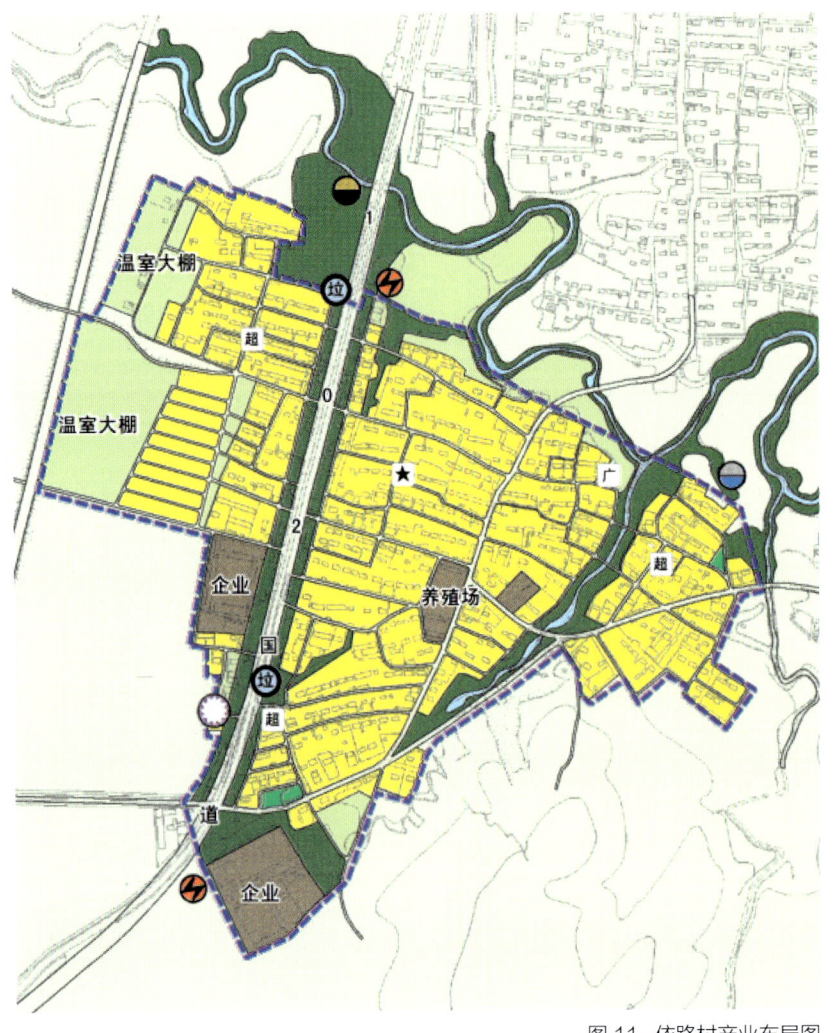

图 11 依路村产业布局图

大力发展生态旅游业、旅游服务业，同时发展设施农业、观光农业，延伸吴家村的产业链条。挖掘乡土文化，复兴村庄文化与传统，结合地区产业特色和满族文化，定期举办"知青节、插秧节、收割节、采摘节"等农村体验旅游活动，结合满族习俗及传统节日，组织策划旅游集会活动，打造满族餐饮、满族歌舞、满族婚礼等文化服务，结合农房、节点改造，形成"一线七景"旅游格局（图12）。

（3）文化创意旅游型。

曙光村定位为文化创意为主的休闲旅游型村庄。依托朝鲜族村的民族特色，打造朝鲜族特色养老院，以朝鲜族生活方式、朝鲜族节庆活动、开放式经营模式三大特色，为本村、外村朝鲜族老人提供服务。朝鲜族风情园展示朝鲜族日常习俗和传统手工艺品，成为游客休闲体验和朝鲜族交互式演艺场地。朝鲜族特色农家院依托现有农家院基础，拓展服务类型，融入朝鲜族文化要素，形成吃、赏、玩、乐"农家乐一条街"（图13）。

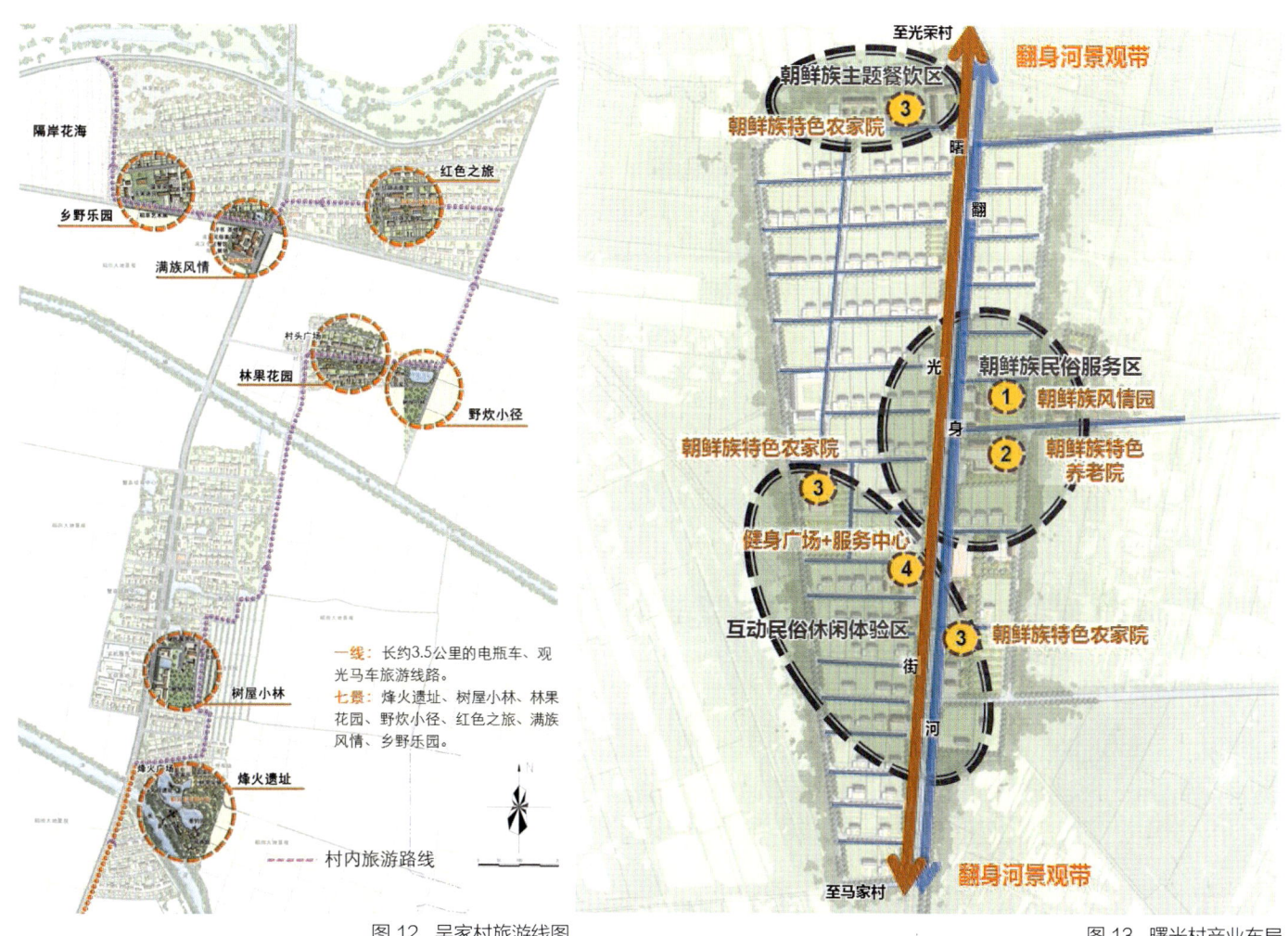

图12　吴家村旅游线图　　　　　　　　　　　　　图13　曙光村产业布局

5. 培育涉农地区互联网自生态

沈北涉农地区具有的丰富乡村旅游资源及特色农产品，为涉农地区发展"互联网+农村产业"奠定了基础。互联网让农民生活更便捷，通过金融、医疗、教育等全方位服务，打开农民触网买卖新视野，打造农民生活新方式。涉农地区电商发展有两个市场维度：一是将农产品"外销"，即产品"上行"；二是网购进村，即产品"下行"。加快培育涉农地区电子商务平台、创业平台，缩小涉农地区贸易逆差，打造农产品返销体系，实现当地农产品标准化、规范化生产，增加当地农产品附加值，对接全国各方农产品销售渠道。招商入驻多用户商城，建立街道——

乡村两级电商链条，通过互联网连接农村小店，形成线上平台、线下连锁形式。通过电子货架扩展农村小店经营范围和商品品类；通过以街道为中心，串联农村小店的集合配送，在农村建立商品及服务销售网络。同时，通过电子商务平台打造本地旅游品牌，将农产品销售与旅游相结合。街道运营中心提供当地居民网购服务、农产品反向销售服务、农村物流服务、电商和农技培训服务，帮助本地企业和农户把产品卖出去，实现互联网转型和打造本地电商品牌。村级服务站提供网上代买、代卖及网上缴费、创业培训等服务。

四、实施策略与建议

1. 农村互联网产业发展策略

（1）"互联网+服务再造"推进产业深度融合。

构建一个平台、三个体系，推进"线上线下"双向对接，推进三次产业深度融合。搭建电商交易平台，设立电子商务管理机构，促进电子商务规范有序发展；以扩大与电商企业合作为引领，构建电商网络体系，推动具有特色产品和电商从业人员的村庄发展特色电子商务，鼓励当地农民网络创业；构建电商营销体系，引导销售大户考察网店代运营公司，通过第三方渠道指导管理和运营网店，提高网店运营效率，助力产品销售。运用电视、报纸等传统媒体及微信、微博等新媒体推广农村电商品牌，走高端特色品牌带动发展之路；通过现代信息技术手段，加强市场间互联互通，积极搭建、完善城乡仓储物流中心，合理规划和布局农村物流基础设施，构建农村电商物流体系。

（2）"互联网+农村金融"创新农村产业链条。

以产业链和价值链为纽带，通过金融资本的诱导契合作用，进行农村金融创新，使互联网、农村金融和产业有机融合，推动农业相关行业内企业的业务模式由生产端逐步向贸易端、服务端转变。积极发掘传统产业的盈利领域，以产业链金融方式加载产品和服务，增强客户黏性，盘活存量信贷资源；创新推出涵盖种养端、生产端、贸易端和服务端的全流程产业链金融服务，在优化新增信贷投放的同时，加快全面创新转型。采用互联网技术，将产业链金融精细化运作，针对不同交易平台特点，实施分类合作策略，提供全方位的产业链金融服务。

2. 实施建议

（1）盘活农村存量建设用地。

随着农村产业的逐渐丰富，存量建设用地使用方式增多，一方面要积极推进农村土地流转，一方面要鼓励村民住宅多种形式利用，推动存量集体经营性建设用地入市流转，保障农村电商对于较大整块集体建设用地的需求，灵活安排租赁方式、抵押权能，缓解小微企业的资金压力。

（2）完善农村网络配套设施。

加大网络设施、硬化公路、冷链物流等基础设施建设投入，为农村电商的发展修建一条"云高速"，保障工业品、生产资料等便捷下乡，农特产品、手工艺品等快速进城。

（3）加强农村物流人才培养。

农村电商创业的背后是电商人才短缺的困境。大量农民还未形成触网的生活和消费习惯，不熟悉电子商务的经营管理能力，应做好农村电子商务培训，普及电子商务知识，提高农村电子商务的应用能力与水平。

五、结语

新农村建设中，产业发展是关键，它关系到农民的切身利益，关系到城乡统筹的实现，关系到和谐社会的构建。"互联网+"行动计划的提出，为传承农业、乡村旅游创新发展提供了新发展机遇及广阔的需求市场，在互联网时代背景下，对沈北新区涉农地区产业布局及产业选择进行探索，将对涉农地区互联网发展奠定基础，为同类研究提供参考。

基于文化复兴的乡村建设路径初探
——以沈阳中寺村为例

王玲　李铁鹏 / 沈阳市规划设计研究院有限公司　朱宁 / 沈阳市浑南区土地储备服务中心

摘要：乡村文化是乡村振兴凝心聚力的黏合剂和发动机。乡村振兴既要塑形，发展产业、壮大经济，更要铸魂，激活文化、提振精神。当下，乡村文化复兴正处在历史和未来的交汇点上，探索乡村文化复兴的路径，建设记得住乡愁的村庄，正成为全国上下的自觉担当。在此语境下，本文立足沈阳近年村庄现状、阶段判定以及发展困境，以乡愁为着眼点，以乡情为纽带，以沈北新区中寺村为样板开展研究，尝试从肌理环境、建筑空间、院落组合、文旅产业、文化演绎五大方面诠释如何将乡愁要素有机植入到乡村宜居建设当中，积极探索重载乡愁记忆、充满文化内涵的沈阳宜居乡村建设新模式。

近十余年美丽乡村建设逐步成为我国转型发展的核心主题，农村发展已然成为各省、市、地区重点推进的工作内容。中央农村工作会议提出"中国要美，农村必须美"，农村的美一旦消逝，人们的乡愁也将无处寄托。《中共中央关于制定国民经济和社会发展第十三个五年规划的建议》首度明确提出"建设美丽宜居乡村"，奠定宜居乡村规划的新高度、新地位。在此语境下，辽宁省出台《辽宁省人民政府关于开展宜居乡村建设的实施意见》（辽政发〔2014〕12号），沈阳市积极响应，制定《沈阳市宜居乡村建设实施方案》，全面启动宜居乡村建设，秉承"建设宜居乡村，留住美丽乡愁"的规划理念，遵循以特色样板打造为示范，以点带面全面辐射全市域的实施模式，全力推进沈阳全域乡村宜居化建设。首批选取四个典型村庄开展示范样板村庄规划编制探索，本文选取其中文化底蕴和自然优势较为深厚的中寺村为例，以留住乡愁为根本，就样板村的规划重点及建设深度进行论证，为全市开展大规模的规划编制提供样板依据。

一、乡村文化复兴的现实与瓶颈

1. 村庄发展现状

截至2014年底，全市乡、镇、涉农街道143个，共有1533个行政村，2029个自然屯，平均村庄户籍人口规模约1689。全市村屯总建设用地约952平方公里，占全市城乡建设用地的52%，人均建设用地约360平方米，年均可支配收入15945元。由此可知，就人均收入来看，沈阳农村具备一定自主建设的经济基础。但因规模大多为大型和特大型村庄，土地利用较为粗放，人均建设用地面积严重超标，配套设施不健全，生活环境较差，尚未达到宜居标准。

2. 建设阶段评定

伴随着中央连续13年将"一号文件"聚焦在"三农"工作上，村庄的规划编制、建设实施、监督管理等再度成为社会热点。在此宏观背景下，近十年的沈阳村庄建设工作大体集中在环境整治和基础设施建设阶段，属乡村规划的初期阶段，相较于江浙地带，尚存较大差距。自2014年始，沈阳市迅速制定2015—2017三年行动方案，并将实施宜居乡村建设工程定位为建成小康社会的重要内容，明确以保障农民基本生活条件为底线，以整治农村环境为重点，以宜居示范创建和样板打造为特色的宜居乡村建设工作思路，不断加大对农村治理的建设力度和财政投资,率先完成了一批农村垃圾污水处理、安全饮水、环境整治、道路硬化等工程项目,乡村人居环境逐步得到显著的改善。

3. 规划编制回顾

以往村庄规划大多强调形象工程,缺乏调研、超脱实际的现象比比皆是。回顾沈阳市历年村庄规划编制可分为两个阶段:一是2005—2007年,相关部门组织编制了一大批以近期农民集中上楼为主旨的"社会主义新农村建设规划",规划中不遵循现状肌理及村民诉求,以城市社区的规划思维引导农村社区建设,促使农村城市化;二是2008—2010年,全市范围内陆续开展村庄环境整治规划,以近期实施建设为重点,依托村庄现状,模式化改造道路硬化、亮化、绿化、围墙、庭院等形象工程,造成千村一面,悠悠乡愁渐成稀缺品。

综上,回顾历年编制情况,现有规划尚未立足村庄实际及村民诉求,缺乏长远考虑,村庄发展缺乏内在动力,生态资源与文化本底逐步丧失,环境建设缺乏特色塑造,美丽乡愁渐行渐远等问题层出不穷,不利于村庄的可持续建设。

4. 村庄面临瓶颈

(1)乡村规划仍旧沿袭城市规划思维方法。

以往乡村规划惯用城市规划思维进行编制,评断结果大多看中规划的效果图、鸟瞰图做得好坏,图册做得是否美观厚重,规划理念提得是否高远,等等,将项目描述得天下第一。而真正意义上的乡村应采用营造理念,以人为本,鼓励村民积极参与文化互动,直面自身现实基础,不以一步达成一流田园村庄和风情小镇为出发点,而是立足乡村本真,探寻乡愁要素,找准文化定位,确保规划的落地性与操作性,追求设计的原真性,将更有益于规划的社会认识度和群众参与性。

(2)一味追求形象工程,缺乏地域文化认同。

文化是一种公众认可,在生活中无所不在,文化是乡村发展的灵魂,凝聚着千百万个大大小小村庄和村民美好的情感。然而现阶段的规划成效得不到大众的认可,随意改变原有的生态面貌,丧失村落原真性,为凸显形象,搞大拆大建,原汁原味的乡村文化将消失殆尽,出现较为严重的城市化建设倾向,极大地削弱了乡村的魅力。

二、乡村文化复兴的思考与转型

1. 乡愁的思考与内涵的外延

基于对历年成功案例的学习及地方实践经验的总结,让我们不禁想起这样一个问题:到底何为"乡愁"?乡愁是人们内心深处的那一抹精神向往和文化依恋,是物质层面与情感层面的有机融合。对于新时期的乡村规划而言,"留住乡愁"倡导的是一种人文关怀,更是一种真正以人为核心的乡村宜居建设的根本。

2. 倡导乡愁的宜居建设转型

纵观乡村建设历程,反思乡村发展,不难看出,以往规划多注重"硬件设施"的建设,忽略"软文化"的引导,如何在倡导乡愁的宜居乡村建设过程中,既推动农村社会经济发展,改善人居环境质量,又能保留传统民俗文化及情感记忆,将传统文化风情巧妙地植入乡村建设中的变革要素,把传统与现实文化有机融合,最大程度地传承乡韵,主动留住乡愁,这是现阶段乡村发展转型亟待破解的难题,更是由"物"的城镇化向"人"的城镇化转变的关键所在。

三、乡村文化复兴的策略与构想

1. 传承乡愁的发展策略

宜居建设是让人们"记得住乡愁"的重要载体,如何"留住乡愁"更为关键。村落中的乡愁留在哪里是我们破解的核心。注重乡村宜居建设中的乡愁元素,注重传统文化的传承与发展,注重创建鲜明的乡村个性,是让人记得住乡愁的解答。

(1)规划理念中乡愁的示范。

科学合理规划是保护和利用乡村本底、走好宜居建设的重要前提,因此力争规划先行,力求与乡村整体发展思路相统一。基于乡愁的宜居规划不仅是功能配置与空间设计,更是村落人文精神与个性特征的延续。规划中应着眼于乡愁视角，有效融合乡村自然环境要素，有机注入生态文化、民俗文化及历史文化等多种要素，切实有效地发挥宜居宜业宜游宜文功能（图1）。在具体操作上，大到田园风光的整体格局、空间肌理的有序遵循、公共空间的人气塑造、标志性建筑物、入口空间的建设，小到景观文化设施，如雕塑、凉亭等，都与乡愁重塑相贴合，确保与村落整体发展思路相协调。

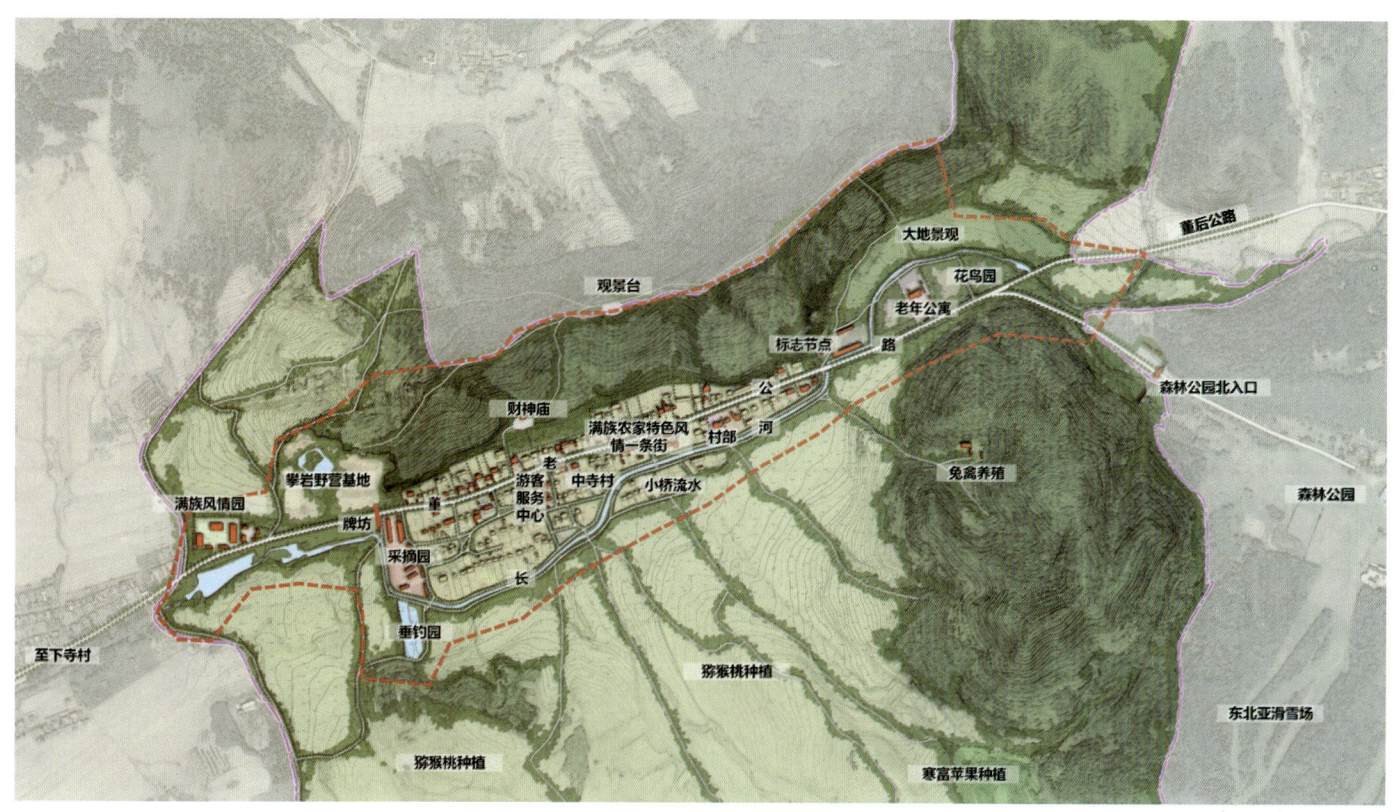

图1 中寺村村庄总平面图

（2）乡愁资源的挖掘与合理利用。

要保留原汁原味的乡愁，乡愁元素的充分挖掘与合理再利用是基础。规划中要尊重自然基底、科学谋划布局，达到山、水、文、俗有机融合的独到韵味。立足乡村地理环境、自然条件及历史民俗，合理有效地组织各种乡愁要素，将农耕、民俗、餐饮、休闲、养生、书画等要素融合到乡村宜居建设当中，提升村落美丽内涵和宜居品质。

（3）区域协调中传承历史乡愁彰显地域特色。

基于城乡统筹和村庄特色塑造的需要，在尊重区域协调发展的同时，要更多赋予村落以丰富的乡愁内涵，从乡村的田园、山水、屋宇、花草等入手，历史文化开掘、保护与利用相融合，塑造乡愁形象，将无形的乡村特点及人文精神融入有形的自然环境和物质建设当中，突出一村一韵，彰显特色。

（4）乡愁旅游示范项目带动乡村经济共赢。

发展乡愁旅游，应以乡愁为魂，打造"乡愁记忆工程"，围绕村落资源禀赋差异及产业发展方向，在着重保护地方特色乡愁要素的同时，开发具备当地自然和文化特征的乡村旅游产品，以提升村民的文化认同感。着眼长远，塑造精品，致力于打造特色乡愁品牌，做实乡村建设品牌与内涵，助推旅游文化产业与村民奔赴小康，放大品牌效应和经济社会效益。

2. 记住乡愁的建设构想

规划积极探索充满乡愁的沈阳宜居乡村建设新模式，采用问题与目标双导向的研究方法，创新"乡愁"建设理念，秉承"文化引领"与"环境提升"两大特色主线，采用"文化引领更新，环境反哺品质"的规划手法，提出"重塑乡愁五韵,共谱乡村宜居"的建设方式,即从肌理环境、建筑空间、院落组合、文旅产业、文化演绎五大方面诠释如何将乡愁有机植入到乡村宜居建设,真正走出一条传承与发展并行的新路径,拓展宜居乡愁内涵(图2)。

四、乡村文化复兴的实施与路径

基于上述寄予乡愁理念下乡村转型发展的语境,以沈北新区中寺村为例,就新背景下充满乡愁的宜居乡村建设,即乡愁五韵的重塑进行——佐证,为全市开展大规模的乡村规划编制提供先行示范(图3)。

1. 追逐"乡愁"的空间肌理与外部环境

中寺村位于沈北新区马刚乡,坐落于沈阳市东部山区范围内,紧邻棋盘山国家森林公园,是沈阳东山西水大生态景观格局中的组成部分。该村距离沈哈高速出入口仅约3公里,距107省道约1.5公里,地理位置优越,交通便捷。中寺村是一个群山环绕、树木茂盛、景色宜人、古朴而有灵性的村落,走进

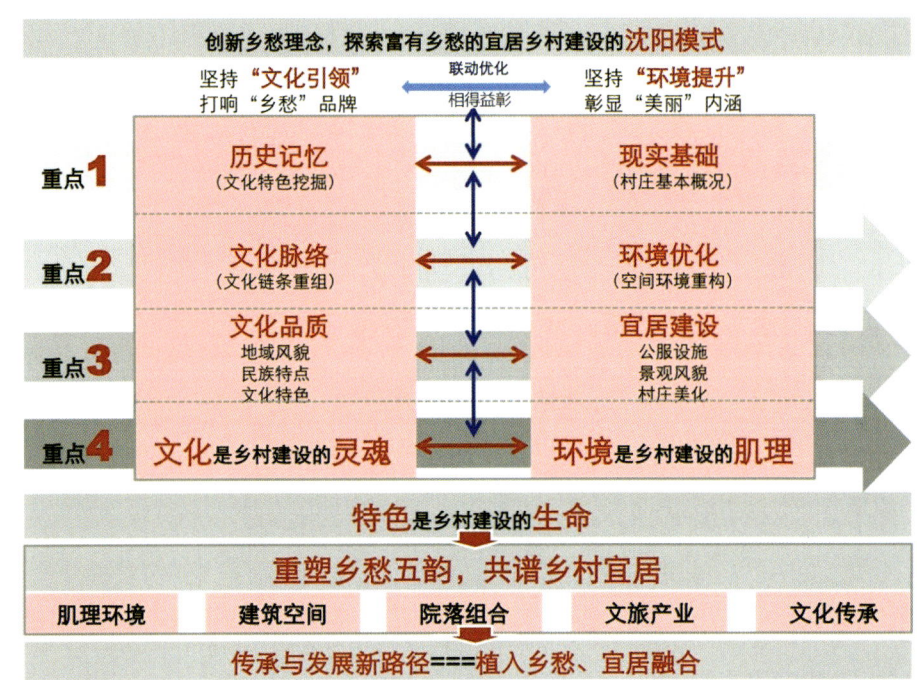

图2 宜居乡村建设工作框架

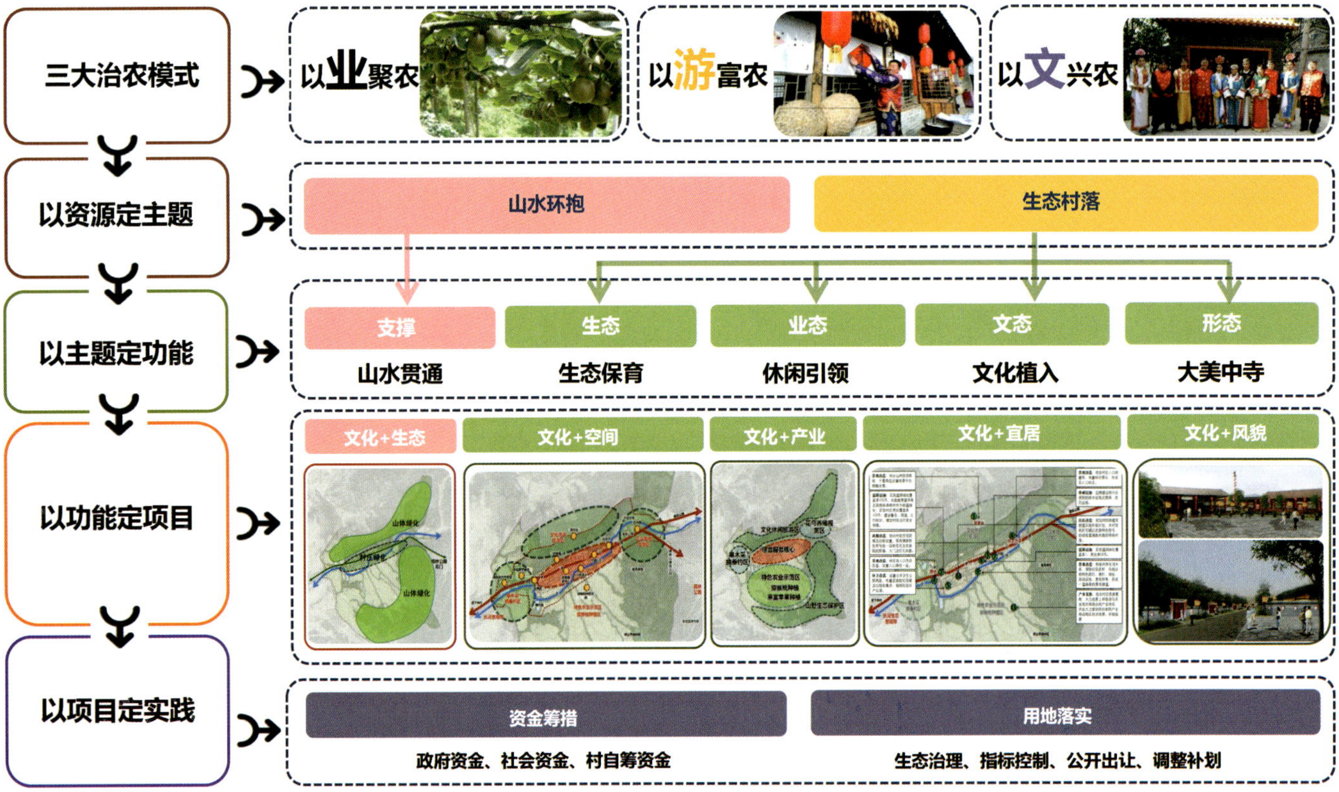

图3 文化复兴发展路径图

中寺村仿佛感受群山环绕中的"世外桃源"。村庄生态本底优良，周边旅游资源丰厚，利于有效承接旅游活动的开展和旅游服务功能外溢，具备构建一处能承载乡愁的村落基础条件。

村落经历长期的自然演化现已形成与自然山水相契合的空间格局，山环水抱、相互掩映是中寺村重要的特色乡野风貌。据此，规划采用"植入法"来丰富生态资源，尊重生态本底与人文环境，对现有地势地貌予以充分认同，保留乡愁元素，提炼、增加视觉要素，将整体外部环境及村落肌理在规划梳理中完善并赋予新增的功能内涵，使村落空间无论从形式上还是内涵上均符合村民的心理诉求。即依托现存肌理形成"内居外田"的空间布局，着力打造"一核、五园"的功能分区。

2. 谱写"乡愁"的建筑形态与公共场所

村落整体景观风貌与公共空间是乡俗乡风的主要活动空间，极富个性的整体建筑形态和公共空间体系更是旅游的目的地，是留住乡愁的重要视觉要素。中寺村部分民居属满族民居，建筑样式独特，属原生态的建筑风貌，为确保村落民居的原真性，仅对民居进行局部修缮，营建坡屋顶、支摘窗、跨海烟囱等满族元素符号，辅以民族抽象符号作为装饰，保持原貌、原味、原真的建筑文化（图4）。

图4 满族特色民居改造示意图

公共场所更是承载居民日常休闲活动的首选地，如村委会原址仍为村民主要的活动场所，规划通过适度增加活动功能，改造基础条件，更多融入"乡愁"的元素，让游客看到"乡愁"、找到"乡愁"、了却"乡愁"，这是建筑、空间形态的乡野宿命（图5、图6）。

3. 演绎"乡愁"的院落秩序与空间组合

中寺村满族民居院落是村民日常生活的地方，更是文化创造的地方。民居院落根据住宅间数、周围条件等因素有不同的院落要素组合方式。该村基本上保留前后院式、后开门前院式及四间房后院式三种

图5 村委会原址改造前

图6 村委会原址改造后效果

构成方式，并据此改造，但整体设计上仍遵循各式院落秩序和空间组合特征，使整个村落遍布乡愁（图7）。

图7 满族民居院落改造意向

4. 留住"乡愁"的文旅产业与乡野项目

"乡愁"是一种人文情结，开发得当即可转化为旅游资源，因此，留住"乡愁"是构建文旅产业体系的核心诉求，更是乡野旅游的魅力所在。旅游产业及产品的优势在于它能承担起让人们留住"乡愁"的责任，因此许多乡愁是靠项目活动吸引出来的，通过旅游项目策划来集中反映当地民俗、文化等缩影，深入挖掘当地特有旅游资源，增强与游客的互动性、体验性与参与性，提炼能留住"乡愁"的旅游产品。通过设计旅游动线，有序打造游客兴奋点，激发深度游的趣味，留住"乡愁"。

因此，中寺村重点依托山野休闲、采摘垂钓、民俗游览、朝圣祭祀、满族风情五大要素，以彰显满族特色、关东风情，突显青山绿水、田园体验为宗旨，重点打造以文化休闲和山野游乐为主题的"乡愁"旅游线路及特色乡野项目，本文重点以满族风情园、攀岩野营基地及财神庙改造为例，诠释现代民俗"乡愁"的演绎方式（图8）。

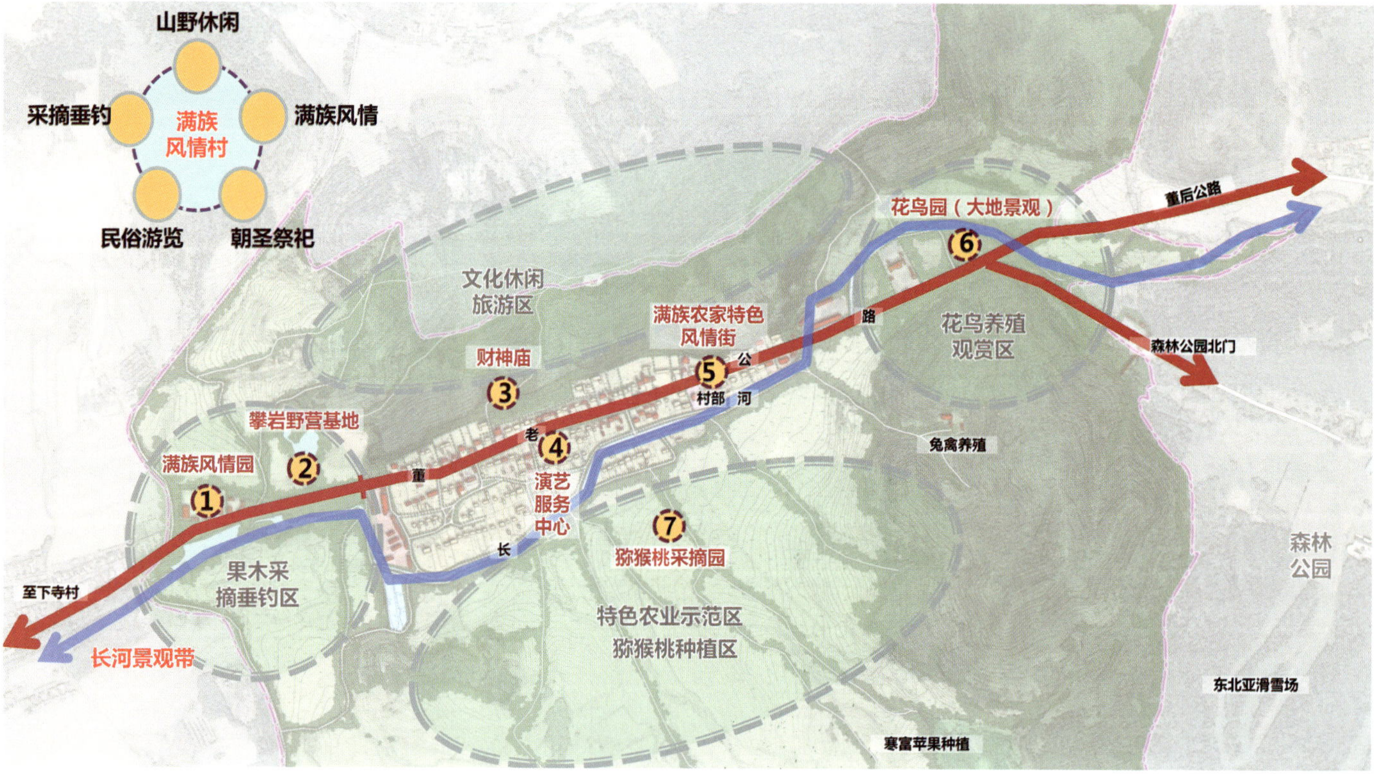

图8 乡野旅游项目策划图

（1）满族风情园之守望"乡愁"。

该村是沈阳东部少有的满族部落，规划中将村西侧闲置小学改造成极富满族特色的风情展示园，整体以满族风情体验、讲述村中故事传说、文化展示为主,并结合民族节庆活动策划体验项目,增加体验乐趣,打造风情独特的满族特色博物馆,追寻村落古远的乡愁民风(图9、图10)。

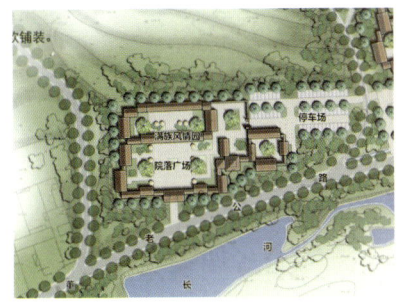

图9 满族风情园平面图

图10 满族风情街示意图

(2)攀岩野营基地之积淀"乡愁"。

将村东侧废弃采石场变废为宝,利用现状开采硬质山体及周边空地将其改建成融合攀岩基地、野营基地、房车基地、拓展训练基地等于一身的自然健身休闲项目,创建山林乡间溪水畔边宜人的户外活动基地,并与紧邻的满族风情园形成区域联动,大型节庆日可共同组织满族特色的狩猎季、跑马季等活动,展现昔日满族荣光之象(图11、图12)。

图11 破坏山体现状

图12 改造后攀岩野营基地意向

(3)财神庙改造之记住"乡愁"。

财神庙遗址的千年古树静观世间演义变化,财神庙寄托了人们对未来生活的祈福与向往。通过将其寺庙及庙前广场翻建复用,将在这青山绿水间再现百余年人间香火(图13、图14)。

图13 财神庙原址现状

图14 财神庙改造意向

5. 寄语"乡愁"的文化传承与现代诠释

乡村是讲述乡间故事的场所，更是文化的发源地。因此"乡愁"不仅要让人们看见，也要让人们听见。比如中寺村悠久的淳朴民风、丰富的历史遗存以及古老的民间传说等，无一不描绘与述说着悠远的"乡愁"。

（1）朴实的民风民俗。

满族文化：中寺村居民大多数为满族人，漫长的建村历程积淀了多彩的文化资源，从神秘的宗教文化到古朴的民宅建筑再到餐饮娱乐，均彰显着满风满韵。

农家文化：村落结合周边旅游资源优势，充分依托周边田园风光及人文资源，兴起以参与体验、观光休闲、娱乐餐饮于一体的农家旅游产业，让来此体验的人们感受别样的"乡愁"。

（2）悠久的民间传说。

约在明朝嘉靖五年，于山间发现两处泉眼，旁边修建庙宇，取名双泉寺，沿泉水流淌方向分别建设三处小庙，即老爷庙、财神庙、土地庙。伴随着旺盛香火，逐渐形成三个村落，分别称为上寺、中寺、下寺，现仅存中寺社区和下寺社区，这将为"乡愁"建设增加历史色彩。

（3）丰富的历史遗存。

村落因寺而建后，庙宇现已被毁无存，仅剩百年古树屹立寺前，但于原址处供奉的香客依然络绎不绝，为村庄"乡愁"增添往日一景。

五、结语

留住"乡愁"、重塑"乡愁"、演绎"乡愁"是我国现阶段宜居乡村建设的重要课题，本文以中寺村为例展开研究，探寻富有"乡愁"的沈阳宜居乡村建设模式，规划从全新的视角，重新审视乡村问题，尝试开拓新的研究策略与方法，延续"乡愁"理念的解读与应用，从而实现北方"乡愁"回归的现代演绎，为首批示范样板村的打造提供新示范，真正实现村庄成为望得见山、看得见水、记得住"乡愁"的幸福家园。

民族型村庄特色挖掘与保护利用实践
——以拉塔湖锡伯族村庄规划为例

宫远山　焉宇成　李铁鹏 / 沈阳市规划设计研究院有限公司

摘要：沈北新区拉塔湖村位于沈阳市北部，辽河南岸，村庄内 75% 为锡伯族人口，具有典型的锡伯族文化特色。规划根据锡伯族民族文化特色，构建以区域控制为主，整体格局保护、局部发展利用相结合的规划体系，以恢复锡伯族特色风貌为目标，构建完善的用地、道路系统，调整村庄街区肌理、建筑风貌，控制建设区域，结合旅游产业，传承民族文化，推动村庄健康、快速发展。研究对沈阳地区北部大量民族型村镇的保护与利用都具有相应的参考意义。

　　村庄是人类聚落发展中的一种初级形式，主要是以农业为主、人口相对聚集、配置有少量公共设施的居民点。一个村庄的形成不仅代表了人的集中居住，是一种传统文化形式的展现，在满足生存发展需要的同时，更因所处地区历史、文化、政治环境的不同，形成自身特有的空间格局和功能类型。

　　民族型村庄是我国多民族构成的一个基本体现，根据不同的民族、不同的文化，形成不同的特色村庄，散布于我国境内。锡伯族是我国少数民族中历史悠久的古老民族，主要分布于沈阳和新疆察布查尔等地。作为沈阳最古老的民族之一，锡伯族历史底蕴深厚、民情风俗源远流长，是沈阳的非物质文化瑰宝。

　　锡伯族发源于松花江、嫩江流域的黑土地，史学界认为与满族、鄂伦春族、鲜卑族同源。16 世纪末，努尔哈赤建立建川女真，"九国之战"后，女真统一东北各部落，锡伯族加入满洲籍；康熙三十年，为平定北方战乱，补充满洲八旗兵源，锡伯族被编入满洲八旗，成为一支劲旅；乾隆二十九年，为屯戍西陲，从盛京启程向新疆伊犁出发，开始了漫长的西迁之路，西行经科尔沁草原，走过蒙古大漠，乾隆三十年三月抵达伊犁，并建立锡伯营，开凿大运布哈大渠，担当起保卫边疆、驱逐外夷的任务（图 1）。中华人民共和国成立以后，新疆伊犁成立察布

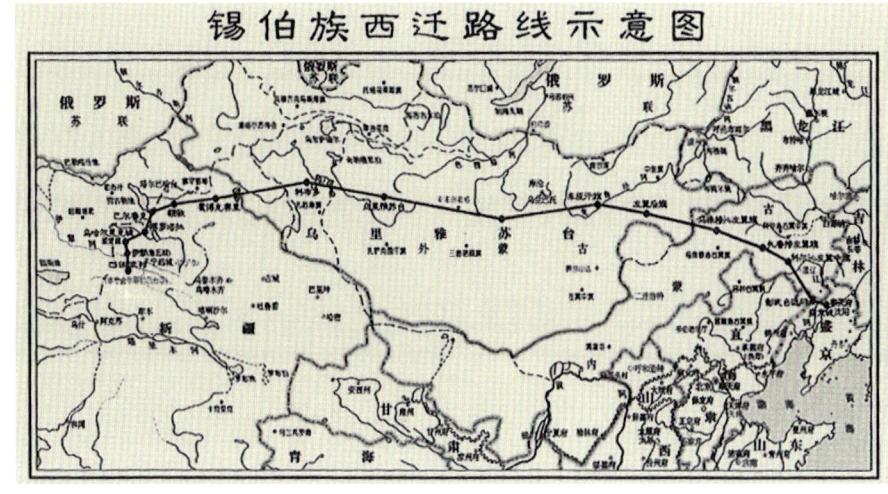 

图 1　锡伯族大西迁

查尔锡伯自治县，辽宁省沈阳市建立了黄家、兴隆台、石佛寺等一批锡伯族民族乡镇。

如今，面对锡伯族传统文化逐渐淡化、消失的现实，沈阳作为全国最大的锡伯族集聚地，必将承担起锡伯民族文化传承与复兴之重任。拉塔湖村作为沈阳锡伯族传统村落之一，因其独特的山水资源、民族特色而承载着锡伯族历史的记忆，顺势而生。

一、村庄发展条件

1. 区位条件

拉塔湖村隶属于沈北新区黄家街道，地处沈北新区北部，距蒲河新城15公里，距沈阳市区约30公里。

村庄位于辽河左岸、七星山下，毗邻七星湿地公园和石佛寺水库，景观资源丰富。规划沈北旅游大道从村庄北侧通过，沈康高速在村庄东侧通过，县道黄拉线在村庄中部南北穿过，村庄交通较为便利（图2）。

2. 文化资源角度——珍贵的锡伯族民族村庄

拉塔湖是典型的锡伯族村落，具有独特的建筑文化、民俗节庆、宗教神话等文化传统，民情风俗源远流长，是沈阳民族资源的重要瑰宝。

在建筑特色方面，以锡伯营、牛录命名的村庄名称，以卡伦为代表的军事设施，以硬山墙、跨海烟囱、卍字炕为特点的民居住宅，以鲜卑瑞兽、索伦杆、青砖灰瓦、雕花图案等为特色的建筑符号，彰显锡伯族独有的建筑文化特色（图3）。

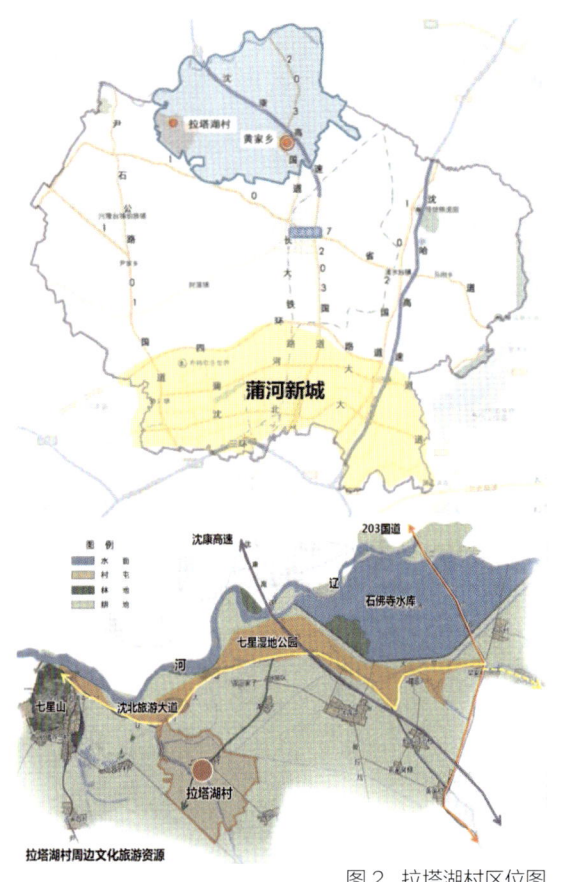

图2 拉塔湖村区位图

在非物质文化方面，其独有的"中间一根棍，两边都是刺"的文字形象，纪念屯戍西陲历史壮举的西迁节、萨满教（萨满祭祀）、喇嘛教（每逢正月初八到十五）、喜利妈妈（保佑子孙繁衍和家宅平安，2010年被列入第三批国家物质文化遗产名录项目）等宗教活动，均代表了锡伯族这个古老民族的文化内涵（图4）。

传统民居

卡伦

卍字炕

图3 建筑特色

西迁节

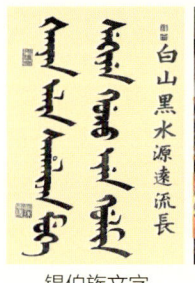

锡伯族文字

喜利妈妈

图4 文化特色

3. 生态环境角度——北方独特魅力的水乡聚落

拉塔湖村古时因水得名，由水而生。村地处辽河之滨，土地肥沃，地势低洼平坦，土地资源比较丰富，"人少地多"是拉塔湖村的一个显著特征。村庄距石佛寺水库不足3公里，辽河支流左小河穿村两侧而过。全村水系丰沛，河洼滩涂较多。截至2015年，全村总计有52个鱼塘，可利用养殖水域面积达到1000亩，已开发的水域面积近700亩。村庄内河道纵横交错，坑塘星罗棋布，素有"千亩鱼塘"之称，是北方独具魅力的水乡聚落。

4. 产业发展角度——辽河河畔富饶的鱼米之地

拉塔湖村产业基础雄厚，以水稻种植、渔业养殖、农机跨区作业为主，人均收入是沈阳农民平均收入的两倍，是辽河岸畔富饶的鱼米之地。

2015年，村庄总耕地面积达10800亩，人均耕地15亩，跨乡承包土地5000亩，水稻种植16000亩，总产量10400吨，纯利1750万元；水产养殖方面，村庄渔业资源丰富，大小湖泊鱼塘星罗棋布，全村现有精养鱼池500余亩，纯利润310万元；农机作业方面，现有各类农机具300余台，水稻种植实现全程机械化，除完成本村农田作业，农机跨区作业辐射东北。

5. 发展存在的问题

（1）村庄文化传统遗失。

拉塔湖村由于社会的变迁产生了大量村民外流的问题，在接受城市社会文化的熏染以及去农民化思想的改造后，在行为上随之出现了对祈福活动的逃避、对祭祀祖先活动的敷衍，传统村庄的谦和融洽性已然不复存在。村庄的文化边界已然在城市化、现代化背景的熏陶下愈见模糊，传统村庄的本质属性正悄然流逝。

（2）村庄建设趋同化，千村一面现象泛滥。

目前拉塔湖村建设出现城市化建设的倾向，如农耕文明氛围难以营造、古朴的乡风气息被日渐蚕食、现代化设施与传统遗迹杂陈、环境污染问题日益严重，等等，乡村城市化极大破坏了乡村资源的乡土性和原真性，极大地削弱了乡村旅游的魅力（图5）。

从南向北望去，民宅错落不齐、风貌各异

破损的西广场

从北向南望去，民宅缺少村庄特色

建有路灯、篮球场的东广场

图5 拉塔湖村现状

二、锡伯族村庄保护与利用策略

1. 目标定位

依托村庄优美的田园生态环境，充分挖掘锡伯族历史价值和民俗文化内涵，将拉塔湖村打造成为"华夏锡伯第一村，东北水乡，锡伯渔庄"，建设田园水乡的新环境，重现锡伯民俗的新风貌，塑造宜居宜业的新典范。

2. 发展策略

统筹发展思路，形成文化复兴、生态利用、产业提升等三大发展策略，全面升级拉塔湖村庄发展，弘扬锡伯文化，构筑民族型特色村庄。

（1）文化复兴。

整合拉塔湖村民俗、乡土、饮食、建筑等相关资源，开发相关旅游产品，打造华夏锡伯第一村。深入挖掘锡伯族民俗文化，将锡伯文化元素融入农户住宅、公共建筑及整体村容村貌之中；策划锡伯族寻根祭祖、认亲、西迁节及冬捕节等节事活动；组建锡伯歌舞、骑射等民间活动团体，塑造以锡伯风情为特色的旅游品牌。

（2）生态利用。

依托周边辽河、石佛寺水库和七星山等自然资源，以环境保护为先导，保护内部的河流、鱼塘、农田等生态要素。同时结合村庄产业发展需求，适度开发自然环境，以美丽的生态景观赋予拉塔湖"田园水乡"的新价值。

（3）产业提升。

以经营乡村为目标，以产业转型为途径，促进传统农业转型发展。"精一进三"，一产向精细化农业发展，在保持现有精品稻米种植的基础上，增加稻田养鱼、稻田养蟹等特色农业产品，提高农副产品的附加价值。同时以锡伯民俗及田园水乡为依托，大力促进休闲农业和乡村旅游业发展，集合七星湿地公园、石佛寺水库等生态旅游资源，培育具有东北田园水乡特色、锡伯文化内涵的乡村旅游业，引导乡村多元化发展。

三、锡伯族村庄保护与利用规划内容

1. 优化乡村脉络，凸显锡伯水乡

（1）空间结构——文化融合、功能集聚。

规划以文化传承为理念，基于村庄分析，依托北部临田、南部依水的资源特征，将村庄划分为稻田景观区、特色村寨区和渔猎休闲区三大区域进行建设指引（图6）。

以联动三大区域的功能轴线和环村水系为骨架，形成"一心、一环、两轴、三区"的空间布局结构。

一心：由拉塔湖村庄建设区形成的复合型综合和休闲服务中心；
一环：滨水生态景观环线；二轴：黄拉线交通发展轴、七星山交通发展轴；三区：锡伯特色民俗村寨发展区、拉塔渔猎文化主题公园区、稻米休闲观光体验展示区（图7）。

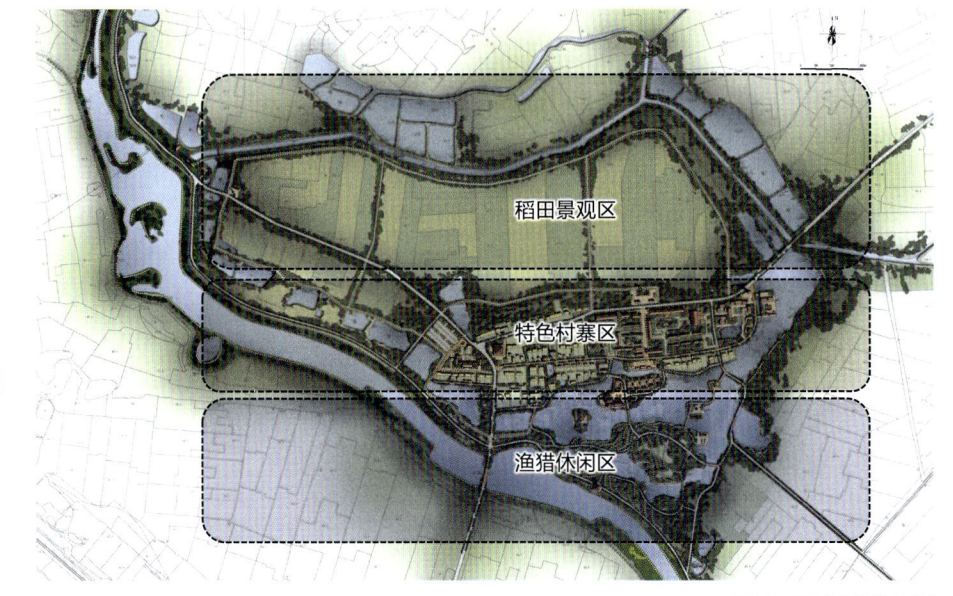

图6 区域建设指引图

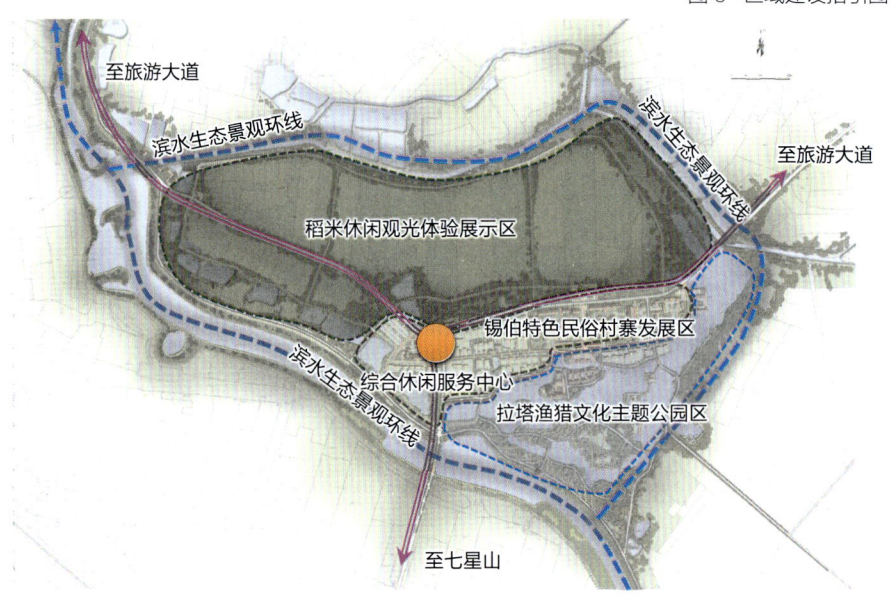

图7 空间结构图

（2）景观风貌。

规划以文化延续为核心思想，在充分遵循原有肌理和历史风貌的前提下，通过对建筑、街巷、水系以及景观的有效处理，汲取锡伯文化特色，再现拉塔湖锡伯古韵风貌（图8）。

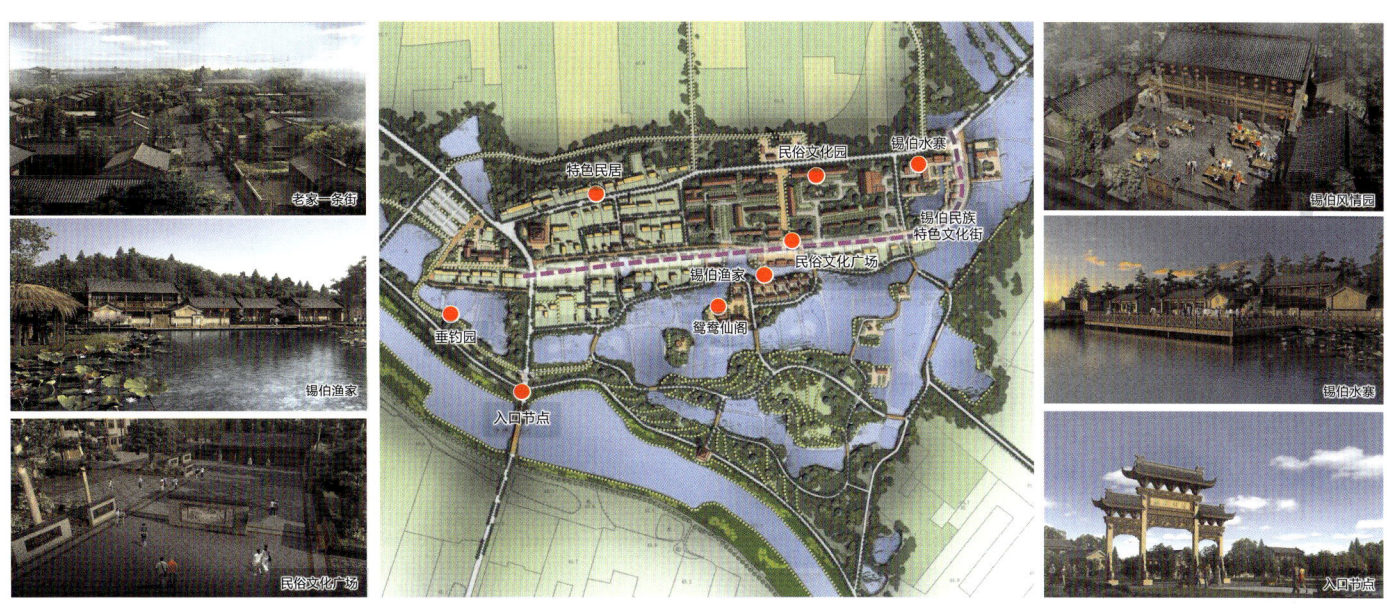

图8 景观风貌图

（3）综合交通——对外便捷、对内通畅、绿色休闲。

以"快到达、慢生活、宜休闲"为导向，构筑对外高效快捷和内部快慢相宜的道路网络，结合景观通道、水上绿道、陆上绿道等多种方式，形成特色的交通支撑体系。

2. 延续乡土文化，传承锡伯风情

以锡伯文化为核心，以环村水系为纽带，统筹考虑村内旅游项目分布，形成"锡伯渔家游—民俗文化游—稻米观光游—湿地休闲游"4条旅游线路，串联各个景点（图9）。

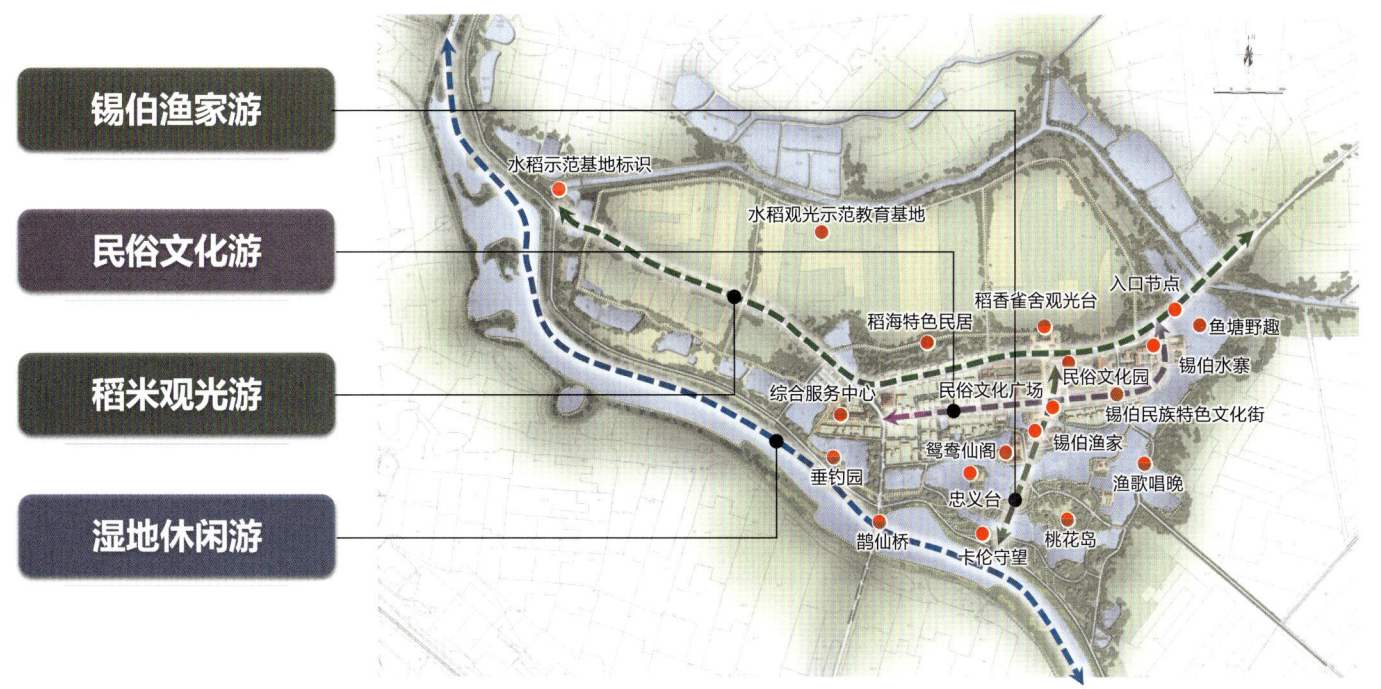

图9 项目策划图

（1）锡伯渔家游。

整合村域内水系及特色民俗资源，打造"渔村—渔湾—渔泽—渔寨"等主题休闲区，建设渔家乐、垂钓园、冬捕节、冬钓园等项目，形成特色滨水生态休闲带，充分展现拉塔湖"千亩鱼塘"自然特色与传统锡伯渔猎文化。

（2）民俗文化游。

以锡伯民族特色文化街和传统民居为载体，打造锡伯民俗文化体验带，构建"民风—民居—民俗—民趣"等系列体验，重点展示锡伯族民居建筑、文化习俗、特色节庆等内容，让游客体验正统锡伯民俗文化。

（3）稻米产业游。

整合拉塔湖生态岛内的稻田资源，打造稻米观光休闲展示带，主要包括稻田画观赏区（田中画）、稻田公园（田中游）、滨河湿地稻田观光区（田中乐）、高效蟹田水稻种植区（田中蟹），形成集农业示范、农耕体验、科普教育、旅游观光、休闲娱乐于一体的稻田产业示范带。

（4）生态湿地游。

以左小河为载体，清淤河道，配置水生植物群落，形成左小河生态景观带，形成以莲花湿地观赏、湿地科普教育、湿地文化体验为主的特色景观带。

四、锡伯族村庄规划思辨

1. 以空间为载体，再现锡伯民族传统风貌

提炼特征：锡伯族民居多依山作屋，傍水而居，并以口袋房、卍字炕、地烟囱、三合院或四合院、照壁墙组成锡伯族房屋的基本样式，锡伯族人家的地面常采用青砖磨缝，有多种铺砌图样，整体给人庄重、淡雅之感。规划分析通过锡伯族建筑原型，提炼锡伯文化特征符号，结合拉塔湖民居建设，突出锡伯建筑风貌（图10）。

传统民居

四斜毬文格子门

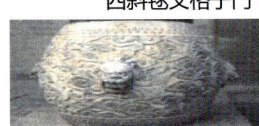
方鼓

青铜饰牌

瑞兽

滴水瓦

锡伯剪纸

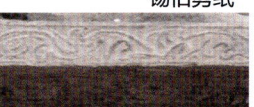
浮雕纹样

图10　民族符号提炼

彰显意境：保留拉塔湖原有街巷走向、尺寸，还原锡伯历史记忆，挖掘文化精神，彰显锡伯意境（图11）。

强化场景：尊重历史文脉，强化空间序列，结合老家一条街等建筑簇群建设，重现锡伯民族传统风貌场景（图12）。

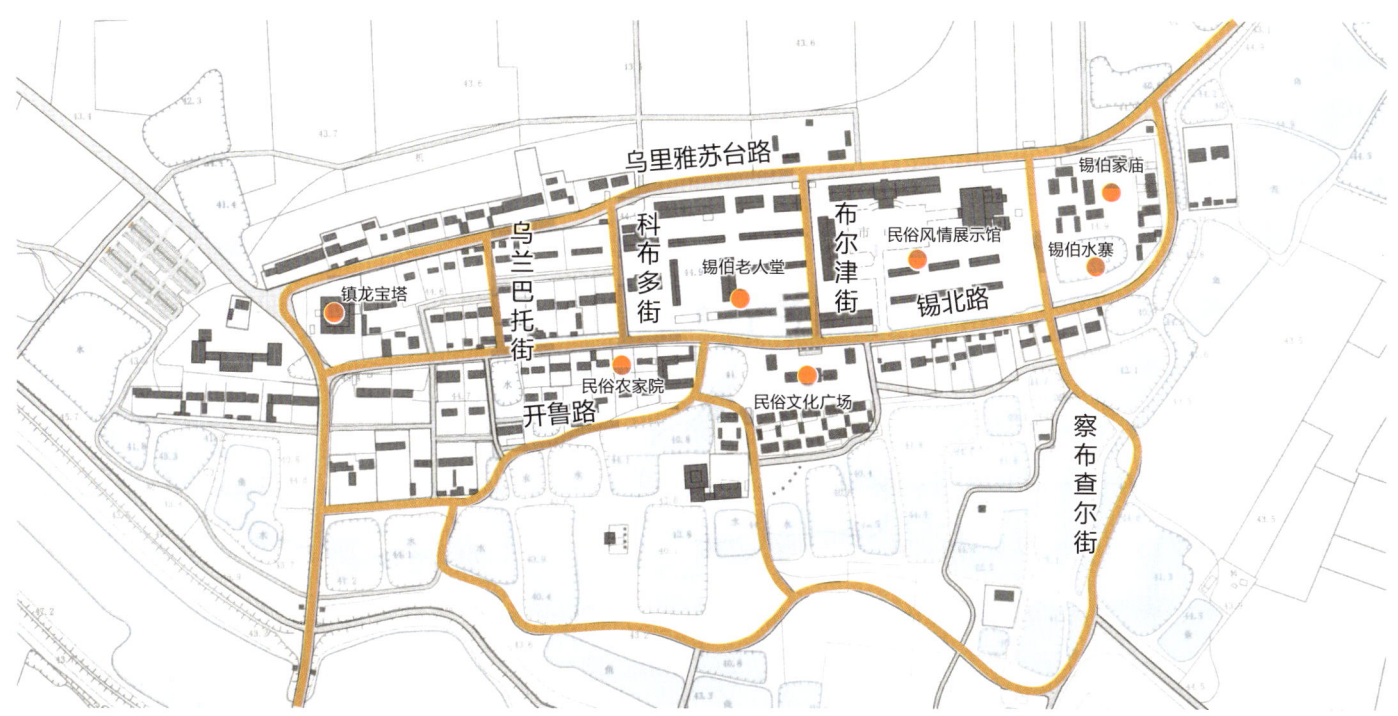

图11 街巷命名

图12 建筑、街巷空间场景

2. 以保护为目标，延续原有乡土质朴气息

规划来源于村庄的基础：农庄、水塘、产业、文化。与传统商业旅游项目不同，拉塔湖村庄规划以特色宜居为发展目标，保留着原有的乡土气息，让村民始终"望得见山、看得见水、记得住乡愁"。

规划延续村庄原有的肌理，维持村庄原有的形态，不改变村庄的生活习惯，不改变土地的性质，依然保留着一个村庄的质朴习俗（图13、图14）。

3. 以村民为主体，强化反馈互动制度建设

规划突出整体性保护和发展，按照国家、省市宜居乡村规划文件的要求，结合现场踏勘和村民座谈，

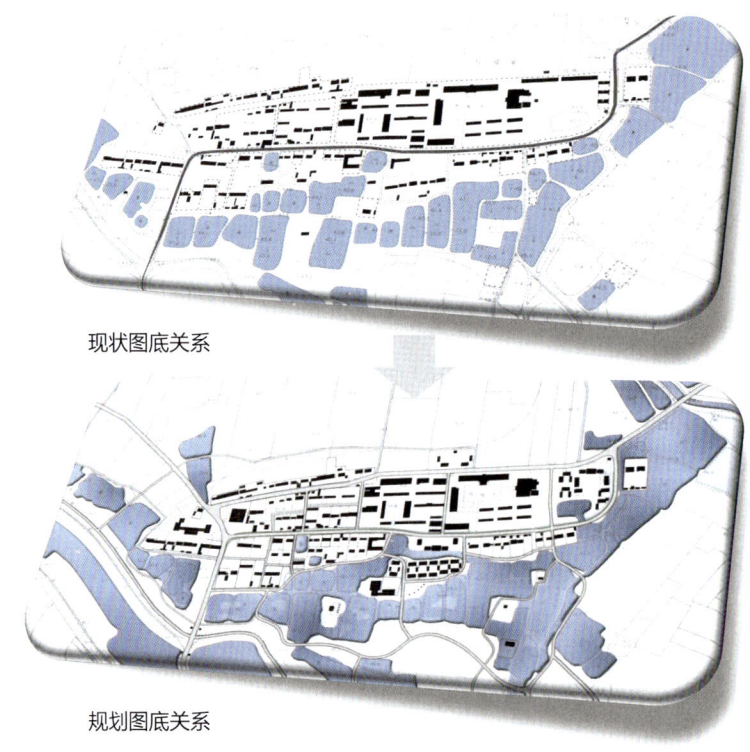

现状图底关系

规划图底关系

图13 图底关系

图14 建筑改造前后对比

从文化传承和宜居规划角度制定引导措施，强调村民主体地位，促进村民参与规划的制定、修正、实施全过程，强化反馈与互动机制。

形成以村民为主体的规划编制方式。首先，村民通过村民会议、村民小组会议等形式提出建设需求、协商确定规划内容。村委会应将经批准的村庄规划纳入村规民约，在村内立牌展示规划成果，确保农民看得到、看得懂。其次，乡、镇人民政府组织动员村委会和村民协商编制规划，并依法组织规划审批。最后，规划编制单位依据委托完成村庄规划编制，参加并引导村民讨论，提供技术指导。

五、结语

通过规划的调研和梳理，拉塔湖村锡伯族民族文化历史遗存得以系统地整理和呈现。一方面，为村庄留存了宝贵的历史资料，提高村民对村庄价值的认识，增强了保护意识；另一方面，规划中对村庄的历史风貌和环境进行了重建，恢复了各类锡伯族设施的空间标志，恢复民族风貌，发展地区旅游产业，改善村民居住条件和发展环境，推动村落健康、持续、和谐发展，为村庄建设改造和未来的旅游开发提供了必要的基础。

乡村振兴背景下的传统村落重生
——以法库叶茂台村为例

高子钧　宫远山 / 沈阳市规划设计研究院有限公司　李莹 / 沈阳市土地储备服务中心

摘要：传统村落是承载中华农耕文明、展现人类与自然内在联系、生存智慧的重要载体。国家提出"乡村振兴战略"，"文化振兴"成为其中一大重要着力点，是乡村振兴发展不可忽视的内在力量。文章以乡村振兴战略为背景，结合传统村落文化资源优势突出的特征，提出以文化振兴助推传统村落重生、再振兴的策略构想，并以沈阳市法库县叶茂台村为例予以路径探索。

一、研究背景

1. 乡村文化之价值

"设神理以景俗，敷文化以柔远。"南齐王融在《曲水诗序》中道出了文化对人类社会的深远影响和作用。

乡村，是中国传统文化的发源地，是礼仪文化、农耕文化、民俗文化的重要载体。人类以乡村为聚落单元，创造、演绎出各自乡土文明的独特文化类型。乡村文明以活态的形式孕育于乡村的生活中、劳作中、意识中以及自然形态中。

乡村文化具有其不可取代的独特价值，具有一定的地域性、历史性、人文性，是"天人合一"数以千年孕育的文化体系，是社会发展中一份不可估量的文化财富，具有工业文明抑或是智能时代都无法替代的淳朴的、宁静的、怡然的独特魅力。"捍卫乡村记忆，就是延续我们的文化根脉。"（尚勋武，2018）

2. 乡村文化之困境

随着中国从农耕经济向工业经济转型，现代化、城市化快速化发展的进程不断延伸，乡村一直处于时代发展的被动地位，空心化、老龄化、边缘化趋势愈发凸显。蕴含在乡村深处的乡村文明、中华文明也随之走向衰落，丰富多彩的乡村文化与景观风貌正面临"千篇一律"与"瓦解危机"。

自2012年起，国家下发《中共中央国务院关于加快发展现代农业活力的若干意见》，强调"加大力度保护有历史文化价值和民族、地域元素的传统村落和民居"，正式启动"中国传统村落"保护工作。目前已公布四批国家级传统村落，共计4153个。然而辽宁省传统村落的数量在全国所占比重微乎其微，沈阳市为零。沈阳市作为盛京古都，其大量的历史文化、民族文化、关东地域特色文化被淹没于快速发展的浪潮中，遗留于乡村衰退的角落中。沈阳市乡村文化的衰落程度尤为严峻，乡村文化的重新崛起与振兴，任重而道远。

3. 乡村文化与乡村振兴

党的十九大提出实施乡村振兴战略，并提出"产业兴旺、生态宜居、乡风文明、治理有效、生活富裕"的总要求。这是继党中央2005年提出新农村建设战略后又一个加快农业、农村和农民发展的新思路、新战略与新举措。这是决胜全面建成小康社会、全面建设社会主义现代化国家的重大历史任务，更是提升乡村战略地位，促进城乡互动、平等发展的重要契机。

乡村振兴既要塑形，更要铸魂。党的十九大也明确指出："文化是一个国家、一个民族的灵魂。文化兴国运兴，文化强民族强。"乡村要振兴，润物无声的文化力量不可缺位。

"'乡风文明'不是为经济振兴助力的次要方面，而是乡村振兴的初心、旗帜和方向。"（刘忱，2018）"在乡村振兴中，我们要通过各种方式继承乡村文化，并与社会主义核心价值观相融合，对之进行创造性转化和创新性发展，使风格各异的乡村文化成为美丽乡村建设的亮丽名片。"（尚勋武，2018）因此，我们应认真梳理乡村文化的内涵与价值，使其在乡村振兴的宏伟蓝图中得到更充分的保护、更多元的挖掘，得以发挥最大的价值，呈现最美的姿态。

二、叶茂台村的乡村文化解读

叶茂台，名称取自"根深叶茂、兴旺发达"。这里扼守法库西大门，圣迹山史踪可觅，獾子洞百鸟齐飞，这里散发着大自然的灵气与辽文化的光环。

叶茂台村隶属于辽宁省沈阳市法库县叶茂台镇，其位于法库县西部，距法库县城45公里，距沈阳90公里，与新民县、彰武县接壤，地处三县交界地带，是沈阳市法库县的西大门，也是沈阳市法库旅游发展轴上的重要节点。村域总面积1838公顷，人口4900人。村庄已于2017年底申报第五批国家传统村落。

1. 宰相故里，辽代文明

叶茂台村拥有悠久的辽代文明。其是辽代左府宰相萧义故居所在地。同时叶茂台村圣迹山上分布着包括北府宰相萧义墓群、契丹贵族墓等在内的23座辽代墓群，被列为国家级重点保护单位。在辽墓群中出土众多珍贵辽代文物，充分展现了辽代的发展与文明，成为佐证辽代历史、地理、经济、文化等众多方面的重要文化史料。

辽代，依辽河而兴，孕育了契丹民族的古老文明与文化积淀，它神秘而短暂，却让北方首次成为中国历史舞台的主宰。法库叶茂台，"辽"文化的一颗璀璨明珠（图1）。

图1 辽代墓群出土文物

2. 千年石场，圣山枫林

叶茂台村西部的圣迹山群山叠嶂，峰青谷翠，历史悠久。其东侧，有千年采石场，威严峻峭，景致奇观。其西侧，有千年古枫林，占地200余亩，五角枫800余棵，是辽宁省迄今为止发现的规模最大的古树群（图2）。

图2 千年古枫林、千年采石场遗址

3. 百鸟齐飞，富庶之地

叶茂台村东北侧紧邻省级自然保护区——獾子洞湿地自然保护区。该区域拥有的生态系统类型约占沈阳市湿地生态系统总数的80%以上，湿地鸟类占沈阳市湿地鸟类的80%以上，呈白鹤齐飞之美景。

叶茂台村以农业发展为主，近年来特色农业不断壮大，花生种植比重达30%，被誉为"花生之乡"。同时，叶茂台毛驴交易历史近千年，年交易额近2亿元，市场远销至全国各地。

三、以"文化+"助推乡村振兴的策略与思路

1. 明确"文化+"的内涵意义与价值

习近平总书记在党的十九大报告中指出，要"健全现代文化产业体系和市场体系，创新生产经营机制，完善文化经济政策，培育新型文化业态"。随着新时代创新、多元的发展态势，"互联网+""农业+"等新型发展模式不断涌现，"文化+"的概念顺势而生。

"文化+"即突破对于传统"文化"的理解与认识，不再停留于对于文化的表层保护与修复，而是充分发挥"文化"的融合力与创造力，不断地吸纳与扩展，使其更加深刻地融入乡村振兴的每一个环节中，进而形成以文化为基础、"1+1>2"的发展新合力，全力助推乡村振兴的发展与建设。这对于文化资源型村落的振兴发展尤为重要。

2. 建立多元的"文化+"发展思路

"文化+"，"+"的内容是多元的。其包括文化空间的塑造与展现、文化产业的挖掘与拓展、文化脉络的保护与传承、文化介质的创新与应用等众多方面。"文化+"是开放的、融合的、人本的发展概念，是传统文化与现代发展的融合与创新，是有效激发乡村活力、促进乡村振兴、展现乡村价值魅力、发挥文化在现代乡村经济社会以及促进城乡多元融合的重要动力。乡村振兴中，应结合乡村资源禀赋建立多维度、多元化的"文化+"体系，多方切入，有效助推乡村振兴与发展。

3. 建立动态的"文化+"发展思路

"文化+"，"+"的过程是动态的。文化本是在不断的衍生、发展中形成的，具有极高的时代性、动态性。因此，在乡村振兴的过程中，应用"文化+"发展模式的同时，更应遵从文化自身"生态、动态、活态"的特质属性，建立从"静态保护"到"动态传承"的引导机制，使其紧随时代发展的脉络，有机、动态地不断丰富、更新与延续。

四、以"文化+"助推乡村振兴的路径与实践

1. 文化+产业，构建乡村振兴的动力与价值

产业是乡村发展的核心动力。随着一、二、三产融合发展理念的提出，乡村产业与文化已不再是相互对立的状态，恰恰相反，将会形成互动互助的有机体。新时代的乡村产业发展应有效借力于文化，突出特色、形成品牌，构建"文化+产业"的多元发展模式，积极推进"文化+旅游""文化+农业""文化+市场""文化+产品"等多种新型产业，形成"文化助推、三产融合、多元互动"的乡村发展模式。

叶茂台村依托现有资源，形成"西游、中居、东产"的产业发展格局，主要发展"特色农业"与"文化旅游"两大产业发展主线，构建五大产业板块。

其中文化旅游以"大辽福地、宰相故里"为文化依托，结合新型产业模式，打造形成"知辽史、观遗址、赏枫林、探石窟、品民俗、游农庄"六大文化旅游精品项目，构建乡村文化旅游的全产业链条。特色农业依托现有农业基础及文化特色，重点打造叶茂台花生产业及畜牧产业的特色文化品牌。同时结合新型加工、旅游体验、网络销售等方式全面延伸产业链条，形成以文化为依托的一、二、三产融合驱动模式（图3）。

图3 产业发展示意图

2. 文化+空间，塑造乡村振兴的格局与风貌

空间是展现乡村文化特质与独特魅力的重要载体。深入挖掘乡村文化、研究乡村文化脉络与肌理，使其在空间上得以充分落实与展现。

规划以"山水相依，文化联动"为理念，延续"西山、东水、中居"的空间山水特征，结合西部圣迹山历史文化群，打造"山、水、村、文"有机共融的空间发展格局。村庄以山水为基底，延续老街肌理，结合主要干道及设施布局形成"两横一纵"的空间构架。村庄横向主轴向西侧圣迹山历史文化片区延伸，强化西侧历史文化空间的营造，构建西文、东居鼎力互动的文化空间体系（图4）。

图4 乡村空间格局规划图

同时，注重村庄文化风貌的修复与建设，营造辽代文化特色突出、清丽典雅的文化村落风貌。其主要从建筑风貌和景观风貌规划体系入手，包括恢复传统民居、营造文化节点、把控乡村环境、建设辽代风情园等重要文化展示空间等方面（图5）。

图5 辽代风情园规划图

3. 文化 + 传承，厚植乡村振兴的土壤与内涵

注重乡村传统文化的内涵式传承。恢复、传承乡村民风民俗、非物质文化。结合叶茂台文化特色，开展白鹤节、古枫节、毛驴交易博览会等节事活动，同时结合乡村旅游产业建立乡村文化节事活动年度时间表，建立优秀传统文化展演机制，使乡村文化得以更多元、更"活态"地展现。进而通过文化软实力有效激活乡村的文化脉络，打造乡村文化品牌特色。

同时，秉承"文以载道、经世致用"的理念，把乡村文化传承理念与乡村治理紧密结合。建立文明讲堂机制、文明弘扬机制、村规民约机制等，形成乡风文明的立体宣传管理体系，从而有效建设村民的心灵家园，培育乡村的文化自信，激发乡村的文化活力。

4. 文化 + 创新，突破乡村振兴的边界与局限

结合现代互联网 +、电子商务等信息技术，创建叶茂台文化网络宣传平台。依托大数据、物联网等信息技术手段全力宣传叶茂台村庄的文化品牌，同时大力发展众筹农业、定制农业等新型业态，使其突破传统乡村的局限与禁锢，在未来的乡村振兴与城乡互动中得到更多的关注、寻求更广阔的市场和发展平台。

积极建立村庄及村民的文化自信。充分挖掘乡村文化优势资源，建设乡村文化服务体系与管理平台。响应"打通公共文化服务的'最后一公里'战略"，完善叶茂台乡村基层公共文化设施建设及文化思想学习。

五、结语

乡村振兴之际，我们不可忽视乡村文化对于当代中国乡村发展的重要意义与价值。乡村文化是根基，是灵魂，是"留住乡愁"的根本。所谓乡村振兴，并非把乡村变成城市；乡村该有乡村的样子，乡村该有城市无法匹敌的独特景致与文化魅力。乡村需要振兴，乡村文化更需振兴。

向承载着中华文明与历史光辉的"乡村文化"致敬！

基于"差序发展"的沈阳乡村振兴之路

被采访人：邓大才　整理：刘春涛　王玲 / 沈阳市规划设计研究院有限公司

摘要：乡村振兴战略是决胜小康社会的重中之重，与每个人息息相关！在这个日渐扁平化、大众化的时代，数亿民众追求健康自然生活方式的转变，能否成为乡村建设运动成功的保障？普通百姓衣食住行游购娱等消费习惯的改变，能否成为推动历史变革的力量？答案应该都是肯定的。乡村振兴战略落到实处，理应是一场人人参与、人人贡献的平民运动，每个人都是振兴乡村的深层内生动力！不单是因为十八大的生态文明理念逐渐深入人心，得到了各级政府的响应，也不是因为十九大将振兴乡村作为国家战略，乡村一时成为引人注目的热点，而是因为乡村建设得到了社会的热烈响应，涌现出一股新的民间力量，带着生态的思想和理念投入到乡村建设中。振兴乡村，人人有责！

大棚蔬菜种植

自党的十九大首次提出"乡村振兴战略"，以及中央农村工作会议对实施乡村振兴战略的再部署以来，沈阳积极响应国家、地方精神开展新时代下乡村振兴建设，邓教授多次来沈参与我市乡村振兴学术探讨。

1. 沈阳市乡村振兴，有其独特优势。

一是背靠省会城市，有着丰富的市场、人才、资本等资源。二是土地资源丰富，人均耕地面积是全国平均水平的三倍。同时，还有大量水面、湖泊等资源。三是农业产业有基础，特别是"一乡一品"有基础，寒富苹果、大棚蔬菜、水产销售、肉牛等有一定规模和知名度。

2. 目前沈阳市这些优势并没有发挥到极致。

首先，沈阳的城市对乡村的带动作用并不明显，特别是对法库、康平等边远地区带动作用有限。

其次，土地资源丰富，但农业产业化水平不高，资源潜力尚未充分挖掘。

再次，各区县有发展定位，但特色不突出，导致各区县逐步走向同质竞争，产业效益不高。

农业产业

3. 沈阳市实施乡村振兴战略，建议走"差序发展"之路。所谓"差序发展"，指不同空间区域根据自身条件、基础确定不同功能定位和不同层次定位。

一是"城乡功能错位"。沈阳市乡村振兴，需要重新定位乡村社会功能，需要充分利用省会城市的资本、市场优势，走重塑城乡关系的融合发展之路。为此，要重点推进休闲体验、养生养老、绿色农业等乡村产业发展，将乡村打造为城市的后花园、宜居地、康养所，形成"你中有我、我中有你"的功能互补新业态。

二是"目标水平分层"。沈阳市地域广袤，各地发展条件、基础不同，不可能同水平发展、同模式发展。沈阳市实施乡村振兴战略，需要针对不同区域发展条件，定位发展层次。其中，在近郊地区，重点瞄准城市高端人群需求，走精品、高端经营之路。在远郊地区，重点瞄准城市大众人群需求，走规模、集约经营之路。在康平、法库等乡村地区，重点瞄准老年人群需求，走生态、养生经营之路。

三是"产业特色分工"。沈阳市实施乡村振兴战略，应进一步强化各地区产业发展特色，打造特色产业集群。如：以果蔬为核心，打造西瓜、苹果、草莓、大棚蔬菜等现代农业园区；以畜禽养殖为核心，打造生猪、肉牛等现代养殖园区；以温泉、河湖为核心，打造康养、休闲产业园区。

邓大才：湖南省汉寿县人，教授，博士生导师，华中师范大学中国农村研究院院长，教育部新世纪人才。

打造东北田园综合体标杆之作：沈阳稻梦空间

被采访人：赵爱军　整理：刘春涛　王玲 / 沈阳市规划设计研究院有限公司

摘要：稻梦空间位于沈北新区兴隆台锡伯族镇兴光村，景区总面积已达1550亩。稻梦空间拥有世界上最大的单体稻田画，是全国最大的中小学生农业科普教育基地，也是全国最大的休闲与旅游示范点。2012年，稻梦空间建立园区。稻梦空间AAA级旅游景区，于2014年7月18日正式对外开放，年接待游客20万人次，已成为以稻田画为主，集亲子教育、生态文化、民族文化、农耕文化为一体的水稻艺术王国（图1）！兼负创品牌、聚人气的功能，稻梦空间已注册有龙地绿色大米商标。品牌农业之舟已扬帆加速！

图1　稻梦空间内景

田园综合体作为一种概念被社会和各界学者热议，而田园的基础农业却完全被回避，一种以新型城镇地产反哺农旅的思路占据主动，被认为是唯一的可行道路。这也符合几年来工商资本投入农业后的经验总结。难道就没有一条以农业产品链条为本、以文化为灵魂而拉动农村农宅高效使用、解决"三农"难题、增加农民收益的渠道吗？答案是肯定的：有。田园的主体是"三农"，没有农民参与的综合体是不能称为田园综合体的，只能是城镇化。田园综合体要解决的问题之一，是农民收入稳定增加。靠一种模式就能让农民增收的确很难，一次性补偿方式弊端不小，但真正让农民增收，最好的办法是就业转化，技能提升，扶持创业，参与综合体服务。之二是通过农旅带动农宅利用，先育市、后建场，方会有市场（图2）。而做市才是重中之重。之三，只有撬动田园的市场，发挥农民之长，带动农民提高素质、丰富技能，融合吸引人才，激发田园固有价值，才会带动产业升级。之四，让农民的宅基地形成财产性收益。

沈北稻梦空间现在已然发展成为我市乡野旅游的首选地，赵爱军认为稻梦空间发展的成长路径与独特的运营模式是以问题为导向，以需求弹性为动力，探索和创新运营模式，是田园综合体（农业特色小镇）的出路所在（图3）。

首先是创新产业融合模式。产业的基础优势是项目核心竞争力的基础；巧妙的创意是项目的后天动力；低成本的运营是项目生存的根本；政策支持是项目的翅羽。

农业的问题在哪儿呢？发展农业的贡献有多大呢？如何在农业上赚到应有的利润呢？农业的地位如何？带着这些问题，引出当下农业供给侧改革、乡村振兴国家方略。用政策的支持和引导升级农业，用更优的农产品替代传统农业，解决食安、农村空心、农民就业增收、农业增效提升等问题。在这样的背景下，各种惠农扶持政策密集出台，各路资本蜂拥而至，各种古镇小镇项目纷纷上马，编故事，杜撰文化，怪象丛生。一次资本的失败，不仅是社会资源的巨大浪费，更消耗了未来资本进入乡村的信心！

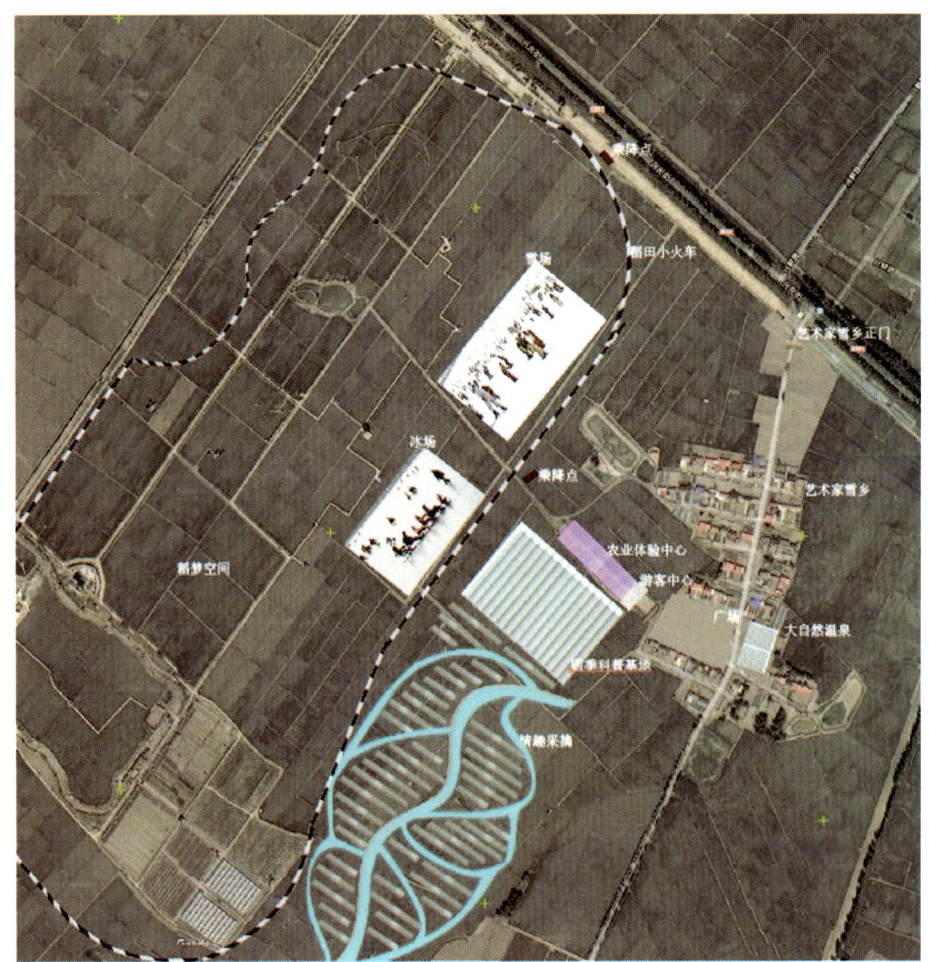

图2 稻梦空间规划图

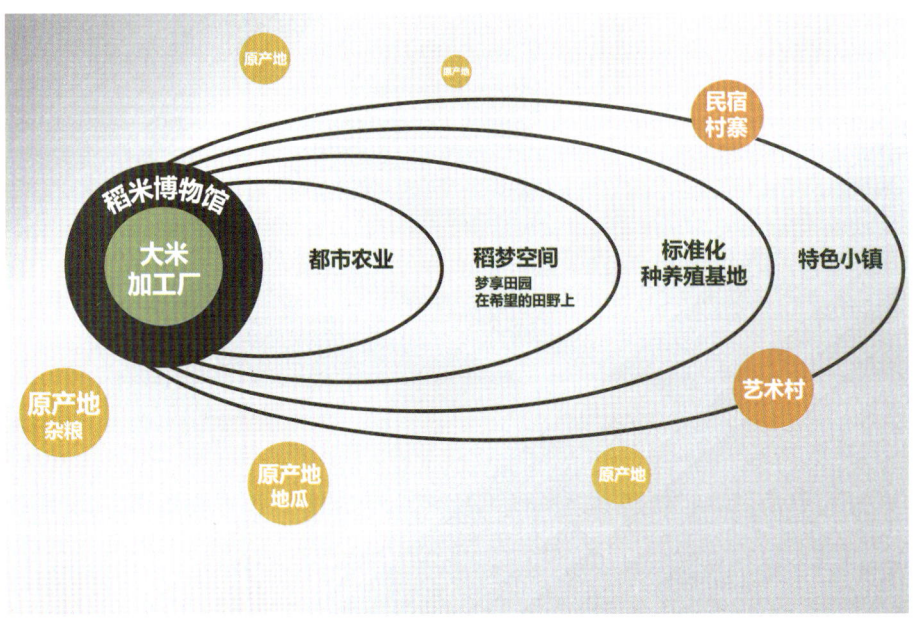

图3 龙地项目结构图

这里给出锡伯龙地的项目策划，供业内参考：以"三农"为基础，发展旅游、农业、品牌农产品加工（形成产业链，相互融合），通过创客和互联网手段，实现项目需求。

农业产业的模式创新，规模化是农业标准化的基础，标准化才能成就品牌农业，成本控制是降低运营风险的必要手段。现在解决这样问题的基本方法是土地流转和合作社模式，资本更倾向于流转方式。流转方式的优点是牢固掌握了土地使用权，弊端是高额的财务成本，由于农民脱离了经营权，农民不再为土地承担责任，土地失去了保姆（玉米等大田作物尚好），水稻等农田通过工业化管理的风险呈现，除了产量无法保障，更加大了成本。合作社，这里就只有呵呵了，根本不适合大资本。

锡伯龙地的模式：公司＋农户（大户）＋合作社的托管土地管理模式，公司把控全程，从施有机肥→品种选择→病虫害防治→收割入库→加工，通过规模化降低成本，惠及农民。让农民增收并减少劳动付出和存储等负担，鼓励大户种植，鼓励农户间流转，培育专业农民，让农民职业化。这种模式有效化解了土地流转和单一合作社模式的弊端（图4）。

循环农业培育高端市场的模式。高端市场，是品牌的价值空间，更代表了企业拥有的资源厚度和竞争能力。

锡伯龙地模式，采取生态有机水稻休耕项目为农产品提质增效。

休耕方式：种植白菜、苋菜和豆类作物（绿肥）→散养猪鸡（粪肥）→青翻→种植白菜等作物→猪鸡饲料→粪肥回田→二次青翻→种植白菜等作物→粪肥回田→休耕作

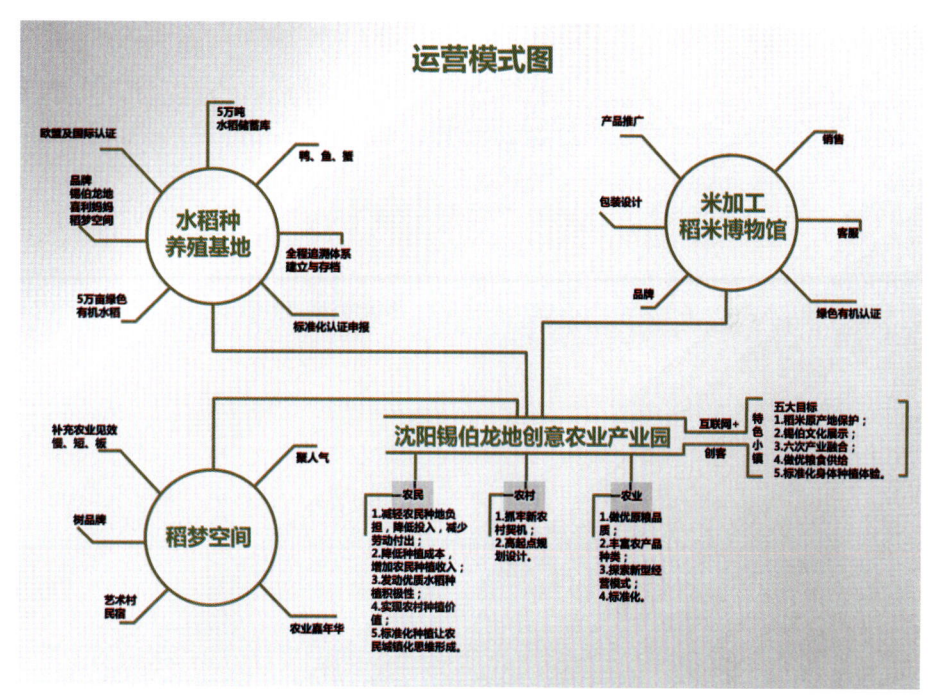

图4 运营模式图

用：①杂草种子在未结籽时被消耗掉，为耕作解决除草问题；②猪鸡粪肥及绿肥回田，增加土壤有机质；③土壤经2—3次翻动，有效去除或降低病虫害危害；④休耕中土壤降低了肥力消耗，并可得到有效补充；⑤休耕时饲养高品质猪鸡，社会效益显著，不会造成土地资源浪费；⑥休耕期田间呈现了更自然的状态，为人们提供了新的休闲空间；⑦休耕种植符合农业供给侧改革方针，为餐桌提供更高品质食材，满足人们对美好生活的追求。生态水稻种植将采用鸭稻共作模式。

赵爱军：沈阳锡伯龙地创意农业产业有限公司总经理。

乡村振兴，听听大家怎么说
——沈阳市乡村发展基层调研

整理：刘春涛　申振 / 沈阳市规划设计研究院有限公司

摘要：7月9日至7月16日，规划三所走访了康平县、法库县、于洪区、辽中区、浑南区，以发展经验、农民诉求为重点开展深入调研，访问了多位专家和基层干部，他们的主要观点整理如下。

陈巍
康平县海洲窝堡乡党委书记

乡村振兴要把"产业兴旺"放在首位，尤其是要根据自身资源特征走"一乡一业、一村一品"的发展路径。以海洲乡为例，全乡现有花生种植面积8万亩，占全部耕地70%以上。为此，海洲乡围绕做强花生品牌，加速"产业兴旺"步伐，加速农民致富步伐。开展乡村振兴主要措施包括五项：一是坚持科学技术引领（沈阳农大正在培育花生新品种）；二是大力推广优质品种（重点推广"一品康"等已获得辽宁省优质农产品金奖的花生品种）；三是逐步开展有机种植（约1000亩土地已开展有机种植）；四是延伸农业加工链条（王全窝堡等村庄正在建设农业加工生产线）；五是拓展现代化经营方式（海州村鑫康海合作社已经开展网店经营）。

沈阳的资源要素一直在集聚，法库属于"灯下黑"，产业吸引力、竞争力和市里比不了，但这不代表不发展产业。我认为未来可能要出现这样的一种分化，就是慢节奏地向农村集聚，快节奏的向城市集聚——前者指的是康养、休闲，后者指的是就业、创业。法库县没有景区，但有山有水，资源丰富，应对这种趋势，应当提前谋划，统筹规划。

法库花卉产业

法库肉牛产业

沈纯刚
法库县农经局局长

徐占双
康平县方家屯镇党委书记

总的来说，乡村振兴要以人为本，要开拓思路。方家地瓜现在是沈阳市的明星农产品，含糖量超过30%，比普通的葡萄还高8%。但地瓜不易储存，导致价格一直上不去。今年我们研究建造"地窖"式储存室，把地瓜放在地面五米以下的地窖里保存，既解决了温度问题，又解决了湿度问题，理想的话，地瓜的价格可以翻两番。另外，去年开始，我们尝试利用一些荒山种植榛子，让乡村振兴不光要有经济效益，也要有生态效益。

康平十家子地瓜种植基地

驻村干部介绍山榛种植情况

农村缺少集体收入是发展中的瓶颈之一。早些年，柏家沟有几个矿，村民靠卖煤、运输、做劳务谋生，那时候柏家沟的运输车数量占全县的一半，可就是自个儿顾自个儿，没有集体收入。2002年改革以来，用百姓的话说，叫"山有名、树有姓"，集体没有了资源。在全镇的12个村里，不同的是东部6个都是平地村，西部6个都是山地村，相同的是这些村都没有集体用地，都没有村办企业，都没有集体收入。解决这个问题，可能要通过集体土地确权之后重新划分土地，将规模小的地集中起来让集体管理，集体有收入才能更好地为村民服务。必须承认，这么做难度很大，不是每个村都能做到的。

柏家沟村百姓自建的休闲设施

周立奎
法库县柏家沟镇党委书记

李兴天
康平县张强镇镇长

现阶段有几个方面可以作为乡村振兴的抓手，我举几个例子。一是加强农村的合作社建设。张强镇的西两家子村通过集体创办合作社，建设了香菇生产基地，现在每天能产7000斤以上香菇，效益非常可观。三棵树的国盛合作社通过土地流转建设大棚，统一种植寒富苹果，创造了区域品牌，再将大棚种植的70%的收益用于社员分红，实现了共同富裕。二是要盘活农村的土地资产。现在农村的小学集中到镇里，很多校舍就可以作为集体资产盘活，开展农产品仓储和冷链物流等设施建设。目前，张强镇14个乡镇里，8个有集体收入，6个没有集体收入，通过盘活土地可以让大多数的农村壮大集体经济，这很重要。

张强镇西两家子村村民展示香菇繁育

张强镇西两家子村冷链物流基地

吕达
法库县规划和国土资源局局长

中央每年都在出台"一号文件",究竟希望农村做什么？我认为是一种稳定,包括粮食安全、生态安全。因此,乡村振兴应该抓几个大的方面。一是从宏观来看,自然资源需要统筹,三生空间需要协调。生态修复和土地整理,包括建设用地的整理,都应该在县域规划层面上悉心研究,一些村子在若干年后的的确确就是要消亡的,这是全世界的规律。二是微观层面,生产和生活空间在居民点这个层次里应该分开。这里有养殖防疫的需求,有手工业未来发展的用地诉求,有相关产业水电配套的要求,应当在村庄规划的层面上予以统筹。三是要进一步建立健全土地利用机制,比如退出的宅基地收回村集体,如何再利用？大面积废弃宅基地采用什么样的机制统一退出？

法库十间房特色小镇

法库十间房特色小镇

辛国良
法库县包家屯镇腰达房村村委会主任

农业用地真的需要归大户、归合作社种植。在农村,太老太小的都种不了地,小规模经营又卖不上价,一个种植合作社基本上200万—300万元就能建立,种地、投资买设备,能把农业体系建立起来。农业不简单,好的农业需要懂技术、懂管理的人来经营,散户农民参与市场竞争风险大。将来机械设备都会走专业化发展途径,这会进一步推动种植合作社的发展。腰达房全村种植2000亩辣椒,通过村两委办的合作社,价格上去了,销售也保障了。

法库县包家屯镇腰达房村合作社三樱椒种植区

法库县包家屯镇腰达房村合作社三樱椒种植区

农村人口在大量外流,原因有很多,有的是觉得没有面子。所以,我跟村里人讲,我们是搞农业的,不是种地的。前辛台村是沈阳市第一批搞大棚的,我们的草莓是丹东森林研究所培育的,每年8月份育苗完成,比丹东的九九草莓要早下来一个月。我们和地利生鲜有包销合同,不愁卖。未来我们会搞采摘、休闲生态农业。（问：有什么诉求？）现在基本农田不让搞经济作物种植,不让架大棚,我们发展的空间受限,但是南方的基本农田里,对大棚的要求就没有这么严格。我们不需要资金,我们需要的是政策。

于洪区前辛台村草莓育苗大棚

于洪区前辛台村西红柿种植大棚

王强
于洪街道平罗街道前辛台村村委会主任

魏启明
辽中区养士堡镇党委书记、
养前村"第一书记"

养士堡镇依托都市农业发展，实现了村民、村景大变样。这几年，养士堡镇与京东电商合作，建立自身农产品品牌，品牌农业将引领农村电商深入发展，特别是区域公共品牌将会得到消费者更多的关注与认可。我觉得这是未来乡村振兴的一大机会。同时养士堡镇成立"乡村旅游联盟"，整合乡镇内休闲农业资源，建立微信公众平台，以镇政府的名义进行推广与宣传。游客下高速扫描二维码，即可准确了解镇内采摘、垂钓、农家乐等休闲农业的位置、消费价格、口碑评论的内容。践行乡村振兴战略，农村电商大有可为。

辽中区养士堡镇养前村景观建设

辽中区养士堡镇养前村文化广场建设

乡村振兴需要探讨以下几个问题：

（1）农村集体经济如何壮大，现在"民富村穷"的现象较为普遍，导致村庄基层治理难、经济活力弱等问题。

（2）农村土地是最核心的问题，"生不添、死不去"一刀切的土地分配方式造成了农村多种乱象，如何公平公正、精准量化土地是乡村振兴无法回避的问题。

（3）农村基础设施相对滞后。

（4）农村闲置、空置房屋较多，未来需要一定的发展对策。

（5）农业产业结构调整如何进行，需要国家、省、市进一步明确政策与措施。

（6）农村人口的素质有待提升，也要考虑其精神发展的需求。

法库十间房特色小镇

郭喜宁
辽中区杨士岗镇
党委副书记

于宏海
浑南区王士兰村
党支部书记

推进产业结构调整是王士兰村实现乡村经济振兴的关键。要让村民尽快富裕起来，最可行的办法是通过合作社有效整合资源优势，增加农产品附加值，提升整体竞争力。王士兰村组织农民成立了7个专业合作社，种植特种蔬菜、紫薯、黑花生、温室水果等农产品30余种。在积极引进新品种的同时，不断开发销售市场，注册了"王士兰"等农产品商标，村里还专门成立农产品交易市场。尝到"甜头"的村民们又开始重点打造生态旅游项目，户外登山、采摘、垂钓、吃农家饭、真人CS游戏等项目吸引了四面八方的游客。为了避免村内休闲农业各自为营、同质竞争、素质参差不齐等问题，村里通过成立沈阳士兰农业发展有限公司，使村内休闲农业项目规范化运作、市场化经营。2017年全村共接待游客15万人次，旅游收入近1500万元，乡村旅游休闲农业成为这里经济的主要增长点。

浑南区王士兰村村史博物馆

浑南区王士兰村农家院一景

乡村振兴，担当先行
——规划三所设计师们的心声

整理：王玲 / 沈阳市规划设计研究院有限公司

摘要：当前中央已将乡村振兴战略作为做好新时代"三农"工作的新旗帜和总抓手，具有划时代的里程碑意义。规划三所致力于乡村方向的规划探索转眼已五年有余，先期编制完成《沈阳市镇规划编制技术导则》《沈阳市村庄规划编制技术导则》，对村庄规划编制体系及编制内容有深入了解，之后结合沈阳市宜居建设行动方案，先后开展从涉农地区总体规划直至沈阳北部涉农地区百余个村庄建设规划的编制工作。经过诸多理论探究以及实践经验，使我们真正地了解乡村、热爱乡村、向往乡村。伴随乡村振兴战略的实施，作为规划人的我们再次畅谈我们真实的心声！

宫远山

相对城市而言，"乡村"是分布广、体量小的基本空间单元。乡村，人们随时随处可见，但是"熟视却难熟知"，乡村具有复杂的社会、经济、政治和生态问题。特色缺失是乡村面临的突出问题，体现在文化特色、风貌特色和产业特色上。乡村振兴的目的是重塑特色，还原乡村本色。乡村振兴是历史性使命，从"三农"发展、社会主义新农村建设到当下的美丽宜居乡村建设，其目的都是要振兴乡村发展。所以乡村振兴是一项老课题，又面临新难题。乡村振兴不能简单理解为扶贫工程，不是单纯的政府帮扶，也不是政府的独角戏，而主体恰恰应该是农民，所以，引导广大农民积极参与才是首要任务。乡村社会组织关系弱化是内在的核心问题，体现在村民间的血缘关系、邻里关系不断弱化，政府与村民、村民之间的信任趋于缺失，取而代之的是经济关系主导，经济价值成为目标取向和评判标准，村民的幸福感减弱。

刘春涛

2014年，沈阳市充分认识到农村公共服务设施和基础设施短板，启动了新一轮宜居乡村建设工程。根据要求，各县（市、区）构建三级规划体系，着手编制总体建设规划、镇建设规划、村建设规划；在村庄级别的规划建设中，又分为"示范村"和"达标村"两类，采用不同的标准实施建设。三年行动下来，几十个村庄的风貌、基础设施都得到了较大提升，涌现出沈北的拉塔湖村、康平的小塔子村、铁西的朴坨子村等建设亮点。我有幸和项目组一起参与了上述规划的编制，有几点感悟：一是村庄规划不同于城市规划，城市可以画饼，可以讲概念，乡村规划不论名称是不是叫作"建设规划"，一定是面向实施的规划；二是沈阳是一个工业化先行的城市，城市结构逐步形成"巨单核"式，导致大量资源要素被中心城市吸引，周边广大乡村地区却由于基础设施滞后而无法

接受城市发展的"涓滴效应",城乡差距在持续拉大。因此沈阳的村庄与江浙、广东等南方村庄之间的差距,远大于沈阳城市与一线城市的差距,这种差距包括设施、人才、产业、经济方方面面,基础设施的建设只是缩小差距的多种路径中的一种。

2017年党的十九大那天,我和同事们全程观看了习总书记的报告直播。"实施乡村振兴战略"一句话,引起了在座所有人的热议。很快,沈阳市政府各部门多端响应,围绕产业兴旺、生态宜居、乡风文明、治理有效和生活富裕提出工作方案。恰逢彼时沈阳市被列为全国"总体规划试点"城市,乡村振兴成为总体规划的重要章节。我与项目组又进入乡村振兴的研究组,从发展现状、困境,未尽利用的土地、山水资源等方面出发,做了很多思考,总体的感悟有:一是对于现阶段的沈阳而言,城乡仍在争夺资源,且乡村的竞争力远远不足,要想支撑起乡村振兴,公共服务设施和基础设施建设的持续投入是很必要的;二是建设乡村简单,发展乡村难,乡村发展需要更多的政策,包括土地政策(比如对集体用地的多元利用)、农业政策(除了粮食补贴之外的鼓励政策)等,不是仅靠空间管控能解决的;三是规划方面,应该形成乡村发展的自身框架,遵循城市总规—城乡融合—乡村总规—乡村分类—村庄规划的规划逻辑传导,逐级完善乡村规划。

王阳

党的十九大报告提出实施乡村振兴战略,为中国农业、农村的发展制定了大政方针,规划了美好蓝图,提出了一系列具有创新性的政策举措。但是关于乡村振兴,不同的人有着不同的视角和看法。乡村振兴是个很大的命题,新农村建设,乡村振兴,归根结底就是理顺,解决好"人、地、产"的互联关系。乡村要振兴,产业引入是关键。乡村存在的根本,不仅仅是"美丽的乡村",更关键的还在于人,乡村振兴规划首要任务是充分体现"以人为中心"的基本原则,留住人、吸引人才是乡村振兴的前提。美丽乡村项目,应该产业先行,切实解决村民收入问题。精准对接 + 专业服务,才是解决农村产业引入的必然之路。

李铁鹏

多年来通过踏勘、访谈、交流、参与、体验、设计等乡村规划工作,深刻感受到广大乡村对自身发展的迫切渴望,这些农业人口的诉求很淳朴也很直接,资金如何落到实处、产业如何精准选择、建设如何有序实施、发展如何永久持续等都是需要审慎思考和落实的问题。反思乡村规划,其实是麻雀虽小而五脏俱全的规划,既是经济、政治、文化、社会、生态的最小化细胞的体现,也是国家大区域发展综合战略布局的组合因子。乡村规划是面向具体实施的全程规划,也是调动和提升我们这个农业大国国计民生最根本、最直接和最迫切的发展引导。在国家明确提出乡村振兴大战略契机的基础上,加快推进农业农村的现代化是未来的发展方向。我们作为规划从业者肩负的责任真正代表了一方人民的诉求,任重而道远,还需不断提升和继续努力。

焉宇成

从2005年新农村建设开始,到2008年的村庄环境整治,2013年的不能忘却"乡愁",到2015年的宜居乡村建设,再到2018年的乡村振兴发展,十多年时间的磨炼和探索,"乡村"的主旋律从未间断,似乎让人感觉到了乡村的回归,但随着乡村规划工作的不断深入,我们发现如今乡村发展面临的已经不是单纯的产业、环境、配套等表象问题,农村的"人"和"土地",以及村庄未来如何可持续发展,是现阶段我们需要去思考和探索的方向。

王玲

乡村振兴战略，只关乎农业、农村和农民吗？当然不是！乡村振兴战略是决胜小康社会的重中之重，与每个人息息相关！在这个日渐扁平化、大众化的时代，数亿民众追求健康自然生活方式的转变，能否成为乡村建设运动成功的保障？普通百姓衣食住行游购娱等消费习惯的改变，能否成为推动历史变革的力量？答案应该都是肯定的。乡村振兴战略落到实处，理应是一场人人参与、人人贡献的平民运动，每个人都是振兴乡村的深层内生动力！因此作为规划人的我们应以主人翁精神去改变农村现状，把利己与利人的精神融入发展，将成为实施乡村振兴战略的关键所在。

王娜

乡村与城市一样，是一个复杂的庞杂系统，自然因素、人文因素、空间因素、产业因素等混杂其间，它的运动状态非常复杂，实际上无法仅从某一个角度或侧面去有效观察它、研究它。因此，抓乡村发展的主导方向、主要矛盾，发挥优势，克服和避免重蹈城镇发展的弊病是第一；规划以人为本，可实施可操作，与生态系统、城镇系统相并联、协同发展是第二；大到宏观研究农村、农民、农业的发展战略问题，小到落实微观日常生活圈是第三……归根结底，我们所做的规划工作对于乡村发展的意义是深远的、前瞻的、接地气的，这不仅仅是空间上的问题，更重要的是乡村规划做得好是全社会发展的稳定基础。

刘翀

乡村的宜居建设并非一次性的建设，也并非简单的设施建设，它是一个综合的、长期的、可持续的过程。政府主导的乡村宜居建设在项目开始初期的几年往往会保持有计划有步骤的投入，这个阶段乡村的面貌会有较大的改善。但这一阶段过去后政府的投入会减少或停止，而建设完成的设施是需要不断维护与提升的。比如，新建的道路会随着不断的使用出现破损的地段，市政设施需要维护，路灯会出现损耗。这些设施的维护都需要资金的支持。但对于财政收入紧张的地区，这部分后续资金很难得到自上而下的支持，需要村庄或镇、乡政府自行解决。资金投入的中断成为乡村宜居建设不可持续发展的重要原因。因此，各级政府、规划部门在面对需宜居建设的村庄时必须站在乡村振兴的高度，在解决人居环境的同时，为村庄经济的发展出谋划策。村庄自身经济的发展才能真正有效地解决宜居建设问题。

李佳阳

在实施振兴乡村战略的大背景下，需要把握十八大报告中关于乡村振兴重要文字表述的新变化，理解乡村振兴的深刻内涵。实施乡村振兴要在遵循乡村自身发展规律、充分体现乡村特点的基础上，改变以往的乡村建设模式，使乡村真正成为发展主体，由自发走向自觉，由输血走向造血，培育乡村发展的内生动力和外生动力。内生动力通过促进乡村一、二、三产业融合发展，培养新型职业农民，探索新的乡村治理模式，利用互联网技术手段打造创新创业平台，加入时代元素强化本土特色等方式，凝聚乡村振兴的活力；外生动力要突破乡村发展思维局限，打破单一政府发展模式，吸引社会资本和创业人才共同入驻乡村，形成助力乡村振兴的智力支撑。

高子钧

　　乡村振兴，民之所望、政之所向，是新时代国家对于乡村的重新审视与战略指引。这是一场自上而下的战略引导与自下而上的重生蜕变的融合与碰撞，其将激起无限的能量、时代的花火与乡村的光芒。作为规划师的我们，应站在时代的台阶上，跳出乡村看乡村，跳出规划做规划。锐意进取、不断创新、多元融合的同时，给予乡村充分的尊重——尊重乡村的自然生态肌理，尊重乡村的历史文化肌理，尊重乡村的社会经济肌理，成就小乡村的大格局。

孙微

　　"三农"一直是近十几年来各大会议的热门主题。自2004年起，中央连续发布了14个以"三农"为主题的一号文件。21世纪初，乡村建设拉开帷幕，城乡统筹在政府机关、规划相关部门都成了一个高频词汇，尤其是2008年《中华人民共和国城乡规划法》的颁布，更是以法律的形式将乡村的建设发展纳入城市的规划版图中。

　　作为一名规划师，从社会主义新农村建设、美丽乡村建设再到乡村振兴战略的实践中，深刻意识到乡村的建设实施主体、生态环境、社会肌理、生活方式、运行特征这些内容与城市有着巨大的差异性，乡村与城市的诸多差别决定了乡村规划不同于城市规划，我们熟悉的城市规划的一套方法、理念到了乡村常常会水土不服。多年的乡村规划实践让我们得到了更多的感悟：

　　出城入乡，我们需要温柔规划——怀揣各异的抱负，我们想在情怀与现实之间寻找平衡点。每一个乡村都有乡里故事，有集体记忆，有个性化特征；每一个村庄都是散落在大地上自行演化、自行组织的小聚落；每一个村庄都有在特定的历史地理故事中积累形成的空间肌理。

　　天地广阔，我们需要背上行囊——深入他乡，遇见形形色色的村子，广集各行各业专家的说道，倾听乡村主人的心声。规划坚持初心，但要敢于反思，敢于否定，不断重新认识乡村，了解乡村，与乡村谈一场轰轰烈烈的恋爱！

申振

　　乡村振兴应包括两方面基本内涵：一是从外在而言，乡村在城乡聚落的连续谱系中具有独特而显著的地位，让乡村回归乡村，在文化传承、生态维育、食品供应等方面具有不可取代的作用，对城市形成平等互补、互相支持的关系；二是从内在而言，乡村内部能在经济、人居、治理、农民生计等方面实现自给与繁荣，超越简单的物质环境整治，重赋乡村产业活力、重振乡村文化魅力、重组乡村治理结构等内容，都应该成为乡村振兴更本质的内容。

侯莹

　　在深入推进农业供给侧结构性改革、加快培育农业农村发展新动能的新阶段，实施乡村振兴战略，就要在城乡融合发展中创造"现代田园"，其中最关键的平台就是"田园综合体"。在田园综合体建设规划项目中，许多地区一味注重农业产业的转型升级，而很容易忽略了田园社区的构建。我认为田园综合体不能见物不见人，它是离不开新型田园社区的。田园社区在城乡互动融合中，除了留住原住民，还会带来创业、就业、生活、养老的新村民，并能吸引观光、体验、休闲、度假的游客群体。只有循环农业、创意农业、农事体验、田园社区有机结合，才能称之为田园综合体。

"共同缔造"理念下的沈阳村庄建设规划实践

王娜 / 沈阳市规划设计研究院有限公司

摘要：康平县在打造沈阳市城乡统筹发展示范区过程中，以"共同缔造"理念开展村庄建设规划。项目组构建了村庄建设规划"十个全覆盖"体系，诠释了"共同缔造"理念指导下村庄规划的规划路径与核心内容，并通过发动村民共同开展村庄治理，着力构建"纵向到底、横向到边、协商共治"的城乡社会治理体系，通过"以奖代补"措施，鼓励村民实现共同缔造，形成了村庄建设规划可复制、可推广的"康平模式"。

《沈阳振兴发展战略规划》提出"幸福沈阳 共同缔造"，按照"共识是前提、共建是路径、共享是目的"的要求，不断扩大居民群众参与面和完整社区覆盖面，形成以发动群众共同参与为核心、以完整社区建设为基础的"纵向到底、横向到边、协商共治"的社会治理体系。康平作为沈阳市远郊县，打造沈阳市城乡统筹发展示范区，开展示范村庄规划编制，是落实"幸福沈阳 共同缔造"的具体行动。本文以"十个全覆盖"为重点，编制了康平县刘家屯示范村庄规划。

一、基本情况

刘家屯村位于沈阳市康平县郝官屯镇东部，毗邻辽河，隔辽河与昌图相邻。村域面积17.3平方公里，耕地面积11000亩，下辖3个自然屯——刘家屯、何家屯和老山头，共703户，总人口2370。刘家屯居民点共有户数400户，人口1200；何家屯居民点有户数150户，人口600；老山头居民点有户数153户，人口570。刘家屯村的经济发展主要依靠第一产业，此外建立了村手工艺品厂、有机肥厂，积极发展休闲农业和旅游业，到2016年底，刘家屯村年人均收入10800元，村民收入主要来源于第一产业生产。

二、发展愿景与建设目标

从解决居民生产、生活需求的根本出发，突出区位、环境、文化等特色，注重与辽河生态环境相协调，将刘家屯村打造成为滨河生态休闲地、现代宜居典范村。

2017年7月14日发布实施的《康平县关于推进城乡统筹发展的实施意见》提出，坚持政府引导、群众主导，把"共同缔造"贯彻于工程建设、管护之中，提倡"用工不出村、用料不出县"，完善乡、村、主管部门"三位一体"质量监督机制，强化早管严管，管护于维修之前，确保干一件成一件，率先在5个试点村全面达到"十个全覆盖"标准。刘家屯村作为试点村，坚持政府引导、群众主导，以村庄宜居环境建设为重点，到2018年，高标准实现试点村庄"十个全覆盖"（表1）。

表1 示范村庄规划编制重点"十个全覆盖"

序号	类别	规划目标	现状是否已覆盖
1	饮水安全	供水达标、管网入户全覆盖	
2	厕所入户	多种方式、厕所入户全覆盖	
3	人畜分离	经营性养殖100%进养殖场、粪便统一处理	
4	垃圾处理	户分类、村收集、乡转运、县处理全覆盖	是
5	污水处理	边沟与氧化塘建设全覆盖	
6	道路建设	全村道路硬化全覆盖	是
7	危房改造	房屋安全达标全覆盖	
8	生活燃气	管网或瓶组供给全覆盖	是
9	村庄绿化	村庄绿化全覆盖	
10	美化亮化	村庄美化工程全覆盖	

三、建设重点

刘家屯村示范村庄规划的建设重点是高标准实现试点村庄"十个全覆盖"。

1. 饮水安全

村内饮水工程建设处于起步阶段，给水管网至今未全面覆盖。规划坚持城乡供水"同城同质"，按照"政府投入、自主运营、用户付费"模式，采用联片、联村的供水方式，严格执行国家城市供水水质标准，集中建设水源、敷设供水管网，实现供水达标、管网入户，对贫困人口给予补贴。通过村民代表大会商定，将饮水管护权交由市水务集团管理或村集体自行管理，按核定的水价计量，保障最低运行成本。

2. 厕所入户

采取因村制宜、因户施策的办法，立足环境保护，制定鼓励厕所入户的政策和标准，群众自主建设，政府以奖代补，给予一定比例的资金支持。根据现状调查情况，结合样板户使用效果，推广各户进行室内、室外改厕，采用现浇三格式一体化粪池，须将其埋深于冻土层以下，结合室外改厕每户5000元，共计700户。

3. 人畜分离

经营性养殖统一进入在村庄外围建立的集中养殖小区，同时建设集中收集处理设施，粪便统一堆积发酵，统一还田，实现有序收集、资源化利用。

4. 垃圾处理

村内环卫设施建设已基本完备。全村采用各户收集分类，流动和定点收集相结合的方式。为各户配备两个垃圾桶进行分类收集，对于较大的垃圾设置大型垃圾池进行收集。村环卫车、吸污车定点定时流动进行收集，基本满足村内环卫要求。需增加4套清洁人员清运装备。

5. 污水处理

采用氧化塘处理生活污水，单价50万元/个。目前正在修建氧化塘1个，前期投资2万元。计划在刘家屯、何家屯分别修建各1个。

6. 道路建设

村内主要道路提升改造工程已完成，需提升村与养殖场路段和703户进户硬化。结合自来水管道敷设重新修建道路两侧边沟和未修建边沟总长度约21千米。

7. 危房改造

鼓励引导村民采取互助自建方式，对符合农村危房改造补助条件的贫困户开展危房改造工作。改造后住房建筑面积适当、主要部件合格、房屋结构安全、基本功能齐全，建筑面积13—18平方米/人。危房整治主要针对使用中的民宅，对建筑结构进行加固，无法加固的拆除重建，共需改造46栋建筑。对刘家屯居民点危房整治主要针对使用中的民宅，对建筑结构进行加固，无法加固的拆除重建，共需改造33栋建筑。

8. 生活燃气

目前，全村采用液化气，以市场采购为主，随时更换，方便快捷。远期，村域范围内设置1处瓶组点供燃气站，位于刘家屯居民点外围，方便各个居民点内村民燃气使用。

9. 村庄绿化

村庄主要道路绿化部分已完成，包括广场绿化、节点绿化等。村内主干路、广场、节点绿化以金叶榆、花草灌木为主；村内宅前路绿化以寒富苹果等经济树种为主。

10. 美化亮化

村内街路、庭院保持卫生、整洁、有序。柴草堆、杂物堆规整垛放进院。对主要街路两侧围墙进行修饰整修。主要街路、广场有路灯照明。刘家屯村街道风貌主要包括围墙大门改造，对主要街路沿线围墙进行粉刷，同时兼顾体现刘家屯村整体沿河生态景观湿地风貌和文化特色，总长度6.3千米，总面积1.07万平方米。景观工程共4处，包括入口景观节点1处、老山头眺望台节点1处、村内文化广场节点2处。

四、村庄治理与共同缔造

以"幸福康平，共同缔造"为抓手，通过发动村民共同治理和统筹资源合力治理，加快形成政府、社会和城乡居民良性互动的治理格局，着力构建"纵向到底、横向到边、协商共治"的城乡社会治理体系，并通过"以奖代补"措施，鼓励村民实现共同缔造。

1. 纵向到底、共评共管：加强村庄宜居环境建设

发挥党组织领导核心作用和党员先锋模范作用的机制，以村党支部和村民委员会为龙头，推进党建引领、政府服务，实施"纵向到底"管理体系。

刘家屯全村分为8个小组，每个小组设置1名党员为组长，实施党员包片到组，专门负责各小组矛盾纠纷调解、红白理事、便民服务、党员服务等一切"对内"的服务管理工作，同时带领村民整治环境、认养绿化、美化亮化村庄等建设工作，共同缔造美好家园。

2. 横向到边、共建共谋：加强自发组织对村庄建设的参与度

鼓励和支持村民自治团体的建设，村内能人乡贤发挥领袖人物的带头作用。目前，刘家屯建立10个社会组织，已基本覆盖全村家庭。自治团体的建设，应加强思想政治教育，提升现代文明素质，建立健全团体规章制度，做到活动方式、活动内容、内部管理的制度化、规范化，提高村民的主人翁精神，切实参与到村庄的建设当中。

3. 协商共治、村民共享：唤醒村民集体意识

以村民公约为准则，充分发挥村庄社会组织团体作用，积极开展各项活动，带领村民积极参与到村庄建设和管理工作之中，提升村民参与村庄建设的自觉性与主动性，有效拓展村民自治参与渠道。

4. 以奖代补、共同缔造：把你、我变成"我们"

为鼓励村民参与村庄建设规划，共同建设美好家园，通过以奖代补的模式，建立激励机制，改变村民"等、靠、要"的思维习惯，实现全体村民共同缔造（表2）。

表2 村庄以奖代补工作方案

类别	以奖代补项目	以奖代补方案	评比程序	评比机构和奖励方式
村集体奖励	厕所入户	对农村厕所入户建设和普及情况进行验收、评比、分级。根据建设情况对村集体进行分级补贴	一次性检查	由县外第三方机构对每个村建设情况进行逐项打分评比
	人畜分离	对农村牲畜入圈情况进行验收、评比、分级。根据入圈情况对村集体进行分级补贴	统一定期验收、评比	
	环境卫生	定期对村庄垃圾转运系统运转情况、村庄街路整洁情况进行检查，根据得分情况对村集体进行分级补贴	统一定期验收、评比	
	庭院美化	定期进行监督检查，对柴草堆、杂物堆规整堆放进院，保持卫生、整洁、有序。根据得分情况对村集体进行分级补贴	统一定期验收、评比	
	村民活动	对村庄民间各类文体活动进行申报，对优秀民间组织进行补助，用于活动的深化开展	村集体申报、评比	
个人奖励	村庄集体能人	根据带头能人、优秀民间组织负责人申报情况，对先进个人进行奖励	村集体申报、评比	组织村外专家对个人情况进行验收评比
	集体环境认领	实行门前三包、绿化认领、环境认领。对优秀环境创建、改造、保持的个人进行奖励	村集体申报、评比	
	庭院环境美化	定期进行监督检查，对柴草堆、杂物堆整规整放进院，庭院保持卫生、整洁、有序	村集体申报、评比	

五、结语

本文通过构建村庄建设规划"十个全覆盖"体系，诠释了"共同缔造"理念指导下村庄规划的规划路径与核心内容，通过发动村民共同开展村庄治理，着力构建"纵向到底、横向到边、协商共治"的城乡社会治理体系，并通过"以奖代补"措施，鼓励村民实现共同缔造，打造了政府、社会和城乡居民良性互动的治理格局，形成了村庄建设规划可复制、可推广的"康平模式"。

田园综合体理论体系演进与实践分析

侯莹 / 沈阳市规划设计研究院有限公司

十九大报告中"坚持人与自然和谐共生"和"实施乡村振兴战略"等论述为农村未来发展指明了方向。田园综合体集循环农业、创意农业、农事体验于一体，以空间创新带动产业优化、链条延伸，有助于实现一、二、三产业的深度融合，将成为乡村振兴、实现乡村现代化和新型城镇化联动发展的一种新模式。

一、"田园综合体"理论体系初步建立

2017年中央"一号文件"首次提出支持有条件的乡村建设以农民合作社为主要载体、让农民充分参与和受益，集循环农业、创意农业、农事体验于一体的田园综合体。其思路来源于无锡市惠山区阳山镇的田园东方，倡导人与自然和谐相处，实现生态农业、休闲旅游、田园居住等多重功能（表1）。

"田园综合体"发展理念可追溯到上世纪初霍华德"田园城市"理论。自2017年明确提出"田园综合体"的概念以来，国内学者对田园综合体的概念、内涵、特点、构成、模式进行了广泛讨论。普遍认为,田园综合体是在我国工业化、城镇化发展到一定阶段，在城乡一体化格局下，顺应农村供给侧结构改革背景下产生的(孤鹜，2017)，是以农业为主导，以农业合作社为主要建设主体，以农民充分参与和受益为前提，结合美丽乡村、特色小镇、现代农庄、重要农业文化遗产、中国传统村落、特色产业扶贫

表 1　田园综合体的政策沿革

时间	内容
2012年	田园东方开启地方实践。在无锡市惠山区阳山镇和社会各界的大力支持下，第一个田园综合体项目——无锡田园东方在"中国水蜜桃之乡"阳山镇落地（图1）
2016年	田园综合体从地方上升到中央高度。2016年9月，中央农办领导考察指导无锡田园东方项目，对田园综合体项目给予高度评价
2017年2月	田园综合体首次出现在中央"一号文件"。2017年2月5日，"田园综合体"作为乡村新型产业发展的亮点措施被写进文件，原文如下：支持有条件的乡村建设以农民合作社为主要载体、让农民充分参与和受益，集循环农业、创意农业、农事体验于一体的田园综合体，通过农业综合开发、农村综合改革转移支付等渠道开展试点示范
2017年5月	财政部下发了《关于开展田园综合体建设试点工作的通知》，明确重点建设内容、立项条件及扶持政策，确定河北、山西、内蒙古、江苏、浙江、福建、江西、山东、河南、湖南、广东、广西、海南、重庆、四川、云南、陕西、甘肃18个省份和自治区开展田园综合体建设试点，深入推进农业供给侧结构性改革，适应农村发展阶段性需要，遵循农村发展规律和市场经济规律，围绕农业增效、农民增收、农村增绿，支持有条件的乡村加强基础设施、产业支撑、公共服务、环境风貌建设，实现农村生产生活生态"三生同步"，一、二、三产业"三产融合"，农业文化旅游"三位一体"，积极探索推进农村经济社会全面发展的新模式、新业态、新路径
2017年6月	财政部印发关于《开展农村综合性改革试点试验实施方案》的通知，通过综合集成政策措施，尤其是多年中央"一号文件"出台的各项改革政策，多策并举，集中施策，推进乡村联动，政策下沉到村，检视验证涉农政策在农村的成效。切实尊重基层干部群众主体地位、首创精神，积极发挥农村综合改革在统筹协调、体制创新、资源整合方面的优势，扎实推进农业供给侧结构性改革，有效释放改革政策的综合效应，为进一步全面深化农村改革探索路径、积累经验

图 1 无锡阳山镇（图片来自网络）

等政策 (张灿强，2017)，融合工业、旅游、创意、地产、文化、商贸、娱乐等相关产业，形成的多功能、复合型、创新性的地域经济综合体 (张玉成，2017)。可以说田园综合体是在原有的生态农业和休闲旅游政策基础上的延伸和发展 (于小琴，2006)。目前，学术界对田园综合体的研究还处于起步阶段，大部分研究都是在中央"一号文件"基础上进行解读 (杨礼宪，2017；张玉成，2017；张灿强，2017)，或在理论和政策上阐述田园综合体的建设内容（李青海，2017；卢贵敏，2017）。

二、田园综合体试点建设内容及规模

2017年国家农业综合开发田园综合体试点包括河北、山西、福建、山东、广西、海南、重庆、四川、云南、陕西10个省（区），依据有基础、有优势、有特色、有规模、有潜力原则选取建设地点，分别为陕西汉中市铜川县耀州区小丘镇、广西南宁市西乡塘区石埠半岛、福建省武夷山市五夫镇和上梅乡、云南省保山市隆阳区金鸡乡及河图街道和板桥镇、四川省都江堰市胥家镇和天马镇、山东省沂南县岸堤镇朱家林、山西襄汾县新城镇及邓庄镇和大邓乡、河北唐山市迁西县东莲花院乡、海南省海口市琼山区、重庆市忠县新立镇和双桂镇。

在建设方案中，各地区都体现了生产、生活和生态同步发展，农村一、二、三产业整合的建设目标，由于资源禀赋和基础条件差异（表2），各地区建设侧重点有所调整，建设内容依据功能性可以划分为农业生产、产业加工、文旅休闲、生活居住和综合服务五个部分（图2）。

对各地区田园综合体建设试点总体规划进行统计发现（表3），各地区建设重点不同，比如，云南保山对农业生产区和文旅休闲区投资金额最多，四川对文旅休闲区和生活居住区投资较多。比较各部分的建设内容投资金额可以发现，文旅休闲区的比例最大，其次是农业生产区，而产业加工区的投资金额相对较少。

综合来看，农业生产和文旅休闲是各地区田园综合体建设的重点，而农产品加工、产业链条延伸是田园综合体相对薄弱的环节，一些地区将农业生产和产业加工整合到一起，投入资金主要用于生产基地建设，但加工业发展正是田园综合体提高农业附加值、实现三产整合的主要途径。田园综合体在建设时应

表2 田园综合体试点地区特色农产品汇总

试点地区	特色农产品
陕西 铜川	蔬菜、苗木、樱桃、苹果、梨、核桃、小麦、玉米
广西 南宁	水稻、蔬菜、水果、花卉、龟鳖、罗非鱼、猪、肉牛、奶牛
福建 武夷山	茶叶、水稻、白莲、水果、玫瑰、梅花、蔬菜
云南 保山	水稻、玉米、小麦、油菜、花卉、蔬菜、草莓、石榴、食用菌、中草药、石斑鱼、虾
四川 都江堰	红心猕猴桃、水稻、油菜、蔬菜、玫瑰、葡萄
山东 沂南	小米、珍珠油杏、山桃、核桃、榛子、中草药
山西 襄汾	小麦、油菜、葡萄、蔬菜、苗木、猪
河北 迁西	安梨、葡萄、李子、猕猴桃、油用牡丹、板栗、大枣、核桃、蔬菜、中草药
河南 海口	蔬菜、荔枝、花卉、鹅、鱼、水稻、食用菌
重庆 忠县	柑橘、水蜜桃、李子、荷花、花卉、水稻、小麦、油菜、玉米、蔬菜、鳝鱼、泥鳅

区			
农业生产区	田园综合体建设以保护耕地为前提，农业生产区是田园综合体的核心区域	保障基础农业、发展特色农业，同时兼具农业观光、特色农产品旅游多重功能，为综合体可持续发展和运行提供产业支撑和发展动力	资金来源为中央和地方财政资金以及部分社会资本
产业加工区	以当地特色农产品商品化处理、加工、仓储、冷链物流为主，根据产业发展趋势和市场需求，促进农产品加工转化、增值增效	为游客和消费者提供了解当地特色农产品分拣、清洗、包装、加工全过程的平台，促进产品销售，是实现三产融合的关键功能区	投资主体是金融和社会资本，财政资金在其中起鼓励引导投资的作用
文旅休闲区	以当地地理特色、传统文明、农村田园生态风光为基础，开发特色主题观光区域，以田园风光和生态宜居为重点，为满足城乡居民休闲观光、农事体验需求提供场所，是增强综合体吸引力的重要途径		资金来源是社会资本以及部分整合的财政资金
生活居住区	以当地建筑风格为基准，在农村原有居住区基础上，开展村庄绿化、亮化、美化等建设	满足城乡居民各种生活及休闲需求，为当地农民、产业工人以及外来休闲旅游者提供生活便捷、景色优美的环境	投资主体是各地区美丽乡村、现代农庄等整合资金及部分社会资本
综合服务区	保障田园综合体各功能区正常运行，为综合体可持续发展提供服务和支撑，包括服务农业生产领域的金融、技术、电商等，也包括服务居民生活领域的医疗、教育、商业、培训等内容		资金来源于地方整合资金及社会资本

图2 农村建设划分

表3 田园综合体主要建设内容投资预算（单位：万元）

试点地区	农业生产区	产业加工区	文旅休闲区	生活居住区	综合服务区	总计
陕西	74002	16890	94360	6184	60120	251556
广西	27620	1595	71590	42536	15995	159336
福建	24660	7904	27640	4100	7696	72000
云南	202285	10330	137329	5572	55003	410519
四川	45718	26200	66020	68063	4284	210285
山东	13300	17900	20700	16500	21405	89805
山西	8669	2115	25168	35794	10878	82624
河北	31552	16510	67035	6163	35450	156710
河南	32718	10048	5343	75512	26100	149721
重庆	26125	23577	24205	14955	19206	108068

资料来源：各地区田园综合体建设试点总体规划

统筹安排建设资金，五大建设内容应协调发展，体现综合的概念，利用农业的多功能性，建设农业文化旅游"三位一体"特色乡镇（胡向东等，2018）。

三、田园综合体建设试点融资结构分析

2017年起，国家农业综合开发办公室从中央财政农业综合开发转移支付资金中划拨项目资金支持10个试点田园综合体建设，共支持三年，建设期间每个地区中央财政农业综合开发专项资金达1.5亿元，地方政府根据地方财政能力配套农业综合开发专项资金，从建设方案来看，地方政府配套资金比例不同，但都达到中央财政资金的40%以上，其中四川地方配套财政资金达100%。综合体建设投资规模最大的为云南，达到41亿元，其次为陕西和四川，投资总额分别为25亿元和21亿元，广西、河北、海南、重庆投资金额为15亿元左右，福建、山东、山西、重庆投资在7亿—10亿元（表4）。

通过研究可以发现，各地区田园综合体试点财政资金主要作为引导性扶持，投资采取了资金投入、补贴、贷款贴息等多种形式的优惠政策吸引项目区内外、国内外社会资金和企业大户资金投入试点建设，企业和农户成为试点建设的主体，社会资本是田园综合体建设中最重要的资金来源。

表4 田园综合体试点建设融资结构（单位：亿元）

试点地区	投资总额	国家财政资金	省级财政资金	市级财政资金	县级财政资金	其他财政资金	金融资金	社会资金
陕西	25.15	1.5	0.6	—	—	3.24	—	19.81
广西	15.93	1.5	0.6	0.15	—	5.77	—	7.91
福建	7.2	1.5	0.9	—	—	0.16	0.87	3.77
云南	41.05	1.5	0.675	0.075	—	0.61	11	27.19
四川	21.03	1.5	0.6	0.9	—	3.4	—	14.63
山东	8.98	1.5	0.54	0.06	0.23	—	—	6.65
山西	8.26	1.5	0.6	—	—	3.78	—	2.38
河北	15.67	1.5	0.48	—	0.12	3.28	—	10.29
河南	14.97	1.5	0.6	—	—	1.08	—	11.79
重庆	10.81	1.5	0.5	—	—	3.37	—	5.44

资料来源：各地区田园综合体建设试点总体规划

四、对田园综合体建设的思考

1. 结合自身资源禀赋规划田园综合体发展

田园综合体是集现代农业、休闲旅游、田园社区为一体的特色小镇和乡村综合发展模式。各试点结合自身资源禀赋，具有产业优势的注重发展生产销售，具有生态优势则注重发展旅游度假，同时应把握重点人群需求：针对青少年家庭市场发展农业体验，针对会议人群做强硬件设施与配套娱乐等。另外，可通过丰富的节庆活动提升品牌影响力。

2. 以农产品加工为引领，以休闲农业和乡村旅游为纽带，促进产业融合发展

田园综合体建设的根本目标是解决"三农"问题，以农为主，让农民充分参与和受益是田园综合体建设的根本原则。一产是基点，以农产品加工为引领，选择适宜融合、与人民群众生活息息相关、在本地区有基础且具优势、规模效益显著的产业，通过上下游产业链的拓展，加快资产融合、技术融合、要素融合、利益融合，是实现一、二、三产业融合发展的重要途径。发展休闲农业和乡村旅游不仅能够促进种养结合的农业内部融合，还有利于促进农产品加工、物流、销售等农业相关产业间的融合，能够有助于企业和行业的集群、组合和整合，是充分发挥农业的多功能和多业态形式的有效途径。

另外，田园综合体建设应贴近农业发展趋势，促进现代农业发展，符合国家农业供给侧结构调整的战略，服务于国家粮食安全。

3. 以区域品牌建设推动地区综合发展

品牌培育是现代农业发展的重大战略，在带动产业升级、提高产品附加值和市场竞争力方面具有重要作用。实施区域品牌战略是优化产业集群结构、实现产业集群转型发展的有效措施，是促进产业集群升级融合的关键举措。

在乡村经济发展战略制定的过程中，将本地区特有的农产品、自然风光、田园景观、历史文化资源等进行统一包装，打造区域品牌，使人们看到品牌，就能联想到一系列产品或服务，也从另外一种角度促进了区域三产之间的融合互动和共同提升。

基于旅游地规划的乡村价值重构
——沈阳市沈北新区涉农地区规划实践

王阳 / 沈阳市规划设计研究院有限公司

摘要：乡村旅游发展作为推动农村就业非农化的先锋产业，是促进现代城乡文明交融和共同进化的主要途径，在乡村传统功能向多元化演变过程中，乡村旅游的空间配置和功能特征必将发生深刻的转变。

我国已进入快速城镇化发展的新阶段，随着城乡统筹的不断完善，越来越多的城市功能需求正在向乡村地区快速拓展，特别是大城市在其发展空间不断拓展的过程中，将大量的旅游休闲功能都附加在乡村地区。面对乡村旅游多元化的发展机遇，以农业为基础的传统乡村功能正在发生根本性的改变，现有乡村空间结构也将随之发生转变，一般镇、中心村、自然村的发展结构必将被打破。为了适应乡村旅游的快速增长，必须结合乡村的特点从旅游资源开发角度对传统乡村空间结构进行调整，重新确定发展重点，挖掘新的乡村价值体系，完成乡村价值的整体重构。

一、乡村地域空间的传统价值

乡村是指以从事农业生产为主的劳动者聚居的地方。乡村以农业产业即第一产业为主，土地是农业的基础资源，包括各种农地、林地、园艺和蔬菜粮食生产基地等，具有特定的自然景观，跟人口集中的城镇比较，乡村地区人口呈散落居住。

农业功能是乡村基础价值，农村土地资源的功能与属性，指土地资源是农业的重要生产资料、农村的生活资料以及区域可持续发展的重要载体。乡村的农业功能处于不断完善与发展中，从传统农业社会向工业化社会发展的过程中，农业发展都会经历一个从快速增长到衰退的过程，现代化过程中都需要解决农业、农村如何进一步发展的问题。

二、旅游视角下的乡村功能重构

实现农村发展的成功转型，是所有国家和地区由传统社会向现代社会转型的一个必经阶段。我国城市化进程中，众多城市问题不断加剧，人口剧增、资源危机、城市雾霾、环境恶化等城市病困扰着城市居民，给城市生活带来了负面影响，也严重影响着城市居民的休闲旅游方式。人们开始向往具有开阔郊野空间、优美自然风格、浓郁乡村风情的乡村地区。乡村的开阔空间、优美环境及乡土文化可以满足城市游客返璞归真、回归自然的渴望，乡村旅游得到了更多旅游者的青睐，这已成为乡村发展的重要契机。

从城乡统筹的角度来看，乡村旅游地应随着其功能的演变进行相应的调整和完善，不能再从单一角度审视乡村旅游地的地域功能，应该从观光农业、历史文化、生态保育、旅游休闲和生活宜居等多方面对乡村旅游地进行价值和功能的重构。

1. 乡村旅游地的观光农业功能

农业是乡村的基础,乡村旅游需要依托观光农业的发展,同时乡村旅游的开发也会推动农业产业化的发展。乡村旅游应该在保护基本农业耕种前提下推动生态农业、都市农业、观光农业和现代农业发展,积极发展多功能、高度集约化的现代农业,以适应乡村旅游的发展,推动特色农园、花卉农园、大地景观等农业发展形态。

2. 乡村旅游地的休闲体验功能

乡村旅游是城乡休闲产业体系的重要组成部分,其充分发挥乡村景观和农业的多样性、美学价值和休闲功能,科学合理地开发休闲体验功能,将乡村发展成为休憩度假的重要场所,结合特色农业重点发展休闲体验特征的采摘园、农事体验园、休闲农场等乡村旅游功能。

3. 乡村旅游地的文化展示功能

乡村文化代表着乡村历史的积累和沉淀,具有独特的识别性。相对于城市文化,乡村文化具有独特的魅力。主要包括物质文化、制度文化和精神文化三个方面。田园耕地、乡村民居、手工艺术、乡土饮食构成了乡村的物质文化;礼仪制度、人居空间、宗法制度等构成了乡村制度文化;节日庆典、家庭生活等构成乡村精神文化。积极保护乡村文化,避免乡村文化受到城市文化的强烈冲击而导致乡村走向庸俗化、商业化、城市化是保护乡村价值的重要内容。

4. 乡村旅游地的生态保育功能

乡村农业本身是区域生态系统的有机组成部分,乡村的"山水田园"空间要素是区域重要的生态屏障,是区域生态系统建设的重点空间。乡村生态系统中的斑块、廊道、基质结构要素应纳入城乡生态建设体系当中,形成城乡一体化的生态系统。乡村空间作为绿色开敞空间一般具有生态环保、防护缓冲、户外活动等综合服务功能。乡村生态空间建设成为绿色开敞空间,将使生态空间更为综合更为全面。应根据乡村旅游资源的特点和区位特征,重点培育森林、山地、河流等旅游空间,发展乡村营地和休闲体育等特色内容。

5. 乡村旅游地的生活宜居功能

在建设美丽乡村的大背景下,乡村旅游对宜居乡村的建设在不同方面起着积极的推动作用。提高乡村地区的宜居性是农村就地城镇化重要途径。建设具有良好生态环境和完善配套设施的农村社区,有利于促进乡村地区接受中心城区人口和居住空间的外迁,随着农村土地制度的深度改革,将更有利于乡村地产新模式的发展。

三、乡村旅游地规划实践

1. 项目概况

全区共7个涉农街道,即黄家街道、石佛寺街道、兴隆台街道、马刚街道、清水街道、尹家街道和财落街道,总面积约500平方公里,涉农人口约9万人。其中,村庄建设用地约37平方公里,人均村庄建设用地400平方米。2014年农业增加值实现32.7亿元,农民人均收入约1.77万元。

2. 资源分析

(1)交通便利,区位条件得天独厚。

沈北新区位于沈阳市中心城区北部,沈康、沈哈高速公路贯穿全境,与沈阳中心区交通联系便捷,纵向道路主要有101、102、203国道,107省道和四环快速路横跨全区。沈北新区位于沈阳"半小时经济圈",半小时车程可达沈北全境,具有都市观光现代农业发展的优势区位,是沈阳都市区范围内区位条件最优、生态环境最好、最适宜发展都市休闲旅游的区域,是服务于沈阳市民的绝佳旅游目的地。

(2)青山绿水,自然条件优势突出。

山水林田等自然要素丰富。拥有辽河、蒲河、九龙河、长河、左小河、洋长河六条河流,水网密布,滨水岸线曲折悠长;东部棋盘山余脉山地众多,帽山、怪坡等山林叠翠。

(3)历史文化,地区内涵独具特色。

辽金文化、满清文化等历史文化,锡伯族、满族、朝鲜族等民族文化,佛教等宗教文化源远流长,底蕴丰厚,极富地域特色。

（4）农林牧渔，农业发展资源丰富。

一是坐拥北纬40度（辽蒲胡同）黄金水稻种植区，土地肥沃，良田遍野，近年来形成"清水大米"等地理标识产品和"蒲兴"禽畜产品等驰名商标；二是通过土地流转与涉农产业延伸，成为全国土地规模化经营程度最高的地区之一，土地流转率达到70%以上（图1）。

（5）遗址景区，旅游要素基础雄厚。

全区现有双州古城遗址、七星山碉堡群等历史文化旅游资源15处。七星山、怪坡等风景区和各类旅游景点15处。旅游体系初步建立，稻梦空间、薰衣草庄园等特色农业观光项目成为新亮点。

尽管上述发展条件优势突出，但总体来看，沈北新区涉农街道仍面临着发展不均衡、资源利用不充分、发展重点不明确等现实困境。如何利用好优势资源，创新发展思路是全区优化空间布局的重要任务。

图1 沈北新区农业资源分布图

3. 基于乡村旅游的目标定位

紧密围绕我区资源禀赋、涉农产业特点，重点培育大都市观光现代农业产业发展，将涉农七街道建成为以乡村休闲观光旅游和都市现代农业发展为特色的生态田园新都市。

通过旅游业发展将旅游产业打造成沈北新区战略性支柱产业，进而推动沈北新区传统产业转型、激活相关要素、整合带动区域经济发展和当地居民致富。近期目标2020年，年游客接待量达到990.72万人次，旅游总收入达到69.35亿元；远期目标2030年，年游客接待量达到1664.78万人次，旅游总收入达到216.42亿元。同时，根据沈北新区游客人均次消费水平，辽宁省（沈阳市）游客人均次消费水平测算，设定旅游人均消费逐步增长。到2020年，沈北新区游客规模达到990.72万人，旅游收入69.35亿元；到2030年，游客规模达到1664.78万人，旅游收入216.42亿元。

4. 乡村空间总体规划布局

（1）空间结构。

大力发展休闲旅游和都市农业，以争创国家农业现代化先导区、全市休闲农业和乡村旅游示范区、辽沈地区最具吸引力的旅游目的地为发展目标，积极发展生态旅游、文化体验、健康休闲、农业观光，全面促进都市现代农业发展，提升乡村旅游核心竞争力。规划总体上打造"一带一路"的发展格局（图2）。

观光农业发展带：结合省道107，贯穿沿线尹家、兴隆台、石佛寺、黄家、财落、清水和马刚，打造特色种植、有机水稻、高效农业、绿色林牧四大农业片区，形成沈北都市现代观光农业发展带。

山水风情旅游路：以规划旅游大道为依托，贯穿沿线尹家、兴隆台、石佛寺、黄家、清水台和马刚街道，打造乡村休闲、七星文化、辽河湿地、怪坡娱乐、山旅风情五大旅游组团。总体形成东部依托森林山地景观资源、西部展现辽河湿地景观的旅游路。

（2）空间布局。

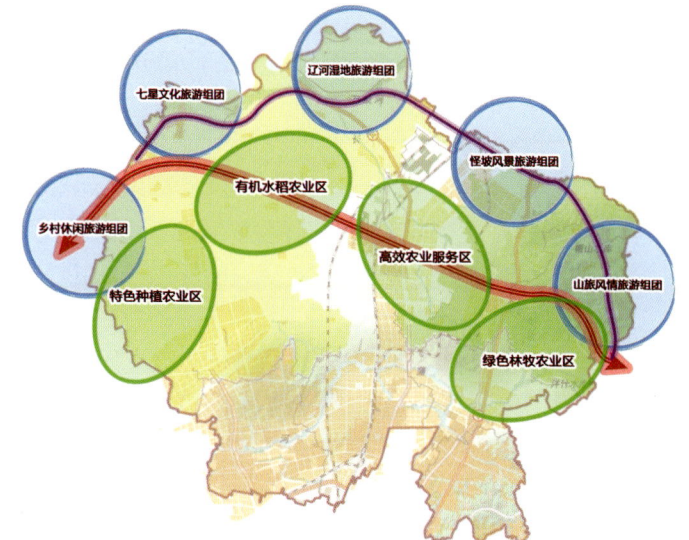

图2 空间结构图

按照空间布局完善、产业分布合理、区域功能清晰、基础设施配套、生态环境优美的要求，科学划定全区功能分区，明确区域功能定位，统筹安排建设用地，依托"一带一路"的总体空间布局，形成全区涉农街道的镇村布局体系，构建风情镇——特色村（即7+21）两级体系，促进镇村合理布局、产业互补发展、产城良性互动、人口梯度转移，推动区域间经济、社会、资源、环境统筹协调发展。

"风情小镇"：规划7个风情小镇。其中黄家、石佛寺、兴隆台、马刚为生态旅游型；尹家、清水为都市农业型；财落为产业综合型。

"特色村庄"：规划打造拉塔湖、腰长河、孟家台、曙光、中寺、盘古台、营盘、依路等共21个特色村庄。

5. 乡村特色价值的规划指引

总体功能以"东山西水"为特征。东部山林经济区：马刚、清水两街道重点依托东部"山、林、蕴"等山林资源特色，形成旅游休闲和农业产业服务片区。西部水乡经济区：石佛寺、黄家、兴隆台、尹家四街道重点依托西部"水、田、色"等鱼米资源特色，形成旅游体验和特色农业种植片区。

黄家打造"水之源"主题功能。围绕辽河、长河、左小河、万泉河、洋长河及西小河六大水系资源，形成"六水汇黄家"的特色景观，优化全域滨水区生态环境，依托水稻、渔业等农业特色，重点发展湿地观光旅游，营造具有文化水乡氛围的旅游乡镇。

石佛寺打造"文之蕴"主题功能。围绕独特的"六大文化"资源，即辽金文化、锡伯文化、田园文化、山水文化、宗教文化及军事文化，加强历史文化保护，深挖文化内涵，以省级历史文化名村为依托，重点发展文化旅游项目，打造历史文旅风情乡镇（图3）。

兴隆台打造"民族风"主题功能。围绕锡伯故里的民族地域特征，结合盛京城锡伯族人民西迁原点的历史事件，全面展示和传承锡伯族民族风情与历史文化，使兴隆台成为锡伯族人民寻根祭祖的故乡，打造中华锡伯第一镇。

马刚打造"山林境"主题功能。围绕群山环绕、树木茂盛的山林资源，以满族风情、祈福文化为民俗特色，打造山旅休闲风情乡镇。

尹家打造"田园色"主题功能。围绕优质水稻资源，推进农业家庭农场发展模式，结合花卉观赏、水果采摘等特色农业开展农事体验活动，打造田园风光主题的农业观光型乡镇。

清水打造"农科园"主题功能。围绕高效设施农业产业，结合农产品精深加工、农业物流及农业科技研发，打造现代农业服务型特色乡镇。

财落打造"产业镇"主题功能。围绕产业及交通资源，发挥区位优势，承接城区产业转移，打造近郊综合型乡镇。

四、结语

规划以实践为基础，从观光农业、生态保育、休闲体验、文化展示、宜居生活五大方面对乡村旅游地的价值功能进行分析，围绕旅游资源挖掘，提出全新的乡村发展思路，构建适于乡村旅游发展的总体空间结构，提炼出旅游地规划的功能定位，提出风情镇和特色村两级空间体系，并在总体定位指引下对各镇、村独特的发展价值进行重新审视，总结出基于乡村旅游的镇、村空间发展模式（图3）。

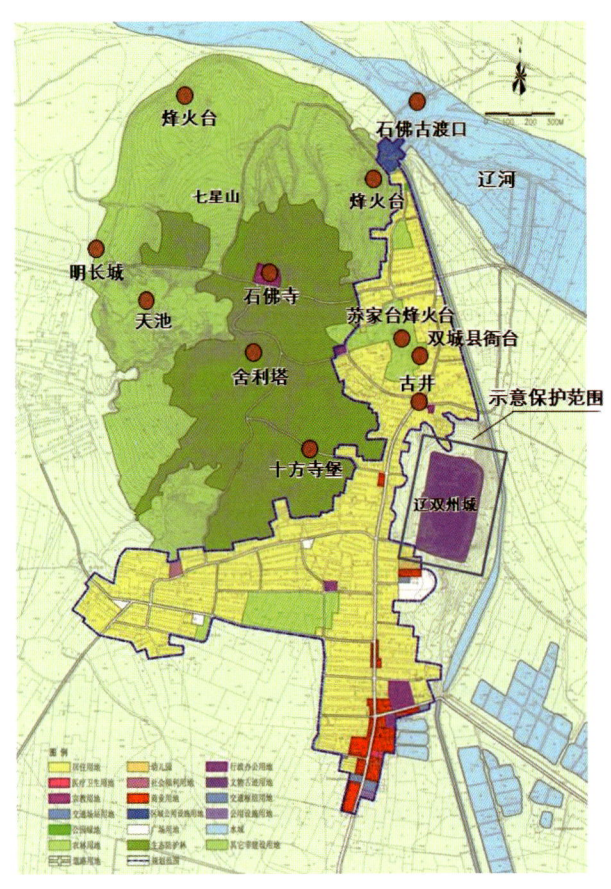

图3 石佛寺街道规划图

愿乡情有所依

高子钧 / 沈阳市规划设计研究院有限公司

故乡的歌是一支清远的笛
总在有月亮的晚上响起
故乡的面貌却是一种模糊的怅惘
仿佛雾里的挥手别离
离别后
乡愁是一棵没有年轮的树
永不老去
——席慕蓉《乡愁》

乡村，是中华文明之起源，是参天大树之根基，是割舍不掉的乡情，是四方游子的浓浓乡愁。
乡村，被时代的浪潮淹没，沦为城市发展的配角，振兴乡村成为人们长久的期盼。

民之所呼，政之所向。
乡村振兴，是国家对于乡村问题的再思考、再认识、再探索，是站在新时代历史起点上对乡村发展的再出发、再部署、再推进。
乡村振兴，是生活美、生态美、乡风美的集聚，是乡村内外兼修的华丽转身。

"生活不止眼前的苟且，还有诗和远方的田野。"
愿振兴后的乡村可以找寻回自己独特的、本该有的模样：
愿这里，居有所享、劳有所得、身有所栖、心有所寄……
愿这里，青山绿水、繁荣秀丽……
愿这里，乡情有所依……

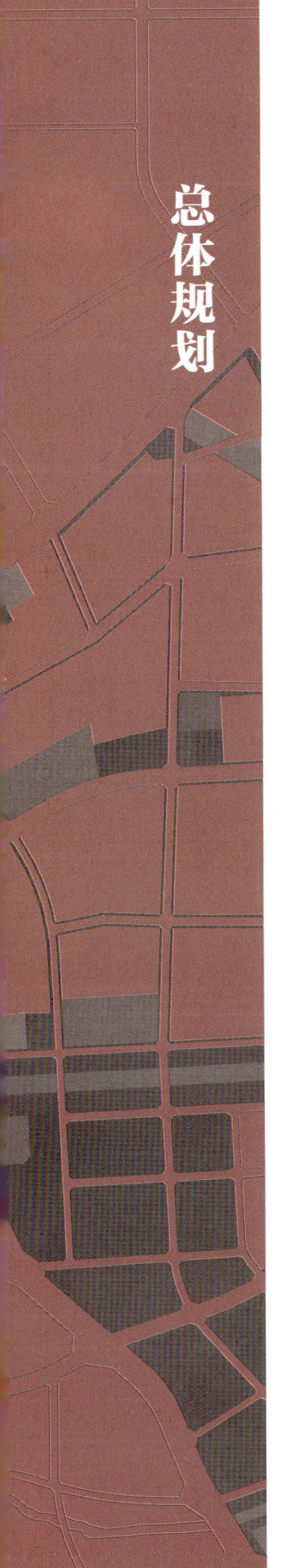

总体规划

2017年8月30日，住建部开展了包括江苏、浙江2个省和沈阳、长春等15个城市在内的新一版总体规划试点工作。新一版城市总体规划编制试点是适应全面深化改革要求、贯彻落实党的十九大精神和习近平新时代中国特色社会主义思想、推进城市治理体系和治理能力现代化的重要举措和创新实践。沈阳作为国内城乡规划编制和管理创新的先行城市之一，近年编制完成了《沈阳振兴发展战略规划》，开展了"多规合一"和总体规划编制试点工作，其改革历程与国家发展一脉相承。

沈阳"多规合一"改革工作始于2016年12月，构建了一个战略、一张蓝图、一个平台、一张表单、一套机制即"五个一"的工作模式，通过提高项目的全生命周期管理的审批效率，促进了城市治理体系和能力的提升。本次总体规划试点工作充分发挥"多规合一"改革的工作基础，进一步推进了从"统筹规划"到"规划统筹"的改革实践。

从"空间规划"到"公共政策"的理念转变

本次总体规划试点工作将视角从规划部门的空间规划扩展到城市政府的发展规划，强调总体规划的战略引领作用和公共政策属性。总体规划改革恰逢新一轮东北振兴、"中国制造2025"及党的十九大提出的现代化建设"两步走"、乡村振兴等国家任务的叠加期，规划依据《沈阳振兴发展战略规划》，确定了以科技创新中心、先进装备智能制造中心、高品质公共服务中心为支撑，建设东北亚国际化中心城市的目标定位；以全球城市理论研究为基础，借鉴先进城市经验，结合沈阳实际，构建了国际化城市的指标体系；同时，将核心指标与规划策略相衔接，优化空间布局，形成"战略—目标—指标—空间"的完整逻辑框架，实现总体规划对城市重大决策的空间要素保障，进一步推进了规划统筹工作。

从"部门规划"到"行动纲领"的模式创新

总体规划试点工作延续"多规合一""党委领导、政府组织、专家领衔、部门合作、公众参与、科学决策"的工作组织模式，充分体现"开门编规划"的宗旨。

建立了由市政府主要领导领衔的规划编制领导小组，下设分别由市发改委、市建委、市规划局、市环境保护局、市委宣传部等部门牵头的"发展战略、空间规划、环境保护、基础设施、公众参与、外围区县"六个工作推进组，包括各相关部门和各区县共60家成员单位。

总体规划编制过程中，充分借助外脑，成立专家组，邀请相关公司参与信息平台建设，邀请相关高校及科研机构参与专题研究。由市委宣传部牵头开展全过程公众参与，搭建多元公众参与平台，广泛征集各界意见，分类落实到规划成果中。

总体规划试点工作全面落实《沈阳振兴发展战略规划》，整合规划、国土、林业、环境保护、水利等各部门空间规划数据，形成"多规合一""一张蓝图"，作为总体规划试点工作底图，实现"统筹规划"。划定全域"三区三线"，明确城市开发建设与生态保护建设控制线，完成全域空间管控。

总体规划试点工作构建了"1＋6＋22"的规划成果体系。"1"即一个文本，"6"即六个应对总体规划改革技术创新要求的专项报告，"22"即二十二个针对各个行业领域重点问题的专题研究。包括国民经济和社会发展中长期发展规划、《中国制造2025》规划、沈阳市科技创新中心建设发展规划、沈阳市东北亚国际门户枢纽建设发展规划等。市长多次组织专家评审会、成果调度会、部门协调会，统筹各部门的发展规划，统一全市的思想认识。

从"图文规划"到"城市治理"的实施保障

总体规划试点工作落实总体规划改革创新要求，强化总体规划的可实施性。

在各级事权梳理的基础上，建立完善"总体规划—分区规划—专项规划—控制性详细规划"的空间规划编制体系，从"三区三线"到"五图九线"的控制线管控体系以及"核心指标—基础指标—上报指标—分区指标"的指标传导体系，构建覆盖全域、分层传导的空间规划体系。

建立"总体规划—五年规划—年度计划"的规划实施管理体系，将落实城市发展目标的年度计划与"多规合一"项目推送平台进行对接，将全市经济社会发展目标与城市建设相衔接，实现"规划统筹"。

建立以指标传导为依据的规划评估考核机制和"一年一体检、五年一评估"的规划评估监测机制。以上报指标为基础开展规划评估，对城市重大决策进行及时反馈；以核心指标和基础指标为基础开展城市体检，研究分析城市问题；结合分区规划和专项规划建立差异化绩效考核机制，提高城市治理水平。

沈阳新版总体规划编制改变了传统城市总体规划面面俱到、偏重空间规划的问题，以"多规合一"信息平台为基础，落实"全域规划""量化总体规划""数字总体规划"的试点工作要求，强化总体规划的公共政策属性，实现从"统筹规划"到"规划统筹"的改革目标，使城市总体规划成为提升城市治理能力和治理体系现代化水平的重要抓手。

基于"多规合一"改革的沈阳总体规划编制试点创新实践

严文复 / 沈阳市自然资源局
张晓云 / 沈阳市城乡规划编制研究中心
李越轩　董志勇　李彻丽格日　盛晓雪 / 沈阳市规划设计研究院有限公司

摘要：沈阳总体规划试点工作是在《沈阳振兴发展战略规划》、"多规合一"改革工作基础上进一步提高总体规划战略引领和刚性控制作用的重大机遇。试点工作围绕贯彻习近平新时代中国特色社会主义思想，落实党的十九大精神，加快推进新一轮东北振兴的时代背景，坚持从目标导向和问题导向出发，以战略规划为统领，强化总体规划的公共政策属性。延续并深化了振兴发展战略规划的战略引领作用和"多规合一"改革思路，构建了"1+4+6+22"的规划成果体系，践行了从"空间规划"转向"公共政策"的理念创新、从"部门规划"到"行动纲领"的模式创新、从"图文规划"到"城市治理"的实施创新等改革要求。

一、工作背景

1. 总体规划改革要求

我国经济发展进入新常态，城市化由高速度发展向高质量发展转变，这对城市规划特别是城市总体规划的改革工作提出了新的时代要求。

城市总体规划要不断强化两个重要作用。一是战略引领作用，即立足国家发展战略的统一格局谋划城市自身的战略定位和发展目标，落实党的十九大制定的战略目标——到本世纪中叶"两步走"实现现代化，落实国家三大区域协调发展战略意图；二是刚性控制作用，即以划定"三区三线"等为手段，划定城市开发边界、生态控制线等，实施问题导向，明确提高城市环境品质、保护传承历史文化等刚性要求。

发挥城市总体规划的资源和要素配置作用，要改变对物质空间的偏重，转向"以人民为中心"，统筹安排生产、生活、生态空间，混合布置城市功能，实现职住有机平衡，系统提高城市基础设施、公共服务以及生态环境方面的承载能力。

应制定评估体检的问责机制和监督机制，确保城市总体规划的落实和执行。同时，要通过推进公众参与监督城市规划管理建设的全过程，不断提高城市治理现代化的水平，促进城市规划系统性、整体性、兼容性和城市安全、宜居、包容水平的不断提升（图1）。

2. 国家政策指引

2016年，国家新一轮东北振兴政策全面实施推行，为沈阳振兴发展明确了定位与方向。十八大以来，

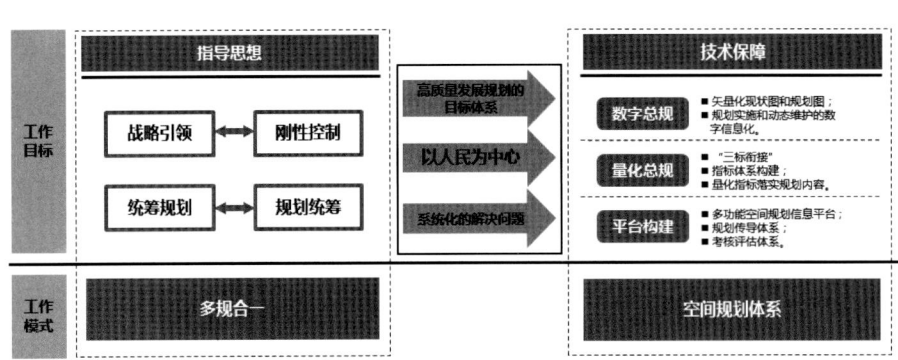

图1　总体规划试点工作要求

习近平总书记多次做出重要讲话、批示和指示，强调东北振兴"三个事关"重大意义，明确"三个推进""四个着力"振兴路径；党中央、国务院陆续出台一系列支持性政策，进一步明确东北振兴的总体目标、具体任务和重要举措，提出"一带五基地"的发展定位；国家32个试点示范区逐步在沈阳落实，从改革、创新、开放、产业、民生等方面对沈阳提出发展要求，为沈阳乃至东北振兴带来新的机遇（图2）。

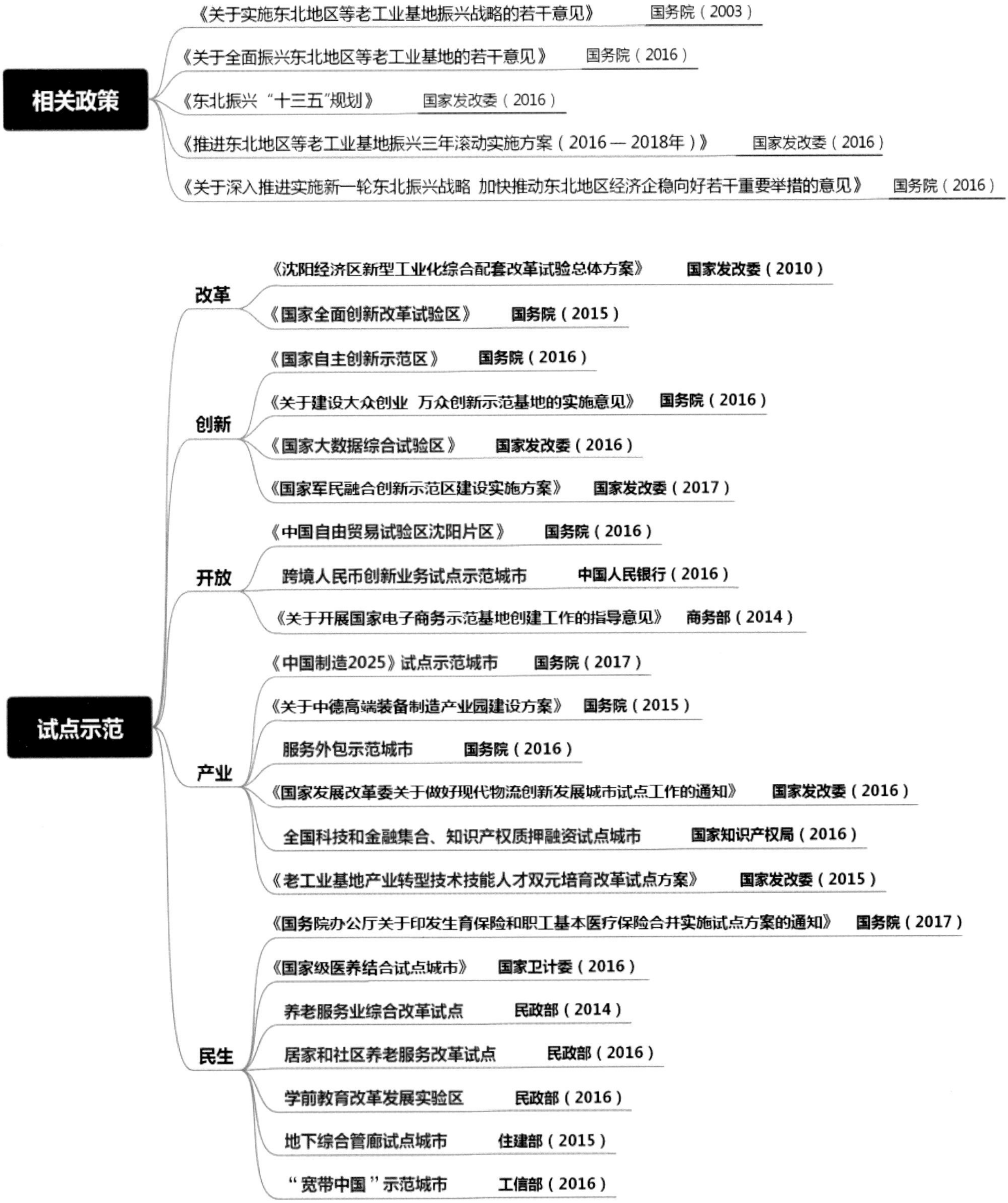

相关政策
- 《关于实施东北地区等老工业基地振兴战略的若干意见》 国务院（2003）
- 《关于全面振兴东北地区等老工业基地的若干意见》 国务院（2016）
- 《东北振兴"十三五"规划》 国家发改委（2016）
- 《推进东北地区等老工业基地振兴三年滚动实施方案（2016—2018年）》 国家发改委（2016）
- 《关于深入推进实施新一轮东北振兴战略 加快推动东北地区经济企稳向好若干重要举措的意见》 国务院（2016）

试点示范

改革
- 《沈阳经济区新型工业化综合配套改革试验总体方案》 国家发改委（2010）
- 《国家全面创新改革试验区》 国务院（2015）

创新
- 《国家自主创新示范区》 国务院（2016）
- 《关于建设大众创业 万众创新示范基地的实施意见》 国务院（2016）
- 《国家大数据综合试验区》 国家发改委（2016）
- 《国家军民融合创新示范区建设实施方案》 国家发改委（2017）

开放
- 《中国自由贸易试验区沈阳片区》 国务院（2016）
- 跨境人民币创新业务试点示范城市 中国人民银行（2016）
- 《关于开展国家电子商务示范基地创建工作的指导意见》 商务部（2014）

产业
- 《中国制造2025》试点示范城市 国务院（2017）
- 《关于中德高端装备制造产业园建设方案》 国务院（2015）
- 服务外包示范城市 国务院（2016）
- 《国家发展改革委关于做好现代物流创新发展城市试点工作的通知》 国家发改委（2016）
- 全国科技和金融集合、知识产权质押融资试点城市 国家知识产权局（2016）
- 《老工业基地产业转型技术技能人才双元培育改革试点方案》 国家发改委（2015）

民生
- 《国务院办公厅关于印发生育保险和职工基本医疗保险合并实施试点方案的通知》 国务院（2017）
- 《国家级医养结合试点城市》 国卫计委（2016）
- 养老服务业综合改革试点 民政部（2014）
- 居家和社区养老服务改革试点 民政部（2016）
- 学前教育改革发展实验区 民政部（2016）
- 地下综合管廊试点城市 住建部（2015）
- "宽带中国"示范城市 工信部（2016）

图2 十八大以来东北振兴重要文件及沈阳市相关改革示范政策

2017年，党的十九大进一步强调了"深化改革 加快东北等老工业基地振兴"，并提出"两步走"实现社会主义现代化发展目标和"以人民为中心""解决不平衡不充分问题""抓重点、补短板、强弱项""三线划定""乡村振兴"等重要论断，都对城市规划、建设和发展提出了新的要求。

沈阳总体规划试点工作以政策目标为导向，充分贯彻落实习近平新时代中国特色社会主义思想和党的十九大精神，是沈阳推进深化改革、实现振兴发展、全面提升治理体系和治理能力现代化水平的重要手段。

3. 城市发展问题

随着"新东北现象"的出现，沈阳诸多城市发展问题逐渐浮出水面。《关于全面振兴东北地区等老工业基地的若干意见》指出，"（东北地区）矛盾和问题归根结底是体制机制问题，是产业结构、经济结构问题，解决这些问题归根结底要靠全面深化改革"，清晰地解读了东北地区发展的核心症结所在。

从城市经济发展上来讲，自2003年东北振兴战略实施以来，沈阳城市经济一直难以摆脱结构不合理、人才流失、传统制造业增长乏力、创新产业发展不足、生产性服务业发展迟缓、房地产路径依赖等诸多问题，尚未形成完善的现代化产业体系。从与之对应的城市空间发展上看，沈阳的老城与新城、主城与副城的功能尚待完善，土地利用效率有待提高；城市与乡村、区域与中心城市的协同发展格局有待提升；交通拥堵、环境污染、职住不平衡、产城未融合等大城市病也亟待解决，面临着较多城市空间发展不平衡、不充分的问题。

从问题导向角度出发，沈阳已进入滚石上山、爬坡过坎的探底反弹的发展阶段，须全面深化改革、推进转型创新升级，探索转型发展道路，应通过社会转型、产业转型和城市转型的全面推进，解决城市发展的核心问题。

二、沈阳"多规合一"改革工作

为积极应对国家战略要求、适应外部环境变化、解决城市自身发展问题，2016年，沈阳统筹全市资源，前瞻性地开展了"多规合一"改革工作，旨在着力解决协同部门职能，提高管理效率，提升城市治理体系和治理能力现代化水平，加快"放管服"改革，打造国际化营商环境，解决沈阳振兴发展在规划、资源、环境、产业等诸多方面存在的不平衡、不协调、不可持续的问题，实现沈阳全面振兴。

以"一个战略"为前提，"一张蓝图"为基础，构建"一个平台"，理清"一张表单"，完善"一套机制"，沈阳创新性地构建了"五个一"的"多规合一"改革工作框架，与国家相关改革要求深度契合，取得了积极成效（图3）。

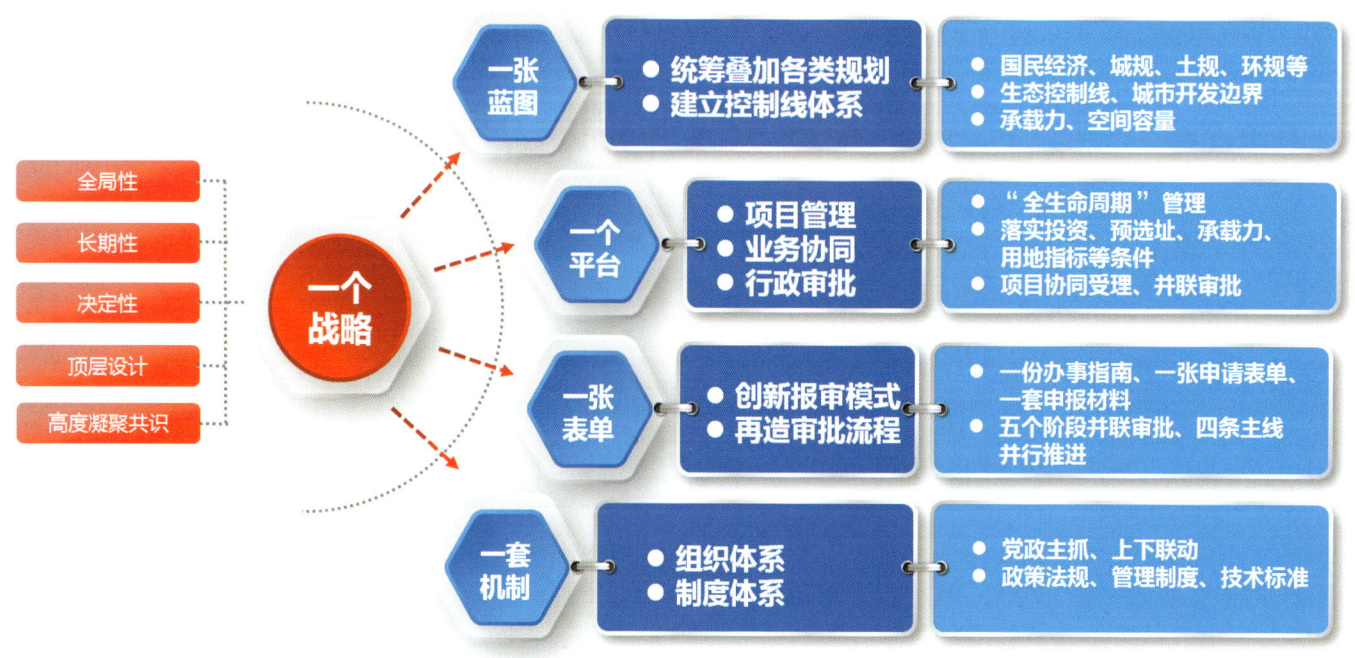

图3 沈阳"多规合一"改革实践

"一个战略"即《沈阳振兴发展战略规划》（简称《战略规划》），于2016年9月开始编制，规划围绕沈阳的过去与现在、国家的新任务和新要求、沈阳振兴发展的目标、五大战略、十六大发展策略、幸福沈阳共同缔造和规划实施评估等七个方面进行编制，形成了连续、系统、整体的科学规划。《战略规划》于2017年1月通过人大审议，确立了其顶层设计的重要地位。

以《战略规划》为统领，以"党政主抓、上下联动"的组织体系和各类法规标准构成的制度体系为机制保障，沈阳市"多规合一"改革工作全面开展。2017年4月，"一个平台"即"多规合一"综合管理平台正式上线试运行，下含协同联动的项目信息、业务协同、联合审批三大平台，结合"一张表单"的完善，优化再造了审批流程，有效提升了项目审批工作效率。时至今日，已整合了20多个部门、40余项相关规划，绘成落实战略规划理想空间结构，统筹叠加各类规划，协调一致的"一张蓝图"，完成了203个图层的上线工作，有效落实了空间规划控制线管理体系（图4）。

三、总体规划试点工作技术路线

2017年9月开始编制的沈阳总体规划试点工作与"多规合一"改革工作一脉相承（图5）。为进一步落实总体规划的"战略引领"和"刚性控制"作用，沈阳总体规划试点工作构建了"1＋4＋6＋22"的规划成果体系。

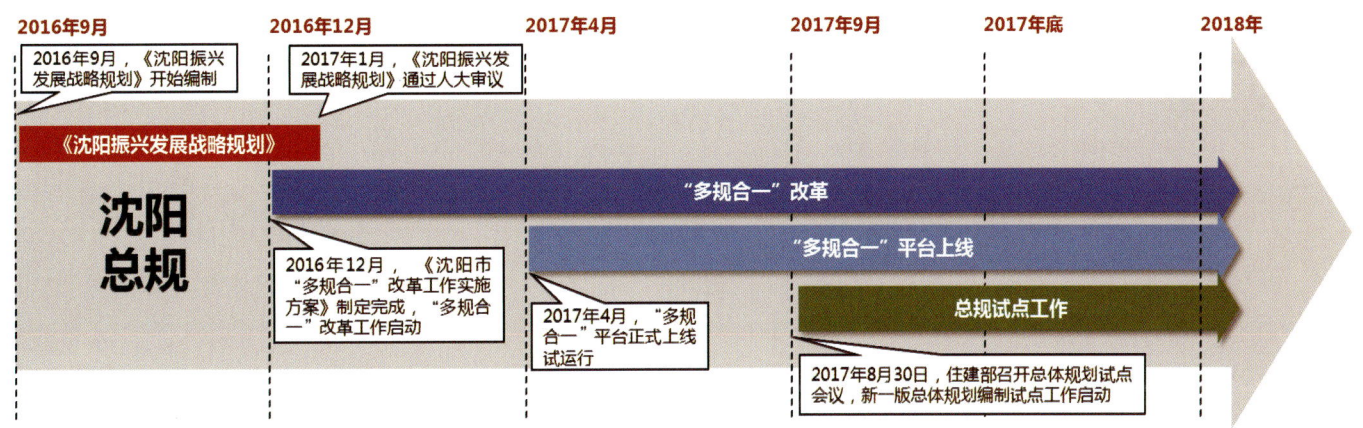

图4 沈阳总体规划试点工作基础

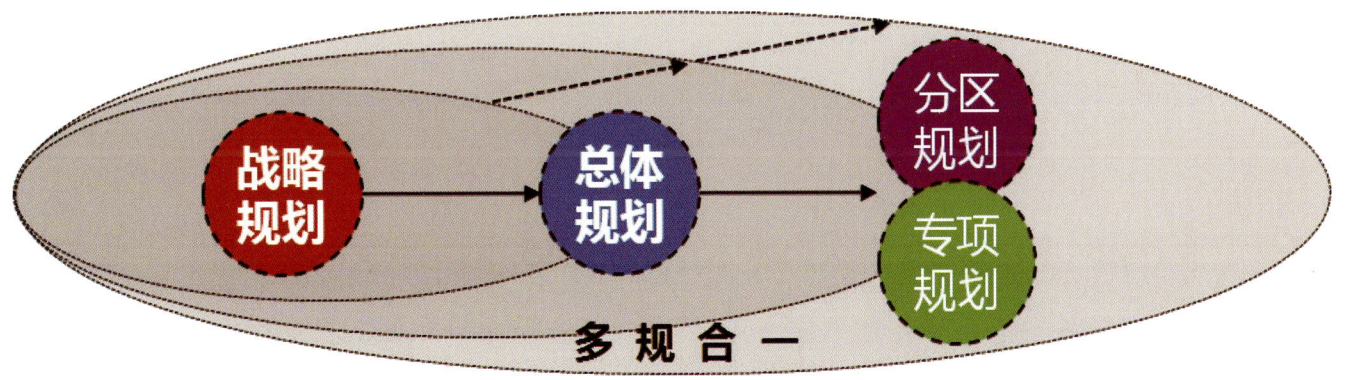

图5 总体规划与战略规划和"多规合一"的关系

"1"即体现了规划战略思路和管控要求等核心内容的一个总报告；"4"即全面建设沈阳东北亚国际化中心城市、科技创新中心、先进装备智能制造中心、高品质公共服务中心的四个支撑性专题报告；"6"即应对总体规划改革技术创新要求的六个专项研究报告；"22"即针对各部门重点问题的22个专题研究。

与总体规划试点工作路线相呼应，总报告内容分为三大部分：一是统领性的目标、愿景和战略，面向国家要求和区域发展责任确定的"四个中心"城市发展定位；二是落实空间规划格局、三生空间划定和要素支撑保障，支撑规划目标实现；三是空间规划体系、多规管理平台、实施评估与动态维护、监管与决策等实施保障（图6）。

四、总体规划试点改革创新实践

1. 实现从"空间规划"转向"公共政策"的理念创新

明确把沈阳建成东北亚国际化中心城市、科技创新中心、先进装备智能制造中心、高品质公共服务中心的目标定位，由发展战略推进组负责进行深化工作，分别由市发改委、市科技局、市经信委和市建委牵头，与国家发改委宏观研究院、中科院沈阳分院等研究机构进行合作，开展"四个中心"的规划研究，将原来的部门专项行动计划完善为支撑总体规划核心内容的专题报告，包括发展目标、指标体系（图7）、实施策略和政策保障，

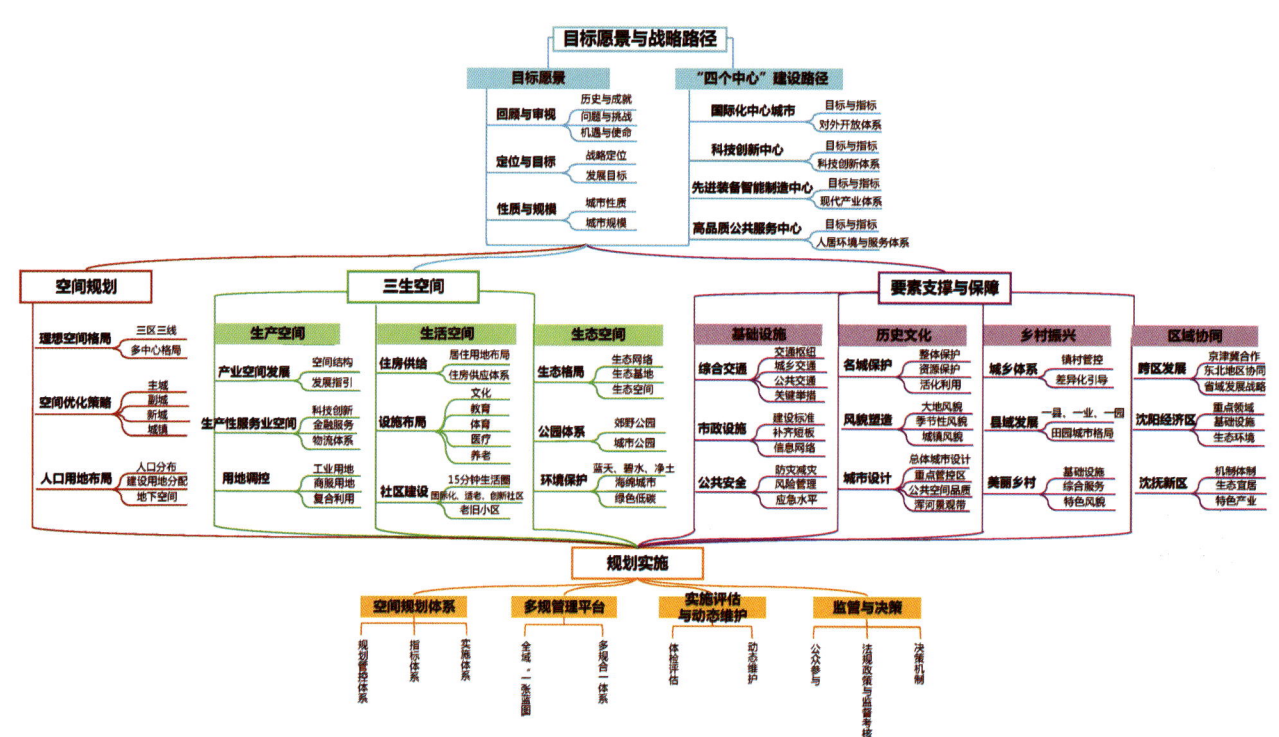

图6 总报告框架图

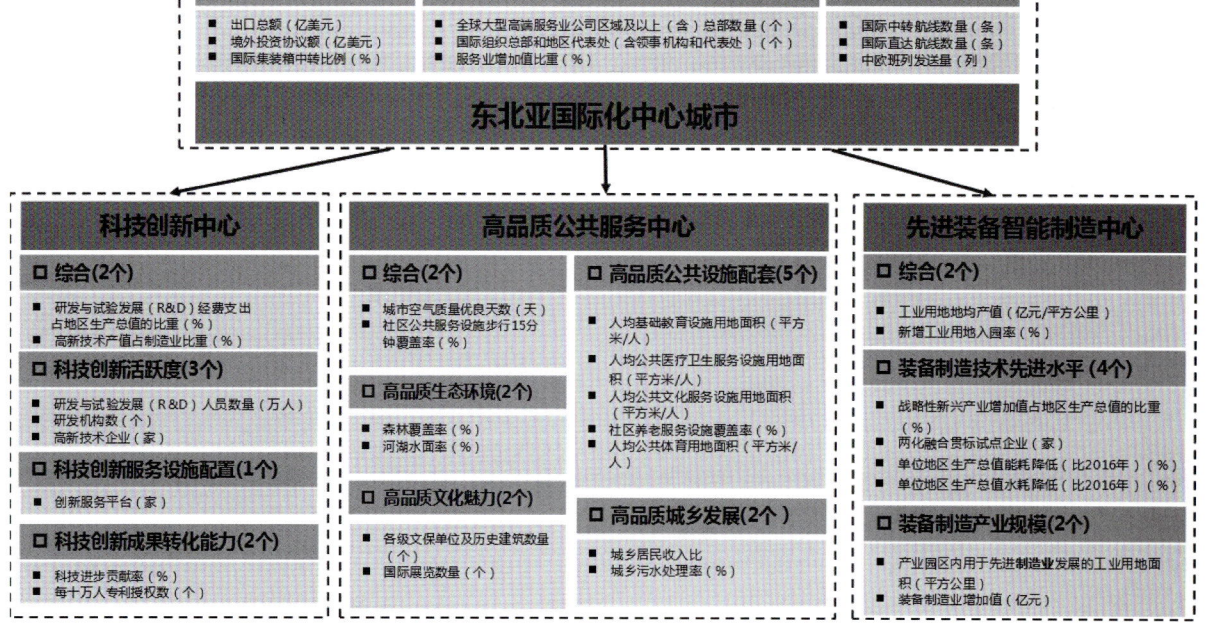

图7 沈阳东北亚国际化中心城市指标体系

与总体规划整体框架进行全面对接，使总体规划成为保障城市高质量发展的公共政策。

围绕建设东北亚国际化中心城市的总体发展目标，空间规划推进组与清华大学开展合作，借鉴世界城市、全球城市等相关理论，在明确国际化中心城市内涵的基础上，构建了包括东北亚第三大影响力城市、国家经济中心城市、技术水平领先的世界级先进装备制造基地、科教创新引领发展城市、宜居宜业绿色魅力之都五个方向的沈阳建设东北亚国际化中心城市指标体系，并与"四个中心"专题报告紧密衔接，分别确定到2020年、2030年、2035年的阶段目标。

划定生态控制线，明确"建"与"非建"的空间格局和国际化中心城市的功能布局，全面落实城市总体规划的刚性控制作用。优化全域空间布局，构建与自然山水基底相协调的全域生态网络体系，构建与现代化产业体系相匹配的多中心城乡空间体系，构建绿色高效的城乡综合交通体系，形成"战略—目标—指标—坐标"的完整逻辑框架，实现总体规划对城市重大决策的空间要素保障，进一步推进规划统筹作用的发挥。

2. 完成从"部门规划"到"行动纲领"的组织模式创新

总体规划试点工作延续并完善"多规合一"改革工作组织模式经验，实施"党委领导、政府组织、专家领衔、部门合作、公众参与、科学决策"的工作模式，充分体现"开门编规划"的宗旨。

市委市政府主要领导先后多次就试点工作作出批示，提高各部门、各地区的思想认识。成立了由市政府主要领导领衔的规划编制领导小组，下设分别由市发改委、市建委、市规划局、市环境保护局、市委宣传部等部门牵头的"发展战略、空间规划、环境保护、基础设施、公众参与、外围区县"六个工作推进组，包括各相关部门和各区县共60家成员单位，体现了党委对试点工作的统一领导和市政府的统筹组织（图8）。

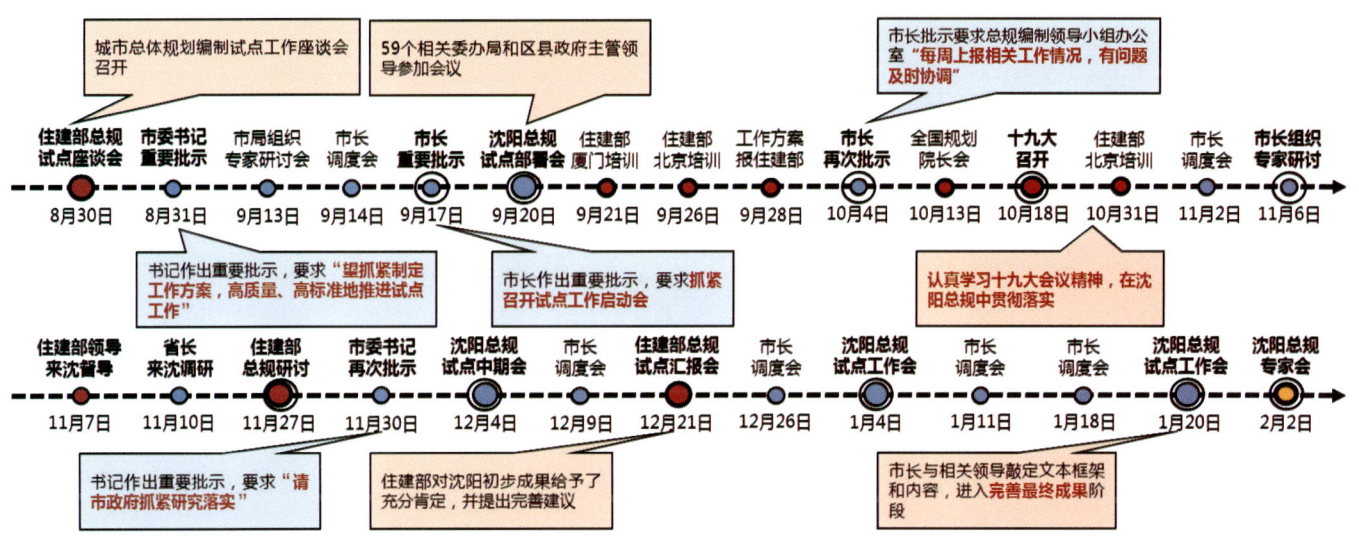

图8 沈阳总体规划试点工作大事记

以"多规合一""一张蓝图"作为总体规划试点工作底图，以划定"三区三线"实施全域空间管控作为试点工作的基础性支撑手段（图9）。针对各部门空间性专项规划突出问题，制订共计22项专题研究报告工作计划，高度体现了政府组织与部门合作，全面提升了规划的综合性和针对性。总体规划编制过程中，市政府主要领导先后组织召开十余次工作推进会，针对试点工作不同阶段的具体工作进行工作调度、专家咨询、部门协调、成果评审等，将总报告、"四个中心"专题报告、"中国制造2025"示范城市申报工作与22项专题研究工作（表1）统筹推进，深入协调各部门、各地区工作，保证了各项规划任务的规划范围、期限、目标、内容的相协调，与国家宏观战略政策全面对接，深化统一了全市"一张蓝图干到底"的思想认识，体现了总体规划试点工作的科学决策。

此外，由市委宣传部牵头的公众参与推进组通过开展系统性、创新性、全过程的公众参与，搭建多元公众参与平台，广泛征集各界意见，并分类落实到规划成果中。

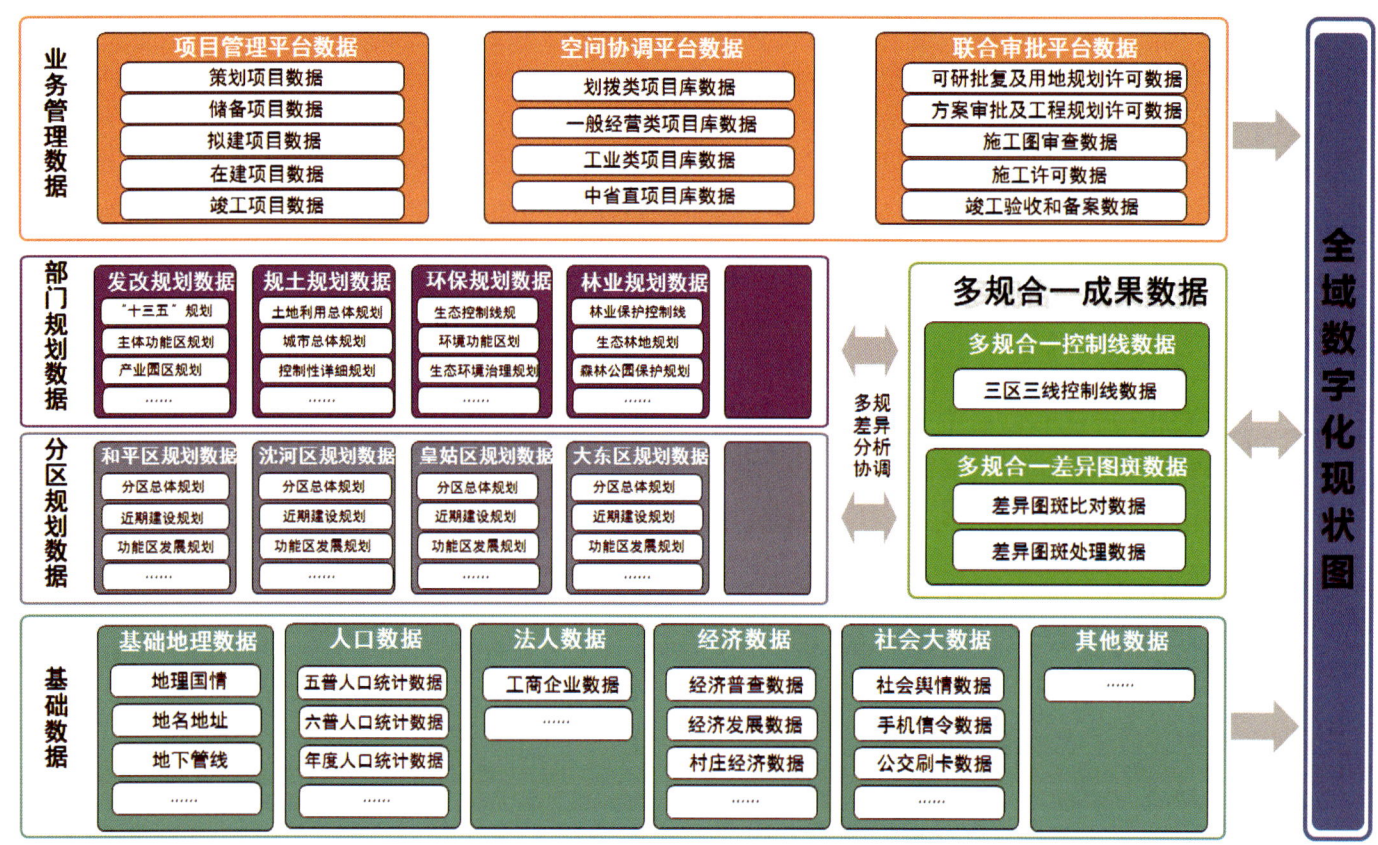

图9 沈阳"多规合一""一张蓝图"图层构成

表1 沈阳总体规划试点22个专题研究报告

序号	专题研究	负责部门	外联部门	序号	专题研究	负责部门	外联部门
1	东北亚国际化中心城市建设研究	规土局	清华大学	12	沈阳经济区一体化研究	规土局	
2	沈阳市国民经济和社会发展中长期发展规划研究	市发改委	国家发改委宏观研究院	13	沈阳市资源承载力研究	规土局	
3	沈阳市对标城市研究	规土局	中山大学	14	沈阳市建设用地节约集约利用评价研究	规土局	
4	沈阳市创建"中国制造2025"国家级示范区专题	经信委	工信部赛迪研究院	15	沈阳市综合交通发展研究	规土局	
5	沈阳东北亚科技创新中心建设专题	科技局	中科院沈阳分院	16	沈阳市市政基础设施建设研究	规土局	
6	沈阳市服务业转型发展及空间布局专题研究	服务业委	商务部中商商业规划院	17	沈阳市高品质公共服务中心研究	建委	
7	沈阳市城乡统筹与乡村振兴发展研究	规土局	华中师范大学	18	沈阳市历史文化资源保护与活化利用研究	规土局	
8	东北亚国际枢纽中心城市建设研究	自贸区	上海海事大学	19	沈阳市北国风光宜居家园	规土局	
9	中国(辽宁)自由贸易试验区沈阳片区实施方案	规土局	上海自贸区研究院	20	《沈阳市城市总体规划(2011—2020)》实施评估	规土局	
10	沈阳市开发区(园区)功能完善规划研究	发改委 规土局		21	沈阳市土地利用总体规划修编(2017—2035年)前期研究	规土局	
11	沈阳市精致建设研究	建委		22	"多规合一"的空间规划协同	规土局、环境保护局、林业局、水利局	

3. 形成从"图文规划"到"城市治理"的实施技术创新

总体规划试点工作落实总体规划改革创新要求，完善空间规划编制体系和管控体系，建立规划实施管理体系和规划评估监测机制，拓展"多规合一"平台功能，全面服务城市数字化管理需求，强化总体规划的可实施性。

在各级事权梳理的基础上，建立完善"总体规划 — 分区规划 — 专项规划 — 控制性详细规划"的空间规划编制体系，逐级落实总体规划的目标、指标和空间安排。总体规划层次主要明确城市战略定位与发展目标，统筹安排空间格局与功能布局。分区规划和专项规划层次传导总体规划内容，指导控制性详细规划空间和功能布局。控制性详细规划层次落实空间坐标，指导用地开发。以"三区三线"为基础，理清"山水林田城"等空间要素，确立理想空间格局，划定生态控制线，以"五图九线"实施全域空间管控。结合专项和分区规划完成分区定量管控图，强化"总体规划 — 分区规划 — 控制性详细规划"的纵向传导（图10、图11）。

建立"总体规划 — 五年规划 — 年度计划"的规划实施管理体系，将落实城市发展目标的年度计划与"多规合一"项目推送平台进行对接，将全市经济社会发展目标与城市建设相衔接，统筹协调总体规划各阶段发展目标与指标，明确行动议题，清晰规划实施路径，由项目主导转变为规划主导，实现规划统筹（图12）。

建立以指标传导为依据的规划评估考核机制和"一年一体检、五年一评估"的规划评估监测机制。以上报指标为基础开展规划评估，

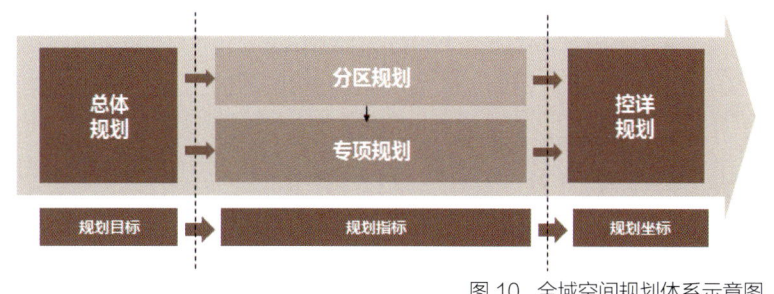

图10 全域空间规划体系示意图

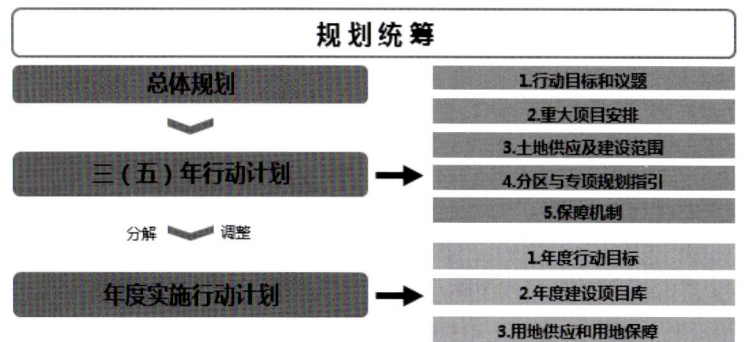

图11 全域规划和控制线体系示意图

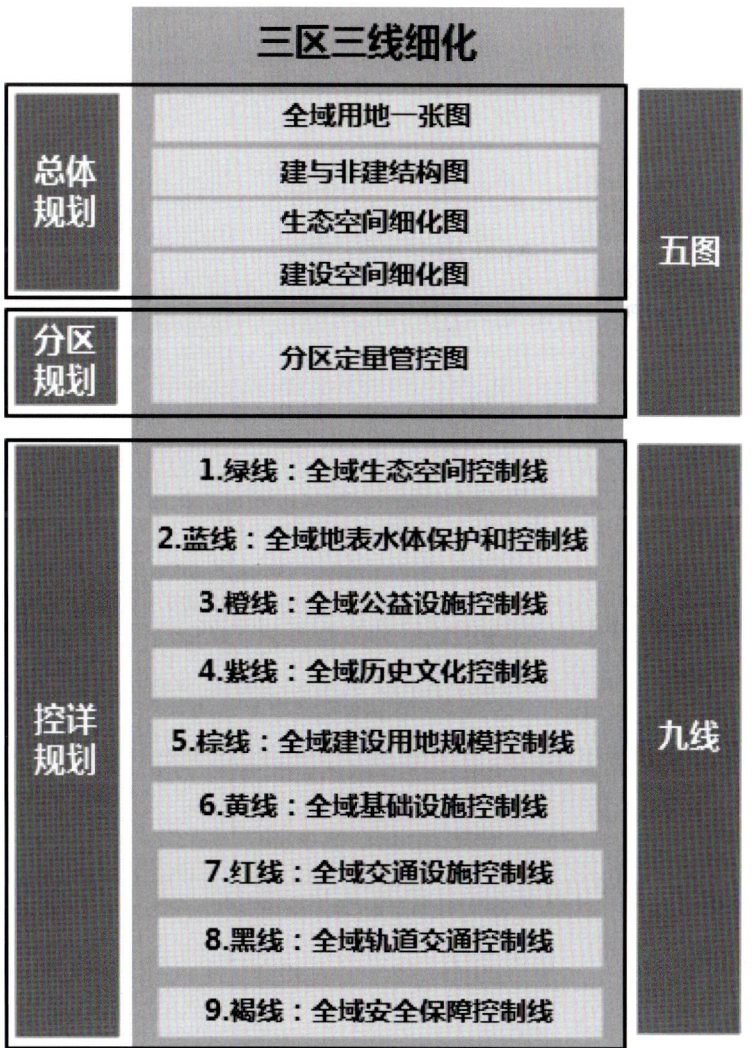

图12 规划实施机制示意图

对城市重大决策进行及时反馈；以核心指标和基础指标为基础开展城市体检，研究分析城市问题；结合分区规划和专项规划建立差异化绩效考核机制，提高城市治理水平（图13）。

拓展"多规合一"平台体检评估、绩效考核、数据统计、招商服务、会商解题、公众参与等功能。以"多规合一"平台为基础，构建全市统一的数字化网格管理单元，与沈阳市"6+1"智慧城市管理平台全面对接，统筹实现数据资源的互联互通与信息共享，加快实现智慧城市建设。以网格管理单元为基础，强化视频监控、环境监测、交通运行、供水供气供电供热、防洪防涝、生命线保障等城市运行数据的综合采集和管理分析，形成综合性城市管理数据库，有效提升城市综合治理管控能力（图14）。

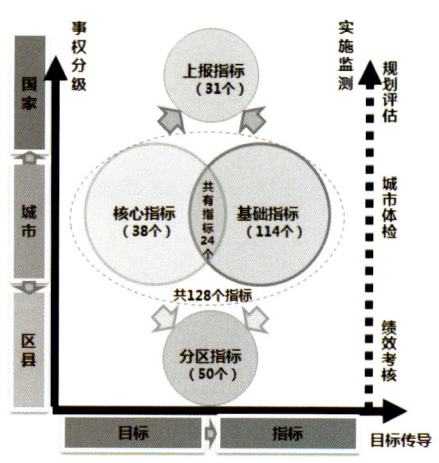

图13 指标体系示意图

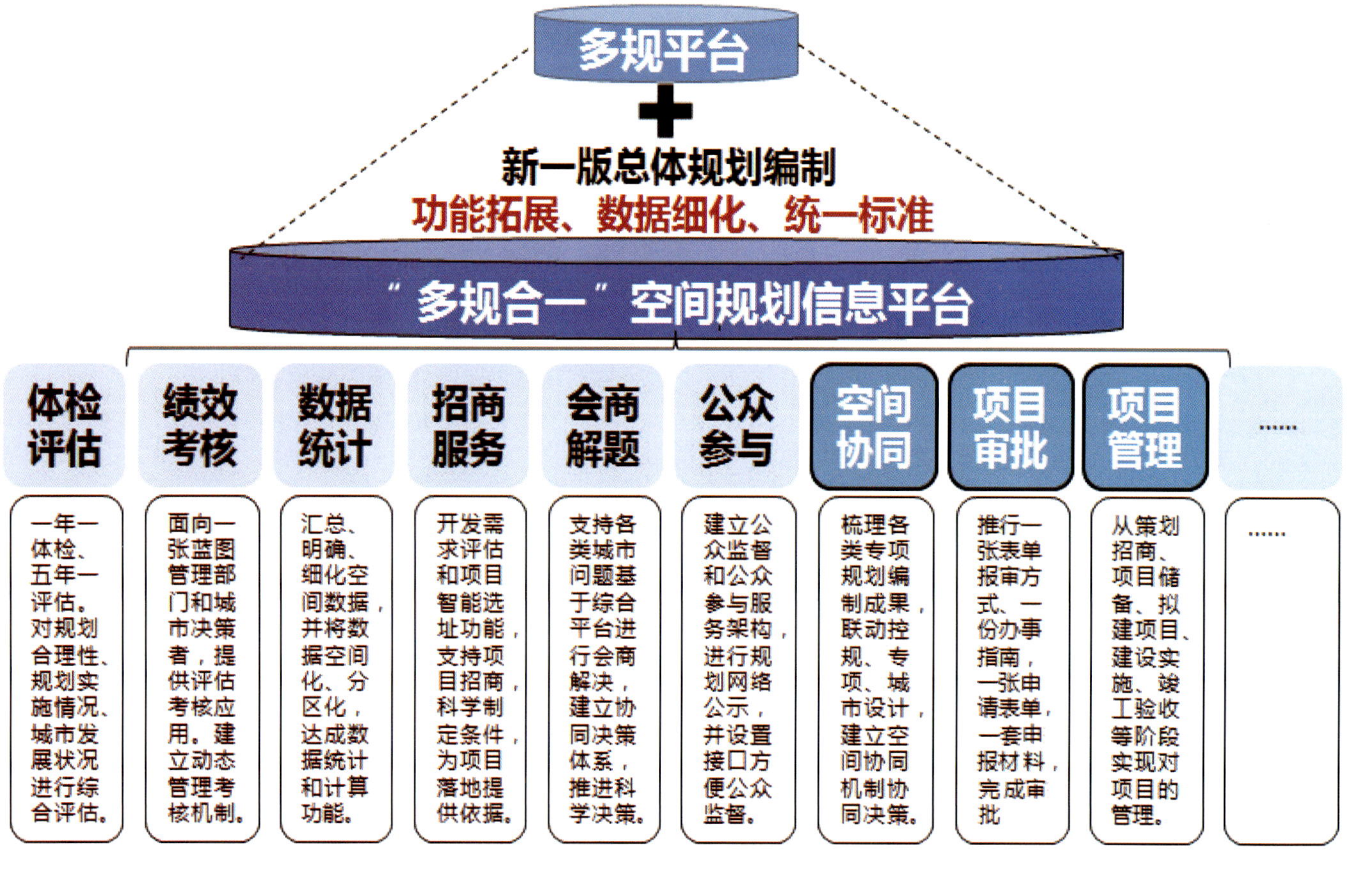

图14 "多规合一"空间规划信息平台功能示意

基于"多规合一"改革的沈阳市新一版城市总体规划成果体系构建思路

沈阳市规划设计研究院有限公司

摘要：2017年8月，住房与城乡建设部开展了城市总体规划试点工作，沈阳市作为15个试点城市之一，积极探索在"多规合一""五个一"改革成果—"一个战略""一张蓝图""一个平台""一张表单""一套机制"的基础上，编制统筹空间规划和发展规划的"一本规划"，强化规划传导，指引建设实施。时逢2018年3月国务院机构改革，自然资源部成立。沈阳市试点工作在国家空间治理和空间规划体系改革的背景下，尝试从政策纲领、传导体系、对接事权、地域特色、形式表达等方面，探索新一轮城市总体规划成果体系的构建思路。

一、沈阳市新一版城市总体规划试点工作历程

沈阳市新一版城市总体规划试点工作是建立在"多规合一"改革工作基础上的。2016年9月，沈阳市启动了"多规合一"改革工作，推行"战略+平台"的"多规合一"改革模式，确定了"一个战略""一张蓝图""一个平台""一张表单""一套机制"的符合沈阳实际需求的"五个一"改革模式。其中，《沈阳振兴发展战略规划》（"一个战略"）明确了沈阳市"两步走"的发展目标、五大发展战略和16项发展策略；"一张蓝图"系统梳理了包括国民经济和社会发展、城市规划、土地规划、环境保护等十余个相关部门空间规划数据约200余项。这些都为总体规划试点工作奠定了较好的基础。

2017年8月30日，住建部开展新一版总体规划编制试点工作，提出了创新规划理念、改革规划方式，完善规划体系的要求。面向过去城市总体规划成果大而全、事权不分级、目标难落实、指标不落位、实施难监管等问题，沈阳开展了新一版城市总体规划试点工作。改革的指导思想是要强化城市总体规划的战略引领和刚性管控作用，使城市规划真正成为城市党委政府落实国家和区域发展战略的重要手段，明晰规划事权，突出审批重点，使城市总体规划成为统筹各类发展空间需求和优化资源配置的平台。

2018年3月13日，国务院机构改革，将国土资源部的职责、国家发展和改革委员会的组织编制主体功能区规划职责、住房和城乡建设部的城乡规划管理职责等重组，建立自然资源部，推动国家治理能力和治理体系现代化。沈阳市新一版城市总体规划编制试点工作在新时期的背景下，侧重与发展规划的对接，探索编制统筹空间规划和发展规划的"一本规划"，尝试建立"目标—指标—坐标"的规划传导体系，强化规划传导，指引建设实施。

二、新一版沈阳市城市总体规划成果体系的改革需求

1. 建立与事权体系相对应的空间规划编制体系成果

城市总体规划从编制事权上看，涉及不同层级政府和不同部门的管理事权。从审批事权来看，需要通过上一级政府审批，实施主要是地方政府事权。从实施事权来看，涉及不同层级政府和不同部门的责任分工。现行总体规划未对事权加以区分，造成了管理和操作层面的不适应性。实施中缺乏统一的协同机制，受到行政利益边界的束缚（张尚武等，2017），不仅削弱了城市规划作为城市共同行政纲领的作用，也难以提高规划的管理效率。

2. 实现管控方式与城市管理实际的对接

总体规划作为纲领性的规划，在落实具体管控内容和要求方面往往存在矛盾。地方政府寄希望于将战略层面、宏观尺度的规划成果，直接实现对微观层面的有效管理，不仅造成总体规划定位的模糊，也造成管控方式与实际管理需要脱节，实施过程中难以操作。因此需要建立规划传导体系，针对不同层面的管控内容，采取分类、分层管控方式，通过指标体系、空间坐标、管理体系、政策机制等，构建整体的规划传导体系。

3. 总体规划成果形式需适应转型发展需求

总体规划作为一种宏观层面的政策纲领，目前的成果体系过多地强调技术性内容，从技术规划的角度论技术本身，偏离了城市规划公共政策的属性。导致在对接管理和对接实施方面都存在一定的问题。成果体系中，文本缺乏"战略导向"和"政策规划"的本质。图纸过于强调技术的精准性，缺乏"空间政策导向"的图示化表达。这些都导致总体规划实施困难，无法表达公共政策的意图，更无法适应城市变化和当前转型的发展需求。

三、新一版沈阳市城市总体规划成果体系构建的基本思路

新一版城市总体规划要强化城市总体规划的战略引领和刚性管控作用，使城市规划真正成为城市党委政府落实国家和区域发展战略的重要手段，明晰规划事权，突出审批重点，使城市总体规划成为统筹各类发展空间需求和优化资源配置的平台，满足多元化的价值诉求，成为社会治理的平台。

1. 构建社会共识的政策纲领

新一版沈阳市城市总体规划既是凝聚全社会共识的发展纲领，也是指导全市和各区以及各专业系统未来20年乃至更长远发展的战略蓝图，应突出其战略引领作用。实现总体规划从技术性文件向政策性文件转变。统筹政府、社会、市民三大主体，提高各方推动城市发展的积极性。强化在区域行政主体和部门主体的纵向和横向合作，引导社会多元力量参与规划；强化公共参与，让市民参与研究城市发展和规划实施。

2. 对接沈阳市规划管理实施体系

新一版沈阳市城市总体规划适应地区空间转型和管理需求，侧重从区域统筹的角度对全市的发展提出战略指引，从全域管控的角度加强对市域结构的控制，强化底线约束，建立与沈阳市管理体系相适应的总体规划编制成果体系。

2001年沈阳市行政机构调整，规划和国土部门整合，形成"规土合一"的管理体系，十多年来在土地开发管理体系、城乡规划编制体系、管理法规体系等方面进行了积极探索。新一版总体规划以务实创新的理念，衔接、完善现行规划管理体系，体现空间规划系统改革的要求，探索对接沈阳市管理体系的总体规划成果体系（图1）。

3. 构建层层传导的成果体系

新一版沈阳市城市总体规划探索建立规划目标、核心指标、空间坐标"三标衔接"的逻辑主线，以目标、指标、坐标传导为核心内容，以"一张蓝图"和"管理一张图"为载体，从空间规划、发展规划两条主线进行逐级传导（图2）。

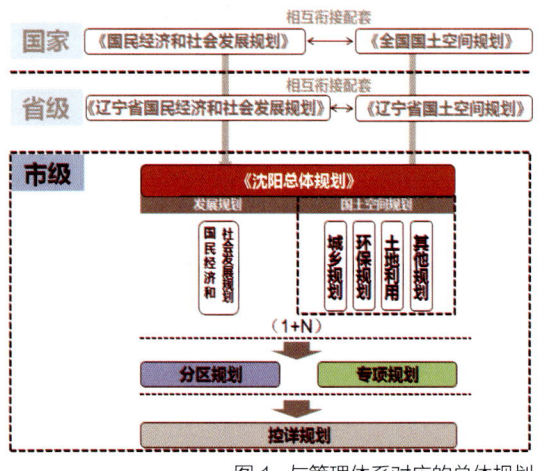

图1 与管理体系对应的总体规划

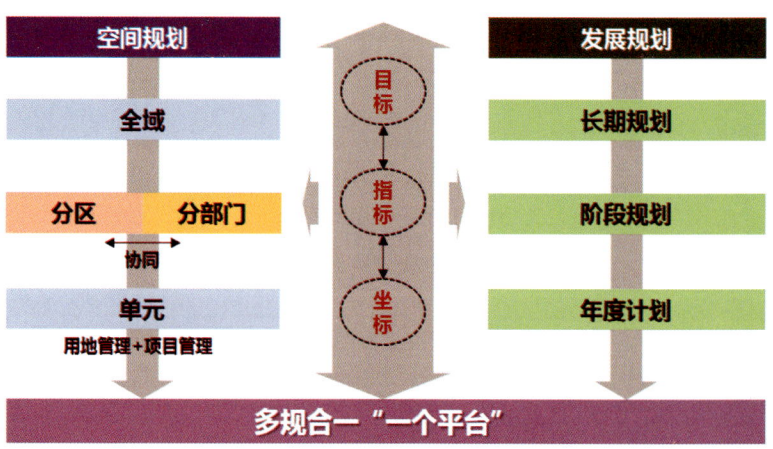

图2 目标、指标、坐标传导体系示意图

整个成果体系分为三个层面,第一个层面对应国家管控事权,主要是城市发展的中长期发展思路与构想,体现战略性,作为城市空间发展的纲领性文件,对应落实国家战略。第二个层面为市级事权层面,从沈阳市地方实践出发,从战略引导、底线控制、系统指引等方面提出全市层面的管控要求。第三个层面对应区县级政府事权,为总体规划落实主体,以行政区为对象,确定分区管控和行动计划。专题研究不属于上报内容,为支撑城市战略发展和空间落实的研究性内容。

4. 探索符合沈阳地域特色的总体规划成果内容

作为总体规划试点工作的 15 个城市之一,沈阳市在总体规划成果体系中试图探索符合地方的总体规划内容,以达到试点示范的作用。采用专项研究报告的形式,探讨符合地域特色的规划编制内容。如《三区三线划定专项报告》突出沈阳平原地区特色,探索平原地区三区三线的划定方法;《多规合一平台专项报告》利用沈阳"多规合一"平台建设的优势,分析总体规划成果如何层层落实,最终落实在沈阳市的多规平台中。

四、新一版沈阳市城市总体规划成果框架、内容与创新

1. 成果框架

为进一步落实总体规划的"战略引领"和"刚性控制"作用,沈阳总体规划试点工作构建了"1 + 4 + 6 + 22"的规划成果体系。"1"即体现了规划战略思路和管控要求等核心内容的一个总报告;"4"即全面建设沈阳东北亚国际化中心城市、科技创新中心、先进装备智能制造中心、高品质公共服务中心四个支撑性专题报告;"6"即应对总体规划改革技术创新要求的六个专项研究报告;"22"即针对各部门重点问题的 22 个专题研究(图 3)。

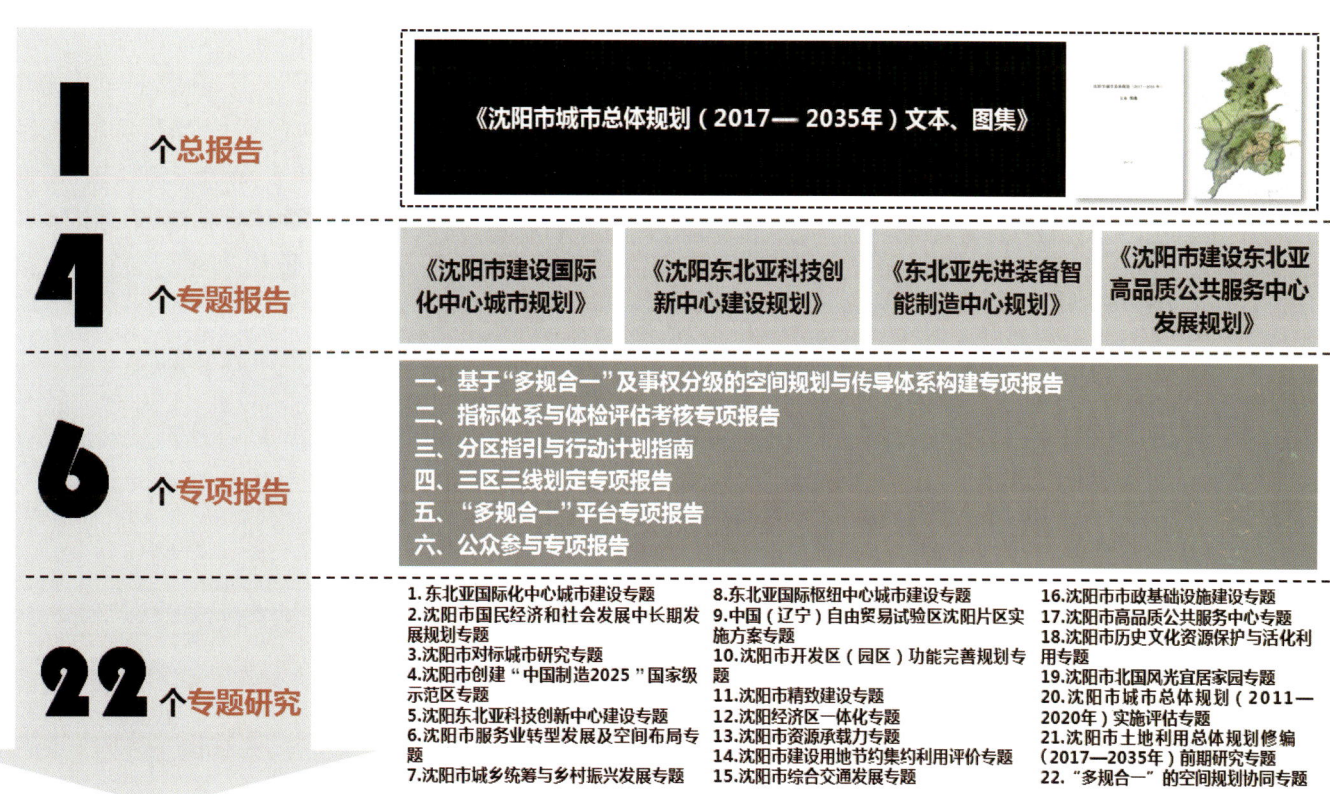

图 3 新一版沈阳市城市总体规划(2017—2035)成果体系框架

2. 核心内容创新

(1)总报告。

与总体规划试点工作路线相呼应,总报告内容分为三大部分:一是统领性的目标、愿景和战略,面向国家要求和区域发展责任确定的"四个中心"城市发展定位;二是落实空间规划格局、空间划定和要素支撑保障,支撑

规划目标实现;三是空间规划体系、多规管理平台、实施评估与动态维护、监管与决策等实施保障(图4)。

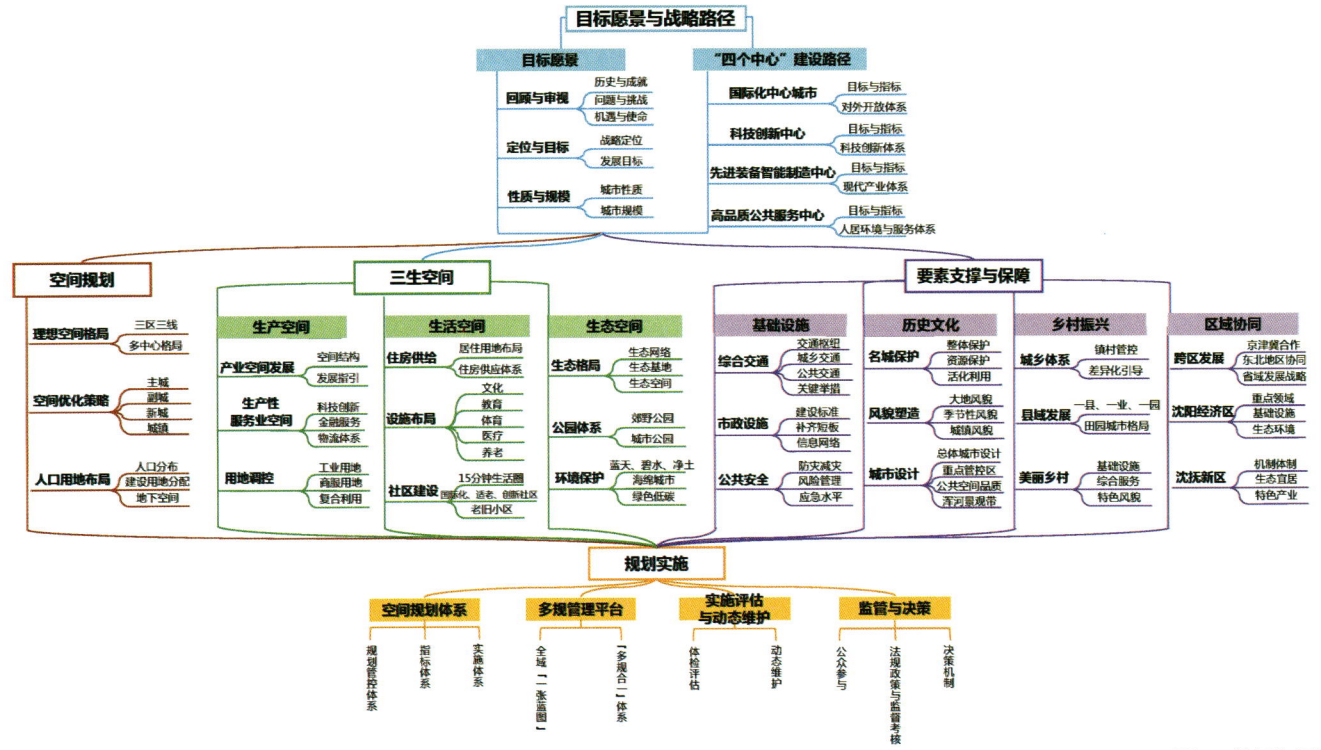

图4 总报告框架图

(2)专题报告。

明确把沈阳建成东北亚国际化中心城市、科技创新中心、先进装备智能制造中心、高品质公共服务中心的目标定位,分别由市发改委、市科技局、市经信委和市建委牵头,与国家发改委宏观研究院、中科院沈阳分院等研究机构进行合作,开展"四个中心"的规划研究,将原来的部门专项行动计划完善为支撑总体规划核心内容的专题报告,包括发展目标、指标体系(图5)、实施策略和政策保障,与总体规划整体框架进行全面对接,使总体

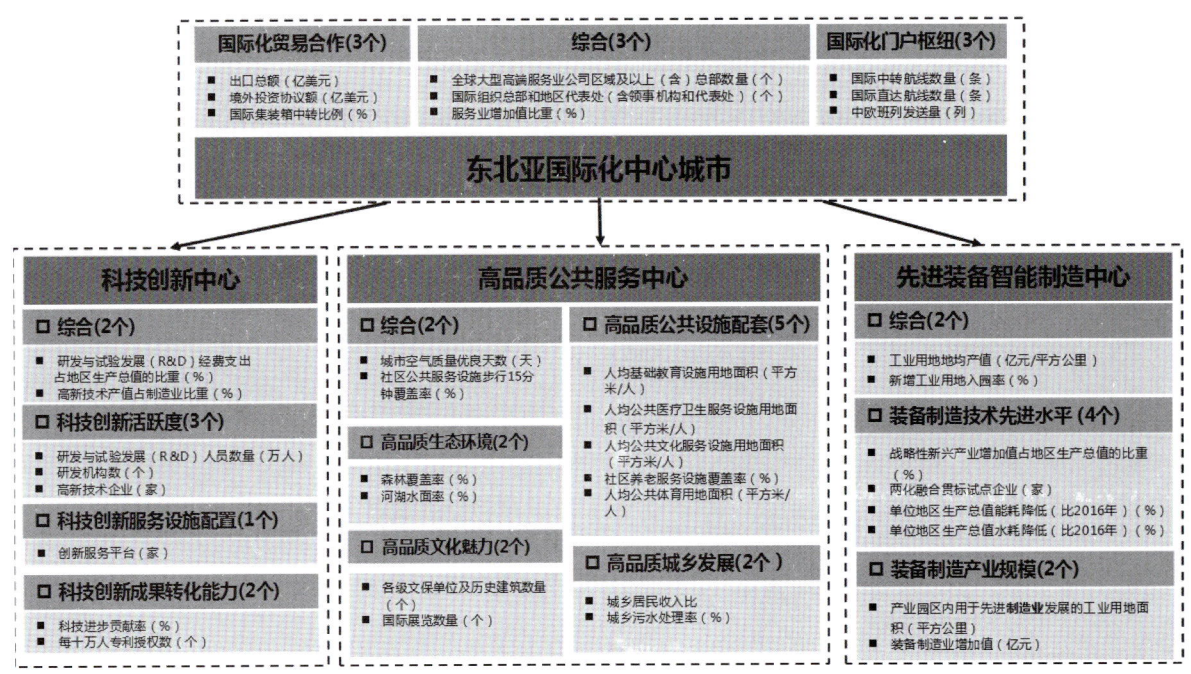

图5 沈阳东北亚国际化中心城市指标体系

规划成为保障城市高质量发展的公共政策。

围绕建设东北亚国际化中心城市的总体发展目标，空间规划推进组与清华大学开展合作，借鉴世界城市、全球城市等相关理论，在明确国际化中心城市内涵的基础上，构建了包括东北亚第三大影响力城市、国家经济中心城市、技术水平领先的世界级先进装备制造基地、科教创新引领发展城市、宜居宜业绿色魅力之都五个方向的沈阳建设东北亚国际化中心城市指标体系，并与"四个中心"专题报告紧密衔接，分别确定到2020年、2030年、2035年的阶段目标。

（3）专项报告。

试点工作形成六大专项报告——《基于多规合一及事权分级的空间规划与传导体系构建专项报告》《指标体系与体检评估考核专项报告》《分区指引与行动计划指南》《三区三线划定专项报告》《"多规合一"平台专项报告》《公众参与专项报告》，主要针对总体规划改革的核心问题，结合沈阳市的地域特色，采用专项报告的形式展示沈阳的实践与探索。

（4）专题研究。

针对各部门空间性专项规划突出问题，制订共计22项专题研究报告工作计划，高度体现了政府组织与部门合作，全面提升了规划的综合性和针对性。总体规划编制过程中，针对试点工作不同阶段的具体工作进行工作调度、专家咨询、部门协调、成果评审等，将总报告、"四个中心"专题报告、"中国制造2025"示范城市申报工作与22项专题研究工作统筹推进，实现了与各部门的相关规划对接，保证了各项规划任务的规划范围、期限、目标、内容的相协调，与国家宏观战略政策全面对接，体现了总体规划试点工作的科学决策。

3. 成果表达创新

新一版沈阳市城市总体规划（2017—2035）体现了总体规划从技术性文件到政策性文件的转变，主要体现在总报告和图纸表达方面。总报告中，借鉴政府报告的方法和形式，以阐述政府的发展战略意图，形成具有政策内涵的纲领性文件。弱化专业技术表达，运用通俗易懂的方式，强化公众的可读性。图纸表达方面采用更能体现战略意图和政策性的结构性表达方式。在用地表达方面，改变以具体地类为主的表达方式，采用政策性分类或者功能性分类的方式，增强应对未来发展变化的弹性。

五、结语

总体规划改革工作是总体规划自身内部发展和外部环境影响的双向结果。新一版沈阳市城市总体规划（2017—2035）在"多规合一"改革的基础上，在空间规划体系治理的大背景下不断尝试和创新。时逢国家推进治理能力和治理体系现代化的改革契机，总体规划成果体系的建构重点强调由技术性成果向政策性文件转变的思路，提出了全域管控、底线控制、对接事权、层层传导等创新尝试。作为试点城市之一，沈阳自身的实践与探索，也为北方平原地区及产业转型及振兴发展的地区规划编制提供了借鉴。

空间规划体系下城市总体规划作用的再认识

杨保军　张菁　董珂 / 中国城市规划设计研究院

摘要：城市总体规划应起到兼顾长远战略与近期实施的引领性作用，兼顾资源保护与城乡发展的综合性作用，兼顾政府事权与多元主体的协同性作用，在城市层面的空间规划体系中占据主导地位。未来城市总体规划应不断保持规划理念的先进性，坚持以人为本、坚持量质并重、坚持差异发展、坚持多元动力。

空间规划是国家社会经济发展到一定阶段，为有效调控社会、经济、环境要素而采取的空间政策工具，是对空间用途的管制和安排。空间规划是现代国家政府进行空间治理的核心手段，是政府调控和引导空间资源配置的基础。党的十八届三中全会指出要"通过建立空间规划体系，划定生产、生活、生态空间开发管制界限，落实用途管制"。中央城镇化工作会议指出要"建立空间规划体系，推进规划体制改革，加快规划立法工作"。此后，中央分别在《生态文明体制改革总体方案》《十八届五中全会公报》《中共中央关于制定国民经济和社会发展第十三个五年规划的建议》中对构建空间规划体系提出了总体要求。它已成为中央的一项重点任务，也成为相关学界研究的热点。

城乡规划是涉及空间的全局性规划，而城市总体规划是其中最为重要的规划层次，是主导城市层面空间布局的最重要依据。在国家建构空间规划体系的背景下，城市总体规划能在城市层面承担什么作用？本文试图从引领性、综合性、协同性论述其作用，并从保持规划理念先进性的角度展望其改革方向。

一、兼顾长远战略与近期实施的引领性作用

中央城市工作会议提出，要切实发挥好城市规划的引领作用，这体现在城市总体规划能够兼顾长远战略和近期实施，从演绎和递归两个路径引领城市的发展方向。

1. 城市总体规划能够指导城市空间的长远战略

空间规划体系需要秉持"战略性思维"。面对城市这个复杂、开放的巨系统，空间规划需要为政府"谋划、策划、规划"，而并不仅仅是停留在制定"负面清单"和"责任清单"。空间规划应放眼长远、找准方向，否则，"方向错误了，用力越多就偏离越远"。空间规划中的很多内容是百年大计，例如涉及资源环境类的保护，应做到"百年不变"；涉及基础设施类的安排，应做到适度超前布局，"先地下后地上"，保证规划建设的有序推进。

自21世纪初开始，城市总体规划已形成在前期开展空间发展战略研究的惯例，从目标导向和问题导向两个方面综合确定城市的发展思路，形成因地制宜、指导城市长远发展的施政方略。也正是由于这部分工作，使得城市总体规划能够有效指导城市空间的有序发展，真正为城市政府提供决策依据。城市总体规划一般将规划期限设定为20年，以便对重大设施布局做出较长远的预控和安排，同时也对远景进行展望和演绎，实现战略上的"长远指导近期"。

2. 城市总体规划能够指导城市空间的近期实施

空间规划体系同时应具有"实施性思维"。"一分部署，九分落实"，只有将规划长远目标转化为行动路线图，分步骤、分层级地落实，才能真正完成规划的使命，否则就是"空中楼阁、画饼充饥"。空间规划应与国民经济社会发展规划紧密衔接，与本届政府工作紧密结合。应在明确长远目标的前提下制订近期行动计划，列出近期建设重点项目库。

城市总体规划具备可实施性，体现在"时间上的细化"和"空间上的细化"。所谓"时间上的细化"，即通过编制近期建设规划，明确本届政府重点建设和改造的地区与项目；所谓"空间上的细化"，即城乡规划已形成了一套较完整的法定规划体系，其法律效力主要通过强制性内容的"刚性传递"来逐步落实。城市总体规划将强制性内容落实到城市详细规划，城市详细规划将强制性内容落实到规划许可当中，并最终落实到城市建设。无论"时间"还是"空间"上"细化"，都是基于长远目标的近期递归，而非漫无目的地"盲人摸象"。

二、兼顾资源保护与城乡发展的综合性作用

中国城市规划学会城市总体规划学委会指出：空间规划体系需要秉持"综合性思维"，这绝不仅仅是"保护要素"简单叠加的"生态底线思维"，更需要在此基础上的、以人的需求和城镇发展为核心的"社会公平思维"和"经济竞争思维"。

城市总体规划一贯坚持"综合性思维"，从多个角度看待和解决问题。首先，城市总体规划坚持生态资源本底优先，通过划定边界，确保自然和人文资源资产不受侵害；其次，城市总体规划将公共利益放在首要位置，通过自下而上的公众参与实现社会公平；最后，城市总体规划也充分尊重市场经济规律，将土地经济学原理作为空间布局的重要依据，鼓励"优地优用、劣地少用"，提高土地使用效率。

从方案形成的过程来看，城市总体规划应在一个空间平台的基础上，协同资源保护和城乡建设两类行政部门，充分表达各自的空间诉求，推动"保护要素"和"发展要素"在空间平台上的多次博弈，通过多次博弈的规划过程实现空间上保护与发展间的均衡，按照科斯定理设定的条件实现资源配置的帕累托最优，从而有效避免单个部门"自上而下、一次博弈"的计划经济式空间安排导致的"盲目性"。

三、兼顾政府事权与多元主体的协同性作用

空间规划体系首先应明晰各层次空间规划中的各级政府、各政府部门事权，明确对应的权利和义务，在规划内容中予以清晰界定；同时，空间规划体系也需要协调政府、市场、社会三大主体的利益，使多元利益能够在空间安排上得以充分体现。

1. 明晰中央（省）与城市政府的事权

按照科斯的制度经济学理论，产权和交易成本是决定资源能否得到优化配置的两大因素。由于信息交易成本的原因，行政管理层级和各层次责权的制度设计与一个国家的规模直接相关。对于规模较小的国家，信息搜集和交易成本较低，能够较快地对基层信息和变化做出反应，制定较科学的资源配置安排；而对于规模较大的国家，信息的搜集和交易成本极大，很难真实地获取基层的准确信息和变化，结果就导致了大国计划经济时期的一个通病——"哭得响的孩子有奶吃"，最终容易导致稀缺资源的错配。制度上得到根本解决的办法唯有逐步放权，让地方政府做出"更接地气"的资源配置调控安排。

因此，作为一个人口和空间大国，我国行政管理的改革方向是：在中央（省）政府约束城市政府"时间与空间负外部性"的前提下，充分调动城市政府作为城市运营主体的积极性，一方面要在空间规划体系中强化城市层面空间规划的主导地位，另一方面要强化城市层面空间规划中本级政府事权的主导地位。

城市总体规划是上级政府审批、本级政府实施的规划，它可以既保证中央（省）政府的宏观、长远要求，又为城市政府的发展诉求留足空间。因此，可以通过城市总体规划厘清中央（省）与城市政府事权，推进我国政府治理体系的现代化。

2. 梳理城市政府与各垂管部门的事权

当前行政管理的突出问题是垂直管理普遍强化，体现在列入垂直管理的部门不断增加，未列入的也在上级主管部门的授意下加大了"统"的力度。某些部门的"中心辐射"意识加大，为地方的服务意识淡薄，这种不断放

大权利、缩小责任的现象,被有的学者比喻为"尺蠖效应"。例如:有的部门把用地分配权抓在自己手里,但出现用地大量闲置、低效使用的情况后,却将责任都推给城市政府;有的部门把项目审批权抓在自己手里,但出现产能严重过剩后,也将责任推给城市政府。这些情况积聚在一起,会造成地方行政管理制度的碎片化,并必然导致城市空间的碎片化。为解决这些问题,应逐步向城市政府放权,强化行政权力的属地管理,即"条块结合、以块为主",而且越到基层,越应强化"块块管理"的主导地位,这样的改革方向才与社会主义市场经济的运行机制相契合。

因此,只有城市政府组织,而非政府部门组织编制的规划,才能成为真正意义上的城市层面的空间规划,才能抛弃部门利益,将城市作为一个利益整体进行空间上的统筹协调,匹配"以块为主"的治理模式,才能与规划的实施主体相对应,做到"一级政府、一级规划、一级实施"。

城市总体规划是城市政府的规划,而不是某个部门的规划。目前,各地已基本建立了城市政府层面的规划委员会制度,由城市主要领导亲自抓城市总体规划,有效避免了规划内容中过多的"部门色彩",实现了"以块为主"的城市层面规划建设管理模式。

3. 协调政府、市场、社会三大主体的利益

我国治理改革的方向是中国共产党领导下的政府、市场、社会多元共治。应保障各方利益得到充分体现和表达,在公开、公正的平台上进行充分博弈,以实现最终利益的最优分配。应尊重各自的运行规律,保障政府、市场、社会在各自有效的领域发挥主导作用。

空间规划编制与实施过程中涉及政府、市场和社会三大治理主体。空间规划与治理的方法应从单一"自上而下"的政府管制转向"上下双向互动"的政府、市场、社会多方参与、共同治理。城市总体规划能够较好地明晰三大主体之间的责权关系,并将这些关系与规划内容相对应。

政府的空间责权:市场经济条件下,政府不应过多干预"市场有效"的领域(即可以依循市场经济规律正常发挥作用的建设行为),但应在"市场失灵"的领域内履行其行政职责,即"公共资源管制"(制定负面清单)和"公共服务供给"(制定责任清单)。城市总体规划编制将这两类内容设定为强制性内容,并与政府责权相对应。

市场的空间责权:在"市场有效"的领域,应充分发挥市场在资源配置中的决定性作用。城市总体规划将弱化此部分内容,例如,对于商业服务业设施用地,规划不再细分到中类用地的布局;在"市场失灵"的领域,规划应对市场行为予以规制,设定负面清单。具体来说,对于有干扰、污染、危险的工业用地、物流仓储用地,城市总体规划要求其在空间布局、周边用地兼容性等方面做出严格限定。

社会的空间责权:空间规划应将公共利益作为首要目标,也就是说,城市建设的基本目标是为社会公众服务。为充分满足社会公众的诉求,应建立"自下而上"的工作步骤和研究方法。通俗地说,就是"从群众中来,到群众中去"。因此,空间规划不是闭门造车,不是简单的指标分配,而是对社会公众多元诉求的全面听取和充分协调。城市总体规划已逐步建立起全过程的公众参与机制,从多个角度听取各类公众的心声。应当认识到,公共利益概念的形成是以利益多元化为前提的,只有在利益不一致且政策制定是必需的情况下,公共利益才有存在的必要。城市规划建设中经常出现涉及局部、微观的"公共利益"问题,社会改革的趋势是让"小微"公共利益得到同等的尊重,即从"个体服从整体"到"兼顾个体与整体"。

城市总体规划的编制采取"政府组织、专家领衔、部门合作、公众参与"的方式,既体现政府意图、兼顾部门诉求,又尊重科学规律、回应百姓关切,这样一套相对开放、成熟的规划编制机制是其他类型规划目前所欠缺的。空间规划的实质是对有限空间资源的权威性分配,其权威性来自于科学的方法、公平的原则、社会的认同和制度的安排。从制度设计看,城市总体规划可以保障各方的空间利益和诉求能在统一的空间平台上进行博弈和统筹。

综合上述分析,由于城市总体规划兼具引领性、综合性和协同性,它应当在城市层面的空间规划体系中占据主导地位,应作为城市政府保护和管理空间资源的重要手段,引导城市空间发展的战略纲领和法定蓝图,调控和统筹城市各项建设的重要平台。

四、保持规划理念的先进性,强化城市总体规划的主导地位

未来15年是我国社会经济发展的关键时期。2020年,按照党中央确定的"两个一百年"中国梦的第一个百

年奋斗目标，我国将全面建成小康社会；2030年，我国的城镇化水平将基本趋于稳定，城镇空间格局和城市空间形态也将基本定型。

根据中国城市规划设计研究院《我国当前城市发展形势的判断和未来趋势的展望》（以下简称《趋势判断与展望》）课题的研究，2015—2030年可以概括为我国城镇化快速发展的中后阶段，这个阶段的城镇化速度较之前20年会有所下降，但总量仍会保持稳定增长。这个阶段的发展模式与前37年有着显著不同。体现在：发展方式从数量增长为重转向质量提升和结构优化为重；发展速度从高速转为中速，城际分化更加明显；发展动力从单纯依靠工业化转向更加多元和特色化。

因此，未来15年的空间规划体系理念与过去相比应发生根本性的变化。为强化城市总体规划的主导地位，应不断保持规划理念的先进性。

应当从过去偏重追求经济总量上的增长转向实现"五位一体"发展和质量提升；应将创新引领和服务拉动作为新一轮经济发展的主导力量；应将自然景观和人文资源作为提升城市魅力的核心资源，作为吸引高素质人才和企业进驻的核心动力；应从树立中华民族文化自信的高度，从人文关怀的视角，充分认识城市特色风貌保护与提升的重要性；应当让城市被每个市民所认同，成为诗意栖居的家园，成为容纳"大众创业、万众创新"的场所，成为每个市民的精神归属。

具体来说，城市总体规划理念应坚持以人为本、量质并重、差异发展和多元动力。

1. 坚持以人为本、弘扬人文精神

"新型城镇化的核心是人的城镇化。"人选择留在城市，不仅是为了生存，更是为了生活，直至实现"诗意地栖居"。中央提出建设生态文明，是由于过去的发展忽视生态环境、影响到人类社会的可持续发展，但并不是将"生态"凌驾于"人"之上，追求以"生态为本"。可以说，脱离了"人"这个认识主体，客观世界即使存在也无意义。

因此，人类文明存在与发展的核心是"以人为本"，建设生态文明是手段，而不是最终目标，其最终目的是实现基于人类可持续发展的人与自然和谐共存。应当坚持人民主体地位，将最广大人民根本利益作为发展的根本目的。城市总体规划是真正以人的需求为基础，从人的视角出发，将"人的活动"作为主要研究对象，将"为人服务"的城市公共空间供给作为主要研究目标的空间规划。未来，城市总体规划应当更加尊重自然和文化，这是站在人的角度，将人与自然环境、历史文化看作一个"灵魂永续的生命共同体"。

今后，在编制城市总体规划时，还应同步开展总体城市设计，充分运用这一技术工具，从关注物质空间形象转向提供优质公共服务和人居环境，从围绕"生产"提供"场地"转向围绕"生活"塑造"场所"，从城市"吞噬"农村转向城乡共荣发展，这些思路，都是从人的基本需求出发的。

2. 坚持量质并重、走向精细管理

在"量和质并重"的发展阶段，一方面要坚持发展是第一要务：只有通过发展，才能解决既有矛盾；只有通过发展，才能实现模式的转型升级，推动社会进步。另一方面要坚持科学发展，应"破解发展难题，厚植发展优势，必须牢固树立并切实贯彻创新、协调、绿色、开放、共享的发展理念"，"从实际出发，把握发展新特征，加大结构性改革力度，加快转变经济发展方式，实现更高质量、更有效率、更加公平、更可持续的发展"。

城市总体规划既不应延续过去以建设为主导，侵害自然与人文资源的扩张型模式，也不应简单照搬国外发达国家在城镇化后期的规划方式，过早框定城镇发展的永久边界（因自然资源紧约束而限制增长的城市除外）。

在"量和质并重"的发展阶段，城市总体规划关注的重点应走向更加精细化和科学化，体现在以下三个方面：

（1）从"指标管理"到"边界管理"。

某些规划以用地的"指标管理"为核心，在保证总量指标不变的情况下，空间上"移位"缺乏规则限定，结果是空间形态分散，部分指标"上山下水"，"总账"做成了"假账"。城市总体规划在城市建设用地规模控制的基础上，还要划定基本生态控制线、永久性基本农田和城镇开发边界，划定"三区""四线"，形成各相关部门"空间管制条件"叠加的"用地条件图"，管住城市发展的底线，核心是"边界管理"。

从"指标管理"到"边界管理"，深度上有所不同，体现了国家治理能力的现代化与精细化，也顺应了我国城镇化进入中后期阶段、逐步从增量扩张转向存量盘活的趋势。

"指标管理"中，从中央到地方指标可以层层分解，技术上简单，这也是某些部门管理"简单有效"（事实上未必有效）的原因；"边界管理"中，从中央到地方，是从"模糊"到"清晰"的过程，技术上是有难度的。比如城市总体规划画的某些绿线其实是"模糊"的绿线，如果真拿绿线坐标进行精准管理，就会出现问题，但是这条"模糊"的绿线又必须存在，否则下位规划不落实这条线，刚性传递就"断链"了。

因此，城市总体规划的边界管理需要具备"适度弹性"，这句话貌似矛盾，但正是具有难度的"关键技术"。"太柔则靡，太刚则折"，应在简化、强化刚性内容的基础上，留有适度弹性空间，根据不同情况实施差异化深度的管理，"在变化中求不变"，确保其保护的"宗旨"而非"形式"在下位规划中得以落实。

（2）从"增长管理"到"形态管理"。

美国规划学界经过30多年的研究和实践，得出以下结论："城市增长不可控，城市形态可塑。"

所谓"城市增长不可控"，就是说，城市空间上的增长是一种市场行为，它追寻的是社会经济发展的意愿，城市政府既不可能"拔苗助长"，也不能"削足适履"，在这个领域，城市政府应适当"放权"，依照市场自发的需求进行空间安排。

所谓"城市形态可塑"，就是说，在同样规模的前提下，不同的城市空间结构和形态在城市运营效率上会有很大差别。城市政府可以规划并引导设施投资向正确的方向发展，最终形成人地和谐、职住平衡、运营高效的城市。在这个领域，政府应当有所作为，引导市场走向秩序。这种关系，正如天下雨，降雨量是人不可控的，"降雨量管理"不可实现。但是雨落到地面以后如何调蓄利用、引入江河湖海，是人可控的，就是所谓"雨洪管理"可实现。以此类推，对于空间的发展与管控，应当逐步从过去简单的"增长管理"过渡到"形态管理"。

从学科的理论积累来看，城乡规划一直关注城市空间结构和形态，已形成了从宏观区域到微观单元、从用地布局到设施配套的较为完整的理论体系。未来，在城市总体规划的编制中，应更多地关注城市空间结构，而非城市用地规模，实现从"增长管理"到"形态管理"的转变。

（3）从"平面管理"到"立体管理"。

一方面，从用地效率上看，"平面管理"认为一块土地上的用途只能是唯一的、非此即彼的，这在农耕文明和工业文明时期确实是普遍情况。但是到了后工业文明时期，城市活力的源泉就在于各类功能的高度集聚和混合，建筑技术的进步也使得纵向的功能混合成为可能。因此，未来的城市总体规划应走向"立体管理"，综合考虑地上、地下各类功能的混合使用。

另一方面，从空间形态上看，随着城镇发展逐步从增量扩张转向存量盘活，"平面管理"已无法满足精细化管理的需要。未来，城市总体规划应要求提出城市建设高度、强度分区和控制基准指标，同时划定城市设计重点控制区，明确设计目标与总体控制要求。

3. 坚持差异发展、实现分类指导

根据《趋势判断与展望》课题研究，未来我国的城镇化速度大致分为两个阶段：2020年前保持中高速，年均提高0.9—1.2个百分点；2020—2030年间将降至中速，年均增长0.5—0.8个百分点；2030年将基本稳定在65%—70%。城镇化速度的减缓将导致建设用地增速的减缓；同时，城镇化速度也将出现明显的区际分化：发达地区和城镇化水平相对成熟的城市，以及前期土地扩张相对偏快的，已经和即将进入以存量优化为主的阶段，未来的主导发展模式将是"精明调整"；处于工业化中期的城市，以及前期土地扩张与人口增长相对协调的，仍将有一定时期和一定程度的规模扩张，未来的主导发展模式将是"精明增长"；处于经济衰退和资源枯竭地区的城市，人口甚至可能出现负增长，导致部分城市功能萎缩和部分城市地区空心化，未来的主导发展模式将是"精明收缩"。

因此，城镇化不能搞"指标分解"，发展不能搞"任务摊派"，必须充分尊重发展条件的差异性，实现城镇化发展的分类指导。不能不分背景、不分场合地照搬发达国家的各类发展经验，不能简单地在全国范围内制定"整齐划一"的空间政策。

根据城市所处的不同发展阶段，城市总体规划会采用差异的规划方法和工作路径。

（1）"理想蓝图型"规划。

对处于快速发展初期的城市，城市总体规划采用"理想蓝图型"的规划方法，重点对于增量地区规划合理的空间结构，这个阶段的规划师应更多具备形态美学思维和经济学思维。

（2）"决策咨询型"规划。

对于处于快速发展中后期的城市，城市总体规划采用"决策咨询型"的规划方法，针对城市发展面临的重点问题，有的放矢地提出解决策略。同时充分尊重既有物权人的意见，通过协作参与，渐进地修补和完善城市空间。这个阶段的规划师应更多具备战略思维和社会学思维。

（3）"资源管理型"规划。

对处于发展稳定期的城市，城市总体规划采用"资源管理型"的规划方法，重点划定须严格保护、不可建设的地区，制定负面清单。这个阶段的规划师应更多具备底线思维和生态学思维。

4. 坚持多元动力、体现因地制宜

城镇化发展的初期，经济发展简单依靠工业化带动，城市采取成本最低的"追随战略"，结果是国家提出鼓励哪个产业，或者市场发现哪个产业的利润大，所有的城市都跟风发展这个产业，产能立刻从稀缺变成过剩。这种均质化发展模式，导致城市间产业结构雷同，恶性竞争激烈。城市形态和风貌也是如此，文化上追求"大洋怪"，导致城市传统特色消亡，风貌缺乏内涵，千篇一律。

随着城市发展步入工业化后期或后工业化时期，"在地性"发展，亦即依托自身资源禀赋寻求特色化、专业化的发展路径，已成为城市在区域网络中得以生存和发展的"立市之本"，因此，对于城市自身特色的挖掘和深刻理解已成为空间规划的关键环节。城市总体规划应当强调"因地制宜"，按照自己特殊的区位条件、资源禀赋、经济基础和发展阶段制定差异化的城市发展道路。城市总体规划的编制从来没有固定的套路，没有可复制的方法，必须针对特定城市对症下药，才能寻找到这个城市特有的"灵魂"。

城市发展步入后工业化时期的另一个特征是，城市的发展驱动力将从工业化特征的要素与投资驱动，转向后工业化特征的创新与财富驱动。应当通过规划评估，从多方了解不同空间使用者的空间诉求，实现"城市空间"的供给侧改革，将新的"空间产品"诉求落实到规划用地布局，真正提供与时俱进、符合未来发展需要的"空间产品"，满足广大人民群众日益增长的精神和物质生活的需求。

五、总结

我国空间规划体系的建构势在必行，它是实现依法治国、提高行政效率、推进生态文明、建设美丽中国的需要。空间规划体系应牢记城镇化的根本目标，尊重城市发展规律，把城市工作当作系统工程来抓。

城市总体规划应起到兼顾长远战略与近期实施的引领性作用，兼顾资源保护与城乡发展的综合性作用，兼顾政府事权与多元主体的协同性作用，在城市层面的空间规划体系中占据主导地位。

未来15年是我国社会经济发展的关键时期，将步入城镇化快速发展的中后阶段。城市总体规划应不断保持规划理念的先进性：坚持以人为本，弘扬人文精神；坚持量质并重，走向精细管理；坚持差异发展，实现分类指导；坚持多元动力，体现因地制宜。

杨保军：中国城市规划设计研究院副院长，中国城市规划学会常务理事，中国城市规划学会城市总体规划学术委员会主任委员，教授级高级城市规划师。

张菁：中国城市规划设计研究院总工室主任、副总体规划师，中国城市规划学会城市总体规划学术委员会副主任委员，教授级高级城市规划师。

董珂：中国城市规划设计研究院绿色城市研究所所长，中国城市规划学会城市总体规划学术委员会秘书处成员，教授级高级城市规划师。

论空间规划体系的构建
——兼析空间规划、国土空间用途管制与自然资源监管的关系

林坚　吴宇翔　吴佳雨　刘诗毅 / 北京大学

摘要：近年来，随着生态文明建设的不断推进，建立空间规划体系、统一国土空间用途管制和完善自然资源监管体制成为备受瞩目的问题。

研究三者的关系发现：(1) 建立空间规划体系的初衷是立足生态文明体制改革、完善自然资源监管体制，实施国土空间用途管制是其中的连接点。(2) 自然资源监管可以区分为载体使用许可、载体产权许可和产品生产许可3个环节；国土空间首先是自然资源的载体，国土空间用途管制对应资源载体使用许可，是载体产权许可和产品生产许可的前置条件。(3) 空间规划服务并作用于国土空间用途管制，现实类型多，但内容、管理逻辑基本相同，产生的冲突是因土地发展权管理权力之争带来的。(4) 国家机构改革方案表明，以资源保护为出发点的一级土地发展权管理，对属于地方事权的二级土地发展权管理产生了更强的约束力，国土空间用途管制内容也将包括"建还是种""种什么""建什么""建多少"等。(5) 未来两级土地发展权的统一归口管理，要求空间规划管理既要管好全域国土空间的重要控制边界，也得管住微观的用地、用海行为，这对空间规划体系的构建和实施提出了更高的要求。(6) 构建空间规划体系，应立足于生态文明建设的根本大计、长远大计，承担起基础性、指导性、约束性的功能；结合"管什么""谁来管""怎么管"的"管""用"前提，设想构建"一总四专、五级三类"的新时代空间规划体系，推进"三基一水两条线，两界一区五张网"的保护开发边界"落地"。

2013年中共十八届三中全会做出的全面深化改革决定中，提出"建立空间规划体系"。后续一系列围绕生态文明建设和体制改革的文件，对建立空间规划体系提出了期许和要求。国家到地方，结合以往开展的"两规合一""三规合一""县市域总体规划"等经验，也纷纷进行了"多规合一""空间规划"等形式和内容多样的试点。直到2018年，中共十九届三中全会和后续召开的第十三届全国人大第一次会议做出国家机构改革的重大决定：组建自然资源部，承担"建立空间规划体系并监督实施"职责。这是一个备受社会各界瞩目的问题，本文试图结合生态文明体制改革的诉求，从空间规划的地位和功能认知入手，结合现实状况、问题根源等分析，思考新时代空间规划体系构建的目标、前提和可能结构。

一、空间规划的重要地位：完善自然资源监管体制的关键环节

空间规划体系的首次提出，是在2013年《中共中央关于全面深化改革若干重大问题的决定》"加快生态文明制度建设"篇章中："建立空间规划体系，划定生产、生活、生态空间开发管制界限，落实用途管制……完善自然资源监管体制，统一行使所有国土空间用途管制职责。"在2014年《生态文明体制改革总体方案》中发展为："构建以空间规划为基础、以用途管制为主要手段的国土空间开发保护制度""构建以空间治理和空间结构优化为主要内容，全国统一、相互衔接、分级管理的空间规划体系"。2015年《中共中央关于制定国民经济和社会发展第十三个五年规划的建议》中则进一步提出："建立由空间规划、用途管制、领导干部自然资源资产离任审计、差异化绩效考核等构成的空间治理体系。"2017年《省级空间规划试点方案》印发，进一步探索空间规划编制思路和方法。在上述中央文件中，空间规划、用途管制、自然资源监管体制、国土空间开发保护制度、空间治理体系等逐次出现，构成推进生态文明体制改革的重要内容。

在生态文明建设已成为千年大计、根本大计的今天，建立空间规划体系是中央结合生态文明建设做出的重大战略部署，也是推进国家治理体系和治理能力现代化的重要环节。从空间规划体系概念的提出到十九届三中全会、十三届人大一次会议做出的国家机构改革决定来看，建立空间规划体系的初心并未改变，简言之，其初衷是统一实施国土空间用途管制，推进自然资源监管体制改革，是生态文明体制改革的重要一环，是推动人与自然和谐共生，加快形成绿色生产、绿色生活、绿色发展方式的重要抓手。

二、空间规划的功能认知：实施国土空间用途管制的基础依据

要在完善自然资源监管体制的视角下认识空间规划，首先必须厘清自然资源和国土空间的关系，以此延伸到自然资源监管与国土空间用途管制的关系，最后才能落足于空间规划在自然资源监管中扮演的作用与角色。

1. 国土空间：自然资源依附的载体

国土空间是自然资源和建设活动的载体，占据一定的国土空间是自然资源存在和开发建设活动开展的物质基础。国土空间是指国家主权与主权权利管辖下的地域空间，是国民生存的场所和环境，包括陆地、内水、领海、领空等。虽然不同学科对自然资源的内涵和外延有着不同的界定，但我国法理和管理意义上的"自然资源"，主要指有空间边界或有载体、可明确产权、经济价值易计量的天然生成物，例如《宪法》《物权法》和《民法》中列举出的矿藏、水流、森林、山岭、草原、荒地、滩涂、海域、土地等。在现实生活中，各类自然资源以国土空间为载体，并呈现出不同的立体分布形态。水流、森林、草原、土地（含山岭、荒地）、滩涂、海洋、矿藏等主要依附土地、水域（淡水）、海洋（海域）三类空间母体（或载体），呈现地表和地下立体空间分布格局（表1）。同时，国土空间也是各类开发建设活动不可或缺的载体。

表1　自然资源类型及其空间载体

资源类型	土地资源	矿产资源	森林资源	草原资源	海洋资源	滩涂资源	水资源
依附的空间母体	土地	土地	土地	土地	海洋	土地、海域、水域	水域、土地
土地立体空间	地表、地下	地表、地下	地表	地表	地表	地表	地表、地下

2. 自然资源监管：区分资源载体使用许可、载体产权许可和产品生产许可

合理利用和保护各类自然资源的载体，是合理利用和保护各类自然资源的前提条件。现实中的自然资源利用分为自然资源开发和自然资源生产两种行为。其中，自然资源开发是对自然资源空间场所（即载体）的利用，属于自然资源的一次利用；而自然资源生产是指根据自然资源的天然生成物的价值特性，通过物化劳动把生产要素的投入转换为有形的产出，从而实现附加值并产生效用的过程，包括由采集、狩猎、农耕、畜牧和捕捞等活动构成的农、林、牧、渔、矿产业等产业形态，是资源产品获得行为，属于自然资源的二次利用。

在现实的自然资源管理中，自然资源的开发和生产都必须获得相应的使用权利（表2）。根据对权利的限制，

表2　自然资源利用过程中的权利体系

类别	载体	权利	主要管理部门（原）
自然资源载体使用权	陆域	建设用地使用权、宅基地使用权、农村土地承包经营权、林权、草地（原）使用权等	国土资源部、农业部、林业局等
		探矿权	国土资源部
	水域	水域滩涂养殖权	农业部（渔业管理）
	海域	海域使用权、水域滩涂养殖权	海洋局
自然资源产品获取权	陆域	采矿权、房屋所有权等	国土资源部、住房城乡建设部
		林木采伐权、狩猎权、采集权	林业局
		放牧权	农业部（畜牧管理）
	水域	捕捞权	农业部（渔业管理）
		河道采砂权、取水权、河道及水工程范围内建设权	水利部
	海域	捕捞权	海洋局

自然资源监管对载体利用和产品生产的监管，按照载体使用许可、载体产权许可、产品生产许可3个环节来开展(图1)：①载体使用许可：发生在资源所有权人将资源使用权交给资源使用权人之前，审核自然资源开发利用项目的四至、空间用途、开发条件等是否符合法定规划，是国土空间用途管制的重要实施手段；②载体产权许可：在明确载体使用范围、用途和开发条件等前提下，资源使用权人通过订立合同或获得用地批准书(如：订立土地承包合同、土地出让合同、海域使用权出让合同、获得划拨用地决定书、办理建设用地批准书等)，获得资源载体的使用权利，再经资源管理部门核准后，获发相应的资源载体产权证书，如：国有(集体)土地使用证、农村土地承包经营权证、林权证、草原使用权证、水域滩涂养殖证等；③产品生产许可：资源使用权人在

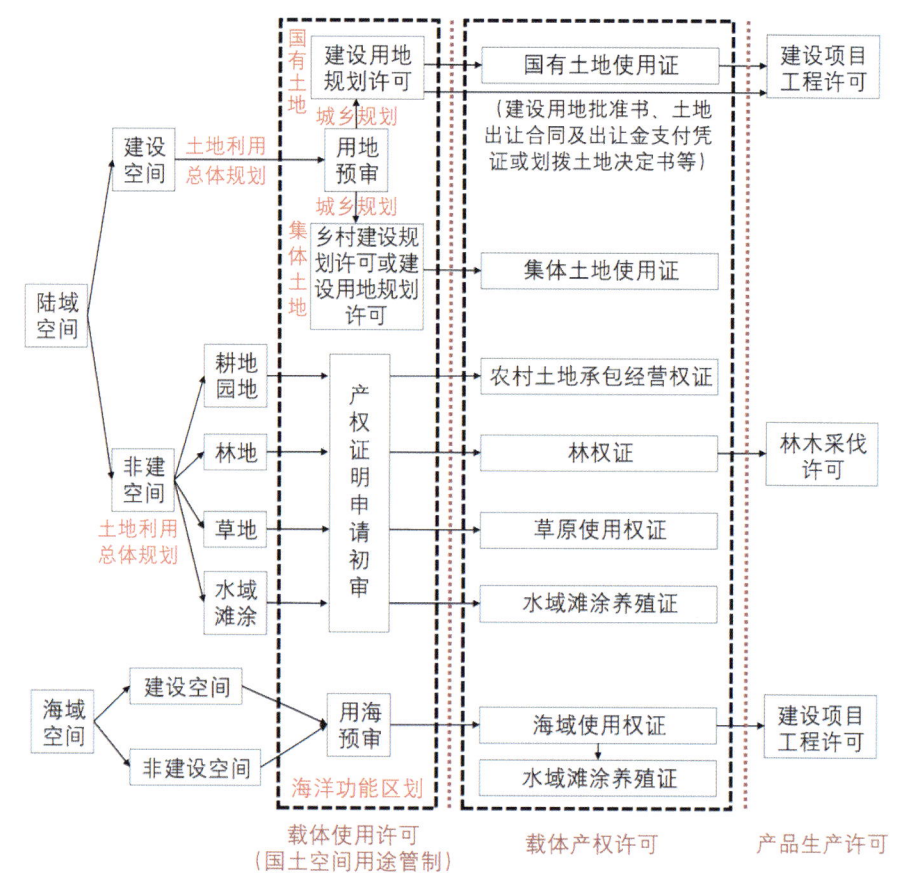

图1 自然资源监管的实施方式(含陆域和海域、建设空间和非建设空间)

获取前述的资源载体开发权利后，向相关部门申请进一步投入生产要素，将自然资源转化为劳动产品；相关部门将对申请的生产内容、规模、方式及其他附加条件进行核准，颁发产品生产的行政许可文件，如林木采伐许可、建设项目工程许可等。

3. 国土空间用途管制：立足资源载体使用许可

最初的国土空间用途管制来自对开发建设活动的监管，也是世界各国和地区普遍采取的方式，如美国、日本、加拿大的"土地使用分区管制"，中国香港地区、韩国、法国的"建设开发许可制"、英国的"规划许可制"，瑞典、中国台湾地区的"土地使用管制"等。而我国的相应制度源于1984年《城市规划条例》提出的城市规划区建设用地许可证和建设许可证制度，后续1990年《城市规划法》明确了建设项目选址意见书、建设用地规划许可证、建设工程规划许可证"一书两证"制度，1998年修订后的《土地管理法》确立了对耕地实行特殊保护和严格控制农用地转为建设用地的土地用途管制制度，2007年颁布的《城乡规划法》增加了乡村建设规划许可证的"一书三证"制度。与此同时，不同部门实施了主体功能区制度、林地占用补偿制度等，使国土空间用途管制内容不断增加，不但涉及建设用地管理、耕地和基本农田管理，也涉及其他自然资源的保护管理。

国土空间用途管制的本质是对自然资源的载体进行开发管制，是政府运用行政权力对空间资源利用进行管理的行为。分析现行的自然资源载体使用许可的管理内容(图1)，可以分为陆域空间管理和海域空间管理；自然资源开发行为包括建设行为和非建设行为，相应形成的国土空间分为建设空间和非建设空间。陆域空间管理中的建设空间，载体使用许可将先后涉及用地预审、建设用地规划许可(或乡村建设规划许可)等环节。其中，土地行政主管部门进行用地预审，依据是土地利用总体规划及其他规定条件，核准有关用地可否用于"建设"；城乡规划管理部门依据控制性详细规划或村庄规划等的要求，明确具体用地的规划条件，核定用地(通常是地块)的位置、用途、开发强度等，这一环节审核的关键在于用地的"用途"(即性质)、"开发强度"(包括容积率、建筑密度、绿地率等要求)。陆域空间管理中的非建设空间，其载体使用许可主要在办理产权证明

申请的初审环节进行，依据《农村土地承包经营权证管理办法》等规定，发包方要执行土地利用总体规划来订立承包合同，而承包方在承包合同生效后，须由乡（镇）人民政府农村经营管理部门对承包地用途等予以初审，初审通过后，才能向县级以上地方人民政府申请办理农村土地承包经营权证。海域空间管理，主要依据海洋功能区划开展用海预审，完成此环节后将按照用海管理途径的不同，或申请海域使用权批准通知书，或办理海域使用权出让合同，作为后续办理海域使用权证的前提条件。

上述分析表明，国土空间用途管制的首要功能是实施自然资源开发监管，"建还是种？种什么？"成为其管制内容的通俗表述。在此情形下，与《土地管理法》实行的土地用途管制相比，国土空间用途管制不局限在以基本农田保护为重点的耕地保护，而是扩展到以生态保护红线划定为重点的水流、森林、草原等各类自然生态空间保护，以及为保护资源而实施的城镇开发边界划定等建设区域引导等管理事项。与此同时，源自建设空间管理的国土空间用途管制，是否需要延伸到城镇开发边界内建设用地的用途管制或空间管制，则取决于政府管理体制机制的安排。若国土空间用途管制需要参与各项开发建设活动实施管理，那么除了"建还是种？种什么？"以外，"建什么？""建多少？"也自然纳入其内容中。现阶段，按照国家机构改革的要求，将主体功能区规划、城乡规划、土地利用规划等空间规划职能都归属到自然资源部，"统一行使所有国土空间用途管制和生态保护修复职责"。按照《生态文明体制改革总体方案》要求的"空间规划是国家空间发展的指南、可持续发展的空间蓝图，是各类开发建设活动的基本依据"，国土空间用途管制需要参与各类开发建设活动的管理。在这样的制度安排下，国土空间用途管制内容实际上包括"建还是种？+ 种什么？+ 建什么？+ 建多少？"的全口径管理。

在此情形下，笔者将国土空间用途管制定义为：政府为保证国土空间资源的合理利用和优化配置，促进经济、社会和生态环境的协调发展，编制空间规划，逐级规定各类农业生产空间、自然生态空间和城镇、村庄等的管制边界，直至具体土地、海域的国土空间用途和使用条件，作为各类自然资源开发和建设活动的行政许可、监督管理依据，要求并监督各类所有者、使用者严格按照空间规划所确定的用途和使用条件来利用国土空间的活动。

4. 空间规划：服务并作用于国土空间用途管制

上文所提及的国土空间用途管制定义，明确指出了空间规划与国土空间用途管制相互依存的关系。从实践的角度看，实施国土空间用途管制，需要涉及规划（即方案编制）、实施（即审批许可）、监督（即监察督察）3个环节；而全链条的空间规划管理同样涉及规划编制、实施（即审批许可）、监督（即监察督察）3项核心职能。毋庸置疑，空间规划管理与国土空间用途管制在功能上有很强的对应性。空间规划要保证对自然资源开发的监管，凡是与自然资源载体使用（用地、用海）有关的规划，都需要明确纳入空间规划范畴，如：现行的土地利用总体规划、城市总体规划、城市控制性详细规划、林地保护利用规划、海洋功能区划等。中共十九届三中全会明确指出，"强化国土空间规划对各专项规划的指导约束作用，推进'多规合一'，实现土地利用规划、城乡规划等有机融合"，进一步凸显了空间规划的基础性、指导性、约束性功能。空间规划的重要任务在于立足生态文明建设的根本大计、长远大计，谋划长远的国土空间开发保护构想，并要充分体现中央和国家对国土空间管理的意志。

正如前文所述，国土空间用途管制立足于自然资源的载体使用监管，是自然资源监管体制的起始点和自然资源生产监管的基础。因此，构建空间规划体系，是国土空间用途管制的基本依据，对自然资源监管体制的完善具有决定性的作用。

三、空间规划的现实基础：逻辑相同但成熟度有别的多种规划

规划协调是世界各国空间规划和政策变革的长期命题。在我国，由于条块分割管理体制以及各类规划编制的要求和基础的不同，空间规划的改革也存在许多难点，规划间的冲突和审批效率的低下等问题已经开始严重制约经济社会的发展，规划之间的衔接不够，也使得一些规划难以真正落地。改革需要克服许多现实的阻碍，不宜采取简单的"拿来主义"，而应结合国情进行扬弃。要建立适应中国国情的空间规划体系，就必须以现实格局为基础，把握其问题和产生的根源，才能"对症下药"。

1. 客观存在的多规划共存并冲突的局面

目前我国在规划方面已形成了分地域、多部门、多层级的复杂体系，具有法定依据的各类规划已超过80种。各类规划反映不同的主题，隶属不同的部门，纵跨不同的层级，依据不同的法律规定，使用不同的技术标准，

存在"各自为政"的状况。主要的空间规划可以分为战略类规划、国土资源类规划、生态环境类规划、城乡建设类规划、基础设施类规划等，具有战略引导、资源保护利用、建设开发等不同目的（图2）。各类空间规划客观面临的困境是：基础数据不统一，地理坐标系有差异，空间布局有矛盾。从国家层面开始，就存在各类规划的用地目标数值的冲突，导致逐层传导的结果是：下位各级规划的目标和布局矛盾不断加剧，管理职能交叉化、权利义务不清晰等问题更加突出。

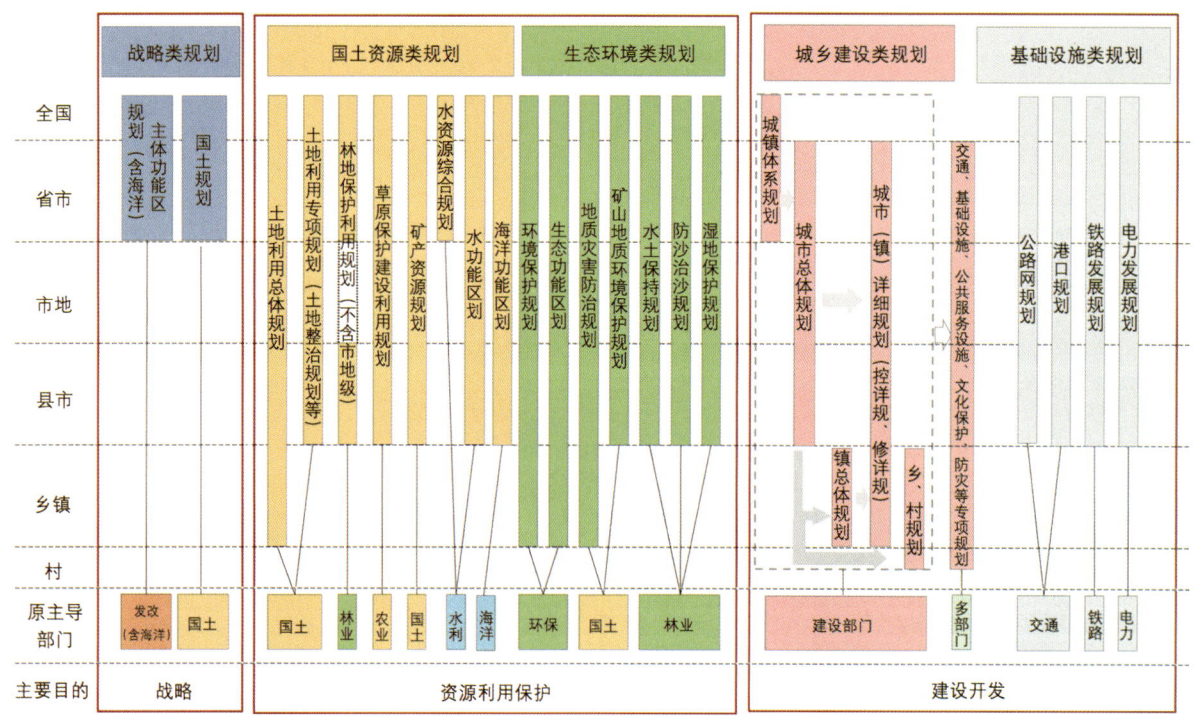

图2 现实中的空间规划关系

2. 基本相似的规划核心内容和管控思路

从各类空间规划发展趋势看，规划编制都在加强指标管理和空间管控，核心内容呈现出"指标控制 + 分区管制 + 名录管理"方式（表3），实际上正适应了指标、边界、名录的规划实施管理思路。

表3 我国部分空间规划的核心内容

规划名称	指标控制	分区管制	名录管理
城乡规划	城市、镇总体规划：城市人口规模、建设用地规模；控制性详细规划：容积率、建筑密度、绿地率等	三区四线（适宜建设区、限制建设区、禁止建设区；蓝线、绿线、紫线、黄线）；城市、镇总体规划、详细规划中的用地分类管控	近期建设项目名录
土地利用总体规划	约束性指标（耕地保有量、基本农田指标、城乡建设用地规模、人均城镇工矿用地规模、新增建设占用耕地规模、土地整理复垦开发补充耕地规模）；预期性指标（建设用地规模、城镇工矿用地规模、新增建设用地规模、新增建设占农用地规模）	用途分区；建设用地空间管制分区（三界四区：城乡建设用地规模边界、扩展边界和禁止建设边界；允许建设区、有条件建设区、限制建设区、禁止建设区）	重点建设项目、土地整治项目名录
主体功能区规划	国土开发强度	优化开发区、重点开发区、限制开发区、禁止开发区	重点生态功能区、农产品主产区、城市化地区名录
林地保护利用规划	森林保有量、征占用林地定额指标	公益林和商品林两大类、林地质量等级管理	林业重点工程名录
水功能区划	—	两级区划（一级区划：保护区、保留区、开发利用区、缓冲区；二级区划主要针对开发利用区的分类管理）	—
海洋功能区划	—	分类区划	—

注：指标控制主要反映总量、强度、资源补偿等指标；分区管制主要有边界、用途分区等方式。

3. 成熟度和权威度有别的实施监管手段

在规划实施层面，各部门将编制的空间规划与自身的审批管理权限相结合，对自然资源的载体进行用途管制，但成熟度存在较大的差异。其中，部分空间规划具备较强"落地"实施能力，如乡镇土地利用总体规划要求落实地块用途、满足农转用审批等要求，城乡规划对应"一书三证"管理需求；而另外一些空间规划则只是功能性区划，并无实现针对具体地块进行管理的途径，如主体功能区规划、生态功能区划等。因此，在管理实施手段上，土地利用总体规划、城乡规划的成熟度高，林地保护利用规划、水功能区划、海洋功能区划等成熟度较好，主体功能区规划、生态功能区划等则尚无明确手段。

此外，根据监督对象和内容的不同，我国空间规划实施的传统监督方式可分为监察执法和行业督察，同样存在成熟度和权威度的差异。监察执法的主要任务是在各级人民政府自然资源主管部门领导下，依法对辖区内自然资源生产开发利用及生态环境破坏事件实施现场监督、检查，并参与处理。而土地、矿产、森林、城乡规划、环境保护等部门还设立了行业督察制度。其中，土地、城乡规划督察进驻地市、矿产督察进驻企业、森林管理部门进行辖区督察；设置层级、成熟度最高的属土地督察，由国务院设置。

4. 规划冲突本质是土地发展权的管理权力之争

土地发展权是土地利用和再开发过程中用途的转变、利用强度的提高而获得的权利，以建设许可权为基础，可拓展到用途许可权、强度提高权。其始创于1947年英国颁布的《城乡规划法》，目的在于解决因政府的空间管制影响土地价值而造成的补偿支付和增值回收问题，是英国、美国等发达国家应对空间管制有效性和合理性问题的重要手段。国际经验表明，土地发展权的产生源自对国土空间的用途管制，并将空间规划作为实行国土空间用途管制的依据和基础。虽然我国不同形式的空间规划称谓不同、层级不同，但在强调对国土空间资源的管理和控制的背景下，只有通过设立或限制土地发展权，各部门才能强化自身在促进资源与环境可持续发展、管控不同利益主体对国土空间利用行为的能力，体现其管理地位和作用。因此，各类规划冲突的根源和焦点就在于对控制和调配土地发展权的权力争夺，规划之间正是围绕土地发展权的空间配置展开博弈。

回溯历史，我国对土地发展权的管理经历了几次重要的变化（表4），尤其是1998年修订的《土地管理法》致使传统的单一层级的土地发展权管理转化为两级土地发展权管理。一级土地发展权管理表现为中央自上而下控制建设用地规模等的管理模式，体现在土地利用规划、计划中的数量调控和分区引导；二级土地发展权管理表现为地方政府在空间管理和开发利用监管中，对个体行为进行引导和约束，呈现出用途限定、强度控制、实施许可的方式。2004年《国务院关于深化改革严格土地管理的决定》强调"调控新增建设用地总量的权力和责任在中央，盘活存量建设用地的权力和利益在地方"。在这个框架下，凡是能对新增建设用地产生刚性约束的因素，如新增建设用地总量、基本农田面积指标、永久基本农田划定等，都成为目前国土空间用途管制的主要抓手。可以预见，随着自然资源监管体制调整的到位，未来刚性管制的要素可能延伸到天然林、生态公益林、基本草原、湿地等。此外，国家机构改革方案也表明这样一个逻辑：二级土地发展权管理要接受一级土地发展权管理的控制和引导，这也充分反映了我国作为单一制国家，实行中央统一领导、地方分级管理的体制特性。

表4 我国土地发展权控制体系沿革

时间	法律依据	管制内容及特点
1984年	《城市规划条例》	明确了城市规划区建设用地许可证和建设许可证制度，管理事权在地方
1986年	《土地管理法》	确定了"统一的分级限额审批"的土地管理模式，地方拥有较大的管理权
1990年	《城市规划法》	提出了"一书两证"（建设项目选址意见书、建设用地规划许可证、建设工程规划许可证）制度，管理事权仍在地方
1998年	修订后的《土地管理法》	标志着土地用途管制制度的正式确立，土地管理权上收中央和省，分为城市批次用地报批和单独选址项目用地报批，实行了土地利用计划管理、建设用地预审制度等
2007年	《城乡规划法》	在"一书两证"基础上增加了乡村建设规划许可证，强调了控制性详细规划编制和管理作用，城乡规划管理事权仍在地方

四、思考新时代的空间规划体系及结构

1. 新时代空间规划体系构建的目标和前提

(1) 新时代空间规划体系构建的目标。

结合上文分析，构建新时代空间规划体系的目标在于：一是保障"统一行使所有国土空间用途管制和生态保护修复职责"的落实；二是推进国土空间开发保护制度的构建；三是在由空间规划、用途管制、领导干部自然资源资产离任审计、差异化绩效考核等构成的空间治理体系中发挥引领作用。

(2) 新时代空间规划体系构建的前提：管什么、谁来管、怎么管。

作为自然资源监管与国土空间用途管制的起点，空间规划应该体现"管""用"性，即国土空间"用途管制""合理利用"和实践中的"管用"。因此，明确"管什么、谁来管、怎么管"将成为构建空间规划体系的前提。

第一，"管什么"方面。《生态文明体制改革总体方案》要求："明确城镇建设区、工业区、农村居民点等的开发边界，以及耕地、林地、草原、河流、湖泊、湿地等的保护边界。"海南省在开展空间规划试点时，尝试予以全面的刚性落实，划定每一种资源的边界，但是，由此衍生的问题是：《生态文明体制改革总体方案》同时强调完善"资源总量管理和全面节约制度"，要求"完善耕地占补平衡制度，对新增建设用地占用耕地规模实行总量控制，严格实行耕地占一补一、先补后占、占优补优"。由于不同类型资源之间存在彼此互为后备资源的关系，一旦过于刚性地确定所有资源的空间管理边界，实际上就很难有效应对实践中的种种不确定性。值得借鉴的是：围绕实行最严格的耕地保护制度，土地利用规划采取了重点要素(如永久基本农田)静态划界刚性管理与非农建设占用耕地动态占补平衡相结合的方式，实现了刚性管控和弹性管理的有效结合。因此，空间规划"管什么"，笔者认为：首先要实现国土空间用途管制对自然资源开发的监管职责，对一定面积的区域，实行重点要素边界管控，兼顾刚性与弹性，按照非建设和建设、有效保护和合理开发的两条主线，构建"三基一水两条线，两界一区五张网"的体系。其中，"三基一水两条线"为国土空间保护边界体系，"三基"指永久基本农田、基本草原、基本林地(天然林、生态公益林)，"一水"指江河、湖泊、湿地等水域，"两条线"指生态保护红线和自然岸线；"两界一区五张网"为国土空间开发边界体系，"两界"指城镇开发边界、村庄建设边界，"一区"指开发区、园区等产业集聚区，"五张网"指交通网、能源网、水利网、信息网、安全网等。在区域各类开发保护边界管控基础上，对城镇开发边界内地域编制控制性详细规划，作为开发建设活动的基本依据。

第二，"谁来管"方面。应该构建"五级三类"的规划体系，即：规划层级上，包括国家、省、市、县、县级以下5级，对应相应的管理主体；规划内容上，分为3类：(1)国家、省级规划；(2)市、县级规划；(3)县级以下实施规划，地级以上的区域性规划纳入国家、省级规划。国家、省级规划主要通过战略布局、功能定位、指标分配和名录清单对空间进行管理；市、县级规划则以指标、边界、名录三类管控和布局引导为主要内容；最后一类为乡镇级规划或单元型规划，内容包含指标、边界、名录、利用强度分区等，城镇开发边界内地区则须涵盖控制性详细规划等工作内容。

第三，"怎么管"方面。以空间规划作为国土空间用途管制的依据，纵向做好分级事权对应管理，沿海地区规划编制应海陆统筹，实施管理则可以海陆相对独立。

2. 新时代空间规划体系及结构的设想

依照新时代空间规划体系构建的目标和前提，在整体实施两级土地发展权管理的情况下，设想构建"一总四专、五级三类"的空间规划体系。具体包括：1个总体规划、4类专项规划。其中，总体规划由前述的"五级三类"规划构成，内容涵盖指标、边界、名录等管控要点，服务于规划编制、实施、监管等职责；专项规划包括：①资源保护利用类规划；②国土空间整治与生态修复类规划；③重大基础设施与公共设施类规划；④保护地类的保护利用规划，等等。具体可以对应各级总体规划，根据需要编制。

国家、省级的总体规划为战略性规划，重点是明确目标、任务与责任并对下分解，落实重大空间布局，明确专项规划的目标和任务，确定县级单元的主体功能定位；在形式上，需要融合国土规划、主体功能区规划和土地利用总体规划、城镇体系规划、海洋主体功能区规划等，编制"全国国土空间规划"和"××省(或区)国土空间规划"。

市、县总体规划重点是落实国家、省级总体规划的目标任务要求并对下分解，突出以土地利用总体规划和城市总体规划的"合一"为基础，分层级、有重点地划定生态保护红线、永久基本农田、城镇开发边界"三线"等重要控制线，绘制市域、县域"一张蓝图"；对中心城区等重点地区的城镇开发边界内地域，要进一步明确功能分区、开发强度分区以及用于指导控制性详细规划编制的单元分区；对城镇开发边界外地域，可根据规划管理需要，划定用于指导下位规划编制的管控分区或单元范围；提出编制市域、县域专项规划的原则和指令性要求；编制"××市域总体规划"(或"××市域空间总体规划")、"××县域总体规划"(或"××县域空间总体规划")。

面积较小或具备精细化管理能力的市、县，可以全面落实"三基一水两条线，两界一区五张网"的空间布局内容。

县级以下实施性规划可以按照单元规划或乡镇规划组织编制，首先落实"三基一水两条线，两界一区五张网"的空间布局。涉及城镇开发边界内的规划，应开展控制性详细规划，整合专项规划，构建满足空间管理要求的信息平台；涉及城镇开发边界外的规划，重点整合目前的各自然资源类规划和专项规划，统一实施自然资源监管。

五、结论与讨论

我国空间规划改革的设想由来已久，早期由地方通过"两规合一""三规合一""县市域总体规划"等形式来开展，2014年以后转为国家层面来推动。随着党和国家对生态文明建设认识的不断深入，建立空间规划体系，已成为完善自然资源监管体制的关键环节，其改革的出发点在于保障生态文明建设，统一实施国土空间用途管制，并以此推进国家在空间治理体系和能力上的现代化。

空间规划是实施国土空间用途管制的基础，也是自然资源监管的源头。作为资源载体使用许可的依据，确定了自然资源监管的底图、底数和底线，是载体产权许可和产品生产许可的前提。国家机构改革方案表明，适应统一实施国土空间用途管制的需求，空间规划要明确"建还是种""种什么""建什么""建多少"，既要满足自然资源开发的管理需求，又要成为《生态文明体制改革总体方案》要求的"各类开发建设活动的基本依据"。

各类规划冲突的根源是对土地发展权的管理权力的争夺，统一监管目标是协调规划矛盾的核心。事实上，中国的土地发展权管理已经形成了两级管理体系，土地用途管制制度体现了中央对地方的一级土地发展权管理，城乡规划"一书三证"制度反映出地方政府承担着二级土地发展权管理的事权。生态文明体制改革的内在基本逻辑是：以资源保护为出发点的一级土地发展权管理，要对属于地方事权的二级土地发展权管理产生更强的约束力。现实的国家机构改革方案选择了这样一条路径：将两级土地发展权的管理进行统一，并归口到自然资源部进行。在这种情况下，对于具有"统一"特征的自然资源管理部门来说，未来的空间规划管理不仅"下乡"，还需"进城"，既要管好全域国土空间的重要控制边界，也得管住微观的用地、用海行为。如此的空间规划和国土空间用途管制的职能安排，一定程度上打通了自然资源及不动产调查、确权登记、空间规划编制、用途管制管理、资源保护利用管理、资源资产管理、执法督察等自然资源管理的"逻辑链"，实现了宏观和微观、整体和局部、陆域和海域等国土空间及资源管理的全面统筹，这对空间规划体系的构建和实施也提出了更高的要求。

面向新时代，空间规划应立足于生态文明建设的根本大计、长远大计，承担起基础性、指导性、约束性的功能，以"管""用"的管制目标、职责划分和实施手段为前提，构建"一总四专、五级三类"体系，重点应推进"三基一水两条线、两界一区五张网"的保护开发边界体系"落地"，形成以指标、边界、名录等管理手段为主的空间规划体系。

林坚：北京大学城市与环境学院城市与区域规划系主任、教授、博士生导师，北京大学城市规划设计中心负责人，国土规划与开发国土资源部重点实验室副主任。中国城市规划学会城乡规划实施学术委员会副主任委员，中国土地学会土地规划分会副主任委员。

吴宇翔：北京大学城市与环境学院城市与区域规划系硕士研究生。

吴佳雨：北京大学城市与环境学院城市与区域规划系博士研究生。

刘诗毅：博士，北京大学城市与环境学院城市与区域规划系、国土规划与开发国土资源部重点实验室研究助理。

沈阳建设东北亚国际化中心城市指标体系

清华大学建筑学院　沈阳市规划设计研究院有限公司

摘要：沈阳东北亚国际中心城市指标体系注重对沈阳已有中心城市指标体系的传承，同时吸纳国家中心城市指标、全球城市指标，为2035年国家实现现代化发挥沈阳在东北乃至东北亚具有国际影响力和作用力设计的一系列可度量、可评估的指标系统。

一、沈阳建设东北亚国际化中心城市的内涵

1. 东北亚地域范围及特点

东北亚是亚洲东北部地区，多数地区为汉字文化圈，数千年来一直是中国、蒙古、朝鲜、俄罗斯、日本等地域文化交融的地区。

2. 超国家影响力城市评价及其方法

在学术界，超国家影响力城市研究由来已久。最早是 Peter Hall 的世界城市研究，后来是 Saskia Sassen 的全球城市研究，再后来是 Taylor 及其 GaWC 研究团队全球城市网和排名研究。在信息化时代，三种企业值得关注，它们是：①高标准化产品/服务企业；②复合型全球化公司的总部企业；③高度专门化网络化的服务公司。基于信息技术对企业和经济部门的不同影响形成四种"中心"类型：①中央商务区（Central Business District）；②全球城市（Global City）；③全球城市区（Global City Region）；④数字港湾（Digital Bay）。

3. 东北亚国际化中心城市内涵

东北亚国际化中心城市，就是在这一地域范围内，具有跨国家重要影响力的城市。其中，跨国家重要影响力包括政治、文化、经济、科技、教育、交通、价值观等诸多方面。东北亚地域范围广阔，多个国家，多元文化，因此也存在多个东北亚国际化中心城市。这些国际化中心城市，至少是这一地区具有跨国家影响力的城市，有的甚至具有世界影响力的城市，例如东京。

4. 沈阳东北亚国际化中心城市建设

沈阳建设东北亚国际化中心城市，将按照"依托辽中城市群、引领东北亚、服务全世界"的思路，抢抓中心城市高质量转型发展新机遇，把沈阳打造成东北亚三大影响力城市、一定规模的经济中心城市、先进装备智能制造基地、科教创新引领发展城市、宜居宜业绿色魅力之都。

二、构建原则

沈阳建设东北亚国际中心城市指标体系构建原则是：①科学性原则。借鉴世界城市、全球城市等当今世界有影响力的国际化城市指标体系，坚持定性分析和定量分析、可比性与适用性相统一。②开放性原则。立足沈阳特点和发展定位，体现与东北亚相关城市横向和纵向可比性，客观反映现代城市国际化发展趋势与规律，构建多

元和包容的东北亚区域性中心城市建设指标体系。③可比性原则。选取目前国际城市研究业界通行采用的国际化指标,注重可操作性和实效性,以客观、可比、可获取的国际指标引领提升沈阳各领域国际化发展水平。④实用性原则。以战略引领、刚性控制、主动服务为原则,对应实现目标指标化、体检评估考核和事权明晰三项工作要求,形成目标传导、实施监测和事权分级三个维度。

三、指标体系

通过沈阳在东北亚的地位、东北亚国际中心城市内涵、东北亚中心城市中的沈阳、沈阳在全国科技创新中的地位、沈阳在东北地区的中心城市地位、沈阳在辽宁省的中心城市地位和新时代沈阳发展的新机遇的研究,不难看出,沈阳在辽宁省甚至东北地区的中心地位长期没有太大变化,沈阳的科技创新地位较弱并在持续下降,就东北亚35个大中城市看,沈阳的综合实力处在第20位左右。据此,沈阳建设东北亚国际中心城市,既有可能也有巨大的挑战。然而,作为东北亚地区大陆最大的中心城市,区位条件、建设条件和国家需求都强力支撑沈阳建设东北亚国际中心城市。本报告从东北亚国际化中心城市内涵、沈阳需要扬长避短的诸多方面,构建未来15—20年建设东北亚国家化中心城市的指标体系,由东北亚三大影响力城市、一定规模的经济中心城市、先进装备智能制造基地、科教创新引领发展城市、宜居宜业绿色魅力之都5个方向、22个目标、129个指标构成。

1. 东北亚国际化城市

随着全球产业链和价值链的分工日益明确,我国承接全球产业转移和推进地域产业转移的空间布局已基本形成,沈阳东北亚国际中心城市建设最为关键。从东北亚中心城市的影响力看,东京、首尔无疑具有对世界和亚太地区的影响,沈阳是东北亚地区大陆规模最大、实力最雄厚、中心性最强的城市,在稳固东北地区中心城市地位的基础上,面向蒙古和朝鲜,以制造业(汽车)为切入点,提升沈阳的国际化要素资源主动配置能力和国际化产业融入能力;以开放服务业为抓手,推进沈阳跨国家的教育、医疗、贸易、金融等服务中心地位。

指标构建方向:东北亚具有重要影响力的城市。以世界城市、全球城市的指标体系为基础,构建发展成为仅次于东京、首尔,在东北亚具有重要影响力的城市指标体系,由城市国际化、经济全球化、文化全球化和国际交通枢纽4个目标、11个指标构成(表1)。

表1 东北亚国际化城市指标体系

目标	指标	东北亚区域中心城市参考值	参考值划定依据
1. 综合	(1)全球500强企业区域及以上总部数	10家以上	全球城市
	(2)全球生产性服务业公司区域及以上(含)总部数量	10家以上	全球城市
2. 城市国际化	(3)国际组织总部和地区代表处(含领事机构和代表处)	10家以上	全球城市
	(4)国际友好城市数量	30个	全球城市
	(5)在国外出生的人比重	3%以上	世界城市
3. 经济全球化	(6)经济外向度	36%	沈阳开放发展
	(7)实际利用外资总额	80亿美元	国家中心城市
	(8)外贸进出口总额	670亿美元	沈阳开放发展
	(9)国际资本市场总量	5%	全球城市
4. 文化全球化	(10)外语电视新闻频道数量	3个以上	世界城市
	(11)大型体育活动及赛事数量或大型艺术表演场所数量或大型国际会议数量(次)	24次及以上/300次以上/180次及以上	全球城市

2. 国家经济中心

建设沈阳东北亚国际中心城市,需要一定的经济规模、人口规模和空间规模才能支撑具有国际化生产中心、国际化服务中心和国际交通物流枢纽的城市发展目标。加快推进制造业转型升级,促进制造产业链、价值链、创新链紧密结合,建设国际化生产中心。与国际先进的服务行业管理标准和规则相衔接,积极发展生产性服务产业,建设国际化服务中心,创造国际化营商和宜商环境。以"一带一路"建设和中欧班列开通为契机,将沈阳打造成为中蒙俄和中朝韩经济走廊的重要枢纽以及中德、中欧国际交通和物流集散中心、重要通关口岸。此外,充分发挥沈阳龙头作用和辐射带动作用,依托辽中城市群(经济区),推进产业分工和协作、环境同保共治,将沈阳打造成为东北地区的金融服务中心。

指标构建方向：国家经济中心城市。以经济和人口总量为基础，构建具有相当经济和人口规模的巨型城市方向的城市指标体系，由综合、国际化生产中心、国际化服务中心、国际化交通物流枢纽4个目标、10个指标构成（表2）。

3. 装备制造中心

先进装备制造是工业之母，是我国建设制造强国的重要基础。沈阳装备制造业占工业半壁江山，在汽车、军工、精密机床和机器人、医疗成像器械以及与之关联的新材料开发等诸多领域的技术装备实力雄厚，是沈阳强市之本，也是做大经济总量、提升城市位势的关键，但也面临强大的城市间竞争，数字化、智能化、绿色化升级改造的迫切需求。

表2 国家经济中心指标体系

目标	指标	东北亚区域中心城市参考值	参考值划定依据
1. 综合	（1）GDP总量	10000亿元	国家中心城市
	（2）常住非农业人口	1000万人	国家中心城市
2. 国际化生产中心	（3）国内500强企业总部数	20家	国家中心城市
	（4）国际国内驰名商标数	30个	国家中心城市
	（5）金融业增加值占服务业比重	6%以上	国家中心城市
3. 国际化服务中心	（6）第三产业占GDP比重	60%	国家中心城市
	（7）高端生产性服务业公司	10家	全球城市
	（8）五星级酒店数	50家	国家中心城市
4. 国际交通物流枢纽	（9）国际航线数量	100条	沈阳开放发展
	（10）高速铁路站数	2个	国家中心城市

顺应信息网络、智能制造、新能源和新材料为代表的新一轮技术创新全球制造业发展趋势，利用云计算、互联网、大数据、物联网、人工智能等前沿技术改造提升装备制造业，以机床、汽车、机器人及智能装备、航空等为重点领域，建设东北亚先进装备智能制造基地。利用中国制造2025试点示范城市平台，瞄准制造业发展薄弱环节，通过突破重点领域共性关键技术，加速科技成果商业化和产业化，优化制造业创新生态环境，打造国家装备制造业创新中心。通过引入欧洲制造业先进技术，广泛应用信息网络技术促进生产过程的无缝衔接和企业间的协同制造、智能制造、网络制造、柔性制造，加快建设智能工厂、智能车间、智能公共服务平台。以中德装备园和中法生态城为合作平台，加大国外先进技术引进来，推动沈阳先进装备走出去，将沈阳建成全国重要的装备制造出口基地。到2020年，在重点领域打造一批制造业智能化企业、工厂和园区，以先进制造业引领工业转型升级；到2035年，形成一批自主品牌在国际上拥有重要影响力的大型企业、装备制造、汽车制造、数控机床等多个千亿级装备制造业产业，使沈阳成为产业规模较大、产业链条完善、技术水平领先的世界级先进装备制造业集群。

指标构建方向：技术水平领先的世界级先进装备制造基地。以汽车、军工、机器人和紧密机床为基础，建构技术水平领先的世界级先进装备制造基地方向的城市指标体系，由综合、先进装备制造、智能化制造和信息化制造4个目标、13个指标构成（表3）。

表3 装备制造中心指标体系

目标	指标	东北亚区域中心城市参考值	参考值划定依据
1. 综合	（1）装备制造业增加值	6000亿元	
	（2）工业用地均产值		
	（3）千亿级装备制造业产业	5个	
2. 先进装备制造	（4）军工（航空等）产品生产值占工业生产总值比重	15%	
	（5）先进装备制造出口基地	2处	
	（6）具有全球竞争力核心技术和自主品牌的骨干企业和产业集群	3—5处	振兴东北科技成果转移转化专项行动实施方案
3. 智能化制造	（7）智能工厂、智能车间、智能公共服务平台数量	80个以上	
	（8）高档数控机床和机器人增加值占工业生产总值比重	15%	《中国制造2025》
	（9）柔性制造增加值占工业生产总值比重		
4. 信息化制造	（10）新能源、无人驾驶技术汽车产量占总量比重		
	（11）国际信息和通信枢纽数	3个以上	全球城市
	（12）非信息部门信息人员比重	10%	
	（13）网络制造增加值占工业生产总值比重		

4. 科教创新中心

沈阳是东北地区乃至全国科技和教育资源都比较丰富的城市，被联合国公布为全国人均受教育年限和预期受教育年限最高城市。雄厚的工业基础和丰富的科技人才资源为沈阳建设成为东北亚科技创新中心奠定了坚实基础。但与世界和我国其他创新型城市相比，沈阳的科技创新推动产业升级、拉动经济增长的动力并不突出，不仅已经落后于东北亚的日本东京世界城市、北九州的机器人制造创新水平以及韩国的电子、通信、汽车等领域的创新水平，根据复旦大学经济学院、第一财经研究院《中国城市和产业创新力报告2017》，沈阳实际科技创新和创业指数列第20名，已跌出北京、深圳、上海、苏州、杭州、南京、广州、成都、武汉、西安等国家中心城市行列，甚至综合评估科教水平已经落后哈尔滨、长春和大连。谁能引领科技创新，谁将拥有经济发展的未来。要建设先进装备智能制造基地，离不开"科技引领、创新驱动"。据此，①紧密围绕沈阳产业基础，充分调动科技创新资源活力，完善科技创新平台支撑，优化创新创业发展环境，强化区域创新体系的要素政策，在重点领域率先抢占全球科技制高点，加快建设在东北亚乃至全球有影响力的装备制造科技创新中心；依托国家自主创新示范平台和中科院等科研技术力量，体现国家战略，突出高端引领，集中优势力量，在先进装备、汽车制造、航空航天等重点优势领域打造一批原始创新成果、共性技术和创新平台，加大重大关键技术源头供给，争取成为科学新发现、技术新发明、产业新方向的重要策源地。②创新载体平台建设。围绕制约重点行业发展的技术瓶颈，面向世界科技前沿、面向国家重大需求、面向国民经济主战场，以基础科学、应用科学和企业为研发主体，以技术和产业的紧密结合以及实现产业升级为根本目标，开展先进装备、汽车制造、航空航天、材料领域科技创新，创建集科学研究、技术创新、人才培养、成果转化、产业孵化、科学知识传播于一体，具有国际影响力的综合性材料科学研究中心。③创新供应链。进一步发挥省会城市、区域性中心城市、交通枢纽城市的优势，集聚创新资源，打造以沈阳经济圈为核心的区域创新体系和协同创新合作关系，增强对区域产业科技创新的支撑能力，把沈阳建成东北地区科技创新辐射源，从学院建设、专业设计、参与国际大科学计划、推进教育国际化等，建设和拉长创新供应链。调整本地大学专业人才配置，重点建设先进设备制造、信息和通信以及媒体技术、可穿戴技术或虚拟现实技术、机器人、电动汽车、医疗和生物科技、互联网+金融等专业，吸引世界顶级高校和研究机构招收研究生专业数量，使沈阳在先进装备、汽车制造、航空航天等重点产业保持技术创新的全国性领先优势。加快政府资助的创业孵化中心建设和低租金的共享办公地点供创业者使用，为创业者提供分享、交流与合作的环境，并协助创业者吸引投资，特别在孵化园，给创业者提供法律和会计等方面咨询、多种培训讲座并协助创业者吸引投资，建设沈阳先进装备、汽车制造、航空航天等创新空间、孵化器和新型产品生产基地。④推进各类人才计划。面向大学生的"就业计划"、面向高层次人才的"创业计划"、中青年拔尖人才培养计划、面向海外高层次人才的"引智计划"等，提高双创平台服务功能，吸引科技人员、留学归国人员等创业。⑤加快科技生态环境建设。政府提供土地建设应用科学计划科技园区和研究生院；降低或减免科技企业所得税，建设政府科技企业投资种子基金和政府合作开发基金，建立风险资本投资企业并通过市场加快科技公司IPO数量；以媒体为核心，涵盖媒体、出版、广告等，为消费者服务业和新兴科技提供服务；推进免费公共Wi-Fi网络或数字城市建设；将科技工作者、创业公司和（风险）投资者联系在一起的科技城市。

指标构建方向：科技引领、创新驱动拉动经济增长。 科技创新城市建设不会一蹴而就，对沈阳来说，需要从区域性科学中心、国家创新中心、东北亚科技创新中心逐级递进建设，累积能量，最终建成具有国际竞争力的先进装备制造全球创新中心。由科教创新中心综合、国家创新中心、区域性科学中心3个目标、5个指标构成（表4）。

表4 科教创新中心指标体系

目标	指标	东北亚区域中心城市参考值	参考值划定依据
1. 综合	（1）世界一流大学数量或世界一流学科（车辆制造、船舶制造、航空航天、智能制造、机器人等）	3—10所	
2. 国家创新中心	（2）科技公司或初创科技企业数	8000个	2018全球前20高科技城市
	（3）百万人口专利授权数量	4000件/年	国家中心城市
	（4）风险投资占总投资比例	5%	2018全球前20高科技城市
3. 区域性科学中心	（5）应届高校毕业生留沈就业人数	65%	

5. 宜业宜居之都

东北亚国际化中心城市，宜居城市建设是必要条件，宜业城市是城市吸引力和创造力的体现。宜居，主要在于推进绿色、低碳、生态城市建设；宜业，营商环境营造至关重要。把"宜业、宜居"作为城市高品质的发展目标，构建15分钟城区生活圈和30分钟工作通勤圈。重视营商环境，是城市可持续发展的基础。对沈阳而言，①优化产业空间资源配置，实施工业用地保护制度；②切实加快知识产权和财产权保护立法，打造知识产权和财产权强市高地；③简化办理手续，鼓励银行向中小微企业、中小微企业主发放首笔贷款和信用贷款；④吸引外地人才来沈创业。推进"多证合一"改革，建立集办公、审批、对外服务、监察、信息公开等于一体的全市统一智慧政务平台，全面推行清单管理制，外地人才来沈创业全面享受市民待遇。

指标构建方向：建设宜业和宜居城市。以常住人口人均可支配收入、森林覆盖率、失业率为基础，构建宜业和宜居城市指标体系，由综合、宜业、宜居3个目标、8个指标构成（表5）。

表5 宜业宜居之都指标体系

目标	指标	东北亚区域中心城市参考值	参考值划定依据
1. 综合	（1）常住人口人均可支配收入	12.0万—18.0万元	全球城市
	（2）人均公园绿地面积	17m²/人	长春2049
	（3）失业率	小于5%	
2. 宜业	（4）工业用地占总用地比重	20%	
	（5）知识产权和财产权保护比重	100%	
	（6）市外人才创业比重	20%	
3. 宜居	（7）平均通勤时间（分钟）或轨道交通站点800米覆盖率	25分钟	
	（8）国际学校数或国际医院数		2018全球前20高科技城市

四、结论

从东北亚国际化中心城市内涵、沈阳需要扬长避短的诸多方面，构建未来15—20年建设东北亚国家化中心城市的指标体系，由东北亚国际化城市、国家经济中心、装备制造中心、科教创新中心、宜业宜居之都5个方向、18个目标、47个指标构成，直接为沈阳市总体规划修编服务。

面向治理体系和治理能力现代化的沈阳市规划改革探索与思考

范婷婷　殷健　董志勇 / 沈阳市规划设计研究院有限公　李莹 / 沈阳市土地储备服务中心

摘要： 在推进国家治理体系和治理能力现代化的全面深化改革总目标的指引下，"多规合一"改革、总体规划试点、自然资源部挂牌组建等一系列改革措施引发了城市规划行业对改革与转型的深度讨论。沈阳作为国内规划改革先行城市之一，其改革历程与国家一脉相承，本文以个人视角总结了针对规划体系和管理体制的沈阳改革思路和下一步改革构想，提出了面向治理体系和治理能力现代化的规划体系构建思路和规划实施管理创新手段，并对规划改革技术细节进行了探索式设计。

一、我国新一轮规划改革思路辨析

十八届三中全会将"推进国家治理体系和治理能力现代化"作为我国全面深化改革的总目标之一。在此环境背景下，以党的十八大提出"大力推进生态文明建设"为开端，国家各级会议陆续对空间规划提出工作指导和构想，旨在深化空间规划改革，建立空间规划体系，推进国家治理体系和治理能力现代化。

2012年至今，环境保护部、住建部、国土部、发改委、深改组等部门牵头，先后以生态保护红线划定、开发边界划定、市县"多规合一"、省级空间规划改革等试点工作进行了一系列规划改革实践，为我国空间规划改革工作开展了先行探索。2018年3月13日，第十三届全国人民代表大会第一次全体会议审议通过了《深化党和国家机构改革方案》，自然资源部正式组建，这标志着我国空间规划体系打破了原有的多头管理行政壁垒，获得了充分组织机制保障，规划改革工作进入了新时期。自然资源部对主体功能区、城乡、国土、水利、农业、林业、海洋等空间规划权的统筹以及对现状调查、空间规划体系构建和规划实施监督职能等权利的整合，明确了新形势下国家应对空间规划体系改革这一课题的核心思路，也在空间规划维度为国家治理体系和治理能力现代化奠定了制度和工作基础。

截至本文完稿时，顺应国家部委改革趋势，国家规划改革工作仍处于积极探索阶段，由自然资源部统领的空间规划改革工作成为城市规划学界关注的核心热点问题，但就如何理顺空间规划与发展规划的衔接和协调关系，构建统筹空间和发展的完整规划体系，尚未开展广泛研究和讨论。总结近年国家规划改革探索，笔者认为，国家规划改革大体分为三个阶段分步实施。阶段一以党十八大强调生态文明建设为起始，至自然资源部挂牌组建后统筹梳理国土空间资源和空间规划体系，至今尚在进行中。该阶段改革工作以各部委独立探索空间底线和空间结构划定工作为基础，以国家发改委、国土部、环境保护部、住建部四部委联合开展的市县"多规合一"试点工作为先行尝试，以自然资源部组建为组织制度保障，旨在明晰部门事权、解决规划矛盾、统筹规划内容、重构空间规划体系。阶段二是下一步在完善空间规划体系和空间规划编制工作的基础上，构建面向治理体系现代化的规划体系，实现统筹规划。建立空间规划与发展规划的协同编制体系和规划联动机制，以"目标—指标—坐标""三标衔接"为核心手段，在空间规划和发展规划"国家—省—市"三级层面、纵向并行双线传导的基础上进行横向衔接配套，达成发展目标与发展空间在各个行政管理层级上的协调统一和发展主管部门与空间资源主管部门的良性互动和制衡。阶段三将以规划体系为基础，面向放管服改革要求，通过蓝图和平台构建和应用拓展，强化建设管理，落实规划统筹，全面实现国家治理能力现代化（图1）。

二、沈阳近年规划改革实践历程

自2016年以来，为积极响应国家战略要求、解决城市自身发展问题，以《沈阳振兴发展战略规划》为顶层设计，以国家"多规合一""总体规划"等部委试点工作为契机，沈阳市紧扣国家规划改革思路，分步骤开展了一系列先行探索工作，旨在协同部门职能，提高管理效率，提升城市治理体系和治理能力现代化，并取得了良好成效（图2）。

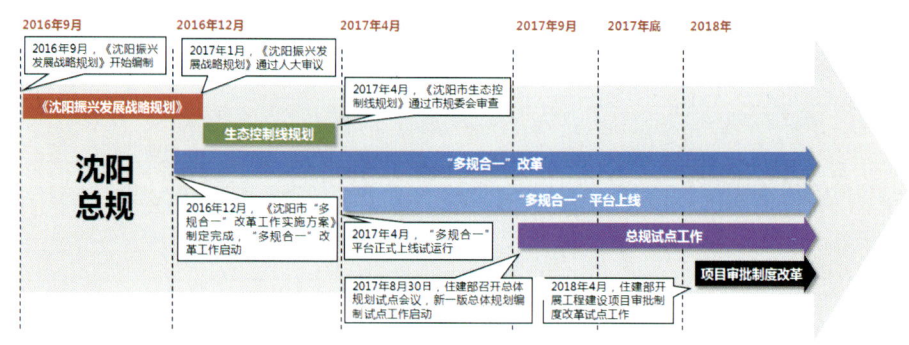

图1 面向治理体系和治理能力现代化的国家规划改革思路辨析

图2 沈阳规划改革工作进程

1. 步骤一：坚持战略引领，制定顶层设计

2016年9月，积极应对沈阳承载的新一轮东北振兴国家战略任务要求，沈阳市委市政府牵头组织编制《沈阳振兴发展战略规划》（以下简称《战略规划》）。规划旨在通过产业、城市、社会的发展与转型统筹推进结构调整，为生产要素流动与空间配置创造良好条件与环境，激发城市内生动力，全面提升城市综合实力。

《战略规划》从沈阳发展基础和面临的新形势、新任务入手，明确了实现沈阳振兴发展的战略目标；提出实施国际化、区域一体化、城市空间优化、产业多元化、人的现代化五大振兴发展战略；针对沈阳经济社会发展的改革任务、重点领域和关键环节，细化落实了16项具体发展策略。规划在发展层面、空间层面、实施层面对沈阳振兴提出了战略性引导。2017年1月，《战略规划》通过沈阳市人大审议，明确了其引领沈阳振兴发展顶层设计的重要地位，规划提出的发展目标、五大战略、理想空间格局等核心内容，为沈阳市下一步规划改革工作奠定了坚实的战略基础（图3）。

2. 步骤二：整合空间规划，实现规划统筹

为落实"大力推进生态文明建设"要求，以《战略规划》提出的理想空间格局为空间结构基础，沈阳市组织开展《沈阳市生态控制线规划》。以3471km²的城市规划区为空间载体，划定了1233km²建设控制区与2238km²生态控制区的两条控制线，并进一步细化。规划明确了建设区和非建设区的空间布局，落实了空间底线的刚性控

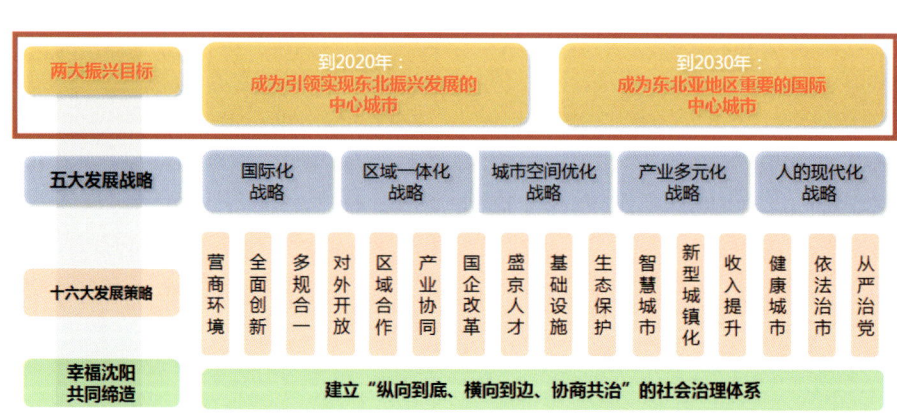

图3 《沈阳振兴发展战略规划》核心内容框架

制内容（图4）。

　　2016年12月，沈阳统筹全市资源，前瞻性地开展了"多规合一"改革工作，旨在着力解决协同部门职能，

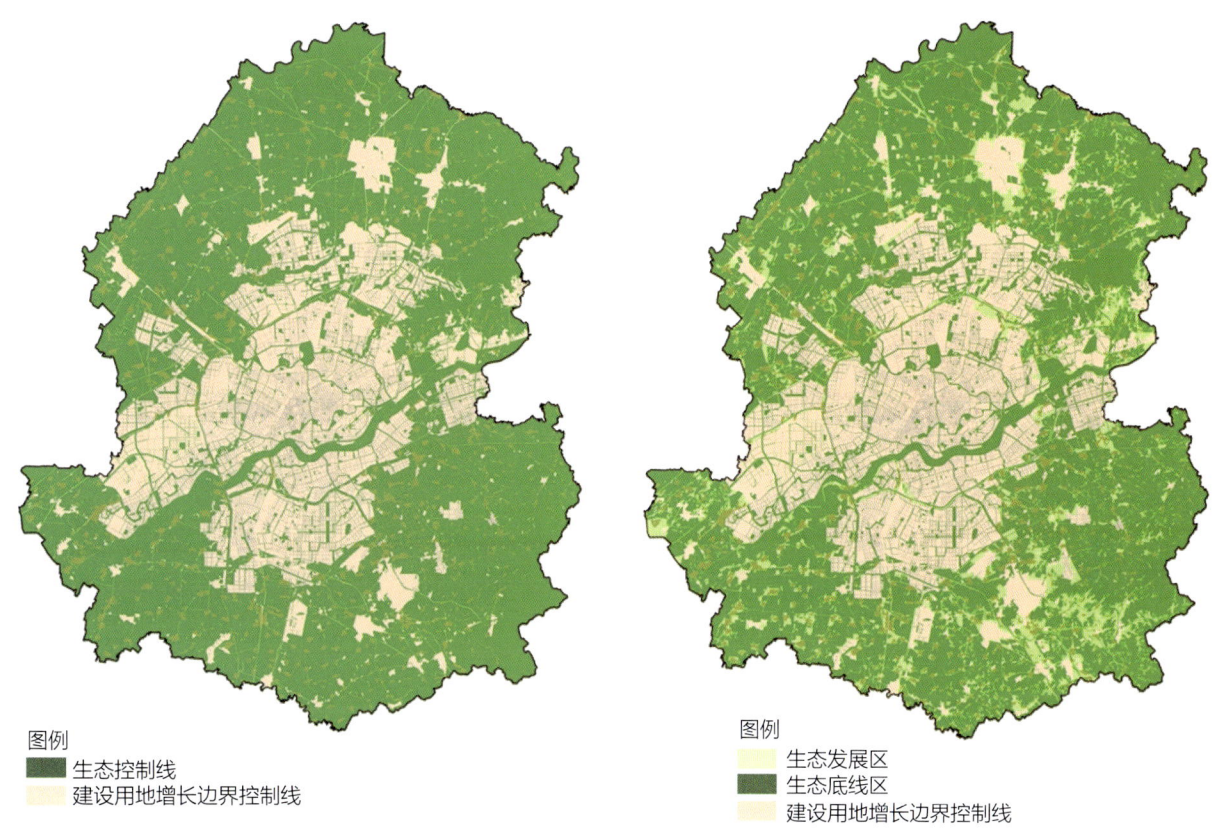

图4　"多规合一"结构控制线和生态底线区与生态发展区示意

提高管理效率，提升城市治理体系和治理能力现代化，加快"放管服"改革，打造国际化营商环境，解决沈阳振兴发展在规划、资源、环境、产业等诸多方面存在的不平衡、不协调、不可持续的问题，助力沈阳全面振兴。以"一个战略"为前提，"一张蓝图"为基础，构建"一个平台"，理清"一张表单"，完善"一套机制"，沈阳创新性地构建了"五个一"的"多规合一"改革工作框架。时至今日，"多规合一"工作已整合了20多个部门、40余项相关规划，绘成落实战略规划理想空间结构，统筹叠加各类规划，协调一致的"一张蓝图"，完成了203个图层的上线工作，有效落实了空间规划控制线管理体系，初步实现了规划体系的整合和统筹规划（图5）。

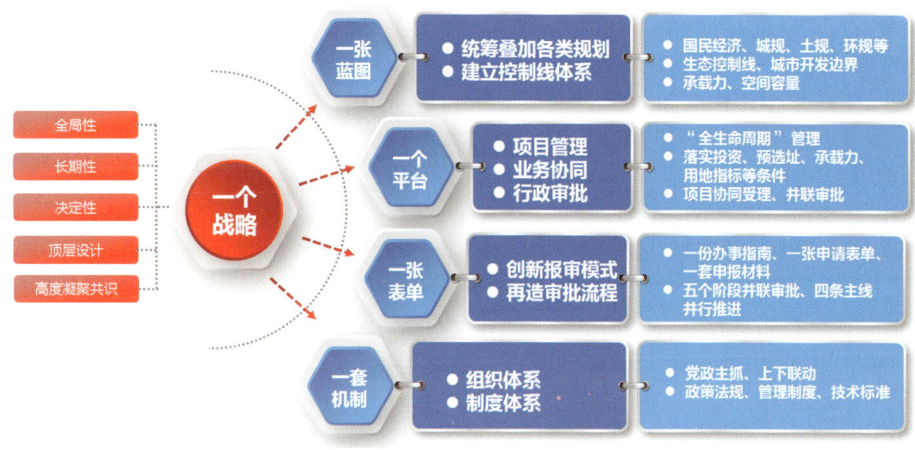

图5　沈阳"多规合一"改革实践

3. 步骤三：衔接发展规划，探索规划精简

2017年8月30日，住建部开展新一轮总体规划编制试点工作，提出了创新规划理念、改革规划方式、完善规划体系的要求。面向过去城市总体规划成果大而全、事权不分级、目标难落实、指标不落位、实施难监管等问题，沈阳全面开展新一版城市总体规划试点工作。

本版总体规划实现了从"空间规划"转向"公共政策"的创新实践，基于《战略规划》城市振兴目标，统合发展类规划，明确了把沈阳建成东北亚国际化中心城市、科技创新中心、先进装备智能制造中心、高品质公共服务中心"四个中心"的目标定位，将发展目标、指标体系、实施策略和政策保障与空间规划全面衔接，使总体规划成为目标、指标、空间统筹，保障城市高质量发展的公共政策。同时，以"多规合一"改革工作为前提，新一版城市总体规划强化"发展目标、核心指标、空间格局"的战略引领内容和"三区三线"刚性管控底线，提纲挈领地统合各专项规划的结构性和刚性要求，精简规划内容，形成了指导城市发展的结构性"一张蓝图"（图6）。

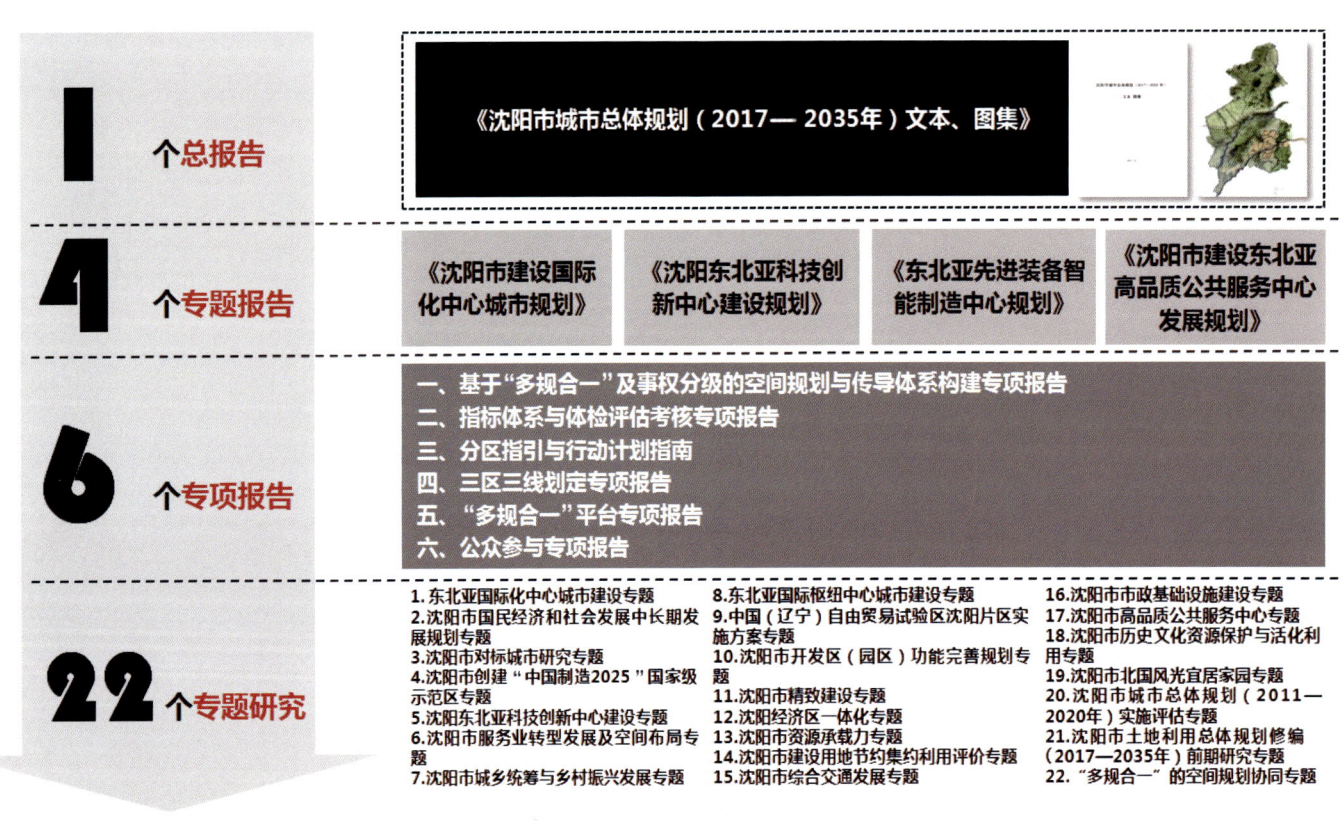

图6 沈阳新一版城市总体规划"1+4+6+22"研究框架

4. 步骤四：强化实施管理，落实规划统筹

2018年4月，住建部推进试点工作，对工程建设项目审批制度进行全流程、全覆盖改革，要求建成工程建设项目审批制度框架和管理系统，缩短审批时间、统一审批流程、完善审批体系、强化监督管理。在"多规合一"改革工作进程中，面向深化"放管服"改革和优化营商环境的部署要求，沈阳上线运行了"多规合一"综合管理平台，下含协同联动的项目信息、业务协同、联合审批三大平台，结合"一张表单"的完善和"一套机制"的保障，沈阳市基于管理平台优化再造了审批流程，有效提升了项目审批工作效率，是对工程建设项目审批制度改革试点工作的先行先试。结合今年一系列规划改革工作，沈阳正在深化调整和精简审批机制，进一步落实规划统筹，实现规划实施和建设管理能力的现代化。

三、沈阳规划改革工作思路与思考

自 2016 年起始的沈阳规划改革与国家空间规划改革工作和国家机构改革思路一脉相承，并以"多规合一"改革为抓手，尝试进行了审批制度改革、空间规划体系重构等工作的先行探索。总体来讲，沈阳规划改革面向推进国家治理体系和治理能力现代化这一工作主线，由原有的轻调研、重规划、弱管理的"橄榄型"规划工作模式转向重调查、精规划、强管理的"哑铃型"工作模式，以摸清现状底数、重构规划体系、创新管理模式为手段，实现精确调查、精简规划、精确管理，建立适应城市现代化管理需求的规划工作体系（图 7）。

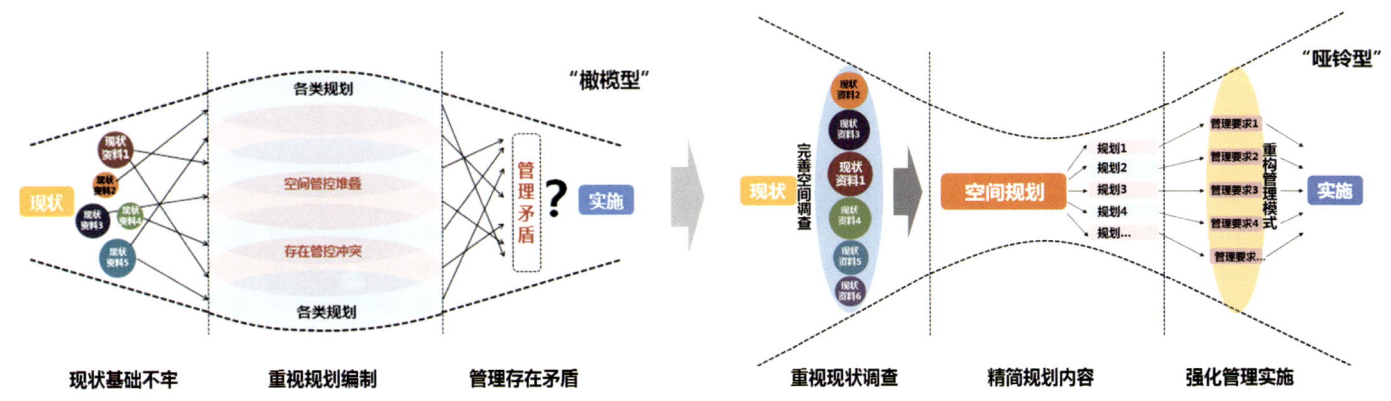

图 7 沈阳规划工作模式改革思路

1. 构建面向治理体系现代化的规划编制体系

规划体系重构是推进治理体系现代化的重要手段之一，也是近期学界关注的核心热点问题。以推进生态文明改革为核心纲领，沈阳市在全域空间现状调查数据整理的基础上，通过《振兴战略》、"多规合一"和《生态控制线规划》的工作实践，初步形成了横向统筹发展方向与空间资源，纵向贯通战略引领与刚性管控的规划体系构建思路（图 8）。

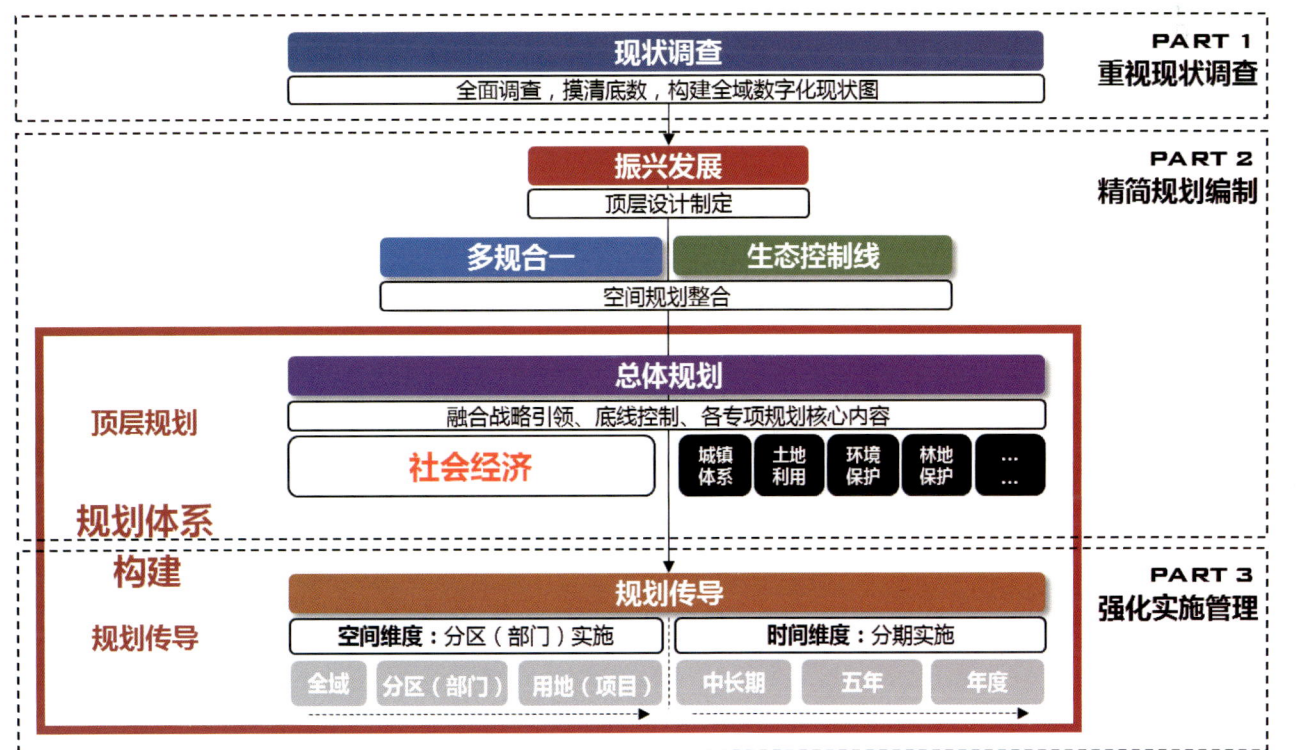

图 8 沈阳市规划体系构建思路

（1）统筹空间发展，制定顶层规划。

遵循国家空间规划改革思路，延续我国现有发展规划和空间规划双线并行的体制架构，由国家发改委和自然资源部领衔，两类规划在纵向上分别在国家层面、省级层面、市级层面进行规划传导和指导，在各级管理体制下进行横向沟通衔接，协同编制。在国家级和省级层面，发展规划关注城市定位和国家战略安排，空间规划关注总量控制和底线管理，两类规划通过总体统筹和部门对接实现衔接与配套。

在市级层面，面向城市个性发展需求和精细化管理，要求发展规划与空间规划高度统一协调且可操作可实施。为此，结合前阶段工作实践与经验总结，笔者认为沈阳市应在市级管理层面制定总体规划作为城市顶层设计，该总体规划全面整合国民经济和社会发展规划以及国土空间规划要点，内容涵盖国民经济和社会发展规划中城市发展目标愿景和重点发展任务等主体内容和城乡规划、环境保护规划、土地利用规划、林业规划、水利规划等自然资源配置的结构性和刚性管控的核心内容，如城市发展目标定位、发展战略、全域理想空间格局、三区三线管控等。以总体规划为引领，建立权责明晰、方向统一的规划体系，明确各类规划职能和管控内容，以实现高效发展和国土空间资源要素的优化配置（图9）。

（2）强化规划传导，指引建设实施。

在明确以总体规划为顶层设计的市级规划体系架构的基础上，应遵循规划目标、核心指标、空间坐标"三标衔接"的逻辑主线，构筑次级规划和三级规划编制体系。总体以目标、指标、坐标传导为手段，从空间规划、发展规划两条主线进行逐级传导，传导过程中主线间充分联动，在空间配置上相互协调，在时序安排上科学有序，提高规划实施的协同性，实现统筹规划（图10）。

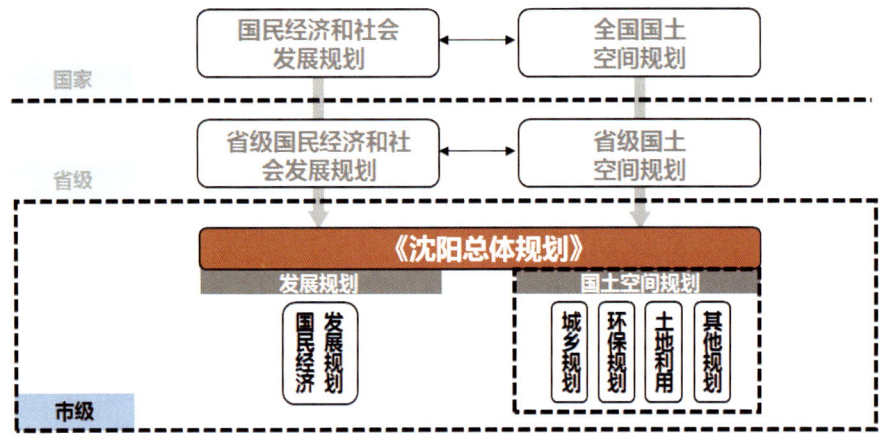

图9 沈阳规划工作模式改革思路

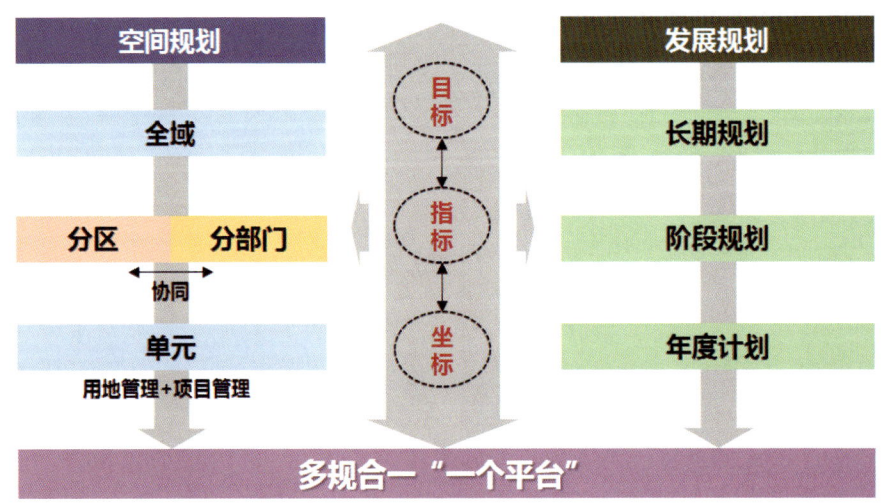

图10 沈阳规划传导两条主线

空间规划主线分为以空间行政管理单元为传导载体的分区传导路径和以权责部门为载体的分部门传导路径。以总体规划确定的理想空间格局和三区三线底线控制内容为纲领，在分区传导路径上，制定分区规划，落实分区发展目标，划定空间结构，确定功能分区，面向绩效考核量化分区指标；在此基础上细化单元规划，在原有控制性详细规划体系下进行进一步深化，明确地块用地性质、发展指引、预期指标等管理要求，实现空间功能结构管控向用地管控的转变。在分部门传导路径上，制定部门专项规划，合理确定专项管控空间，面向部门绩效考核制定部门发展指标；落实到单元规划层面，强化部门项目管理，确定适应发展的项目类型，明确项目预期指标和项目空间落位。在空间规划主线的编制传导过程中，在分区与部门两条路径之间进行沟通与衔接，实现分区与部门、用地与项目的相互协调（图11）。

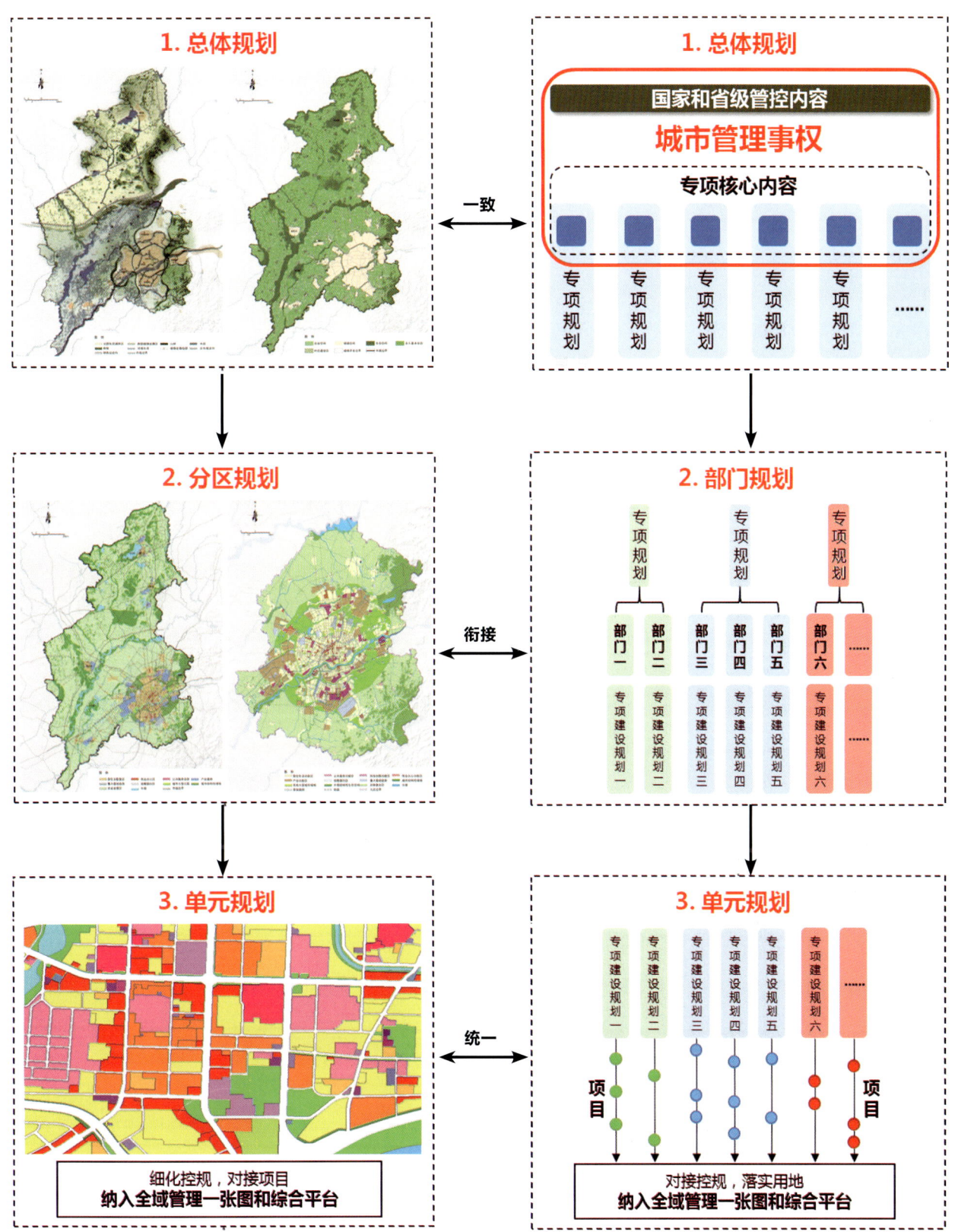

图11 沈阳规划空间传导主线构想

发展规划主线以城市总体发展目标、定位、长期发展指标为引领，充分对接空间规划内容。延续五年规划纲要编制内容，明确阶段发展目标指标，拓展用地近远期开发控制内容，侧重行动议题的制定与安排，制定统筹发展和空间的阶段性规划；年度计划层面，落实年度目标指标和重点工作安排，融合土地开发计划，侧重重点项目的策划生成与落地（图12）。

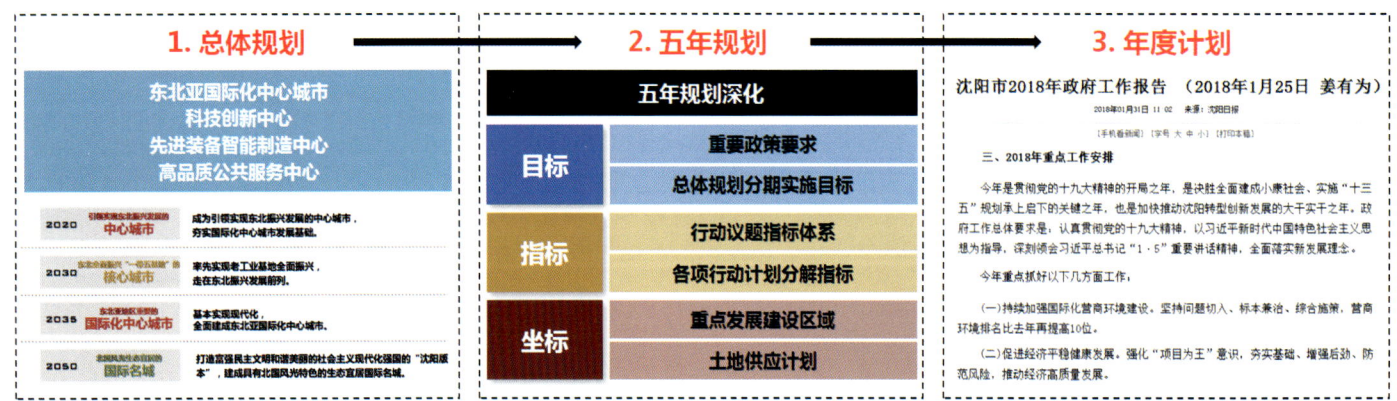

图12　沈阳规划发展传导主线构想

2. 构建面向治理能力现代化的实施管理体系

在通过规划体系重构落实治理体系现代化的工作基础上，延续"多规合一"改革思路，对应规划体系层次延伸"一张蓝图"和"一个平台"架构，奠定管理数据基础，创新管理实施手段，面向"放管服"改革要求，强化城市建设管理，提高行政效能，进一步推进治理能力现代化（图13）。

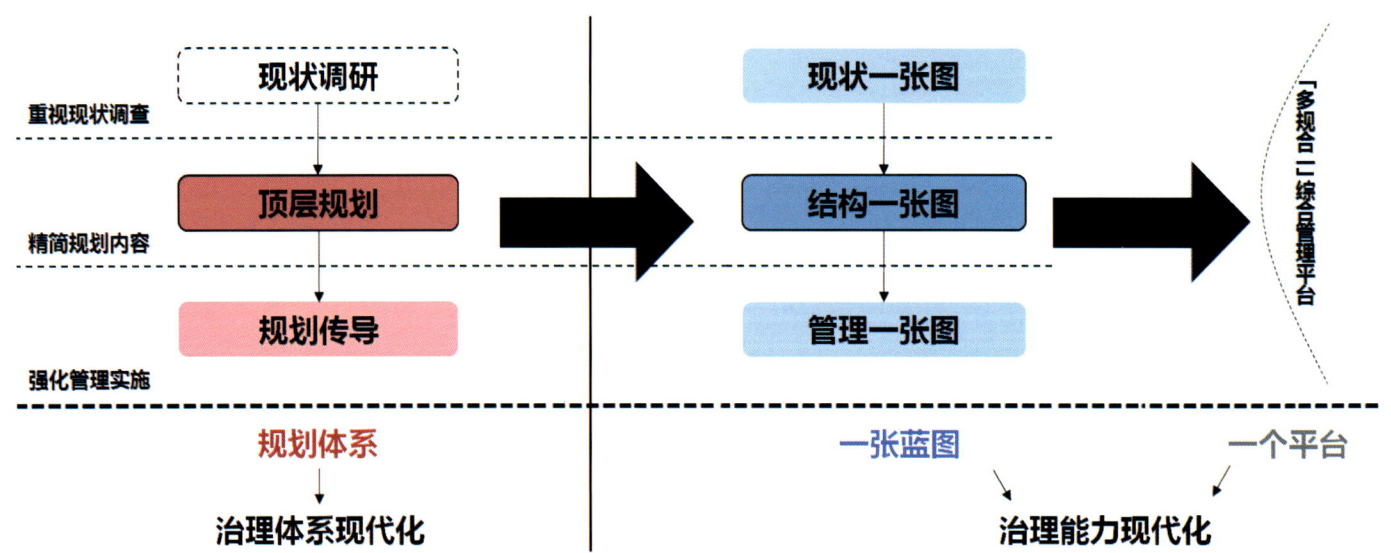

图13　面向治理体系和治理能力现代化的规划改革应对

（1）夯实管理基础，构建"一张蓝图"。

构建现状一张图、结构一张图和管理一张图三个层次的"一张蓝图"，作为监测管控规划实施的重要手段，夯实空间资源管理基础，强化城市治理能力。

现状一张图以空间基础网格单元为本底，对城市空间进行充分现状调查，系统梳理人口、用地、建筑、工商企业、生态环境、经济发展、建设项目管理、交通市政和地下管线等要素数据，并适时引入以手机运营商、腾讯为代表的"物联网大数据"和交通运行大数据，统一作业标准，构建可定位、可测量、可分析的全域数字化现状数据体系，作为分析城市问题、评估规划实施的数据基础。目前，沈阳市基于全市国土、规划等空间信息资源和拥有的局部城市现状用地数据、地形图、影像图、土地变更调查数据、地籍数据、行政区划数据等现状数据，通过"多规合一""一张蓝图"整合，形成了核心成果数据、生态控制线、建设控制线、城市规划专题、国土专题、重大市政基础设施、重大交通设施、生态环境等共十大类、141个数据图层。未来进一步结合规划改革工作和第三次全国土地调查工作，统筹不限于空间数据的其他各类现状数据资源，丰富现状信息。

结构一张图重点落实国家和省级管理要求，强化生态文明建设，落实基本农田、生态红线和开发边界指标，承接并管控贯通上下的空间规模要求。面向城市个性化发展需求，以《战略规划》提出的"东山西水、一河两岸、一主三副"城市空间结构为指引，合理调整城市结构，确定"三区三线"划定方案，形成无缝对接的"一张蓝图"，建立生态管控明确、建设管理清晰的控制线体系。

管理一张图基于"多规合一"平台，梳理成总体规划、土地规划、控制性详细规划、专项规划及各类基础地理信息等数据，按照事权归属分类分项，构建层次分明、事权清晰的全域空间规划图层体系。深化原有控制性详细规划内容，建立以控制性详细规划深度，总控联动、多规融合、信息聚集，为实施管理提供依据的一张图。管理一张图以社区或街区为单元，以用地为最小空间管理单位，落实规划体系中所有类别规划管控信息，实现精确管理。前期打造以规划数据为主体的二维信息管理一张图，未来结合BIM数据、地下空间数据、基础设施网络数据等，构建三维管理一张图，夯实城市治理基础和依据。

（2）创新管理手段，打造一个平台。

搭建"多规合一"综合管理信息平台，强化项目管理、空间协同、联合审批等子平台功能配置与衔接，推动由部门管理向综合管理、由政府部门化向政府整体化转变，完善规划实施体系，实现从项目统筹到规划统筹，创新管理手段，提高管理效率。

为满足治理能力提升需求，配合规划体系重构，重点开发面向规划实施和建设管理的子平台功能。项目建设管理平台在"多规合一"改革进程中已经取得初步成效，已经建立了发改委主导的项目管理子平台、规划部门主导的业务协同子平台和政务服务部门主导的联合审批子平台，支持全市各部门项目全生命周期管理、项目生成业务协同办理及建设项目联动审批，已实现审批流程再造，有效提高了行政效能，目前审批流程正在进一步调整精简。

支撑规划体检评估和政府绩效考核的功能模块尚在前期研究阶段，面向城市年度体检、规划实施评估和政府（部门）绩效考核分别进行了制度和机制方案探索，目前以工业园区绩效考核为突破口，出台了《沈阳市开发区（园区）考核指标体系和绩效考核办法》，开展试点实行，形成经验后将进行全面推广，对规划实施进行精确评估管理。

未来，"多规合一"综合管理信息平台将充分对接沈阳"6+1"智慧城市管理平台，加快推进服务模块建设，加紧完善和补充规划监管、公众参与、监督考核以及其他服务功能，实现管理平台的智能互联、信息共享、高效透明，全面提升城市综合治理能力。

四、结语

在推进国家治理体系和治理能力现代化总目标的指引下，以自然资源部挂牌组建为桥头堡，城市规划行业肩负起了新时期全面深化改革的重要责任，面临着新一轮的改革趋势。未来，随着改革工作的日益深入，城市规划行业和从业者将面临更大的挑战。沈阳作为国内规划改革的先行城市之一，其改革进程具有一定借鉴意义，本文总结归纳了沈阳市的规划改革思路，并结合笔者个人观点提出了治理体系和治理能力现代化要求下的规划改革应对策略，望能抛砖引玉，引起更广泛的思考和探索。

改革背景下的沈阳空间规划体系探索与实践

李彻丽格日　殷健　李越轩 / 沈阳市规划设计研究院有限公司

摘要：构建空间规划体系是实现国家治理体系和治理能力现代化的重要途径，已成为学术界关注的热点。本文在分析评价我国空间规划体系现状基础上，回顾我国新一轮空间规划改革实践历程，分析了空间规划改革趋势，并结合沈阳空间规划改革实践工作，探讨了沈阳空间规划体系构建方案，以期为我国空间规划体系构建提供参考。

我国正处于全面深化改革时期。党的十九大提出"统一行使所有国土空间用途管制和生态保护修复职责""构中华人民共和国成立土空间开发保护制度"。空间规划改革是保护与利用国土空间资源的重要途径，是建设生态文明总体战略部署的重要环节，是国家治理体系和治理能力现代化的重要手段，近年来受到中央和地方的高度重视。基于此，本文试图通过梳理我国空间规划体系现状及改革实践历程，辨析改革发展方向，结合沈阳实践探索市县层级空间规划体系构建路径。

一、我国空间规划体系现状及问题

各类空间规划是中央、省、地方各级政府的空间治理工具，长期以来空间规划有效支撑我国社会经济的平稳和健康发展。随着城市化阶段、社会经济发展阶段、制度框架等背景条件的变化，我国城市空间规划体系也在不断进行调整与变革。目前我国空间规划主要包括城乡规划、土地利用规划、主体功能区规划、生态保护规划等具有代表性的四类空间规划，以及其他相关涉及空间布局与用地安排的专项规划。我国空间规划种类庞杂，自成体系，尚未形成系统完善、互相衔接的空间规划体系。

在"现状调查—规划编制—建设管理"的空间管控制度环节中，目前我国更偏重于规划编制环节。横向多个部门涉及空间规划，从土地资源利用、环境保护、城市建设发展等不同的角度提出规划意图，在技术方法、数据标准、空间管控等方面各自形成封闭的体系。空间规划之间由于缺少衔接和呼应，各自实施不同的空间管制内容，出现了管控内容冲突、建设无所适从等一系列问题。纵向上，由于规划事权边界模糊、治理主体的保护与发展价值取向差异，存在国家、省、地方规划衔接不佳、刚性管控不到位、弹性管控预留不足等问题。空间规划体系的结构混乱以及规划职能的不清晰，降低了规划对空间资源的保护与配置能力。同时，现状调查和实施建设方面缺乏重视管控不到位，严重影响了规划的实施和检验。

二、新一轮空间规划改革方向辨析

十八大以来，围绕"生态文明建设"和"推进国家治理体系和治理能力现代化"两条主线，中央针对空间规划改革提出了一系列具体要求（图1）。2013年中共十八届三中全会提出"建立空间规划体系，划定生产、生活、生态空间开发管制界限，落实用途管制"。2015年中共中央国务院印发《生态文明体制改革总体方案》，明确了空间规划分为国家、省、市县（设区的市空间规划范围为市辖区）三级，并提出了"全国统一、互相衔接、分

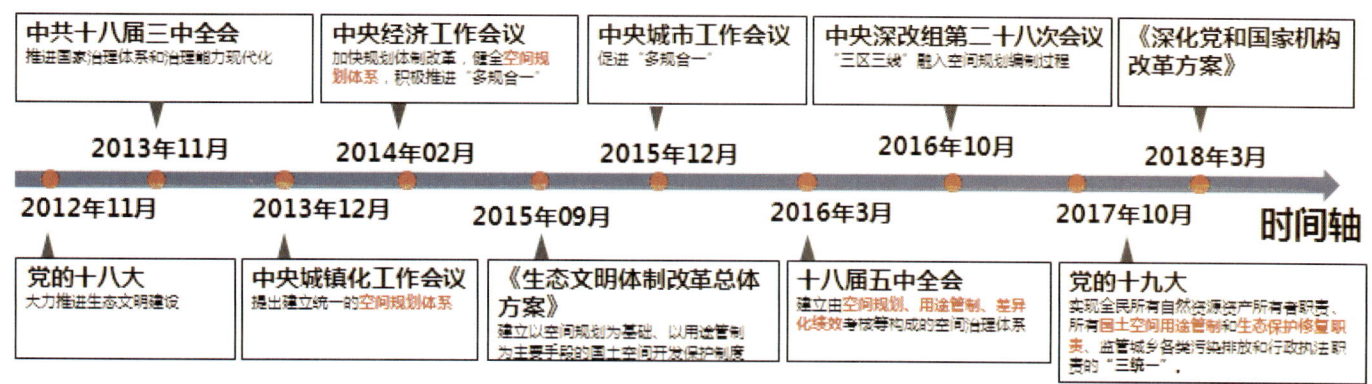

图1 有关空间规划的中央会议精神

级管理的空间规划体系"的目标。2016年十八届五中全会提出"建立由空间规划、用途管制、差异化绩效考核等构成的空间治理体系"。与各项中央指示同步，各部委结合部门职能陆续展开了一系列试点工作。2018年3月13日，第十三届全国人民代表大会审议通过了《深化党和国家机构改革方案》，自然资源部组建，并于4月10日正式挂牌。从改革方案到改革实践，再到中央体制机制重构，空间规划改革工作积累了自下而上的实践经验，得到了自上而下的组织保障和机构保障，标志着我国空间规划改革进入新的历史阶段。

1. 我国近期改革实践历程回顾

回顾近期空间规划改革实践路径，根据推动主体的不同，可分为"地方政府主导"和"中央授权推进"的两类实践（图2）。

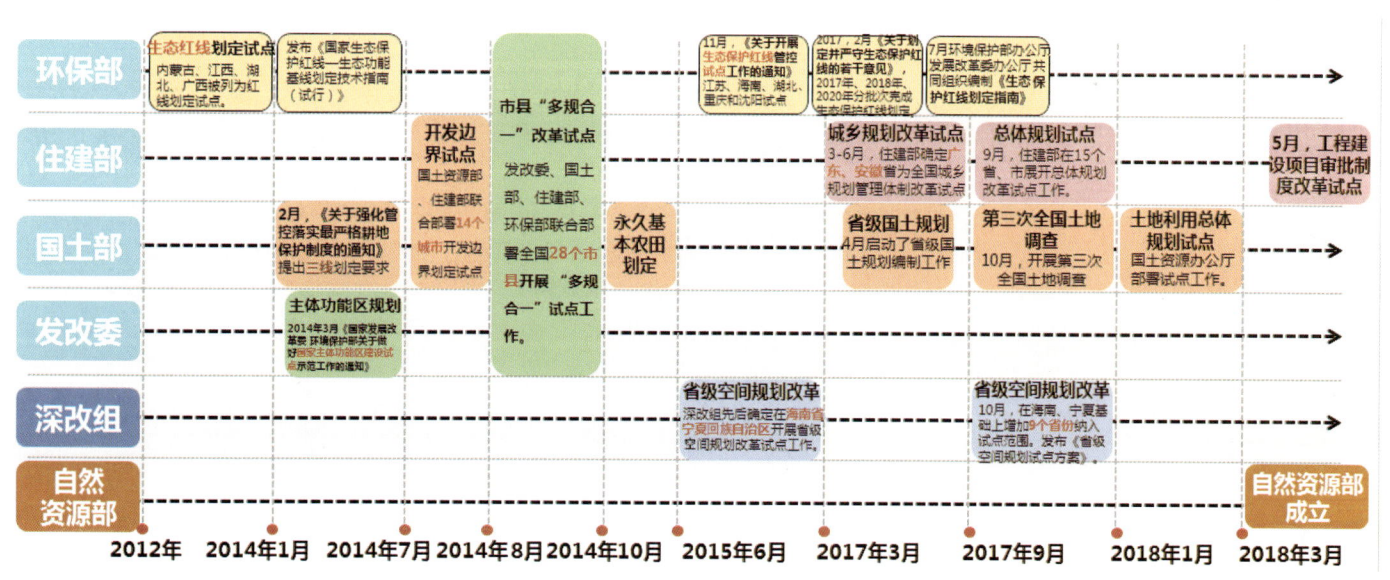

图2 中央推进空间规划改革实践梳理

（1）地方政府主导实践。

在2012年之前，部分发达地区和城市结合地方建设管理实际问题，探索"多规协调"工作。地方政府因受困于"多规"矛盾导致的空间资源配置错位以及城乡建设用地的供需矛盾，相继开展了"两规合一"（国土、城乡）、"三规合一"（社会经济发展、国土、城乡）、"四规合一"（主体功能区、社会经济发展、城乡、国土）规划以优化土地资源的利用。上海、武汉、深圳等地依托机构改革，推进"三规合一"工作，并形成了一系列的实质性工作经验（赖寿华，黄慧明，2013）。北京、重庆等地分别由发改委与规划部门牵头，开展了"四规合一"的探索。广东先后通过河源、云浮、广州等地开展"三规合一"的试点工作，并取得了有用的经验。地方政府初步探索了"多规协调"从规划技术创新到体制机制创新的路径，改革具有地方发展和管理特色。主导动力以地方政府强势推动为主，缺少中央层面的支持，未能得到全国层面的推广。

（2）中央授权推进实践。

自2012年至今，以中央全面深化改革委员会（以下简称深改组）、国家发改委、国土资源部、住房建设部、环境保护部为推动主体，空间规划改革工作进入"中央授权"阶段，试点工作在全国范围全面展开。通过实践路径梳理，可以看出形成了以下三段式实践路径。

四部委依职能，探索底线管控。

2012年至2014年期间，国家发展改革委、环境保护部选择部分市县开展主体功能区建设试点示范工作，提出划定生产、生活、生态空间开发管制界限，构建科学合理的城市化格局、农业发展格局、生态安全格局，初步形成了"三区"管控意图。同时环境保护部、国土部分别围绕生态保护红线、城镇开发边界、基本农田边界即"三线"划定展开试点工作，以底线管控思维，探索空间规划核心管控内容，逐步突破技术环节难点，积累了结构性空间用途管制经验。

以问题为导向，四部委联合推进"多规合一"改革。

在底线管控经验基础上，2014年8月，发改、国土、环境保护、住建四部委联合推进地方"多规合一"实践，分组指导全国28个市县展开试点工作，研究市县级空间规划体系的构建、空间管控的统筹，致力于解决长期积累下来的空间发展与土地建设的瓶颈问题。各部委指导"多规合一"实践的文件中提出了划定"三区"（发改委提出划定城镇、农业和生态三大空间）、"三线"（国土部提出划定生态红线、永久基本农田和城市开发边界）的要求。市县"多规合一"试点工作，结合数字化手段建立"多规合一"平台，从技术上形成了一套成熟的整合方法，同时在构建一张蓝图、业务协同、流程再造、机制建立等方面取得了较好的成效。

随后，四部委以部门规划为主体，展开城市总体规划、土地利用总体规划等综合性规划的试点工作，试图通过规划内容和管理方式的改革创新，为提升空间治理能力和实现"多规合一"积累经验。

以目标为导向，深改组代表国家意志探索建立空间规划体系。

2015年6月中央深改组第十三次会议同意海南省开展"多规合一"改革试点工作。之后2016年4月，中央深改组第二十三次会议，同意宁夏回族自治区开展空间规划。同年10月，深改组第二十八次会议审议通过《省级空间规划试点方案》，确定在海南、宁夏基础上增加7个省，展开第二批试点。《省级空间规划试点方案》中明确了划定"三区三线"的编制技术要求，重点提出推进规划管理体制机制改革创新的要求。在海南及宁夏"多规合一"实践中，以设立省级层面的规划管理委员会为体制保障，统筹省级各类空间性规划，编制统一的省级空间规划体系，重点探索了省级—市级联动编制的实践路径。

与此同时，中央在推动原有空间规划改革的同时，也在补充完善全国层面的空间规划类型。如2017年1月国务院印发《全国国土规划纲要（2016—2030年）》，规划对国土空间开发、资源环境保护、国土综合整治和保障体系建设等做出总体部署与统筹安排，补充完善了全国层面的战略性、综合性、基础性规划。同年4月，启动了省级国土规划编制工作，落实《全国国土规划纲要（2016—2030年）》各项战略部署。

2. 中央机构改革特征

在一系列空间规划改革实践基础上，中央进行国家机构改革。组建自然资源部，将国土资源部的职责、国家发展和改革委员会的组织编制主体功能区规划职责、住房和城乡建设部的城乡规划管理职责进行整合，统一行使对自然资源开发利用和保护进行监管，建立空间规划体系并监督实施，履行全民所有各类自然资源资产所有者职责，统一调查和确权登记，建立自然资源有偿使用制度，负责测绘和地质勘查行业管理等职责。

与以往不同，自然资源部统一了现状的调查权、空间规划体系构建和规划实施监督职能，为实施全国国土资源空间用途管制、推进"多规合一"并监督规划实施，创造了条件。国土空间管制模式由原有的轻调研、重规划、弱管理的"橄榄型"管控模式，转向重调查、精规划、强管理的"哑铃型"管控模式。自然资源部统一调查和规划职能，体现出国家对基础调查与规划的协调统一的重视。同时强化了实施监督职能，进一步保障国土空间资源的有效保护和利用。通过权威机构统领空间规划职能，可以明晰空间管理事权，有效贯彻实施空间规划方案，实现国土空间的有效管控。

三、沈阳城市空间规划体系构建方案

1. 空间规划体系构建思路

顺应国家机构调整，针对我国空间规划体系改革和重构，学术界提出了多种思路。董祚继提出应以主体功能区战略为基础，以国土规划为主体，建立自上而下逐级控制、总体规划与专项规划相互促进、基层土地利用规划与城乡规划等有机融合的空间规划体系。严金明提出应构建"1+X"的国土空间规划体系，"1"即国土空间规划；"X"指土地利用、城乡建设、基础设施建设和功能分区等各资源领域的专项规划。许景权、沈迟提出建议采用国家、省、市三级关联，以各级空间规划为核心、以专项政策和专项规划为辅的垂直型空间规划体系。尹稚认为空间性规划有守底线、调关系和保民生三种典型的规划，即保护空间、发展空间和服务支撑空间。同时提出要从国土、区域、城市、乡村四个基本层级出发分别进行规划体系的建构。高洁、刘畅提出近期以分级分类为手段，在纵向上优化国家空间规划体系，远期在横向上重构空间规划体系的改革思路。

延续我国规划体系结构，应坚持发展规划和空间规划两类规划并行指导的主线（许景权，沈迟，2017）。国家和省级层面将通过国民经济和社会发展规划以及国土空间规划两类顶层规划，实现发展目标和空间用途管制内容的逐级传导。发展规划需结合空间规划的资源承载力和开发保护需求，制定经济社会发展目标与任务。空间规划以发展规划为依据，落实建设任务目标。

空间规划体系的优化应以现有空间规划类型为基础，做好空间规划的"加法"和"减法"。"加法"即需要补充完善缺失的空间规划类型，明确中央—省级—市级层面的顶层规划。

在市县级层面，应贯彻落实习近平总书记提出的"实现一个市县一本规划一张蓝图，并以这个为基础，把一张蓝图干到底"。市、县政府通过制定"一本规划"，一揽子整合发展目标到空间管控内容，实现"目标—坐标—指标"的三标衔接，形成指引城市建设的"一张蓝图"，并实施到底。顶层规划可以是"1整合N"或者"1+N"的模式。"1整合N"即一个空间规划整合若干空间规划全部内容。优势是解决了多个规划的管理冲突，劣势是难度大、成本高。"1+N"即形成新的顶层规划，在"多规合一"前提下，以原有空间性规划为支撑，纳入结构性、刚性管控内容，统筹协调各个规划职能和管控内容。优势是有基础、易操作，劣势是增加了规划层次，需要厘清内涵关系。无论是"1整合N"或者"1+N"的空间规划体系，必须要有相应的体制机制调整和清晰的政府事权对应关系。"减法"即横向整合规划，厘清各空间性规划职能，对应各级政府事权实现精简规划。地方层面的空间规划在衔接落实上位规划内容、把握好保护与发展的基础上，更应注重与实施环节的衔接。

2. 沈阳空间规划基础

自2016年以来，为积极响应国家战略要求、解决城市自身发展问题，沈阳市开展了一系列空间规划改革工作（图3）。沈阳空间规划改革紧扣国家空间改革脉络，执行了从"顶层空间规划"探索到"多规合一"改革再到空间规划体系构建的路径。沈阳以"一个战略"为前提，划定"建与非建"底线，构建了"多规合一"改革工作框架，随后启动编制新一轮《沈阳城市总体规划（2017—2035年）》，取得了积极成效。

"一个战略"即《沈阳振兴发展战略规划》，于2016年9月开始编制，规划围绕沈阳的过去与现

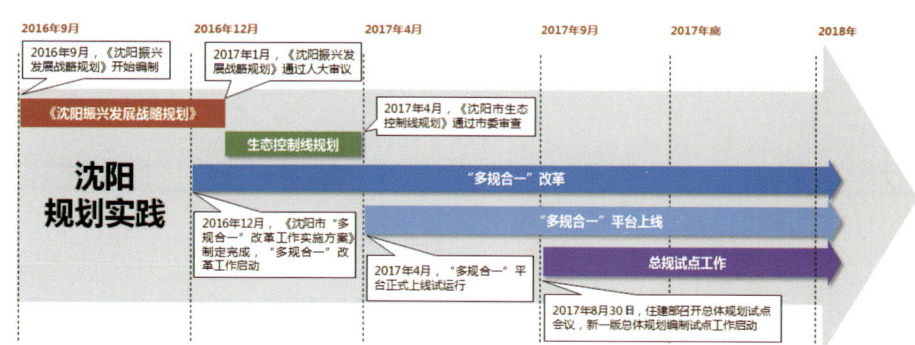

图3　沈阳空间规划工作基础

在、国家的新任务和新要求、沈阳振兴发展的目标、五大战略、十六大发展策略、幸福沈阳共同缔造和规划实施评估七个方面进行编制，形成了连续、系统、整体的科学规划。振兴战略规划实现了沈阳顶层设计的从无到有，明确了发展目标、发展战略和理想空间格局等统领性规划内容，为沈阳空间规划体系构建提供了一定基础。

延续《沈阳振兴发展战略规划》思路，2017年沈阳市开展《生态控制线》规划。在规划区范围内，规划明确了建设区和非建设区的空间布局，划定建设控制区与生态控制区两条控制线，并进一步细化落实了空间管控要求。

以《沈阳振兴发展战略规划》为统领，沈阳市"多规合一"改革工作全面开展。2017年4月，"一个平台"即"多规合一"综合管理平台正式上线试运行，下含协同联动的项目信息、业务协同、联合审批三大平台，结合"一张表单"的完善，优化再造了审批流程，有效提升了项目审批工作效率。目前已整合20多个部门的40余项相关规划，已绘成落实战略规划理想空间结构，统筹叠加各类规划，协调一致的"一张蓝图"，有效落实了空间规划控制线管理体系，为沈阳实现规划统筹发展搭建了关键的技术平台。

2017年9月，住建部在全国15个城市开展新一版城市总体规划试点工作，沈阳是试点城市之一。试点工作以"多规合一"改革工作为坚实基础，落实创新规划理念、改革规划方式、完善规划体系的要求，突出数字总体规划，量化总体规划特色，使总体规划成为沈阳党委政府落实国家和区域发展战略的重要手段和统筹各类发展空间需求和优化资源配置的平台。

规划在落实战略规划确定的战略目标基础上，延续"多规合一"改革思路，坚持统筹规划和规划统筹，进一步强化了"战略引领"和"刚性控制"作用。规划内容方面，明确了发展目标、愿景和战略，面向国家要求和区域发展责任确定了"四个中心"城市发展定位；优化了理想空间格局和"三区三线"刚性控制的全域功能布局；明确各类要素配置，支撑规划目标实现；建立空间规划体系、城乡管理体系、评估考核机制等保障实施。在空间规划体系构建方面，探索了以城市总体规划为载体，形成1整合N（融合经济发展规划、环境保护等规划的核心管控内容）的顶层规划，建立"总体规划—分区（专项）—控制性详细规划"的空间规划体系，起到了助推沈阳空间规划体系建立的重要作用。

3. 沈阳空间规划体系构建方案

结合沈阳空间规划改革实践经验，笔者提出沈阳空间规划体系构建方案（图4）。顶层建立以《沈阳市城市总体规划（2011—2020）》为核心，以国民经济和社会发展规划以及城乡规划、土地利用规划、环境保护规划、林地保护规划等空间类规划为支撑的、1+N的空间规划体系。纵向形成"总体规划—分区规划（专项规划）—控制性详细规划"的三级传导层级。

《沈阳市城市总体规划（2011—2020）》是统领沈阳发展的顶层规划，是落实国家、省级发展规划和空间规划要求、宏观指导地方各方面建设的综合性、基础性规划，起到承上启下的作用。规划内容方面，《沈阳市城市总体规划

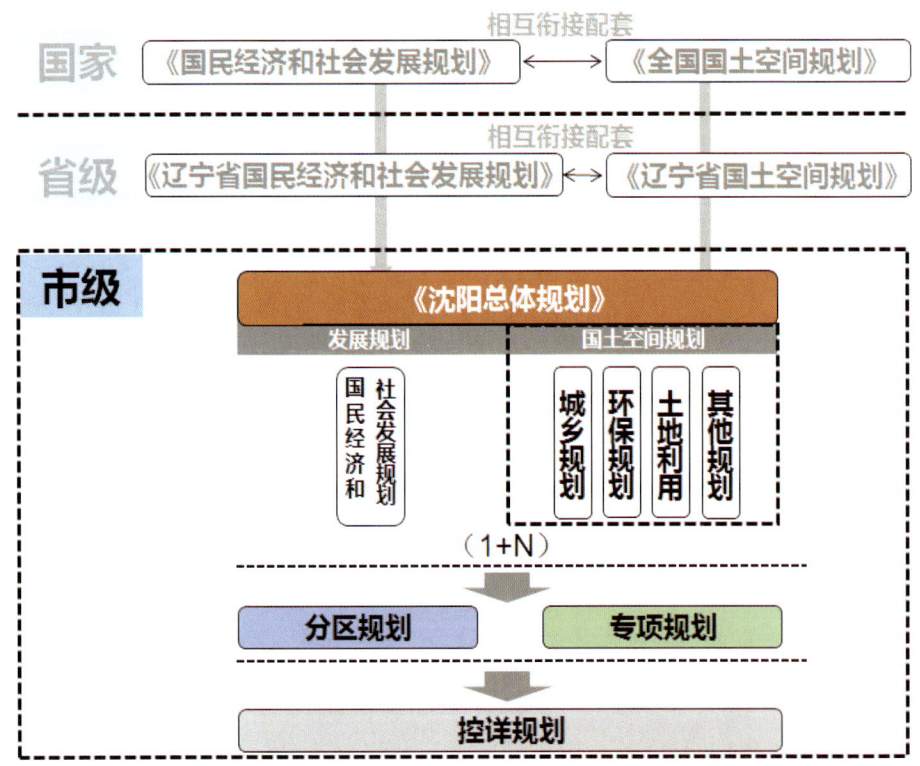

图4 沈阳空间规划体系构建

（2011—2020）》统合沈阳国民经济和社会发展中长期规划的发展目标和任务。同时以"多规合一"为基础，提纲挈领地纳入城乡、土地利用、环境保护等空间规划的结构性、刚性管控内容，形成指导城市发展的结构性"一张蓝图"。总体规划应突出战略引领和底线管控，重点对城市全域的国土空间资源进行统筹安排，执行"三区三线"空间用途管制，指导和管控涉及国土空间开发、保护、整治的各类活动，实现国土空间资源的有效保护和利用。总体规划引领和协调各类空间规划，明确规划职能和规划范围，解决各类规划"群龙无首"的混乱状态，以实现国土空间资源要素的优化配置和可持续发展。

四、结语

市县级空间规划是国家空间规划体系中的基础层级的规划，承担着落实国家、区域发展战略要求，处理好地方自然资源、空间资源的开发利用与保护关系，指导城市建设实施等多重作用。本文结合沈阳空间规划实践，探讨了沈阳空间规划体系构建方案，建议形成集发展规划和空间规划内容为一体的"一本规划"作为顶层规划，纵向形成"总体规划—分区规划（专项规划）—控制性详细规划"的三级传导层级，以期对推动我国空间规划体系建立有所裨益。

面向实施的沈阳新一版城市总体规划改革探索

殷健　李越轩　徐鑫 / 沈阳市规划设计研究院有限公司

摘要：总体规划是城市规划建设发展的顶层设计，传统总体规划注重内容编制，缺少传导与实施机制的建立，存在规划实施与规划内容相背离的情况。沈阳以新一版城市总体规划编制为契机，形成以"发展目标—核心指标—空间坐标"的逻辑结构，构建了"三条主线，一个平台"的规划实施体系，即以"总体规划—五年规划—年度计划"为时间主线，以"分区指标—专项指标—时序指标"为指标主线，以"全域—分区—单元"为空间主线，以"多规合一"信息平台为载体，通过在实施体系各个关键环节进行创新探索，明晰了总体规划分层传导、分阶段实施的重点内容，架构了重点项目由策划到生成的支撑体系，拓展了体检评估考核的平台功能，为总体规划全面实施落地奠定了良好基础。

党的十八届三中全会提出要坚持全面深化改革，推进国家治理体系和治理能力现代化。2017年9月，住建部开展了总体规划编制改革试点工作，要求强化战略引领和刚性控制作用，把握好战略定位、空间格局和要素配置，落实"多规合一"，使城市总体规划成为统筹各类发展空间需求和优化资源配置的平台，沈阳成为15个试点城市之一。2018年3月，十三届全国人大一次全会审议通过了《深化党和国家机构改革方案》，组建自然资源部，为我国规划编制改革提供了组织和机构保障。2018年5月，国务院开展了工程建设项目审批制度改革试点工作，对项目审批做出重大调整，要求将审批时间压减一半以上，沈阳成为16个试点地区之一。

全面深化改革的背景下，有关总体规划编制与实施等方面的思考和探索也在加强。可实施性不强是影响总体规划地位和作用的突出问题，影响总体规划的严肃性与权威性；总体规划内容的"大而全"以及刚性与弹性内容划分的不明确、不合理导致难以实施；各部门空间性规划之间存在矛盾和不一致的现象（彭高峰，2016）。总体规划强制性内容要强化落实和刚性传导，做到可分解、可落实、可考核（黄艳，2016）。让总体规划成为实施管控的法定规则，成为层层落实的实践过程（董珂，2017）。

如何让总体规划更有用，如何实现总体规划的战略引领和刚性管控作用，体现了总体规划由注重编制向注重传导与实施方面的转变，为沈阳市新一版城市总体规划的编制指明了方向。本文试图从规划传导与实施的角度，探讨总体规划实施体系与实现路径。

一、总体规划实施体系架构思路

形成"发展目标—核心指标—空间坐标""三标衔接"的逻辑结构，依托对"多规合一"信息平台的强化建设，明确城市战略发展目标，通过构建指标体系对总体目标进行分解落实，通过构建时间、空间两个维度的传导机制对指标进行分解落实，从而形成"三条主线，一个平台"的规划实施保障体系，即"总体规划—五年规划—年度计划"的时间主线，"分区指标—专项指标—时序指标"的指标主线，"全域—分区—单元"的空间主线，以"多规合一"信息平台为载体，实现完善的总体规划实施保障体系的架构（图1）。

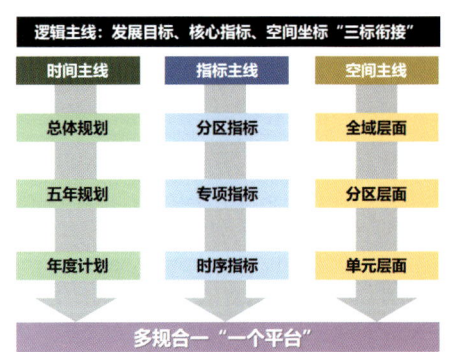

图1 沈阳新一版城市总体规划实施体系——"三条主线，一个平台"

1. 形成"发展目标—核心指标—空间坐标"的逻辑结构

为了让总体规划向上能够承接国家战略发展要求，体现沈阳发展愿景，向下能够进行目标分解，指导具体行动与项目的落实，沈阳市新一版城市总体规划的编制与实施侧重体现"发展目标—核心指标—空间坐标""三标衔接"的逻辑结构。首先，明确城市战略发展目标，体现战略引领的作用，即立足国家发展战略，明晰沈阳的自身定位和发展目标。其次，通过构建指标体系，将城市宏观目标定位进行量化分解，实现规划核心内容的有效传导与相互衔接，并结合指标体系架构，实现规划的体检、评估和考核机制的建立。最后，围绕发展目标和核心指标，对各项核心内容进行统筹考虑，在各个空间层次进行布局与落位，实现核心指标与空间坐标的对应。总体规划实施传导体系的建立以"三标衔接"为重点，从时间、指标、空间三个维度进行层层传导与递进，全面加强总体规划对城市发展建设的有效管控。

（1）建立"总体规划—五年规划—年度计划"的时间主线。

时间维度方面，建立"总体规划—五年规划—年度计划"的传导主线，将全市总体规划作为中长期引领，五年发展规划作为中期抓手，年度行动计划作为落实重点。结合各部门规划事权，围绕总体规划确定的定位目标，五年规划侧重行动议题的制定和安排，年度计划侧重重点项目的策划生成与落地，明确行动主体与责任部门，统筹规划、建设、管理的关键环节，有重点地对总体规划目标、指标进行分解，从空间层面进行布局，保障总体规划的推动有序实施。

（2）建立"分区指标—专项指标—时序指标"的指标主线。

指标维度方面，突出"数字总体规划""量化总体规划"的特点，将规划目标与核心管控内容进行量化分解，构建可量化、可传导、可考核的指标体系。指标体系的建立综合考虑目标传导、实施监测和事权分级三个方面，围绕核心指标分别构建"分区指标—专项指标—时序指标"的传导指标体系。围绕总体规划定位目标，选取一系列关键性指标，作为核心指标，体现规划核心内容。分区指标按照针对性、差异性、可分解的原则，以区县级事权和目标分区传导为主要依据进行构建，用于指导规划的分区落实和监督考核各区县的规划实施情况。专项指标以各部门事权和专项传导为依据，用于指导总体规划主要方面和重点领域的落实，监督考核各委办局的规划实施情况。时序指标是衔接总体规划的分阶段实施指标，落实到规划实施任务分工方案中，具有一定的执行刚性，并通过规划实施进展对关键绩效指标进行考核，充分反映城市运行过程中的实时状态与总体规划的实施完成情况。

（3）建立"全域—分区—单元"的空间主线。

空间维度方面，侧重总体规划与下位规划的有序衔接，结合各级事权的空间管辖范围，按照由宏观到微观层层传导、分级管控的思路，建立"全域—分区—管理单元"的传导主线。市域层面，充分体现保护权上收和开发权下放的改革思路，统筹全域空间结构与空间布局，形成底线约束的空间管制体系。分区层面，依据各行政区划边界，围绕总体规划确定的战略定位，进一步细化市域层面空间管控内容，框定重点功能区边界，实现目标分解与指标细化传导。管理单元层面，依托控制性详细规划的编制，划定管理单元，明确用地管理要求，作为建设项目规划许可的依据。

2. 强化"多规合一"信息平台建设

依托"多规合一"信息平台建设，强化各类空间性专项规划整合，实现规划统筹和部门协同，完善项目策划、生成、落地全流程系统工程。在此基础之上，对平台功能进行拓展，构建规划体检评估和政府绩效考核机制，实现规划运作过程完整闭环。

二、总体规划实施传导实践探索

1. 立足发展目标实现总体规划定序传导

时序安排是保障规划分步有效实施的重要手段。中长期层面，与国家"两个一百年"奋斗目标进行对接；中期层面，与五年发展规划相衔接；近期层面，指导年度行动计划的落实，构建"总体规划—五年规划—年度计划"的时间序列。

（1）总体规划。

综合考虑国家总体战略部署和沈阳应当承担的区域中心城市引领责任，沈阳市新一版城市总体规划明确了建设"东北亚国际化中心城市、东北亚科技创新中心、东北亚先进装备智能制造中心、东北亚高品质公共服务中心"的"四个中心"定位目标，并与"两个一百年"奋斗目标安排相一致，对目标进行时序分解，分别制定到2020年、2030年、2035年、2050年的阶段性目标，分步实现沈阳城市发展的国际化与现代化。

（2）五年规划。

统筹考虑国民经济和社会发展五年规划，聚焦"四个中心"建设以及城市发展突出要解决的问题，确定产业发展、科技创新、高品质公共服务中心、区域协同发展、生态环境建设、乡村振兴、塑造城市风貌等方面重点行动议题，进行行动计划安排，并提出相应的指标控制内容，明确责任主体。目前沈阳已完成两方面工作：一是制定完成2018到2020年的各项"三年行动计划"；二是启动了"十四五"规划与城市总体规划的对接研究。

（3）年度计划。

在五年规划的基础上，对规划目标与指标进行年度细化与落实，在当年即开展下一年度的任务分解、项目策划、用地落实等工作。目前，沈阳已开展2019年度计划前期研究，并启动"三上三下"的工作程序。一是"一上一下"初步沟通。与各部门及各区县就年度计划提出的目标、指标、重点任务等达成初步共识。二是"二上二下"深化协调。就协同平台策划提出的项目清单及用地情况与各部门及各区县进行多轮次的沟通协调。三是"三上三下"正式确认。年度计划方案送各部门及各区县进行正式确认后上报市政府，由市政府公布实施，形成年度储备项目库，明确项目名称、用地位置、用地规模、设施规模、建设方式、投资额、实施主体、建设周期、建设状态等信息，为项目生成提供依据。

2. 围绕核心指标实现总体规划定量传导

立足"四个中心"发展目标，遴选体现规划核心内容的核心指标。对核心指标进行分解、扩展、延伸，形成分区指标、专项指标和时序指标，实现规划内容向下传导。

（1）与发展目标相呼应，遴选核心指标。

对接总体规划定位目标，深化落实"四个中心"内涵，借鉴世界城市、全球城市相关理论，选取能够衡量发展目标达标情况的关键性指标作为核心指标，形成以"四个中心"为大类、包括17个中类共50个核心指标的核心指标体系，充分发挥总体规划指标体系的目标传导作用（图2）。

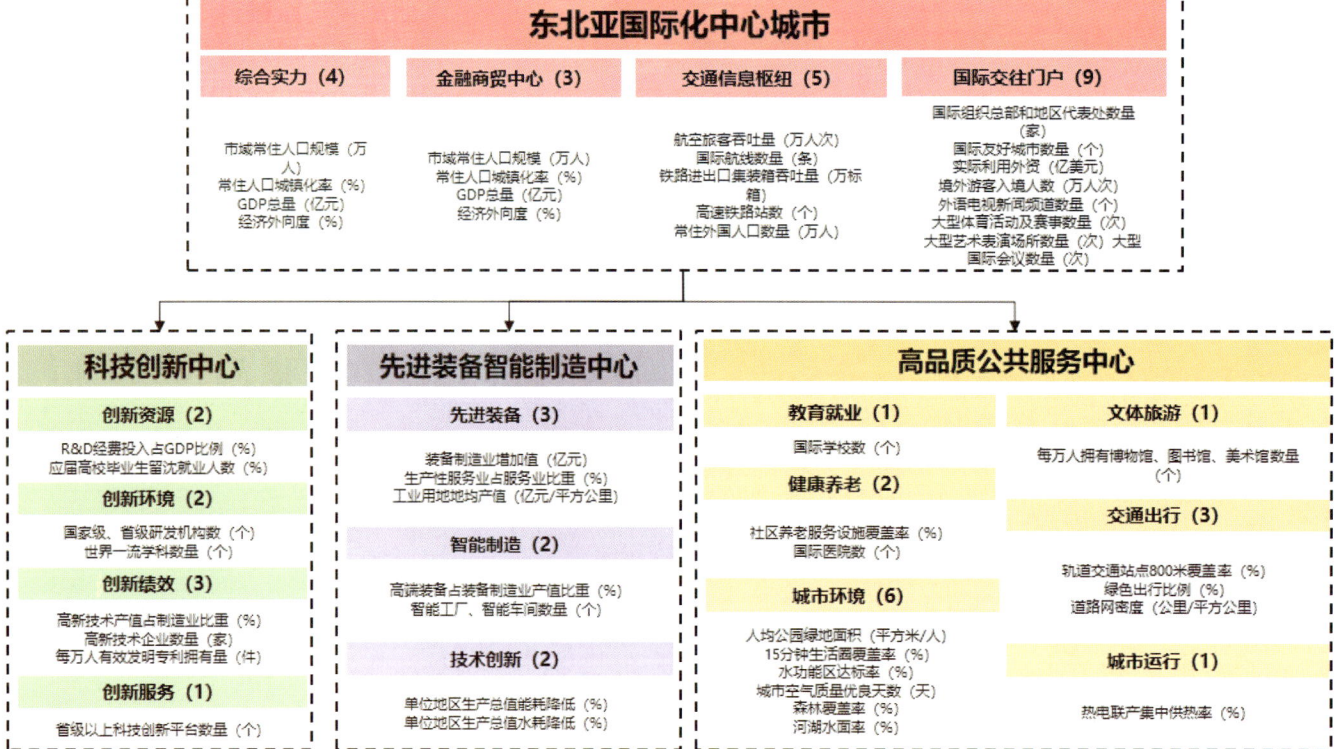

图2　沈阳市总体规划核心指标体系

（2）与阶段性目标相匹配，分解时序指标。

选取相应的核心指标，对接阶段性目标进行分解，分别确定到2020年、2025年、2030年、2035年的五年规划指标，并进一步分解各年度行动指标，以此作为城市年度体检与五年规划评估的重要依据。

（3）与评估考核诉求相呼应，延伸分区指标。

选取相应的核心指标，以区县级事权为主要依据，形成分区指标，受众为各区县政府。并以分区指引为指导，按照行政单元功能布局和空间分布特点，对应外围区县和中心城，对指标进一步细分，体现事权清晰、面向实施的特征，用于指导总体规划的分区落实，以及监督考核各区县的规划实施情况。

（4）与规划实施策略相耦合，扩展专项指标。

选取相应的核心指标，以各部门事权为主要依据，形成专项指标，包括先进装备智能制造产业、现代物流业、创意创新产业、旅游发展业等产业发展指标，文教体卫、社区建设等公共服务指标，交通、市政设施等运行保障指标等，用以指导下一步各个专项规划的编制。

3. 划分空间层次实现总体规划定位传导

沈阳新一版城市总体规划立足全域绘制数字化现状图，构建全域理想空间格局，划定"三区三线"空间管控体系，对下一步分区规划和管理单元规划明确刚性要求，实现空间维度的定位传导。

（1）总体规划层面构建全域理想空间格局。

总体规划层面，对全域空间功能布局进行战略调整和优化。首先，综合考虑自然、人文、经济地理要素，优化全域"南北两区、东山西水、一河两岸、一主三副"的理想空间格局。其次，进行全域资源环境承载力评价、生态敏感性评价、国土空间适宜性评价、建设用地适宜性评价四类评价，明确城镇、农业、生态空间比例，划定生态保护红线、永久基本农田、城镇开发边界，形成了"三区三线"空间管制体系。最后，以全域理想空间格局和"三区三线"底线划定为基础，深化与东北亚国际化中心城市总体目标相匹配的空间布局，形成居住生活功能区、就业及综合服务功能区、重大基础设施、城市结构性绿地、外围结构性生态空间、农业复合区、水域等八类用地功能区空间布局，发挥总体规划对城市重大空间要素保障作用（图3、图4）。

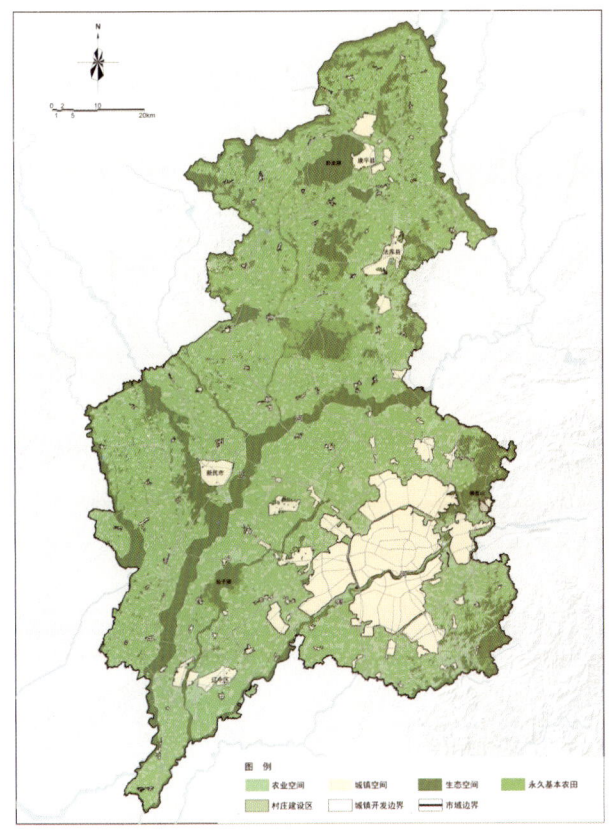

图3 全域"三区三线"划定示意图

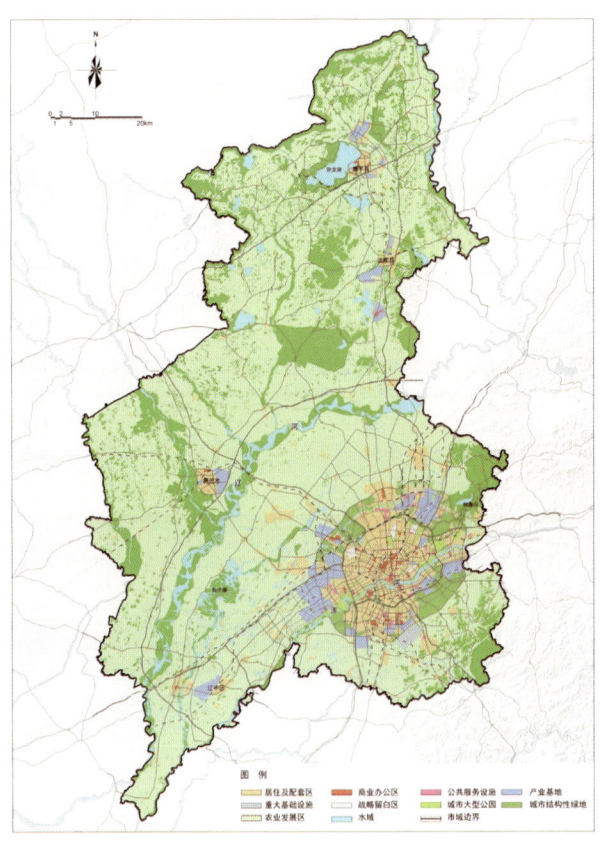

图4 全域用地功能布局规划图

（2）分区指引层面落实重点功能区管控。

分区指引层面，明确对于城市重大资源配置以及涉及城市战略目标、核心指标以及运行质量和效率等关键性内容的传导内容与要求。首先，针对各区县实际情况，深化分区发展的关注要点与策略，强调对人口、土地等规模发展的约束性传导。其次，围绕"四个中心"发展目标，各区县结合管理事权和主导功能划定功能区，框定管控边界，细化用地布局，形成12类用途分区，落实分区指标，保障城市各类功能和重大设施的落地。

（3）单元规划层面实现用地布局管理。

管理单元规划层面，通过对控制性详细规划用地的优化与调整，对总体规划、分区指引的战略目标、核心指标、功能布局等重点内容进行坐标落实，确定地块的用地性质、开发强度、配套设施等用地管理要求，明确有关环境、交通、绿化、空间、建筑形体等的控制要求，形成规划管理一张图，科学指导用地开发，通过立法实现对用地建设的规划控制，作为建设项目规划许可的依据，实现空间功能结构管控向用地管控的转变，实现静态蓝图向动态协调的转变，为下一步重点项目选址落位奠定基础。

4. 依托"一个平台"实现规划落地和动态管理

（1）强化协同办公，加速规划项目落地。

依托"多规合一"信息平台，强化部门协同工作机制，将策划与生成的建设项目统一推送至空间协同平台，依据用地性质不同可分为划拨用地、出让用地和工业用地，不同类型项目在审批环节上存在差异，各职能部门通过平台交互项目信息和部门意见，由各区确认能落地的项目，初步达成共识，精准落实项目的四至范围，并明晰项目的属性信息，可在建设项目审批前期，及时落实投资、预选址、承载力、用地指标等条件，为促使策划生成的项目审批提速创造便利条件，推进行动议题、行动计划与重点项目可决策、可实施，充分落实政府的发展意图，保障总体规划的落地。

（2）拓展平台功能，建立评估考核机制。

拓展"一个平台"功能模块，围绕总体规划指标体系构建完善的体检评估和绩效考核机制。城市体检是依据总体规划指标体系，对城市发展整体情况进行实时、全面监测，为年度计划的编制提供依据。规划评估是以"四个中心"发展目标为引领，围绕城市发展中的重点、难点、热点问题，评价现状与规划目标差距，提出对策与建议，与发展规划相一致，形成五年一度的评估报告。绩效考核是依据分区指标、专项指标、时序指标构建总体规划实施的分区考核、部门考核、干部考核机制，督促总体规划的落实。

三、小结

目前，沈阳正在开展分区指引、专项规划、年度计划等的前期研究工作，下一步将重点依托"多规合一"信息平台，实现规划实施和动态维护的信息化、数字化，保障目标管理和过程控制的统一，保证规划实施的科学高效。

新版北京城市总体规划编制的主要特点和思考

石晓冬　杨明　和朝东　王吉力／北京市城市规划设计研究院

摘要：回顾了上版北京城市总体规划实施中存在的问题，结合新时代中央对北京城市规划建设工作的新要求，梳理总结了新版北京城市总体规划八个方面的特点，即用更坚决的态度落实城市战略定位，用更长远的眼光建设迈向中华民族伟大复兴的大国首都，用更宽广的视野放眼京津冀广阔空间谋划首都未来，用更刚性的底线约束划定三条红线，用更科学的要素配置统筹三生空间，用更高的标准确定城市发展各项指标，用更真诚的态度着力改善民生，用更深化的改革构建规划统筹实施机制等，同时介绍了具体的规划策略。

　　城市总体规划是政府一段时期施政纲领的重要组成部分（和朝东等，2014），在落实国家和城市发展各项战略中发挥着重要作用。做好北京城市总体规划的编制工作，可以使首都规划更好地服务于国家战略。伴随着中国特色社会主义进入新时代，我国社会主要矛盾发生变化，这一关系全局的历史性变化为北京城市总体规划编制工作带来了新的要求。本次总体规划站在新的历史起点上，以习近平总书记重要思想为根本遵循，全面深化改革开展编制探索，形成了八个方面的成果特点。本文结合2004版北京总体规划的回顾、新时代中央对北京的要求，对新版北京城市总体规划成果的主要特点进行了总结。考虑到北京的工作对全国其他大城市有示范作用，新版北京总体规划编制工作所进行的思考，能为新时代各城市发展建设以及新一轮总体规划编制提供可借鉴的经验。

一、2004版北京城市总体规划实施的成就与问题

　　《北京城市总体规划（2004年—2020年）》（以下简称《2004版总体规划》）实施以来，国务院批复和总体规划有效地发挥了纲领性文件的指导作用，取得了一系列成就，首都经济社会发展和城乡面貌发生了巨大变化，北京已经步入现代化国际大都市行列（杜立群，2012）。

　　然而，多年的快速发展也使北京积累了一些深层次的矛盾和问题，人口资源环境压力日趋严峻。人口无序过快增长，中心城区功能过度聚集，城市空间"摊大饼"蔓延方式没有根本改变，水资源、大气、生态环境容量等压力越来越大，患上了相当程度的"城市病"。种种迹象表明，伴随着规划的实施，还存在着一些没有解决的难题（吴唯佳，2012）。

1. 区域协同发展相对滞后

　　《2004版总体规划》实施以来，北京积极发挥首都城市的辐射带动作用，推进与天津、河北多领域的全面合作取得初步成效。但是，京津冀地区一体化发展仍相对滞后（吴良镛等，2011）。京津两地与周边发展联系薄弱，城镇体系发展不均衡，北京、天津聚集了人才、资本等主要的生产要素，与其他城市之间的差距逐渐拉大，区域水资源和生态环境协同保护也需要有效机制加以保障（杜立群等，2011）。

2. 多项指标提前突破

城市总体规划所设定的指标目标提前达到，这一方面体现了城市的良性发展趋势，如《2004版总体规划》提出2020年人均地区生产总值达到1万美元，实际2010年人均地区生产总值已达到1.1万美元，提前10年达到预期；提出2020年人均绿地面积达到40—45m²/人，实际2011年已达到49.7m²/人，等等。

但另一方面，某些指标的提前达到也反映出城市在快速发展的过程中人口、资源、环境之间的矛盾越发尖锐，迫切需要强化底线约束。以城市常住人口为例，2009年全市常住人口规模达到1860万人，突破2020年1800万人的目标值，2015年达到了2170.5万人。

3. 缺乏落实宏观目标指标的路径

城市规划的宏观目标和指标缺乏相一致的行动来落实（杨明等，2016）。一方面，总体规划所设定的宏观目标常常缺乏具体化和实现的标志，在传导至各级各类规划的具体指标时，容易积累偏差。另一方面，各自为政的实施路径，形成规划的整体性与实施的分散性的矛盾，削弱了城市规划对经济社会发展的综合协调能力和参与城市治理的能力。

4. 规划实施统筹协调有待加强

从产业的角度看，全市各级各类产业区布局分散，存在同质化竞争现象。同时，2005年至2012年间全市功能区规模和布局不断突破总体规划，各类功能区新增60多个，反映出实施总体规划的政策环境还需要进一步加强统筹协调。另一方面，城市由增量扩张模式转向存量更新模式，适应新模式的支撑体系也应随之更新。为治理"大城市病"也需补充完善具有针对性的配套政策。

二、中央对北京城市总体规划的新要求

习近平总书记两次视察北京重要讲话，为北京市做好新时代首都工作指明了方向。本次城市总体规划以习近平总书记重要思想为根本遵循，深入贯彻总书记两次视察北京重要讲话精神和治国理政新理念新思想新战略，站在新的历史起点上，努力使首都的发展与实现"两个一百年"奋斗目标相适应，与实现中华民族伟大复兴进程相匹配，担当起应有的时代使命和历史责任，把宏伟蓝图化为京华大地的生动实践。

1. 立足大历史观

首都规划应立足大历史观，以疏解北京非首都功能为"牛鼻子"推动京津冀协同发展。2016年3月24日，习近平总书记指出："具体到哪里建，这是一个科学论证的问题。一旦定下来，京津冀三地和有关部门都要统一思想，提高认识，用大历史观看待这件大事。"5月27日听取关于规划建设北京城市副中心和研究设立河北雄安新区有关情况的汇报时指出，"建设北京城市副中心和雄安新区两个新城，形成北京新的'两翼'。这是我们城市发展的一种新选择"，"在新的历史阶段，集中建设这两个新城，形成北京发展新的骨架，是千年大计、国家大事"。

2. 明确城市战略定位

2014年2月26日，习近平总书记视察北京并发表重要讲话，明确了"四个中心"的首都城市战略定位，为首都未来发展指明了方向。所以，在总体规划中回答"建设一个什么样的首都"应该深入落实"四个中心"首都城市战略定位，做到服务保障能力同城市战略定位相适应，人口资源环境同城市战略定位相协调，城市布局同城市战略定位相一致，不断朝着建设国际一流的和谐宜居之都的目标前进。

3. 坚持以人民为中心的发展思想

"以人民为中心的发展思想，不是一个抽象的、玄奥的概念，不能只停留在口头上、止步于思想环节，而要体现在经济社会发展各个环节。"2015年中央城市工作会议也指出："做好城市工作，要顺应城市工作新形势、改革发展新要求、人民群众新期待，坚持以人民为中心的发展思想，坚持人民城市为人民。这是我们做好城市工作的出发点和落脚点。"北京城市总体规划坚持人民群众为人民，以北京市民最关心的问题为导向，以解决人口过多、交通拥堵、房价高涨、大气污染等问题为突破口，提出解决问题的综合方略，切实增强人民群众获得感。

4. 把握好要素配置

2003年至2011年，全市城镇建设用地年均增长35km²，超出年均29km²的规划预期，同时，制造型功能区土地投放较高，导致城市现状用地中产业用地比重过高、生活用地比重低，用地结构需要进一步优化（伍毅敏等，2016）。

2015年中央城市工作会议指出，城市发展要把握好生产空间、生活空间、生态空间的内在联系，实现生产空间集约高效、生活空间宜居适度、生态空间山清水秀。习近平总书记2·24讲话也提出，在要素配置上，要坚持可持续发展，统筹生产、生活、生态，压缩生产空间规模，适度提高居住用地及其配套用地比重，大幅度扩大绿色生态空间。

三、新版北京城市总体规划成果主要特点

面对新形势、新要求，新版北京城市总体规划以习近平总书记重要思想为根本遵循，深入贯彻总书记两次视察北京重要讲话精神和治国理政新理念新思想新战略，紧紧扣住迈向"两个一百年"奋斗目标和中华民族伟大复兴的时代主题，上升到国家发展需要的高度，立足京津冀协同发展，规划首都未来，围绕"建设一个什么样的首都，怎样建设首都"这一重大问题，把握"都"与"城"、"舍"与"得"、疏解与提升、"一核"与"两翼"的辩证关系，明确了首都未来可持续发展的新蓝图。规划成果形成了更坚决的态度、更长远的眼光、更宽广的事业、更刚性的底线约束、更科学的要素配置、更高的标准、更真诚的态度、更深化的改革八个方面的特点，并分别提出了具体的规划策略（图1）。

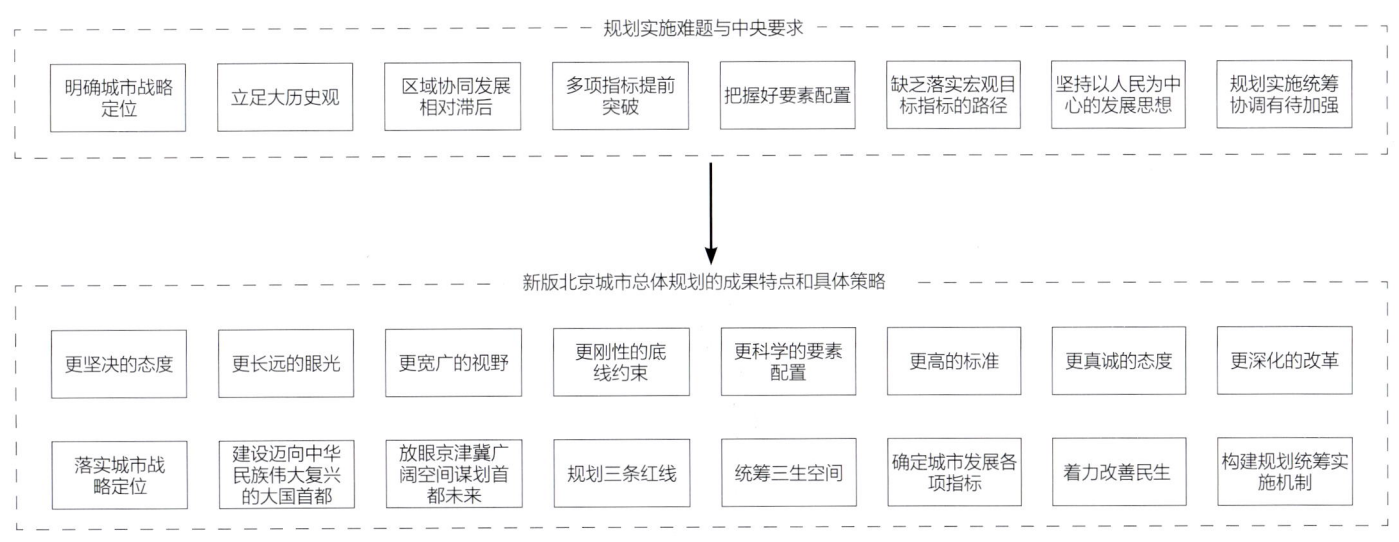

图1 新版北京城市总体规划成果特点

1. 更坚决的态度——落实城市战略定位

为深入落实全国政治中心、文化中心、国际交往中心、科技创新中心的城市战略定位，深刻把握好"都"与"城"、"舍"与"得"、疏解与提升、"一核"与"两翼"的关系，紧紧围绕实现"都"的功能来谋划"城"的发展，以"城"的更高水平发展服务保障"都"的功能，不断提高"四个服务"水平，更好地服务党和国家发展大局，城市总体规划围绕"四个中心"提出了空间布局规划方案。通过加强"四个中心"功能建设，优化提升首都功能，有效疏解非首都功能，做到服务保障能力同城市战略定位相适应，人口资源环境同城市战略定位相协调，城市布局同城市战略定位相一致，不断朝着建设国际一流的和谐宜居之都的目标前进。

规划坚持把政治中心安全保障放在突出位置，充分考虑维护首都政治安全的要求，优化政治中心空间格局，为中央党政军领导机关提供优质服务，保障国家政务活动安全、高效、有序地运行。文化中心建设充分利用北京文脉底蕴深厚和文化资源集聚的优势，发挥首都凝聚荟萃、辐射带动、创新引领、传播交流和服务保障功能，建设中国特色社会主义先进文化之都。前瞻性地谋划好国际交往中心建设，加强国际交往重要设施和能力建设，

着眼承担重大外交外事活动的重要舞台，服务国家开放大局。立足首都丰富的科技资源优势，加快建设具有全球影响力的全国科技创新中心，使北京成为全球科技创新引领者、高端经济增长极、创新人才首选地。

2. 更长远的眼光——建设迈向中华民族伟大复兴的大国首都

北京是见证历史沧桑变迁的千年古都，也是不断展现国家发展新面貌的现代化城市，更是东西方文明相遇和交融的国际化大都市。城市总体规划贯通历史现状未来，通过传承城市历史文脉，深入挖掘保护内涵，精心保护好历史文化遗产这张金名片，强化首都风范、古都风韵、时代风貌的城市特色。同时，着眼于迈向"两个一百年"奋斗目标和中华民族伟大复兴的历史进程，提出分阶段发展目标。

构建全覆盖、更完善的历史文化名城保护体系。落实"老城不能再拆了"的要求，加强对世界遗产和老城整体保护。以更开阔的视角不断挖掘历史文化内涵，传承城市历史文脉。加强城市设计，塑造传统文化与现代文明交相辉映的城市特色风貌，使北京拥有富有文化魅力的历史建筑、令人赏心悦目的现代建筑、舒适整洁的街道、清新怡人的绿色开放空间和美好清澈的河流，建设令人愉悦的美丽城市。

着眼于中华民族伟大复兴的历史进程，城市总体规划提出分阶段发展目标。本次规划期限为2016年至2035年，近期到2020年，远景展望到2050年，与"两个一百年"奋斗目标进程基本吻合，既着眼长远，系统谋划，更立足当前，扎实推进疏解、治理、提升、改善等各项工作。

3. 更宽广的视野——放眼京津冀广阔空间谋划首都未来

城市总体规划借鉴国际城市群发展经验，打破传统行政区划限制，着眼区域尺度布局首都功能，对接京津冀协同发展、落实城市副中心建设，做到功能清晰、分工合理、主副结合，改变单中心、"摊大饼"的发展模式，走出一条内涵集约发展的新路子，探索出人口经济密集地区优化开发的新模式，构建北京城市发展的新格局。

不断深化对习近平总书记京津冀协同发展战略思想的认识，建设以首都为核心的世界级城市群，促进北京与周边地区融合发展，努力为国家和区域发展做出更大贡献（图2）。全方位对接，积极支持

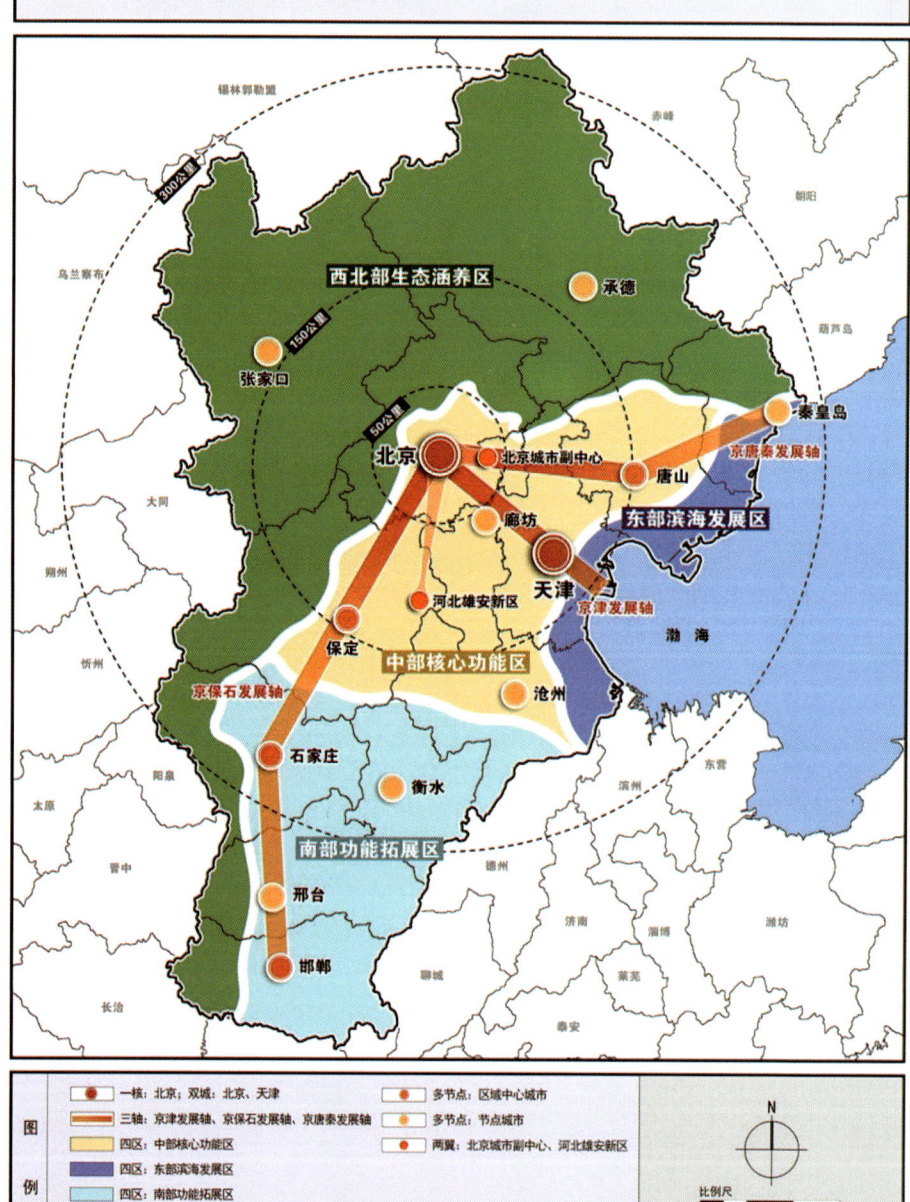

图2 京津冀区域空间格局示意图

河北雄安新区规划建设。牢牢把握"一核"与"两翼"的关系，明确"两翼"打造北京非首都功能疏解集中承载地的主要目标，实现北京中心城区、北京城市副中心与河北雄安新区功能分工、错位发展的新格局。优化城市空间布局。紧紧抓住疏解北京非首都功能这个"牛鼻子"，优化城市功能和空间结构布局，将北京的空间布局确定为"一核一主一副、两轴多点一区"。促进均衡发展，加强统筹协调，着力解决城南城北、中心城区和外围地区、山区和平原地区、城市和乡村地区等的发展不均衡问题，促进城市功能的整体优化。

4. 更刚性的底线约束——划定三条红线

北京是全国第一个减量发展的城市，本质上是为了解决北京日益突出的人口资源环境矛盾。规划提出以资源环境承载能力为硬约束，切实减重、减负、减量发展，实施人口规模、建设规模双控，守住人口总量上限、生态控制线和城市开发边界三条红线，减缓人口持续过快增长给城市交通、公共服务、基础设施和社会管理带来的巨大压力，严格管控城乡建设用地规模，避免生态空间继续被侵占，遏制城市无序蔓延，同时倒逼发展方式转变、产业结构转型升级、城市功能优化调整，实现各项城市发展目标之间的协调统一。

按照以水定人的要求，确定了2300万的人口总量上限。同时调整人口空间布局，优化人口结构，提高城市发展活力。划定生态控制线，强化刚性约束和生态底线管理，保障生态空间只增不减、土地开发强度只降不升，保护和修复自然生态系统，让人民群众在良好的生态环境中工作生活。科学划定城市开发边界，严格管控城乡建设用地规模，遏制城市"摊大饼"式发展，坚决实行建设用地增减挂钩，把握拆占比、拆建比，促进城乡建设用地减量提质和集约高效利用（图3）。

5. 更科学的要素配置——统筹三生空间

综合考虑城市环境容量和综合承载能力，在要素配置上，统筹把握生产、生活、生态空间的内在联系，增加生态、居住、生活服务用地，调整优化用地结构和空间布局，形成生活用地和办公用地的合理比例，促进生产空间集约高效、生活空间宜居适度、生态空间山清水秀（图4）。在统筹三生空间的基础上，协调水与城市的关系，实现水资源

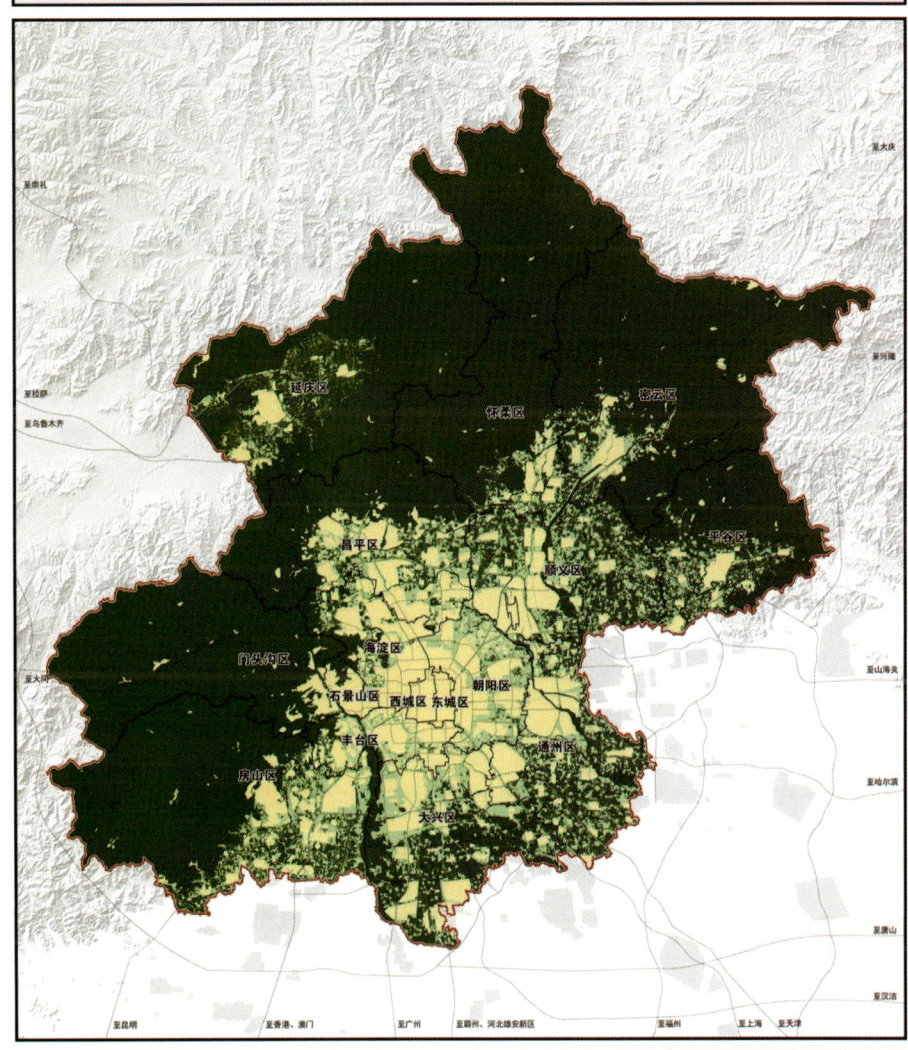

图3 市域两线三区规划图

可持续利用,协调就业和居住的关系,推进职住平衡发展,协调地上地下空间的关系,促进地下空间资源综合开发利用,提高城市的可持续发展能力。

6. 更高的标准——确定城市发展各项指标

本次城市总体规划贯彻创新、协调、绿色、开放、共享的发展理念,坚持国际一流标准,结合北京城市发展的实际情况和特点,建立国际一流的和谐宜居之都评价指标体系,共42项指标,涵盖了城市和社会发展的各个领域,在坚持创新发展,提高发展质量和效益,坚持协调发展,形成平衡发展结构,坚持绿色发展,改善生态环境,坚持开放发展,实现合作共赢,坚持共享发展,增进人民福祉五个方面达到国际一流水平。同时,按年度对发展目标进程进行评估,对指标体系进行定期动态管理。

7. 更真诚的态度——着力改善民生

建设和管理好首都,是国家治理体系和治理能力现代化的重要内容。本次总体规划突出以人民为中心的思想,从精治、共治、法治、创新体制机制入手,着力提高城市治理水平,让城市更宜居,让人民群众有更多、更直接的获得感。规划提出建立精细治理的长效机制,既要管好主干道、大街区,又要治理好每个社区、每条小街小巷小胡同;提高多元共治水平,坚持人民城市人民建、人民管,依靠群众、发动群众参与城市治理,畅通公众参与城市治理的渠道;完善综合执法体系,加强法治宣传教育和公共文明建设,使首都成为依法治理的首善之区。

城市规划建设做得好不好,最终要用人民群众满意度来衡量。城市总体规划积极回应人民群众关心的热点难点问题,围绕缓解城市交通拥堵、实现人民群众住有所居、全面改善环境质量、提升市政基础设施运行保障能力、提升城市安全保障能力等方面,对治理"大城市病"做出规划安排,提出解决问题的综合方略,切实保障和改善民生。规划提出标本兼治,缓解城市交通拥堵。将综合交通承载力作为城市发展的约束条件,坚持公共交通优先战略,加强交通需求调控,完善城市交通路网,构建安全、便捷、

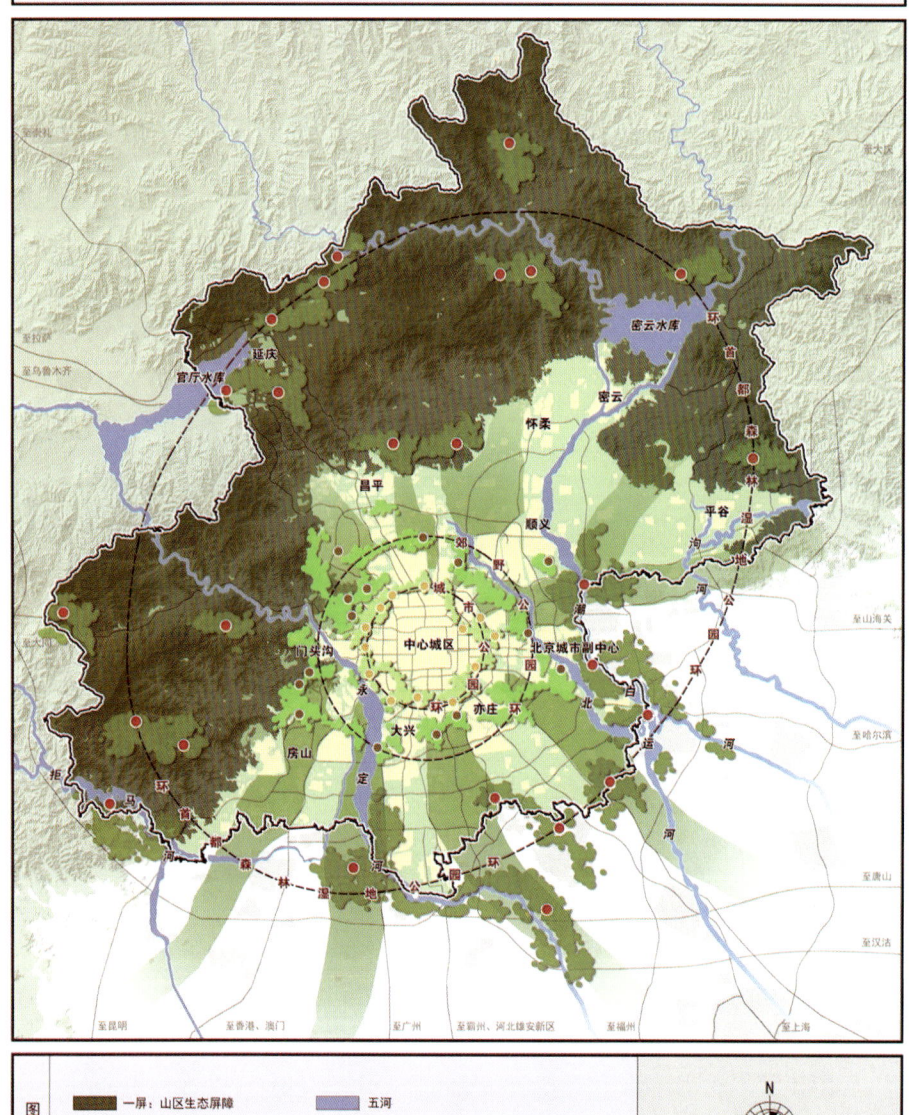

图4 市域绿色空间结构规划图

高效、绿色、经济的综合交通体系。完善购租并举的住房体系，实现住有所居。将稳定房地产市场作为长期方针，健全和优化住房供应体系，大力推动住房供给侧结构性改革，努力实现人民群众住有所居。着力攻坚大气污染治理，全面改善环境质量。坚持源头减排、过程管控与末端治理相结合，多措并举、多方联动、多管齐下，以环境倒逼机制推动产业转型升级。多种手段综合施策，全面改善环境质量，努力让人民群众享受到蓝天常在、青山常在、绿水常在的生态环境。

8. 更深化的改革——构建规划统筹实施机制

城市总体规划经法定程序批准后将成为北京城市发展的法定蓝图。为维护城市总体规划的严肃性和权威性，调动各方面参与和监督规划实施的积极性、主动性和创造性，本次总体规划全面深化改革，从多个方面提出统筹实施机制，保障规划实施。

推动城乡统筹协调发展。充分挖掘和发挥城镇与农村、平原与山区各自的优势与作用，构建和谐共生的城乡关系，形成城乡共同繁荣的良好局面，成为现代化超大城市城乡治理的典范。全面建立"多规合一"的规划实施及管控体系。以城市总体规划为统领，通过底图叠合、指标统合、政策整合，统筹各级各项规划，确保各项规划在总体要求上方向一致，在空间配置上相互协调，在时序安排上科学有序，实现一张蓝图绘到底。建立城市体检评估机制。建立"一年一体检、五年一评估"的常态化机制，对城市总体规划的实施情况进行实时监测、定期评估、动态维护，确保城市总体规划确定的各项目标指标得到有序落实。建立实施监督问责制度。完善城市规划法律法规体系，完善各级各类规划实施的社会公开和监督机制，形成全社会共同遵守和实施规划的良好氛围。同时建立规划实施的监督考核问责制度，维护规划的严肃性和权威性。完善规划实施统筹决策机制。加强首都规划建设委员会的组织协调作用，完善部门联动机制，优化调整市区两级政府规划事权，创新区域协同机制，建立重大事项报告制度。

四、结语

规划建设和管理好首都，是党中央、国务院赋予北京市的重大责任，是国家治理体系和治理能力现代化的重要内容。北京城市总体规划是城市发展、建设、管理的法定蓝图，在城市建设中，要充分认识城市总体规划的重要性，严格按照规划要求来谋划和推进各项工作，充分发挥好规划的战略引领和刚性约束作用，保障首都功能布局良好、运行有序，各项建设与管理按照城市总体规划有效实施。

石晓冬：北京市城市规划设计研究院副院长，教授级高工，中国城市规划学会青年工作委员会副主任委员。
杨明：北京市城市规划设计研究院，规划研究室主任工程师，教授级高工，中国城市规划学会城乡规划实施学术委员会城乡规划实施评估学组委员。
和朝东：北京市城市规划设计研究院高级工程师，注册城市规划师。
王吉力：北京市城市规划设计研究院工程师。

迈向卓越的全球城市
——上海新一轮城市总体规划的创新探索

庄少勤 / 国土资源部规划司

摘要：超大城市的可持续发展与治理是全球城市面对的共同难题，上海作为全国"改革开放排头兵、创新发展先行者"，其资源环境紧约束下的城市未来发展模式受到全球瞩目。日前，《上海市城市总体规划（2016—2040）》（以下简称"上海2040"）草案已经形成并开展公示。在"全球化、人文化、生态化、智能化"的大背景下，本轮规划全面贯彻"创新、协调、绿色、开放、共享"五大发展理念和"尊重城市发展规律、强化五个统筹"的城市规划建设管理基本要求。在规划目标上，突出"以人民为中心"，确立"卓越全球城市—创新之城、人文之城、生态之城"的愿景；在发展模式上，以土地利用方式转型，促进上海创新发展；在空间格局上，突出开放协调，形成网络化时代的全球城市区域空间架构；在规划方法上，创立新体系、开拓新方法、拓展新机制，使规划编制和实施过程成为城市治理现代化的过程，也可为大型城市创新发展提供参考。

上海开埠至21世纪初的一个半世纪，已编制了4版城市总体规划，历版总体规划对上海的城市发展发挥了重要的引领作用。1946年《大上海都市计划》引导上海发展为远东的商贸、工业和金融中心，成为中国联系世界的重要门户。中华人民共和国成立后编制的1959年版总体规划将上海定位为中国的重要工业基地，城市职能从对外门户转向对内生产服务。改革开放之后，1986年版总体规划奠定了城市复兴的基础。2001年版更是以"国际化"为上海发展的重点方向，明确了国际经济、金融、贸易、航运中心的功能定位，引导上海形成了近年来快速发展的格局。总体来看，历版总体规划坚持城市功能优化和中心城有机疏解的基本思路，坚持沿着区域发展基本轴线和区域节点完善城市空间与功能布局，而规划理念和方法也始终保持着与时俱进的探索状态。

当前，全球城市已进入以全球化、人文化、生态化、智能化为主要特征的发展阶段。上海作为全国"改革开放排头兵、创新发展先行者"，也面临资源环境紧约束、城市功能转型、城市生活品质提升等多重挑战，如何以"创新、协调、绿色、开放、共享"发展理念为指导，推动上海实现以创新为驱动力、以文化为内涵、以生态为基本保障的新模式发展，迫切需要重新审视和编制新一轮城市总体规划。由此，"上海2040"应运而生。

一、"上海2040"组织编制基本情况

2014年5月6日召开的上海市第六次规划土地工作会议，标志着"上海2040"正式启动。上海市委书记韩正同志强调"要确定上海这座特大型城市长远发展的蓝图和框架，编制规划既要积极，更要稳妥，既要有为，也要无为，特别要重视留白"。市长杨雄同志要求"坚持改革创新，充分运用新理念、新方法编制规划；坚持开门编规划，广泛汇集各方智慧和力量"。住房和城乡建设部、国土资源部领导多次亲临上海指导，并希望上海发挥好示范带头作用。

上海市规划国土资源局牵头组织各方力量共同开展了"上海2040"的战略研究，以及各专项规划、区（县）城市总体规划的研究工作，于2014年底形成规划纲要，并于2015年8月通过了住房城乡建设部组织的规划纲要审查。2015年10月，中央十八届五中全会提出"创新、协调、绿色、开放、共享"五大发展理念，2015年12月中央城市工作会议进一步提出"尊重城市发展规律、强化五个统筹"的城市规划、建设和管理基本要求。

上海市规划国土资源局会同总体规划编制团队各成员单位，按照市委、市政府要求及时深入地贯彻中央会议精神，认真落实规划纲要审查会意见，全力推进总体规划最终成果编制工作。于2018年7月，初步形成了"上

海2040"成果草案，并于8月22日启动为期一个月的社会公示。

"上海2040"规划编制的过程是一个探索城市治理现代化的过程。规划编制组织工作的最大特点是坚持"开门编规划"，把"统筹政府、社会、市民三大主体，鼓励全社会共建、共治、共享"贯穿于规划编制的全过程。政府层面，在国家有关部门的指导下，除动员组织全市各区镇、各条线全面参与外，还主动与江、浙两省和周边相关城市进行了沟通对接。社会层面，从在沪高校、科研院所、中外规划咨询机构中邀请了37个研究团队开展战略研究，并遴选了上海市城市规划设计研究院、上海同济城市规划设计研究院、中国城市规划设计研究院上海分院、上海市地质调查研究院4家单位共同编制，聘请了来自规划、开发、产业、金融、科技、社会、文化、旅游、生态、安全等不同领域的30余名"核心专家"和"决策咨询专家"对规划编制进行全过程把关；组织开展了11场战略专题研讨会和"上海2040"概念规划设计竞赛等活动。市民层面，成立了"公众参与咨询团"，由杨雄市长签署聘任15名代表不同领域社情民意的社会人士，全程参与规划编制；开展"上海，我的2040"，O2O公众调查，覆盖户籍人员、外省市来沪人员、外籍人士，涉及不同职业、不同年龄段、不同文化程度人群；还组织开展了多场市民论坛以及"上海2040：我要看、我要写、我要画"等活动，形成了前所未有的公众参与格局。

二、"上海2040"的重点研究内容与成果体系

上海新一轮城市总体规划是在转型关键期从全局层面对城市功能和空间布局进行战略性调整和格局优化的一次重要契机。基于对全球城市发展趋势的判断，响应国家战略对上海的定位和要求，立足于民众期待和上海实际情况，本轮规划注重目标导向、问题导向和实施导向，主要在五个方面开展了研究：一是城市发展目标，提出上海建设"卓越全球城市"的目标内涵；二是发展模式，确立"底线思维""内涵发展""弹性适应"的发展模式，并明确人口、土地两个关键要素的规划导向；三是空间布局，从区域和市域两个层面明确上海未来"网络化、多中心、组团式、集约型"的空间格局；四是发展策略，从建设创新之城、人文之城、生态之城三个维度，重点对核心功能、综合交通、社区与住房、文化魅力、生态、安全等领域明确发展策略；五是实施保障，从实现城市治理模式现代化的角度，提出规划编制、实施、维护的新机制。

根据国家有关部门改革总体规划成果体系的精神，"上海2040"拟最终形成"1+3+1"的成果体系。其中"1"是城市总体规划报告，涵盖规划文本、说明、图集、表格、专栏等规划内容，包括城市性质、发展目标、发展规模、区域和城镇体系规划、空间结构、空间管控、若干重点专项规划、规划实施等核心内容和图纸。"3"是报告附件，包括专项规划大纲、分区规划指引和行动规划大纲；同时，按照国家有关方面的规划审查要求，在"1+3"基础上精简提炼形成了一份规划文本图集。

三、"上海2040"的创新探索

"上海2040"是中央城市工作会议召开后第一个展望至2040年并向国务院报批的超大城市总体规划。上海新一轮总体规划深入贯彻落实党中央提出的"五位一体"总体布局和"创新、协调、绿色、开放、共享"五大发展理念，贯彻落实中央城市工作会议提出的"尊重城市发展规律、强化五个统筹"的城市规划、建设和管理基本要求，努力以规划转型引领和促进城市创新发展。此次规划编制体现了八个方面的探索和创新。

1. 践行新理念

全面贯彻"创新、协调、绿色、开放、共享"五大发展理念和"尊重城市发展规律、强化五个统筹"的城市规划建设管理基本要求。

（1）突出创新发展。

更加注重后工业化时代人的能动作用，注重"创新驱动、内涵发展"，进一步统筹改革、科技、文化三大动力，通过土地利用方式由增量规模扩张向存量效益提升转变，建立创新发展的新模式。

（2）突出协调发展。

更加注重长三角区域一体化发展和城乡统筹发展，进一步统筹好空间、规模、产业三大结构和规划、建设、管理三大环节，充分发挥上海"两规融合、多规合一"的体制优势。

（3）突出绿色发展。

更加注重生态文明背景下的"底线约束",进一步统筹生产、生活、生态三大布局,探索上海高密度超大城市在资源环境紧约束下低碳、安全、韧性的发展方式。

（4）突出共享发展。

更加注重"以人民为中心",进一步统筹政府、社会、市民三大主体。通过多方参与、协同治理的规划编制方法和实施机制,将国家战略、上海实际与民众期待结合一体,在规划编制、实施和实现的过程中体现城市的共治共管、共建共享。

（5）突出开放发展。

更加注重国家战略格局和上海的开放优势,进一步突出上海面向国际、服务全国的门户及枢纽地位,切实发挥好长三角世界级城市群核心城市的引领作用,从国家使命、全球定位来确定上海未来城市发展的战略框架。

2. 确立新目标

将"以人民为中心"的本质要求,渗透至规划各项目标。顺应城市"创新驱动"和"以人为本"的发展趋势,在城市目标和功能定位上,由更加注重经济导向向更加注重"以人民为中心"转变。将国家战略与在上海生活、工作、学习、旅游等不同人群的发展愿景相结合,并兼顾上一版总体规划的延续性,进一步完善了全球城市核心功能,拟定上海至2040年的发展总目标,即"卓越的全球城市,国际经济、金融、贸易、航运、科技创新中心和文化大都市",以及3个维度的子目标,即建设"令人向往的创新之城、人文之城、生态之城"。

（1）"以人民为中心"是"卓越全球城市"的基本要求和上海城市创新发展的必然需求。2016年6月正式公布的《长江三角洲城市群发展规划》中明确"以上海建设全球城市为引领加快形成国际竞争新优势"。本轮总体规划正式提出了上海将迈向"卓越的全球城市"的总体目标。"卓越"不仅指经济能级和影响力的卓越,更体现在创新人才和企业环境品质的卓越,乃至于城市文明的卓越,即更加关注"宜居、宜业、宜游、宜学"等人居综合环境和生活方式的卓越。

未来25年,上海已经步入后工业化发展阶段。全球发展人本化、生态化、智能化等态势,使城市发展也由工业化时代"以经济增长为轴心",升级到以生态、经济、社会、政治和文化"五位一体"全面发展的格局。城市,从工业化时代满足生产需要为主要目的,转变为后工业化时代全面满足城市民众从物质、安全、归属到学习、交往、创造等各个层面的人本需求,继而激发人的创造力推动社会进步的更高阶段。后工业化时代上海的城市公共服务和基础设施（功能）,必须在满足生态安全、资源安全、运行安全的基本保障下,不仅要巩固能源（水、电、燃气）、交通、通信、环境、防灾等狭义的"技术性（生产性）基础设施",更要强化以人为本的智慧互动、文化教育、科研创造、健康休闲、社会关怀等方面的"社会性（创造性）基础设施",为不同人群创造更多、更好的发展机遇和美好的生活体验,提升民众的安全感、归属感、成就感和幸福感,吸引全球更多的创新人才到上海来工作、创业、生活,这是上海提升全球城市竞争力的必然选择。

（2）建设"令人向往的创新之城、人文之城、生态之城"（图1）。

新一轮总体规划在"卓越的全球城市"目标愿景下,进一步突出了创新活力、人文魅力和可持续发展三个维度,强

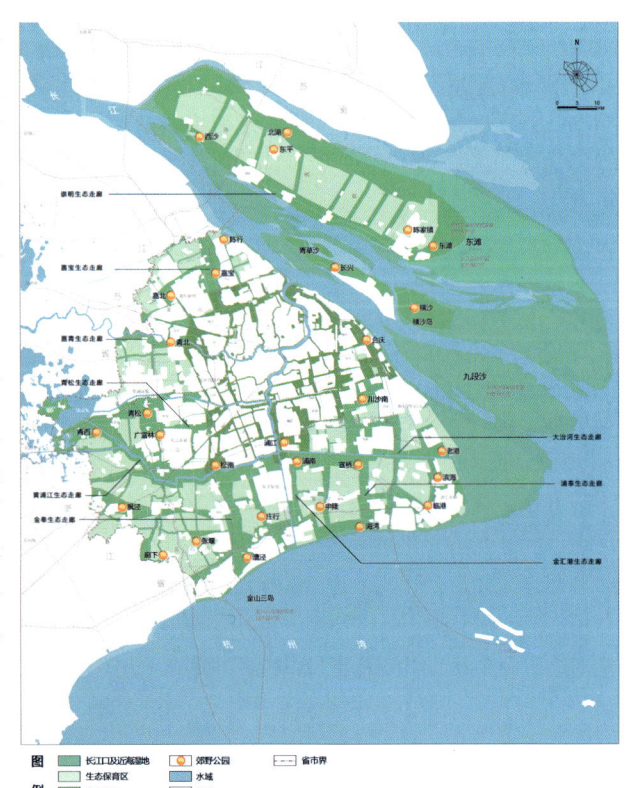

图1 上海市域生态网络规划图

调建设"令人向往的创新之城、人文之城、生态之城"（图2）。

建设更具活力的繁荣创新之城。创新之城不仅涵盖上海建设"科创中心"的国家战略要求，同时包括产业创新、文化创新、土地利用方式创新及制度创新等全方位的创新要求。因此，本轮规划从核心功能、支撑功能和基础功能3个层面构架"创新之城"，提出强化科技创新、金融商务、文化创意、高端制造等"全球城市"核心功能；建设具有较强辐射和服务能力的国际综合枢纽和门户（包括航空、航运、陆运、信息枢纽等支撑功能）；强化与创新经济和创新发展相适应的、吸引全球创新创业人才的服务设施和服务环境等基础功能，打造"TBC（Technology + Business + Culture）产业社区"，激发城市持续活力。

营造更富魅力的幸福人文之城。文化是全球城市保持其独特性和竞争优势的核心资源。一个拥有良好文化氛围和厚重历史积淀的城市，能够增强城市的魅力和包容性，培育城市持续的创新能力和竞争力。新一轮总体规划突出"文化兴市、艺术建城"理念，提出"文化+"发展战略，将文化内涵的提升渗透到城市发展的方方面面。一是立足空间载体和文化活动，建设具有全球影响力的国际文化大都市；二是立足历史文化传承和自然禀赋，通过城市有机更新，塑造国际化大都市和江南水乡特色风貌形象；三是立足多元包容的社会主体，激发全社会文化活力，繁荣城市文化产业，弘扬城市精神和软实力。

建设更可持续发展的韧性生态之城。绿色发展是卓越全球城市的最底线要求。本轮规划从上海大都市区空间结构出发，强化了生态基底硬约束，划定生态保护控制线，构建"双环、九廊、十区"多层次、成网络、功能复合的市域生态空间体系。应对气候变化，提升城市抵御自然灾害能力和韧性，加大了海洋、大气、水、土壤环境的治理和保护力度，提高城市水资源、能源供给等生命线工程安全。大力发展循环经济，提高资源产出效益。

3. 创建发展新模式

引导高密度超大城市由外延增长型向内涵发展型转变，实现可持续发展。伴随着人口的大量导入和快速的城市扩张，所面临的资源环境紧约束压力越来越大。2014年5月上海市第六次规划土地工作会议上，韩正书记明确上海"规划建设用地负增长"，随后进一步提出守住"建设用地、人口规模、生态环境、城市安全"四条发展底线的要求。在这一背景下，本轮上海市总体规划提出了以"底线约束，内涵发展，弹性适应"为特征的发展模式，其中最关键的是以土地利用方式转变倒逼城市发展转型（图3）。

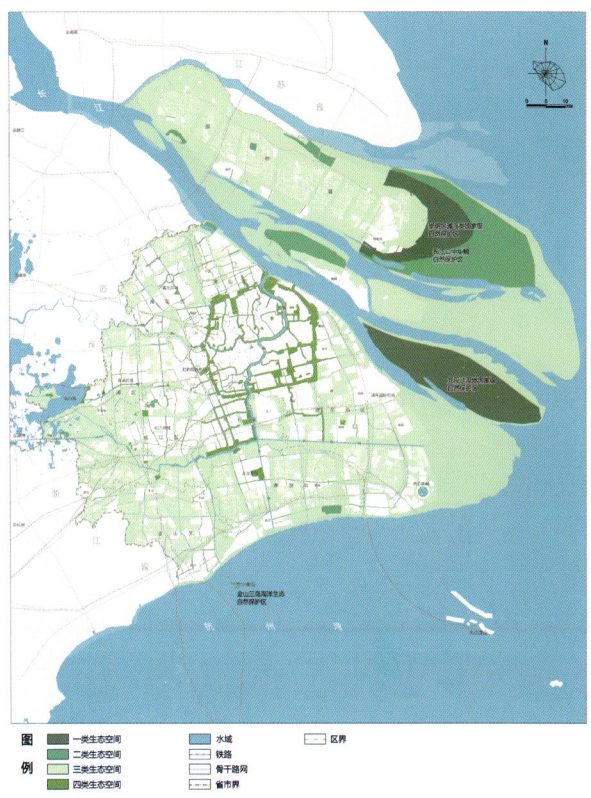

图2 上海市域生态空间规划图

图3 上海市域用地布局规划图

（1）底线约束。

至2040年，本市规划建设用地总体规划3226km²，拟削减到3200km²（包括200km²"留白"空间），并将指标落实到各区。

（2）内涵发展。

以创新驱动为主动力，以城市有机更新为主模式，以存量用地的立体、复合、集约利用来满足城市未来发展的空间需求。

（3）弹性适应。

为应对上海市建设卓越的全球城市过程中存在的发展不确定性，不仅需要建立空间留白机制，还要建立具有弹性和韧性的城市功能结构。如本轮规划中，考虑到上海作为全球城市在人口结构、分布和流动性上的特点，对水资源、能源、交通、信息、生态绿地等公共服务设施和基础设施供给及就业岗位等要素资源的配置做了不同的弹性预留，以应对不同情景下包括常住人口、半年以下暂住人口、跨市域通勤人口、短期游客等在内的城市"实际服务人口"的合理需求。

4. 构建区域新格局

突出开放协调，基本形成区域一体的全球城市区域空间架构。本轮规划突破行政视角，呈现"开放市域、服务全国、面向国际"的规划视野，从国家使命、全球定位、区域协调

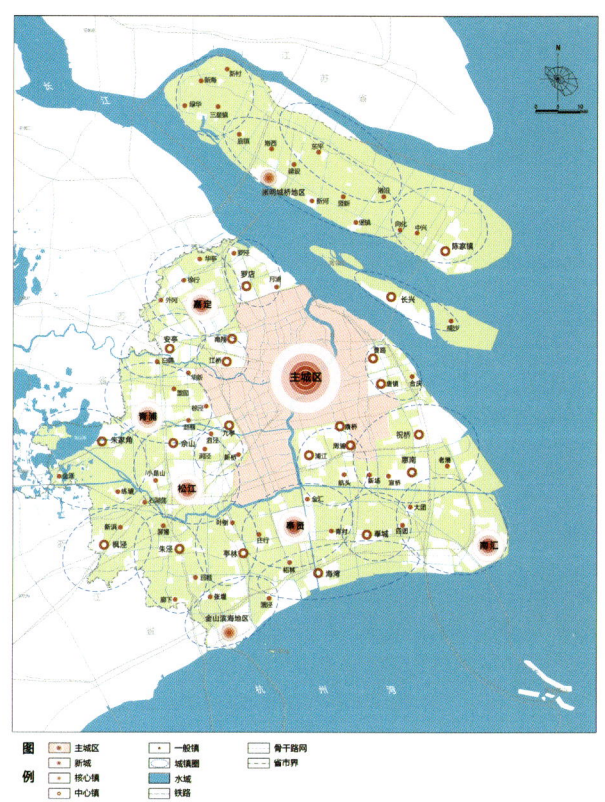

图4　上海市域城乡体系规划图

来研究上海未来城市发展的战略框架，在区域层面谋划了"网络化、多中心、组团式、集约型"的区域空间格局。这一格局的构建，以生态基底为约束，以重要的交通廊道为骨架，以同城效应"都市圈"、产城融合的"城镇圈"及基本组团单元"社区生活圈"为空间层次，进一步优化了上海"主城区—新城—新市镇—乡村"组成的市域城乡体系和布局（图4）。"城镇圈"以新城和新市镇为中心，注重产城融合、职住平衡、资源集约、服务共享的特色化发展，并打破了传统城镇体系以行政层级配置公共资源的方式；而1个市域主中心、若干副中心则构成上海空间的网络化、多中心基本框架，并与长三角城市群协同形成区域性的全球城市网络格局（图5）。

网络化格局的形成离不开区域交通的引导，以区域交通的互联互通为基础，推动区域内特别是与近沪地区的一体化发展。本轮规划响应《长江三角洲城市群发展规划》的国家战略，提出构建上海与苏州、无锡、南通、宁波、嘉兴、舟山等地区协同发展的"上海大都市圈"。"都市圈"与"城镇圈""社区生活圈"之间可通过"903015"15同城基础交通网络体系覆盖，其中公共交通按照"一张网、多模式、全覆盖、高集约"的规划理念，构建由市域线、市区线、局域线构成的"三个1000 km以上"区域轨道交通网络，不仅主城区轨道网密度加强，郊区也将基本实现镇区10万人以上的新市镇轨道交通站点全覆盖。

5. 挖掘空间新资源

以土地利用方式创新转型，探索上海城市资源节约型可持续发展途径。规划聚焦"存量时代"的发展特点：一是强化广域空间统筹利用，加强陆海统筹和地下空间功能拓展，挖掘上海发展新的空间资源；二是通过推进城市有机更新，优化土地集约节约标准，促进城市空间的立体、复合、动态可持续利用，提升土地要素的广义空间价值和品质；三是将耕地等传统农业要素纳入全市大生态结构，推进农村土地数量、质量、生态、文化"四位一体"的保护和利用，保障战略性生态空间资源。

6. 引导生活新方式

以社区营造为着力点，以人为本、由下而上地激活城市生命力。社区是城市最基本的单元。在网络化的后工业时代，社区不仅是生活空间，也应作为工作、学习、创造基本场所。城市生活方式的改变乃至于城市生产

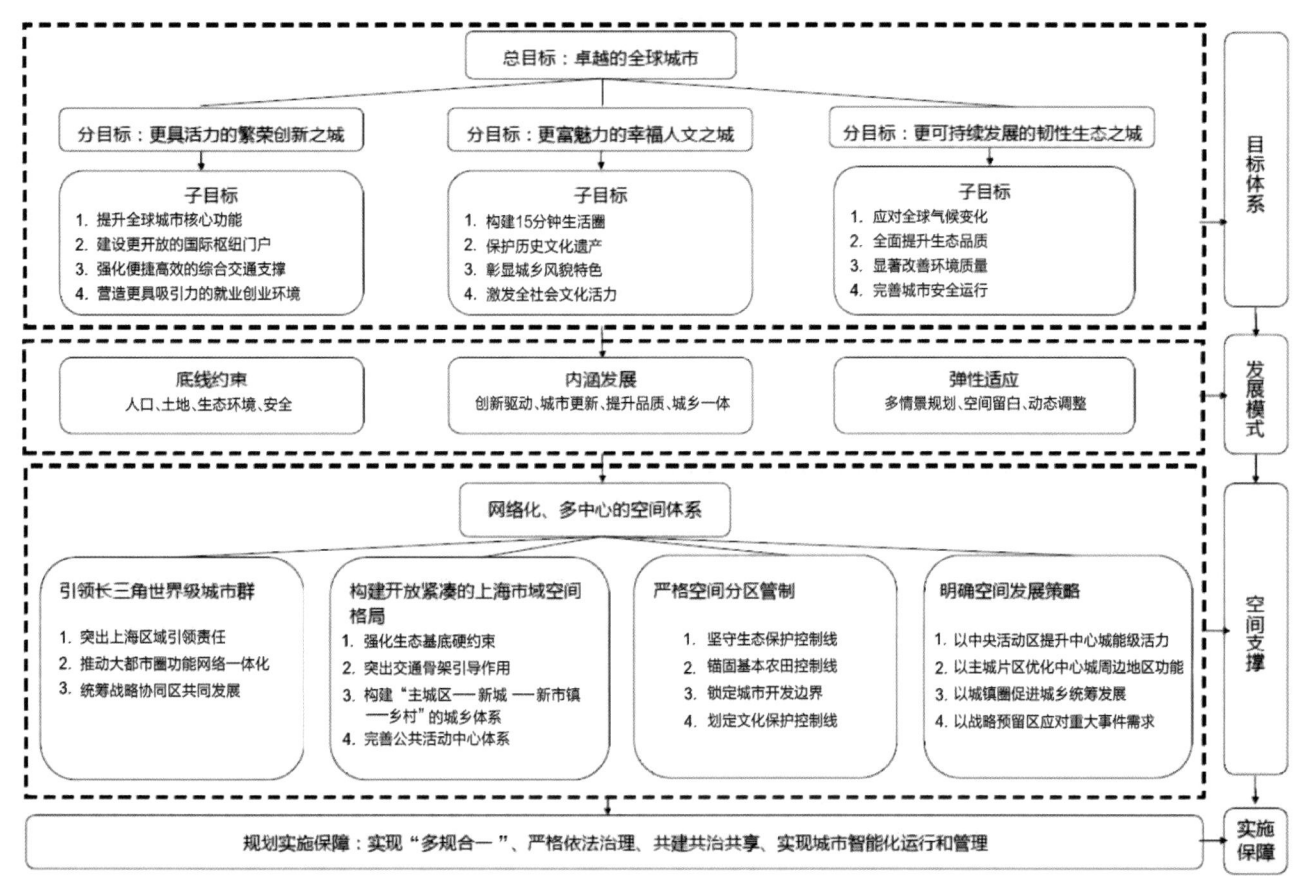

图5 "上海2040"逻辑框架图

方式、发展方式和治理方式的改变,都应从社区开始。本轮规划着力激活社区"细胞",打造"15分钟社区生活圈",为城市持续发展提供"原动力"。"15分钟社区生活圈"是践行"五大理念"和实现"以人民为中心"规划目标的基本平台。

(1)低碳绿色社区。

"15分钟社区生活圈"是以15分钟步行距离为半径的空间范围,即通过步行这种低碳交通方式就能够满足一个人在社区里的基本需求。

(2)复合创新社区。

面向未来的社区将改善城市职住平衡关系,社区提供除生活功能以外,包含工作、休闲、学习、创造等在内的多样化功能和发展机会,打造满足居民"宜居、宜业、宜游、宜学"等多元需求的城市基本空间单元。

(3)共享成长社区。

随着未来上海的人口结构变化和生活水平提高,人们对文化、教育、健康、休闲、交往的需求也会有所增加。社区将以居民共建、共治、共享为原则,构建覆盖全年龄段共同成长的高品质公共服务体系。

(4)开放协调社区。

延续上海已有的街区肌理优势,打造不仅服务社区居民,也对市民开放交流的人性化街区公共空间。注重交往空间、交通空间、活动空间的营造,构建网络化、无障碍的公共活动网络,形成各具特色充满活力和魅力的社区环境。

7. 拓展新体系

突出规划公共政策属性,体现规划兼具战略引领、结构控制和实施管控的特征。充分发挥上海规划和土地管理机构合一的体制优势,将总体规划由狭义的规定性技术文件转变为战略性空间政策,建立"目标(指标)—

策略—机制"的成果体系。尤其在实施机制方面,提出了"郊野单元规划16""城市更新计划17"、土地利用"全生命周期管理18"等融规划和土地政策于一体的实施性政策工具。同时,优化了"总体规划—单元规划—详细规划"的规划体系,建立城市空间基础信息平台和城市发展战略数据库(SDD),形成规划、土地核心指标构成的城市运行指标体系,有效保障城市总体规划自上而下的实施和动态维护。

8. 开拓新方法

突出智慧治理和协作共治,促进城市治理现代化。一是充分考虑以互联网为代表的新一代信息技术对城市生活、生产、发展和治理方式产生的深刻影响,加强互联感知、大数据分析和智能决策技术应用,实现规划理念转变和技术方法升级。二是充分发挥民众在城市规划建设管理中的主体作用,探索"开门编规划",利用网络等平台拓展更加多样的公众参与渠道和载体,构建更加开放的公众参与格局,在政府与市场(企业)、社会民众之间建立协作伙伴意识和命运共同体意识,促进城市共治共管、共建共享。

四、结语

上海市新一轮城市总体规划,是新的发展背景下对城市发展方式和治理方式的一次深刻思考和创新探索,也是向国内外城市先进经验学习的过程。上海的规划发展将秉持"海纳百川、追求卓越、开明睿智、大气谦和"的城市精神,如同总体规划可以为城市发展谋划出新的成长空间一样,"上海2040"也为我国城市总体规划工作的改革创新和不断完善开拓了新的探索空间。我们并不完美,但城市将因我们的共同努力而更加美好。

首尔 2030 城市总体规划

韩堤铉 / 韩国首尔特别市城市规划委员会

《首尔 2030 城市总体规划》（以下简称《首尔 2030 规划》）涵盖了城市发展的方方面面，甚至包括城市文化、交通和福利等。规划充分采纳了市民的意见和建议，是一个很宏观的计划，反映出人们对过去、现在和未来的认识和需求。

《首尔 2030 规划》，是对 2006 年制订的《2020 首尔规划》的修订和改进（图 1）。 从计划开始的准备环节到最终的决策环节，各个利益相关方都参与到计划的制订过程中。《首尔 2030 规划》在决策流程、内容形式、法律地位上，都得到了进一步提升（图 2）。

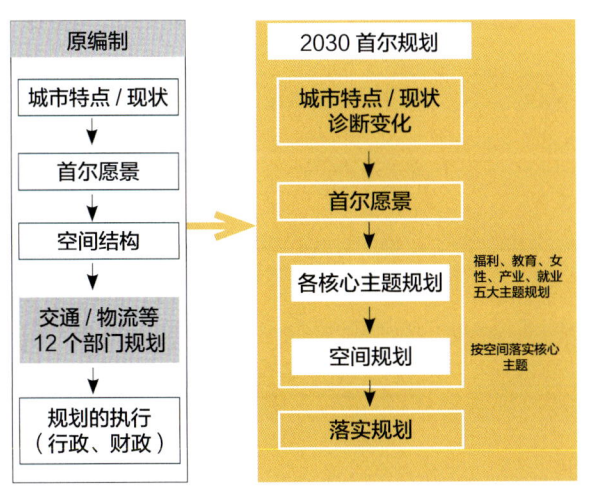

图 1 主题导向型的《2030 年首尔规划》编制结构

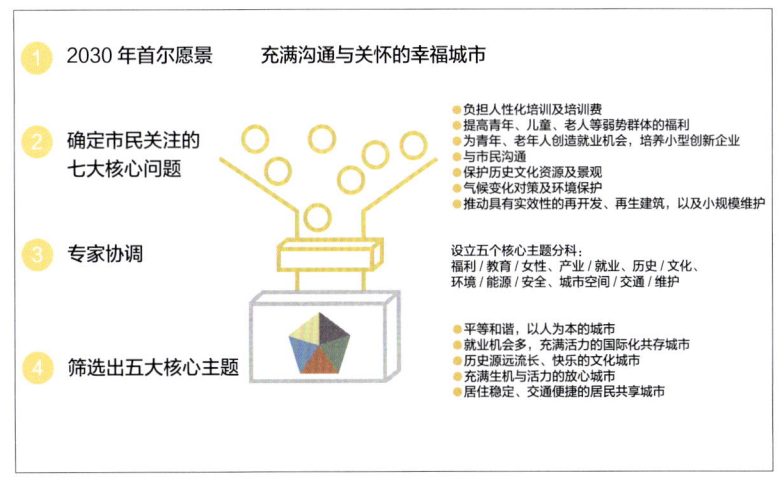

图 2 核心主题的选定过程

第一，市民、专家、政府密切合作，共同打造《首尔 2030 规划》。这是与原来规划的不同之处。整个规划流程都关注了市民参与，大约有 250 名市民、专家直接参与到规划制订过程中，创造了所谓民有、民治、民享的规划。

第二，这是个战略计划，关注重点是一些与市民生活息息相关的核心问题。原有的规划主要关注城市空间结构，如交通运输等。《首尔2030规划》则更关注民生、教育、就业等领域，在每个关键领域的战略规划都会和空间规划进行协调，这样就可以通过空间上的调整，最好地实施新计划。

第三，新规划的法律地位很高，成为首尔最高法律相关规划，为将来其他城市政府的规划制订，奠定了非常好的基础。

此外，规划的可行性强，有很好的监测和评估系统，也有相应的后续计划。面对城市噪声、地区分化、气候变化及全球竞争带来的挑战，《首尔2030规划》的愿景是和首尔市民共同制订的，即关注市民民生、市民自由沟通，让首尔成为一个幸福的城市。

《首尔2030规划》包括5个关键领域。对应有17个目标和58个战略来解决这5个关键领域所出现的问题和挑战。如社会福利、历史文化、能源安全、城市空间、交通运输等方面。

第一个领域，建立没有歧视的、以人为本的城市。目的是减少区域、年龄、性别之间的差别，尤其是在收入、受教育和健康等方面，保证市民基本权利得以实现。在这个领域，设定了5个目标以及17个战略，并对战略实现的结果进行评估。比如，应对老龄化的福利体系，老年人的休闲和福利设施是否到位，最低收入标准是否得到保证。

第二个领域，建立充满活力的国际城市，有着强有力的就业市场。规划强调经济的发展，并且创造出带动经济发展的行业，通过创新、创意领域来引领，让首尔给市民带来就业机会和经济福利，同时区域间实现协同性增长。设定了3个目标，包括全球经济城市、创意产业和创新，以及相应的10个战略。

第三个领域，建立具有文化底蕴的历史文化名城，让文化和市民生活紧密相连。如建立文化基础设施，打造文化环境，使外国游客不断增加等。

第四个领域，建立生态安全的城市。目标包括建立让所有市民都可享受的安宁生活，拥有安全的生态环境、可循环的资源并提升城市风险管理的能力。设定了3个目标，如公园主导的生态城市，以及11个相应战略。

第五个领域，建立活力绿色的城市社区，具有稳定住房条件、便利交通的城市环境。目标是使人们工作、生活达到和谐平衡，创造宜居条件，使用绿色交通工具，生活与工作地点距离较近和便捷。

建立评估指标来实现各方面的目标，并建立相关规则，就能使都市竞争力不断上升，生活质量不断提高。规划首尔的城市空间结构为多核心、多功能、多层次的系统，即3个城市主中心、7个地域中心、12个次区域中心。其中，城市主中心可以提高首尔的国际竞争力，每个城市的中心都有各自的功能。比如首尔的城墙可以作为历史和文化中心，江南区是国际商业中心。地域中心，进一步打造具有层次感的立体的城市空间，使各区域之间互相连通、平衡发展。同时，要做好绿化轴、交通轴的规划工作，使首尔更好地和周边城市有绿色通道相连通。这样的空间架构，打造的基础原理就是以空间管理为指引（图3）。

在空间管理方面，一共有4个方向12项主要工作计划来强化首尔的空间区域规划，实现更好的空间布局和设计，并体现首尔的个性。如对城墙、河流、公园等区域实行特殊管理，使自然、文化、历史传统传承下来，增强城市竞争力。作

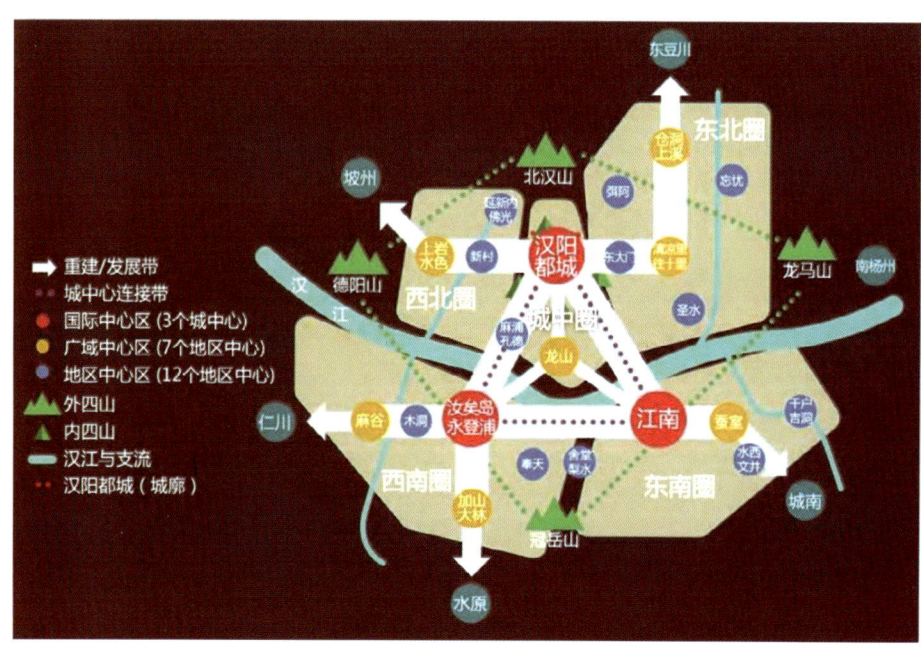

图3 体现沟通与关怀的空间结构

为国际性城市，希望吸引更多的国际性公司入驻3个城市核心区域，不断打造核心区域基础设施。另外，建设城市创新聚集地，规划布局更多的交通体系。7个地域中心，有各自的优势产业和功能布局，创造更多的就业机会，使这些地区既能和其他地区联通发展，同时更加自治。同时，按照每个区域的个性因地制宜，改造未开发地区，改善市民生活环境，保存地区特色，打造更适合居住的基础设施，包括文化、教育、福利等方面。东北区域，增强新兴产业发展，提升文化及旅游吸引力；西北区域，发展创意文化产业，创造新的就业机会；西南区域，发展知识经济产业，打造城市文化休闲区；东南区域，打造为国际商业聚集区域（图4）。

如何实施和实现《首尔2030规划》，需要一整套管理和控制的解决机制。《首尔2030规划》，将管控到首尔各个方面的发展，包括交通、环境、住房，城市总体规划的一些分计划和分规划，有详细而明确的各个社区、地段的规划。140个地方分支区域都有非常细致的发展，使首尔能够更加精细地来管理整个空间布局和发展。同时，每年有让市民、专家、政府能够共同协作的监察体制，看看城市是否按规划发展，哪些目标和工作需要改进（图5）。同时需要与中央政府不断合作，与相邻城市之间进行沟通和对话。让首尔跃进式发展是我们的目标。同时，也希望创造快乐、幸福的首尔。希望在整个计划的规划和实施过程中，都做到最好，这是美好愿景。

图4 首尔生活圈的空间划分

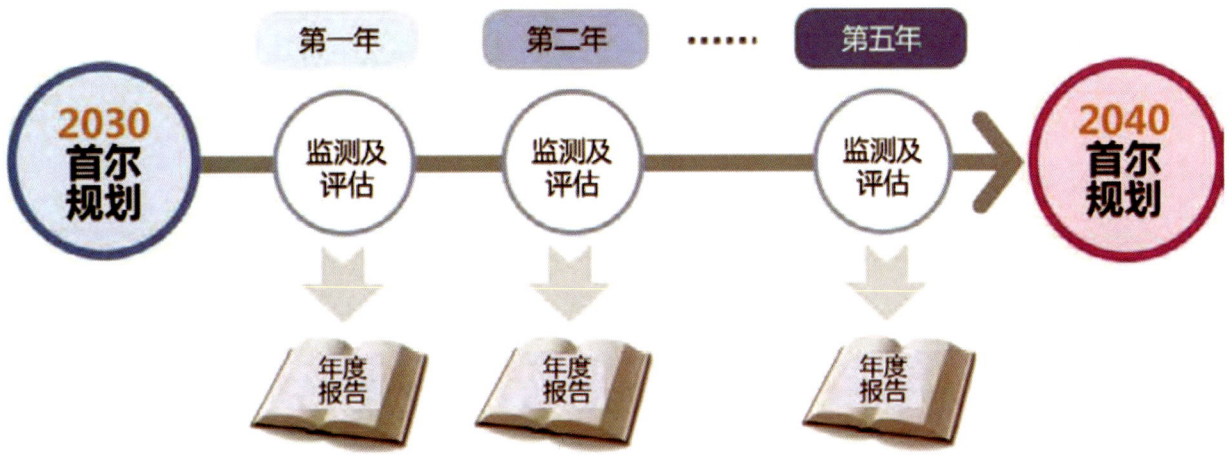

图5 《2030首尔规划》的监测体系

迈向全球城市区域发展的芝加哥战略规划

王兰 / 同济大学

芝加哥为全美在经济实力和人口总数方面排名第三的城市，其市区及中心城区致力于打造全球城市，并与周边自治市形成共同协作的大都市区，在全球经济中发挥重要作用。芝加哥是美国为数不多的非常重视规划的城市。1909年的芝加哥规划是美国第一个综合规划，在战略层面为城市及其区域奠定了空间发展的框架，此后历次规划为芝加哥提供了针对当时发展的战略思路和策略，从而形成了如今的芝加哥大都市区。

芝加哥一直重视与其郊区共同形成的大都市区域的整体发展。多个规划针对大都市区不同发展阶段的问题和挑战，对中心区和郊区提出了不同的功能定位，并以芝加哥中心区为核心，整合资源实现区域良性互动，致力于打造全球城市区域（Global City Region）。以全球城为核心的城市区域是在全球化背景下的新区域发展模式，经济和政治组织以区域为基础形式呈现。区域内包含从全球到地方的各个层级的经济活动和管治关系，空间单元形成相互依赖的层级式关系。核心城市与周边腹地通过经济联系和功能互补协同发展。在芝加哥迈向全球城市区域的过程中，市区（特别是中心区）的战略发展侧重于发展城市的金融、科技、文化与管理职能，致力于全球城功能的实现；而大都市区内城市化的郊区则在物流、交通与生态保育方面保持优势，并形成区域次中心，承担起郊区生活和服务中心的职能。本文分析芝加哥多次重要规划对中心区和郊区的功能定位，并针对全球城市发展的核心策略（形成跨国公司的全球或区域总部、建立全球或区域的金融中心、发展高度发达的生产性服务业）、支撑策略（建设科技创新和文化创意基地、打造国际性的旅游和会展目的地）和基础策略（形成精英人才的会聚地、建构信息、通信、交通枢纽），探讨规划中的应对。

一、芝加哥市及其大都市区规划历程

1. 规划层次和范围

芝加哥大都市区统计区（Metropolitan Statistical Area）总面积为28120km^2，2011年人口约973万，其主体位于伊利诺伊州，还包括威斯康星州和印第安纳州的部分。芝加哥大都市区是一个规划概念，包含伊利诺伊州内芝加哥周边城市化的区域。随着城市蔓延，芝加哥大都市区范围在扩大，从2005年《芝加哥大都市区框架性规划》中的6个县、271个自治市，增加到2011年《迈向2040综合区域规划》中的7个县、284个自治市。

芝加哥历次规划涉及三个空间范围：最大空间单元为芝加哥大都市区范围，包含7个县，共14625km^2；

其次为芝加哥市域范围，面积606.1km²；最小空间为芝加哥中心区，面积为芝加哥市的2%，即12.1km²（图1）。

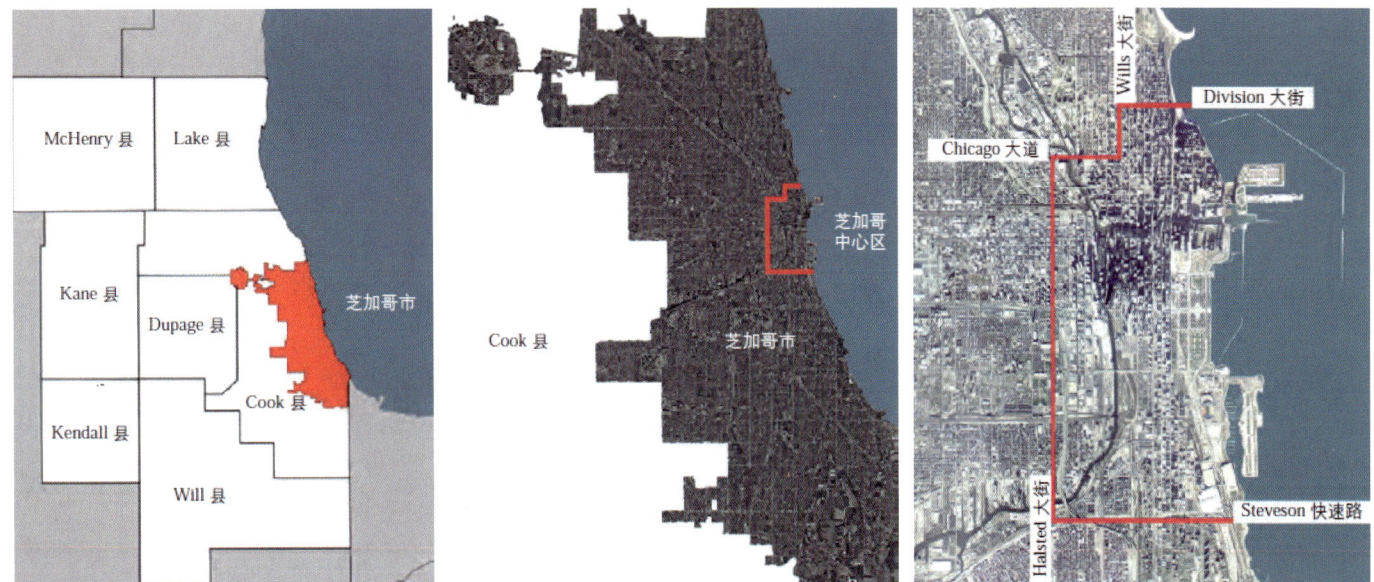

图1　芝加哥中心区（左：芝加哥大都市区范围；中：芝加哥市与芝加哥中心区；右：芝加哥中心区）

2. 芝加哥市及其大都市区重要规划历程

1909—2011年，芝加哥共有10次重要规划，其中6次主要针对大都市区域，即1909年、1966年、1999年、2003年、2005年和2011年规划；1958年、1973年、1983年和2003年4次则是针对中心区的规划（表1）。这些规划尽管分属不同层面，名称未必都是战略规划，但均为芝加哥的发展提供了战略引导。

表1　芝加哥历次重要规划

编制时间	规划名称	应对挑战	战略目标	规划重点
1909年	芝加哥大规划	工业化	工业中心，交通中心	基础设施，区域交通、公园
1958年	中心区发展规划	战后恢复建设	工业中心，交通中心	公共交通的完善和拓展
1966年	芝加哥综合规划	郊区化	工业中心，交通中心	居住、郊区商业服务
1973年	芝加哥21：中心区委员会规划	强化中心	区域中心	中心区振兴，郊区与中心的联系
1983年	芝加哥中心区规划：规划城市之心	郊区化	区域中心	城市中心区的商业规划
1999年	芝加哥大都市2020：为21世纪芝加哥大都市区准备	全球化	区域中心	经济发展、投资、教育、土地开发与再开发
2003年	芝加哥2003年中心区发展规划：为21世纪中心区城市做准备	全球化	复合的城市中心	城市交通与城市滨水空间发展，城市商业商务文化环境建设
2003年	大都市区规划：芝加哥区域的选择	全球化	全球城市	更可持续、可达性更好、可选择、更健康、更繁荣、更平等的区域
2005年	芝加哥2040框架规划	生活质量	全球城市区域多层面中心	各个城市的定位、交通走廊、生态走廊
2011年	迈向2040综合区域规划	全球经济危机	多层面规划目标和远景，可持续发展的区域	人力资源、能源使用、经济技术创新

芝加哥历次规划从规划理念上可分为四个阶段。

第一阶段为区域大规划理念阶段。1909年芝加哥规划针对芝加哥市域，但具有区域规划理念；在道路系统、公园绿地系统等方面将区域整体纳入考虑，为芝加哥大都市区提供了空间框架。"大规划"理念在这一阶段得到充分贯彻和执行，即希望通过物质环境的提升和大空间尺度的考量，引导城市区域整体发展，激发市民精神。这一阶段的战略规划包括1909年、1958年和1966年规划。

第二阶段为区域再平衡理念阶段。面对战后中心区衰退和郊区化趋势，1973年和1983年战略规划将城市发展聚焦于中心城区，希望借助对中心城区的重塑，复兴芝加哥城市经济。

第三阶段为全球城市发展理念阶段。全球化的深化为城市发展提供了新的发展背景和挑战，规划开始提出如何将芝加哥建设成为全球城市，并开始拓展基于数据的定量分析工具。这一阶段的战略规划包含1999年和2003年针对大都市区的战略规划，以及2003年中心区战略规划。

第四阶段为全球城市区域发展理念阶段。在经历了以全球城市为战略目标的规划潮流后，基于理性主义的规划技术日臻成熟，芝加哥战略规划逐渐进入协作式规划模型，强调公众参与，并开展可持续发展的探讨。协作式规划、可持续、多样化等理念成为这一时期战略规划思想的关键词。这一阶段包含2005年和2011年规划，其中2005年规划将芝加哥市区定位为全球城，并建构了芝加哥区域内多层面的区域城镇体系；2011年规划关注可持续发展区域，强调了作为全球城市区域的芝加哥需要培育优势产业集群，发挥创意与科技的引领作用。

纵观芝加哥大都市区战略定位，从区域中心到全国中心，再到实现全球影响和可持续的繁荣，显示了有序推进的全球城市区域发展进程。1909年、1966年规划强调了芝加哥作为区域性的生活中心、产业中心和交通枢纽。1999年规划中将芝加哥大都市区域定位为全国重要的大都市区，强调了其在生态自然、交通枢纽、教育医药方面的区域中心地位。2003年大都市区规划突出了在就业、居住和商业方面的中心地位，并在同年的中心区规划中明确提出了全球城市区域。2005年规划开始更关注健康和生态，并强调芝加哥大都市区应定位为全国和区域的科技、服务和创新中心，通过跨国公司实现全球影响力。2011年规划提出将芝加哥大都市区定位为可持续和创新的中心。虽然规划编制时代背景不同，战略发展侧重不同，但是对芝加哥大都市区的定位基本可以归纳为：全国性的区域中心，交通枢纽，文化中心，医疗、教育和科技创新等中心。

同时，在迈向全球城市区域的过程中，芝加哥市区及其中心区与郊区之间的职能在演变。在区域性工业化与城市化的双重影响下，1909年规划强调中心区在服务、休闲、文化方面的建设，而郊区主要以产业发展、交通基础设施以及基础性的服务设施建设为主。1966—1973年，振兴传统中心区成为战略发展的核心任务，经济转型逐渐开始，增加了总部经济、健康产业、科技产业、媒体与出版产业、交通指挥等功能，致力于满足复合多元中心区的空间发展需求；郊区除了不断完善服务设施外，还增加了区域性生态保育的功能。1999年，随着全球化进程的加速，中心区职能进一步向高端服务产业发展，开始注重金融、文化和旅游等与全球城发展相关的诸多方面，并开始强调数据服务与管理对于区域的贡献。郊区侧重于巩固全国性的物流地位，并提升区域的公共交通服务。

2003—2011年规划关注更加可持续化发展，强调中心区在金融、经济、科技创新方面的全球领先地位，并强调了中心区在这些领域的引领角色。郊区发展关注区域次级中心的投资与发展。但值得一提的是，2005年规划与2011年规划在策略设计中更加注重区域的整体性思考，弱化了中心区与郊区的区别性描述。

二、迈向全球城市区域发展的规划策略

规划的战略定位和发展引导是促成芝加哥及其郊区建设成为全球城市区域的重要因素。针对全球城发展的核心维度（企业总部选址、金融业发展、其他生产性服务业的发展）、支撑维度（科技与创意、旅游与会展）和基础维度（精英人才、信息、通信与交通枢纽），本文探讨多个规划中相应的空间应对和策略。

1. 核心策略维度

（1）跨国公司总部和中小企业的集聚中心。

芝加哥将吸引跨国公司总部作为建设全球城市的重要策略，同时也注重对中小企业的培育。1999年规划分析了当时的经济形势，提出芝加哥大都市区需要寻找新的角色。规划诠释了芝加哥需要如何超越依赖贸易、银行、旅游和会展经济的传统经济角色，成长为协调与控制全球制造业生产网络、管理生产资源分配的总部区域的角色。规划强调为跨国公司和中小企业提供更好的区域环境，关注融通资本、技术转化、技术提升、支持网络和便捷交流五个方面。

其战略举措可以总结为：提供便捷的城市交通服务，如从总部区域到机场的交通；提升商业、居住环境，以留住高科技型人才；建设对小、微企业友好的氛围、环境与设施；建设区域数据服务中心，研究企业集群，为各类型企业选址提供决策。

2005年，芝加哥市所拥有的福布斯2000强企业总部数量为21个，其中包括排在前100名内的好事达保

险公司和波音公司。受次贷危机影响，2014年芝加哥福布斯2000强企业总部总数减少为14个，主要原因为美国公司在福布斯排名中大幅下滑；同时，2014年总部设置在芝加哥市的福布斯2000强企业在总销售额、利润和资产等方面均有不同程度的减少，但企业总市值有所增加。

2005年，总部设置在芝加哥市的福布斯2000强企业中，排名在501—1000名的企业所占比例最大，为38%，其次为排名1001—2000名、101—500名和1—100名的企业，分别占29%、24%和9%。2014年，排名在1001—2000名的企业所占比例最大，为57%，其次为排名101—500名和501—1000名的企业，分别占29%和14%，没有企业排名在前100名内（图2）。

与2005年相比，2014年总部设置在芝加哥市的福布斯2000强企业的绝对数量变化如下：生产性服务业企业数量减少了3家、生活性服务业均为1家、制造业企业减少了1家、文化创意企业减少了2家（2014年已无文化创意企业总部设于芝加哥）、其他企业减少了1家（图3）。

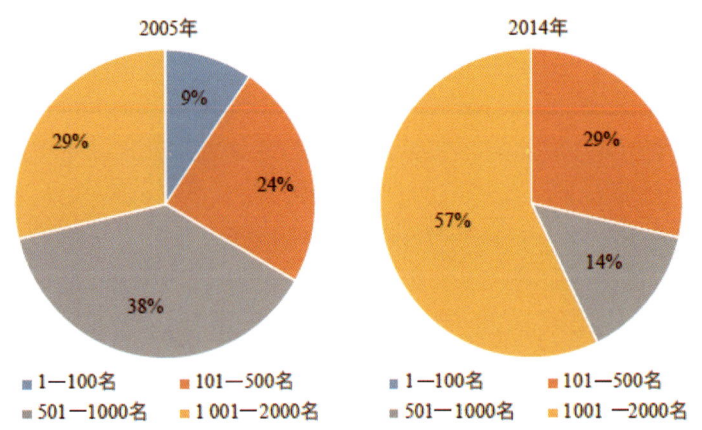

图2　2005年、2014年芝加哥市不同梯度排名企业所占比例

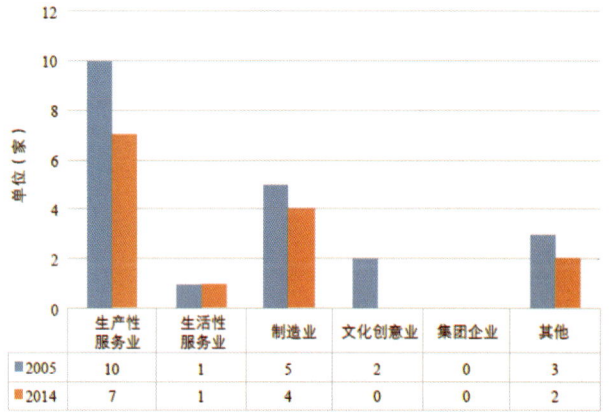

图3　2005年、2014年芝加哥市不同产业部类企业数量

与2005年相比，2014年芝加哥企业总部中，生产性服务业企业、生活性服务业、制造业企业所占比例有增加，分别增加了2%、2%和5%，其他企业的比例两年均为14%（图4）。

2011年规划在次贷危机后致力于振兴区域经济，分析指出芝加哥大都市区产业集群集聚程度领先于全美平均水平的产业包括高级材料、化学、交通与后勤服务、出版、商务与金融（图5）。规划强调将投资导向这些行业的研发与创新部门，以促进更加明显的集聚优势。依托这些产业内的跨国公司与中小企业，芝加哥大都市

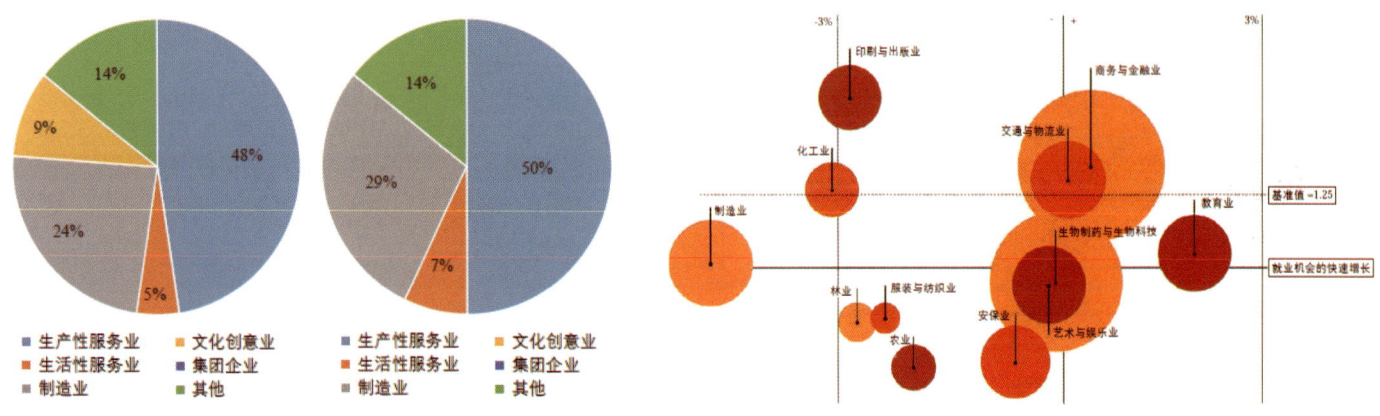

图4　2005年、2014年芝加哥市不同产业部类企业所占比例

图5　2011年芝加哥大都市区优势产业集群

区将强化产业集群优势,并在市场竞争环境下刺激企业创新,实现城市经济的持续活力。

(2) 全球或区域的金融中心。

芝加哥发展为全球城市,在金融领域成就突出,是美国最大的期货交易市场。自1973年规划起,复兴中心区成为战略规划的方向,将芝加哥中心区建成区域和全球金融中心则成为重要的目标。其金融中心的规划建设可分为两个主要的阶段:金融办公区建设和金融办公区融合社区发展。

第一阶段的建设主要着眼于重塑中心区的核心竞争力,发展金融行业,创造就业机会。对中心区的土地再开发奠定了金融中心成长的空间基础。1973年规划实现了对废弃的铁路沿线用地的再开发,规模近 $2.4km^2$,并结合南环路新城社区建设和迪尔伯恩(Dearborn)公园等进行规划。截至2003年,中心区共为市场创造了 $994 \times 10^4 m^2$ 的办公空间。同时通过对机场、铁路和道路等配套基础设施的建设和完善,形成对金融中心建设的支持。

在第二阶段,金融中心建设逐渐与社区发展融合,推进复合式开发。2003年中心区规划将金融中心建设与社区开发进行结合,打造"混合收入社区",即在功能上融合居住、金融、教育、休闲,形成多重功能的社区,同时以5∶3∶2的比例配置市场化住宅、公共住宅和廉价住宅。借此为金融及相关行业企业的发展创造更舒适的环境,兼顾社区开发的需求。同时通过政策利好和环境优化,加大对企业人才的吸引,形成维持推动金融中心建设的持续动力。

芝加哥在塑造区域和全球金融中心的过程中的重要举措可以归纳为:①金融中心的办公空间建设;②配套基础设施的建设与支持;③融合社区开发,形成金融、居住等多元功能的复合社区;④企业吸引与人才吸引。

(3) 高度发达的生产性服务业中心。

芝加哥的生产性服务业形成了相互关联和支持的产业网络,金融业以外的保险、法律、广告和设计行业等对芝加哥建设全球城市具有重要贡献。2003年规划的分析表明,芝加哥大都市区能够在其他地区面临困境的情况下保持良好的发展态势,得益于其高度发达和多样性的生产性服务业。战略规划将这些生产性服务业功能落地,推进了产业的发展,例如2003年规划确定在交通便捷的中心区西环线外围地段推进办公空间的开发,拓展中心区的办公空间,并强调混合使用和步行环境建设等。

芝加哥在发展生产性服务业方面所推出的重要举措可以归纳为:①立足中央商务区,拓展至中心区西部,开发新的办公空间;②融合社区开发,在中心区建设新的功能混合社区,完善公共交通服务;③吸引企业与人才,融通资本渠道。

2. 支撑维度

(1) 科技创新和文化创意的基地和市场。

科技创新与文化创意作为支撑芝加哥其他行业发展的重要维度,在历次芝加哥战略规划中都被给予了充分的关注。1999年规划强调科技企业发展、校企合作和区域大数据商业化运作。

为了更好地吸引跨国公司与众多中、小型企业推进创新创意活动,1999年规划提出芝加哥"数据中心"的构想与建设。通过提供集中式的数据收集处理和营销服务,帮助企业进行科学选址和业务拓展。2011年规划将数据发展提升为政府层面的重要任务,进一步明确了在芝加哥市中心建设服务于大都市区范围内企业的数据处理—分享中心,战略性地组织区域及周边现存和新涌现的产业集群,提供培训,展开公共投入的基础设施建设,辅助明智的投资决策,减少重复投资和恶性竞争。规划提出建构区域协同创新机制,集中在产业集群的研究和推进项目,帮助产业发展和繁荣,提高在国家和国际范围内的竞争能力。

技术革新一方面需要吸引更多的人才和企业驻留,另一方面也对政府管理的智能化和高效化提出了挑战。芝加哥战略规划不断强调:为了促进科技产业在芝加哥占有更加重要的分量,政府需要做出积极响应,包括数据共享、财政支持以及相关空间配套设施的建设。

建设科技创新、文化创意基地和市场的发展策略可以总结为:①完善企业数据与信息分析、服务体系建构;②孕育多样化、区域型的产业发展集群;③培育区域创新文化,鼓励试验,发掘创新点,破除体制障碍;④推动科技与文化创意产业的成果转化。

(2)国际性的旅游和会展目的地。

打造国际性的旅游和会展目的地是芝加哥大都市区发展成为全球城市的重要途径之一。历次大都市区规划和特别针对中心区的规划均强调旅游、会展是芝加哥经济发展和文化传播的重要组成部分。2000年初,芝加哥酒店交通出行52%源于会务,35%源于商务,13%源于旅游。预计到2020年,芝加哥中心区将形成包含会展人员、旅客等在内的3500万人/年的市场流量。

从1958年规划到2011年规划都包含了对芝加哥全球城市在国际性的旅游和会展目的地方面的设想和策略,融入文化发展与历史保护,推进相关产业,例如2003年中心区规划提出保护和利用百年城市肌理、建筑和构筑物遗产,促进城市文化、旅游的同步发展。2005年规划提出提升中心区文化功能的能级,在原有区域性的社交中心和文化、教育与旅游中心的基础上,上升为国家级或世界级中心,以更高标准来制定相关功能的规划和设计。同时,除了关注市域层面的物质空间建设外,2005年规划和2011年规划将社区层面的文化建设作为城市文化内涵塑造的重要手段之一。规划希望实现从宏观到微观的策略推进,社区层面的设施、文化建设将对于芝加哥全球城市的旅游与会展角色的形成起决定性作用。

在历次战略规划中,对于国际性的旅游和会展目的地的措施包括:①扩建和整合会展空间;②更新原有会展中心的配套设施(餐饮、娱乐、住宿);③完善从机场和交通门户区域到滨湖区及会展中心的道路和公共交通建设;④密歇根湖滨湖区域开发与芝加哥河沿岸开发;⑤保护城市肌理和建筑遗产,塑造芝加哥的城市文化;⑥创建多元包容的社区文化。

3. 基础维度

(1)精英人才会集地。

精英人才是芝加哥大都市区迈向全球城市区域的重要基础性元素,为经济发展、技术创新、文化创意提供了基础条件。自1999年规划以全球城市为发展目标以来,历次战略规划均强调人才战略,提出通过人才吸引举措和教育策略两个方面,推动企业集聚、创新研发和产业升级,实现经济发展的可持续。

在人才吸引方面,2005年规划提出芝加哥大都市区需要在高技术行业更具竞争力,而对高技术人才的吸引需要建设友好、有活力、世界级的商业、文化和教育氛围。2011年规划则强调了良好的社区在吸引人才方面的独特作用。

在人才教育方面,1999年规划提出了在芝加哥中心区率先建立起终身学习机制。这一机制的建设依托于伊利诺伊大学芝加哥分校这样的高等院校或研究机构。2005年规划提出依托高技术人才建立职业培训项目,以促进新进人才的快速成长。2011规划中提出对劳动力的服务、人力资源数据与信息,以及教育与就业的衔接是提升人力资源质量的要素。

人才吸引与教育都是为了建构更加先进的人力资源系统,推进建设更具竞争力和更可持续的芝加哥全球城市区域。规划在这一方面的措施包括:①增加高技术岗位培训机会;②培育吸引高技术人才的文化、商业环境;③完善基础教育、终身教育或培训体系;④建立、完善人才评估机制;⑤建设宜居社区,以高品质的居住空间、步行环境和公共服务设施留住人才。

(2)通信、信息和交通枢纽。

芝加哥大都市区作为区域重要的信息、通信和交通中心,其枢纽地位和功能为其他行业的发展提供了重要的保障。在通信与信息枢纽方面,1999年通信行业已经发展成为芝加哥的七大优势产业之一;通信枢纽的建设在2003年、2005年以及2011年规划中均获得了重视与支持,涵盖基础设施建设、社区开发以及企业培育三个方面。规划重点关注了大数据在芝加哥建设全球城市中可以发挥的作用,例如2011年规划提出了建设区域大数据中心,收集公共数据,形成服务于区域和企业的城市信息枢纽。通过整合伊利诺伊州、县、自治市政府及其他主体,收集处理数据,实施技术改善,推进数据公开交换;同时通过居民相关反馈数据的获取与分析,找出有待提升城市生活质量的部分。

在通信与信息枢纽建设方面的主要策略为:①通信设施的规划与建设;②区域大数据中心的建设;③通信与信息技术企业的培育;④社区信息技术网络建设。

在交通枢纽方面，自 1909 年芝加哥规划以来，建设交通枢纽一直是战略规划的重要目标之一。芝加哥全球城市的交通枢纽地位依托于地面的道路、铁路交通体系，以及芝加哥航空港两个部分。交通枢纽的建设经历了从大都市区交通基础设施建设到交通管理建设的历程。

1909 年规划架构了芝加哥大都市区的交通结构框架，当时对道路体系和铁路交通体系的梳理和整合为芝加哥交通发展奠定了基础。在此后的规划中，随着交通基础设施建设逐步完善，交通枢纽地面部分的发展策略逐渐从大规模设施建设转向以关键性项目建设、发展大都市区域内的公共交通、智能化的交通管理和便捷现代物流服务为目标。

1999 年芝加哥依托铁路和陆路联运成为美国最重要的货运交通枢纽。2011 年规划强调通过财政手段支持战略性连接设施建设，并明确打通行政边界，创造更有效的货运网络。同时，在建设全球城市区域的背景下，芝加哥非常注重航空中心的建设。

1999 年规划提出对奥黑尔（O'Hare）机场扩能，并支持建设第三机场的规划。依据对未来航空需求的测算，在展望 2040 年的多个远景规划中，机场将支撑起芝加哥全球城市的航空服务。2005 年规划提出将芝加哥中心区建设成为交通管理中心，实现对区域交通的智能化管控。这也是首次在芝加哥的战略规划中提出建立智能化交通管理体系并在空间得以落实的提议。

综上，交通枢纽的发展策略为：①铁路与陆路的交通基础设施建设与梳理；②航空基础设施的建设；③智能化的交通管理；④提议跨州的交通基础设施协作发展，实现跨区域的交通资源整合。

三、结语

全球城市区域以全球城为核心，涵盖了多个等级的空间单元，共同参与全球经济分工和竞争。芝加哥及其郊区一直注重以规划为导向的区域协同发展。一脉相承的规划思路是以市区及中心区作为全球城发展的核心空间，区域内其他自治市发挥各自的优势和特点，与芝加哥市形成大都市区范围内的整体协调配合，建构多层级城市体系，不同的规划支撑不同方面或空间单元的协同发展，共同打造可持续性强、经济社会和生态平衡发展的全球城市区域。

其中，芝加哥市区（主要是中心区空间范围）侧重发展城市的金融、科技、文化、历史与管理职能，而郊区则在物流、交通、生态与区域次中心方面保持优势，支撑全球城核心功能在市区及中心区的优化。通过战略规划，大都市区域层面的资源能够最大化地合理分配在中心区和郊区，也试图兼顾社区居民需求和流动的全球城发展需求，从而实现区域整体的可持续发展。

针对全球城市发展策略框架中的三个维度和七个方面，多个规划提出了相应的空间考虑和推进策略，引导城市经济发展的主要驱动力不断向高端（高附加值、价值链高端）产业转变，在注重金融、文化和旅游发展的同时，更加重视科技、创意与教育。正是因为战略侧重的不断调整，才使得中心区和大都市区能够持续不断地健康发展。

我国城市在参与国际经济分工和全球竞争中，需要充分考虑中心区和郊区腹地、核心城市和区域内周边城市之间的功能配置。特大城市在以迈向全球城市区域为目标的规划编制中，需要从全球城市发展策略的维度和方面考虑，编制相应的城镇体系规划和区域规划。

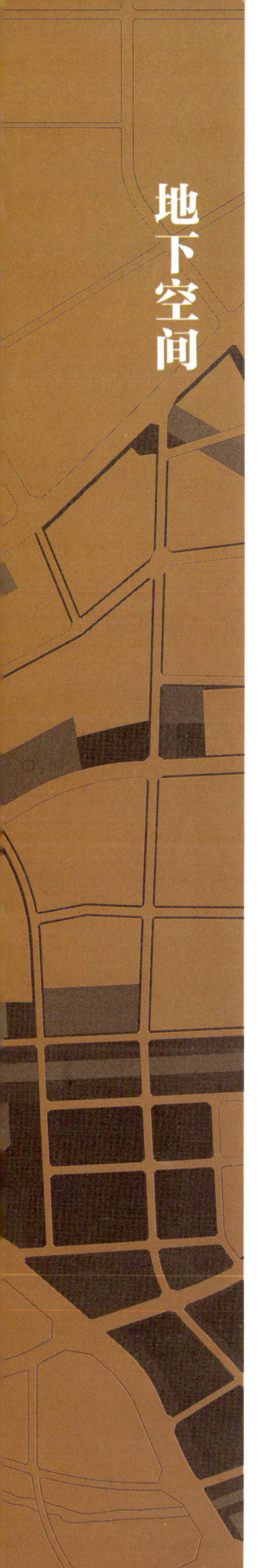

地下空间

　　随着科学技术的进步和人类社会的发展，人们的视野日益广阔。今天，当我们观察一座城市的时候，城市更像当前世界的微缩电影。从历史到未来，从现实到梦想，场景是我们看得见、碰触得到、感受得到的环境，内容是每个人舒缓或忙碌的生活。而地下空间更像是一座城市电影幕后的支撑基础。

　　地下空间本就是城市重要的空间资源，只是因为不为人们所常见，我们似乎更习惯了看到城市在不断长高，摩天大厦总在不经意间拔地而起，以致我们常常忽略地下空间系统的重要作用。对于地下空间，包括城市良心和21世纪方向之说，就如同健康之于身体，地下空间系统对于城市就是保障其健康运转和发展的基础和前提，而往往当出现故障或发挥作用不充分时，我们才会感到这份健康的重要性。随着规划视野的拓展，无论空间尺度还是规划要素，都急剧扩大。"多维空间""全域空间"纳入了城市规划和发展视野。当地下空间不再仅仅是"物质空间"，而成为"人的空间"的时候，我们将更能够理解和感受城市空间的深刻含义。

　　作为城市空间的远见，科学地开发和利用地下空间，是现代城市建设的重要内容和发展方向。贯彻以人为本、高质量发展的要求，开展城市地下空间的规划研究和实践，标志着一个城市走向成熟的新阶段。随着地下空间多功能复合化的发展建设，城市功能、城市生活将随之拓展。我们以"美好城市"为导向的多维空间规划，终将以文明硕果来诠释，宽广而开阔的视野将会引领我们创造未来。

沈阳市地下空间规划与实施情况综述

沈阳市规划设计研究院有限公司规划研究所

一、规划编制情况

近年来沈阳市先后组织完成了地下空间总体规划和部分重点地区地下空间控制性详细规划，形成了较为系统的地下空间规划编制体系，在编制体系和深度等方面具有一定的创新性（图1）。

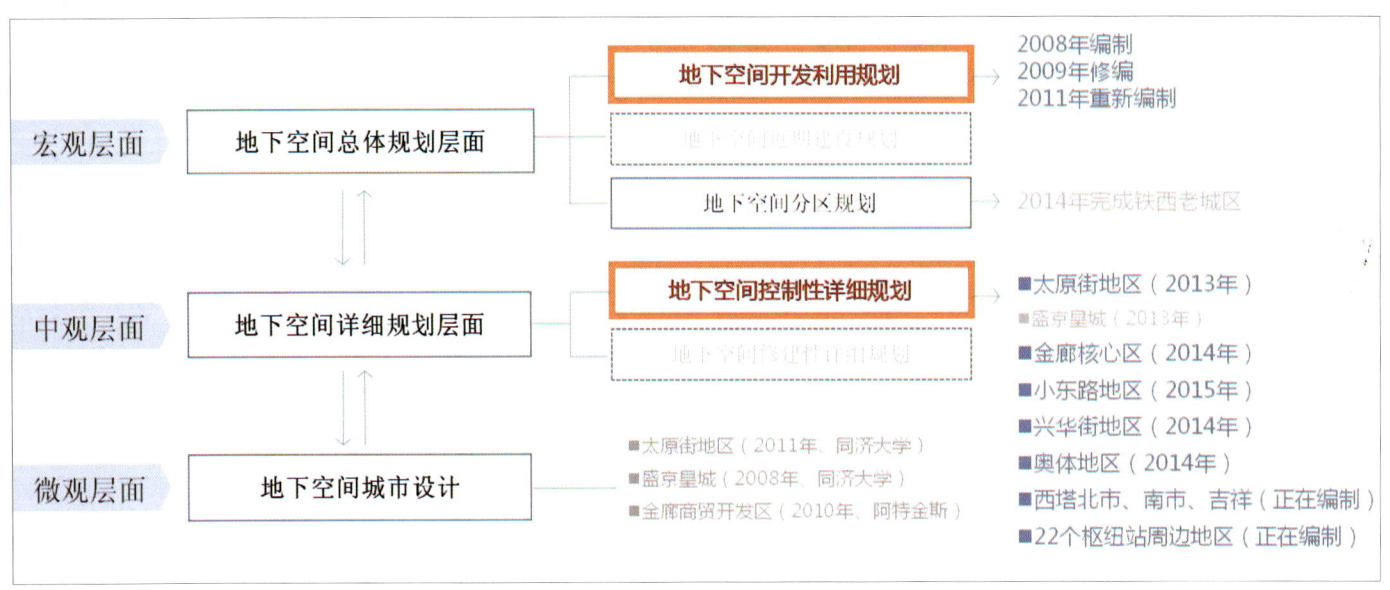

图1 沈阳市地下空间编制体系

总体规划情况。沈阳市的地下空间总体规划工作从2010年开始，分别编制了全市性的地下空间总体规划和地下空间开发建设管理目录，全市依托地铁线网、交通枢纽站、区域中心布局等因素，共划定32个片区，其中重点地区11个、次重点地区20个，划定地铁换乘枢纽站周边500米、一般站周边200米范围内也按重点地区管理。全市规划管理区总面积141.8平方公里,其中重点、次重点地区约90.3平方公里,地铁车站周边地区约51.5平方公里,规划管理区面积占市中心城区建设用地面积的20%左右(图2)。

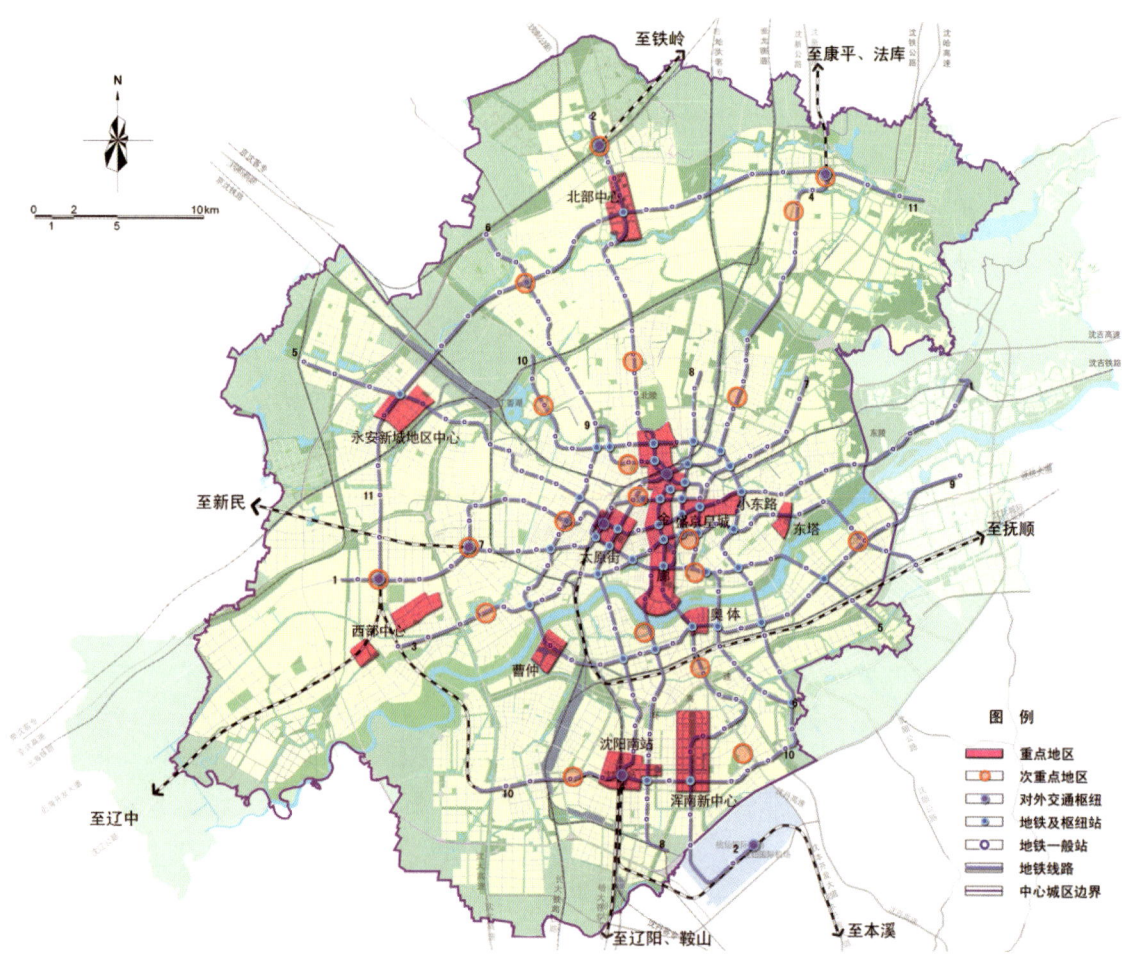

图2 《沈阳市地下空间开发利用总体规划》总体布局规划图

控制性详细规划情况。2013年以来,在地下空间总体规划指导下,沈阳市创新开展了地下空间控制性详细规划编制工作,先行开展了编制办法研究,规范了地下控规编制的内容、深度和成果形式。按照城市公共用地和开发地块两大类进行地下空间控制引导,具体包括是否开发地下空间、具体开发的平面范围和竖向布局、地下连通条件和步行通道控制、停车配建、出入口方位以及与地铁、市政系统的衔接关系等内容(表1)。先后分别编制了太原街地区、北站金融商贸开发区、北金廊地区、小东路地区以及

表1 地下空间控制性详细规划指标体系汇总表

要素分类指标			控制	引导	适用类型
8项基础指标	1	地块类别	√		适应于各类地下开发重点明确新增连通开发地块的指标要求
	2	竖向分层		√	
	3	使用功能		√	
	4	退线距离	√		
	5	地下连廊方位	√		
	6	配建停车位数量	√		
	7	公共步行通道宽度	√		
	8	出入口要求	√		
3项附加指标	1	用地范围	√		道路、广场、公园等城市公共用地
	2	与地铁衔接关系	√		
	3	与市政系统空间关系	√		

南金廊地区、中街地区地下空间控制性详细规划，总面积约21平方公里，占规划管理区面积的14%。目前，除南金廊地区和中街地区两片区尚未通过政府审查外，其他四个片区均已通过市政府审查。

2017年8月，经市政府同意，城市地下空间开发建设管理办公室组织开展了西塔—北市、南塔和吉祥市场3处重点地区和地铁1、2、4、9、10号线沿线22个换乘枢纽站周边地区地下空间控详规划编制工作，规划编制区总面积7.6平方公里，全部工作计划2018年7月完成（图3）。

二、规划实施情况

1. 独立开发项目

沈阳市建在道路、广场、绿地等公共空间地下的单建地下空间项目总计21处，面积74万平方米（表2），其中：地下街14条、地下商业广场7处，地下街总长度11公里（两层地下街只计入一层长度）。统计数据未计入沈阳站西广场（2层、11.7万平方米）、高铁南站（数据不详）、兴华地下街（1.65公里、7.7万平方米）、华润太原街地下停车场（4层、2.3万平方米）项目，全部计入后预计单建地下空间项目总面积可达100万平方米。

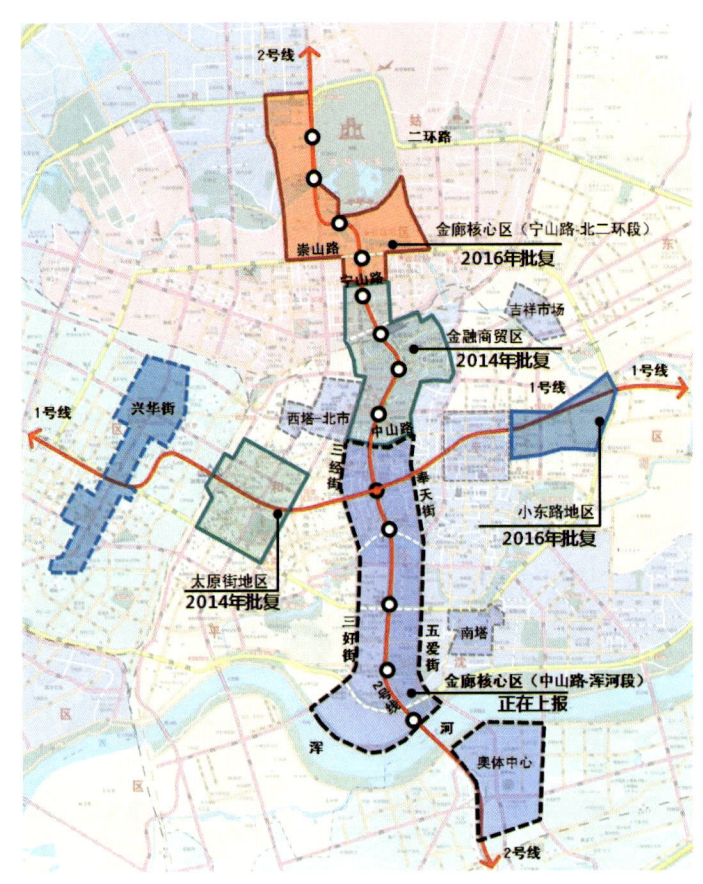

图3 重点地区地下空间控制性详细规划编制示意图

表2 地下空间实施独立开发项目

地区	序号	名称	层数（层）	功能	长度（米）	规模（万平方米）
太原街地区	1	中华路地下街	1	商业	1150	3.4
	2	时尚地下街	2	商业	600	2.8
	3	太原北街地下街	2	商业	710	2
	4	民主路地下街	2	商业	1050	2.8
	5	中山路地下街	2	商业	1050	3.2
	6	沈阳站东广场地下	2	人防、商业、地铁站	—	2.1
	7	体育公园地下	1	商业	—	1.8
		小计			4560	18.1
中街地区	1	中街路地下街	2	商业	870	2.65
	2	正阳街地下街	2	商业	480	1.52
	3	北中街路地下街	2	商业	540	1.58
	4	朝阳街地下街	2	商业	1130	3.47
	5	东顺城街地下街	2	商业	960	2.2
	6	沈阳路地下街	2	商业	267	0.85
	7	通天街地下街	2	商业	350	3.73
		小计			4597	16
长江街地区	1	长江街地下街	2	商业	1300	8.8
	2	碧塘公园地下	2	商业	—	8.2
		小计			1300	17
北站地区	1	友好街地下街	1	商业	400	1.73
	2	北站南广场地下	1	商业、停车	—	3.4
	3	北站北广场地下	2	-1F：出租车蓄车场、商业；-2F：停车	—	3.28
		小计			400	8.41
其他	1	市府广场地下	2	-1F 商业；-2F 停车	—	11.2
	2	工业展览馆广场地下	4	-1F、-2F 商业；-3F 停车	—	3.1
	总计				10857	73.8

2. 地下连通工程

工程包括商业地下室与地铁站连通,以及地下停车库连通,全市总计19处,从位置分布上看,金廊沿线最多(表3、图4)。

城市综合体项目。金廊、太原街、东中街等重点地区地下空间开发总量已达到1100万平方米,地下空间开发深度普遍达到地下三层,宝能、友谊广场等项目地下开发深度已达到地下五层。

表3 地下空间实施连通项目

编号	名称	所在地区	连廊属性
1	万象城—地铁2号线工业展览馆站地下连廊	金廊核心区	商业—地铁
2	朵朵童商城/辽展地铁商城—地铁2号线工业展览馆站地下连廊		地铁—地铁统筹开发商业
3	万象城—嘉里中心地下连廊		商业—商业
4	新世界会展中心—地铁2号线五里河公园站地下连廊		商业—地铁
5	地铁2号线图书馆站跨青年大街出口		地铁附属设施建设
6	市府恒隆广场—地铁2号线市府广场站地下连廊		商业—地铁
7	乐天百货—沈阳北站北出口		商业—交通枢纽
8	阳光百货—地铁2号线金融中心站		商业—地铁
1	朗勤商道—时尚地下商场地下连廊	太原街地区	商业—商业
2	朗勤商道—地铁1号线沈阳站站地下连廊		商业—地铁
3	欧亚联营商场—地铁1号线太原街站地下连廊		商业—地铁
4	凤凰城—地铁1号线太原街站地下连廊		商业—地铁
5	北约客广场一二期		停车—停车
1	沈阳商业城—地铁1号线中街站出入口合建	中街、东中街地区	商业—地铁
2	中粮大悦城—地铁1号线东中街站出入口合建		商业—地铁
3	人和第一大道—地铁1号线中街站连通		商业—地铁
4	龙之梦亚太城—地铁1号线滂江街站连通		商业—地铁
1	万象汇—地铁1号线铁西广场站地下连廊	铁西广场地区	商业—地铁
1	钻石山项目—兴隆大奥莱	奥体中心地区	商业—商业

商业城—中街站地下连通

中兴新一城—东顺城人防地下街连通

大悦城—东中街站地下连通

龙之梦—滂江街站地下连通

万象城—嘉里中心地下连通

万象城—工业展览馆站地下连通

图4 地下空间实施连通项目

我们需要怎样的地下空间规划

顾琼　由宗兴　王磊 / 沈阳市规划设计研究院有限公司

摘要：随着城市的快速发展，产生了诸多城市问题，其中城市空间面临严峻的考验。在此形势下，国内很多城市都在积极开展地下空间开发工作，而地下空间规划与编制相关的问题正受到人们越来越多的关注。

一、沈阳市作为新一线城市，地下空间规划面临着怎样的难点？

编制背景：地下空间规划十分必要、重要却又难以开展。

随着城市逐步转向内涵式发展，地下空间已成为各大城市十分重要的空间资源，得到管理、技术部门日益广泛的关注。在《城乡规划法》确定的"先规划后建设"原则下，编制地下空间规划已十分必要和重要，地下开发的不可逆性也对规划的科学性、前瞻性提出了更高的要求（图1）。

图1　地下空间剖面图、地下商业示意图

目前，国家法律法规及技术标准仅构建了模糊的编制框架。指导规划编制的法规标准主要依据《城市地下空间开发利用管理规定（修正）》（2001年）、《城市规划编制办法》（2006年），二者将地下空间分为专项规划和控制性详细规划两个层面，仅提出了原则性、方向性要求。《城市、镇控制性详细规划编制审批办法》（2012年）仍未涉及地下空间规划内容。法律法规和技术标准的缺位，一定程度上增加了地下空间规划编制的技术难度，也削减了编制的必要性。这是国内多数城市地下空间规划止步于总规专项内容，仅完成规定性动作的技术原因。与此同时，地下空间开发利用始终存在着权属界定等管理"盲区"，人防、城建、规划、房产等多部分条块式分割管理、相互制约现象长期存在，也导致了地下空间规划难以统筹多方诉求、难以实施。这是地下空间规划长期活跃在理论探索、规划实践难以开展的制度层面原因。

二、自 2008 年地铁线网开发建设以来，沈阳市进入地下空间大规模开发利用的阶段，编制怎样的地下空间规划才能满足规划管理需求，指导地下空间有序建设呢？

沈阳市实践概述：积极改变地下空间规划的"鸡肋"地位。

2008 年以来，随着地铁线网、地下街以及大型城市综合体密集开发建设，沈阳市已经进入了地下空间大规模开发利用的新阶段，迫切需要科学规划的指导和支撑。这首先需要我们明确规划管理需求包括哪些内容，为规划编制寻找到恰当的方向。结合沈阳市规划管理实际，具体项目涉及地下空间管理需求可概括为如下三个方面：

一是项目所在的用地是否必须进行地下空间开发。

二是需要多少地下空间开发量，承载哪些功能，解决什么问题。

三是如何实现地下空间的最优化布局，实现与周边地下空间及相关地下管网、设施的统筹协调。

见沈阳市地下空间布局结构图（图 2）。

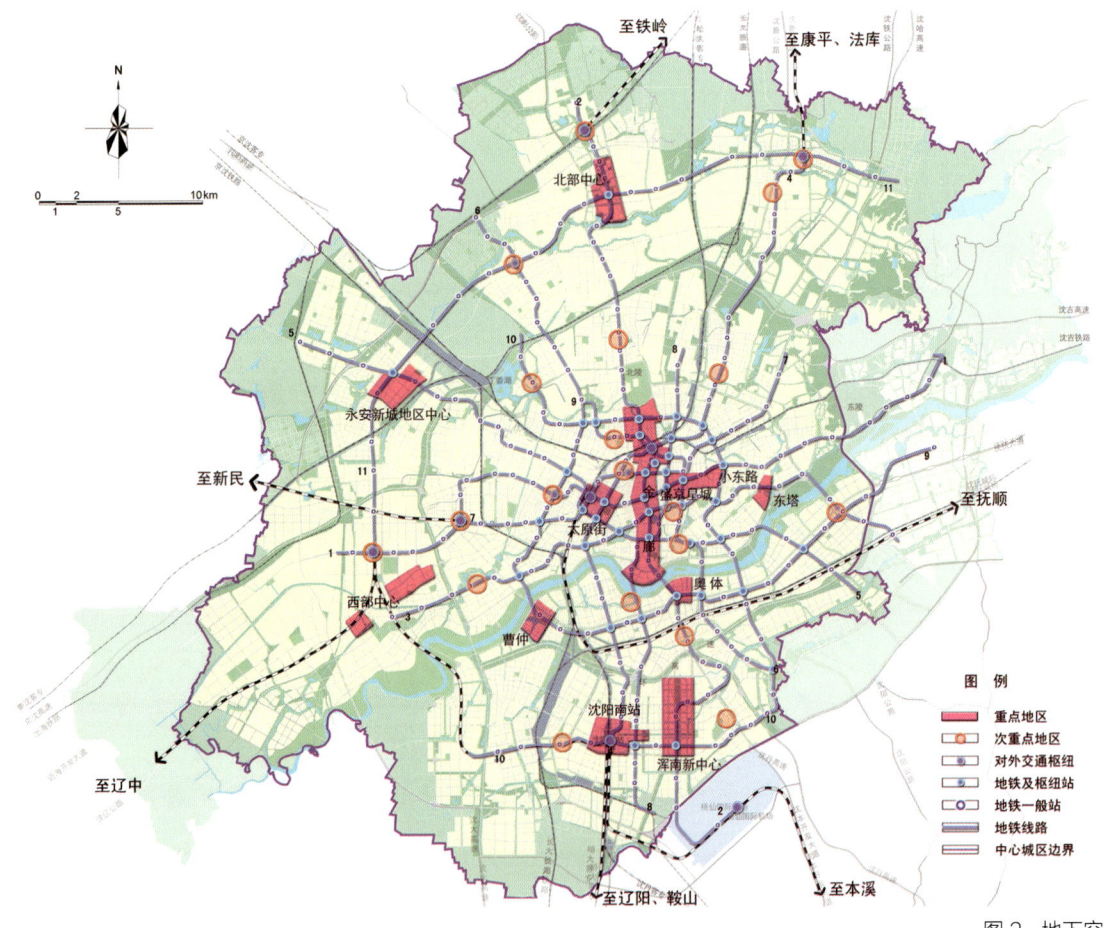

图 2 地下空间布局结构图

三、明确了三项地下空间管理需求，沈阳市地下空间专项规划经历了哪些历程？

2008 年以来沈阳市先后开展了两次地下空间专项规划，开展了太原街、金廊、盛京皇城 3 个重点地区地下空间城市设计以及控制性详细规划编制工作。总结沈阳近年来地下空间规划编制历程，总体上可划分为两个阶段：

阶段一：2008—2012 年以宏观规划、重点片区城市设计为主的探寻方向和构建体系阶段。这一阶段我们逐步理清、建立了较为客观的地下空间资源观，即在评判地下空间开发利用必要性和迫切性的时候，必须实现近期地下空间应解决的城市问题和远景城市发展需要地下空间承载的功能紧密结合，避免盲目冒进、过浅开发、独立开发；同时，在目前经济、技术条件尚待提升的发展阶段，做好道路、广场等城市公共用地的地下空间预留，这在某种程度上比统筹不足的开发更重要。

阶段二：2013年以来，以控制性详细规划为主的搭建实施管理平台阶段。重点研究地下空间布局优化，高度强调竖向功能分层和横向空间连通、地下空间功能系统的空间和时序协调，将规划方案尽量转化为控制性指标和引导性措施，落实到用地出让过程中的规划设计要点，着力将地下空间形态的约束和引导贯穿到设计和开发的始终。

通过规划编制，我们始终直面地下空间规划管理亟待解决的各项问题，积极探索解决方案，初步明确了公共利益优先、保障城市长远发展的地下空间价值观和实现路径。

地下空间开发利用规划——对待公共利益，临渊羡鱼不如退而结网。

2008年在金融危机的影响下，街路、广场等城市公共用地地下空间逐步成为开发热点。在此背景下，按照市政府要求，沈阳市规划设计研究院开展了《沈阳市核心区地下空间开发利用规划》的编制工作。除了按照《城市地下空间开发利用管理规定》（2001年）要求，开展现状分析及发展预测，制定开发战略、开发层次、规模与布局等内容外，规划重点强调了重点地区地下空间的开发利用。

2009年，沈阳市规划设计研究院结合地下街开发利用的新需求，对规划内容进行了调整和修订。

同期，市规划局、市人防办联合出台了《关于规范全市地下空间开发利用管理意见》，在国内率先规范了地下空间的供地方式、出让年限、地价确定等要求。

2010年，沈阳市规划设计研究院结合片区战略规划，先后编制了金廊沿线、太原街地区、盛京皇城地区的地下空间城市设计，在2008年同济大学吴志强教授主持的《沈阳盛京皇城城市设计》方案基础上进一步深化而形成，着重从开发容量、空间形态等方面进行统筹布局和系统安排。其中，地下空间的连通要求成为设计的重要内容。

2011年，按照市政府部署要求，结合城市总体规划修编，由市规划局组织，市建委、市人防办、市地铁指挥部共同参与，沈阳市规划设计研究院联合同济大学地下空间研究中心，编制完成了《沈阳市地下空间开发利用总体规划》。规划树立了审慎利用、上下协同、完善法规的指导思想，高度强调地下空间资源的重要性和珍贵性，树立了公益优先、依托轨道交通有序推进、突出重点等原则。

结合规划，2012年沈阳市出台了《沈阳市地下空间开发建设管理办法》，将规划的主要内容提升到地方法规层面。

在四年的探索过程中，我们曾经将地下空间简单地视为地面和地上空间资源的附属，视为存量空间、增量空间，强调地下空间扩容的经济价值，形成了避免空间浪费的唯一开发观点。历经多次学术研讨、多部门沟通交流，我们逐步转变了思路，形成了地下空间必须审慎开发、上下协调、远近结合、充分预留的战略观点，并通过部门征求意见、成果汇报等形式，逐步统一了全市的思想，对地下空间的价值判断逐步全面、科学，富有前瞻性。

地下空间控制性详细规划——战略眼光、系统控制、精雕细琢。

2012年7月20日《沈阳市地下空间开发利用总体规划》原则通过了市规委会审查。会议要求继续开展地下空间控制性详细规划的研究和实践工作，逐步解决问题，落实上位规划要求。

鉴于地下空间控规的编制规范与技术标准在国内尚属空白，针对沈阳市的实际情况，沈阳市规划设计研究院于2012年底制定了《沈阳市地下空间控制性详细规划编制办法》，解决规划怎么编、编成什么样两个问题，保障地下控规的顺利开展。

2013年以来，沈阳市规划设计研究院参考《沈阳市地下空间控制性详细规划编制办法》内容，先后开展了太原街地区、盛京皇城地区、金融商贸开发区以及金廊沿线7个重点地区的地下空间控制性详细规划编制工作。规划主要内容包括：

（1）现状普查、综合评价；

（2）开发目标、功能定位；
（3）规划结构、总体布局，重点控制城市公共用地和连通开发地块的地下空间开发；
（4）竖向分层、功能引导；
（5）地下交通系统控制；
（6）地下市政系统控制；
（7）制定"8+3"指标体系，包括8项基础指标，城市公共用地增加3项附加指标；
（8）开发时序、管理建议。

公益规划优先理念贯穿规划全过程，并强调与城市控规紧密结合。刚性控制地下公共性空间、公益性设施以及开发范围、连通控制等对城市具有重大影响的要点，形成控制底线，其他内容预留弹性。在用地划分、地块编号、成果形式等方面，与城市控规保持一致；此外，刚性内容及指标能够直接落实到城市控规当中，保证成果便于应用和转化。

规划得到了市局、建委、人防、地铁、消防、文物等部门以及省内外专家的一致好评，实现了地下空间法定规划从学术探讨向实践应用的一次成功跨越。

惠工广场地区位于沈阳市金融商贸开发区内，毗邻沈阳北站，是沈阳市重要的标志性空间和金融功能节点，也是交通拥堵现象最为严重的地区之一。2013年，沈阳市规划设计研究院组织开展了《金融商贸开发区地下空间控制性详细规划》编制工作，历经院领导、项目组反复讨论，一致认为在惠工广场地区设置地下道路及地下停车场联络路能够大幅缓解该地区机动交通压力，并形成初步方案。

在后续部门征求意见、上报市政府审查等过程中，市领导及有关部门对该方案给予肯定，同时提出地下设施应审慎开发，城市功能和出行结构性问题需要放在全市整体考虑，如能通过区域调流等其他方式加以疏导解决，尽量避免地下道路开发，为该地区的空间扩容和功能完善预留空间。跳出规划范围、规划编制阶段的限定，我们将原有开发方案转变为空间预留，即对方案涉及的主要街路地下空间进行预留控制，为远期方案实施预留条件。

地下空间规划方案牵一发而动全身，我们必须始终将地面、地上、地下作为城市整体空间资源加以统筹思考；始终面向城市和地区的可持续发展审视近期开发建设，避免形成短视，影响发展；始终高度注重地下开发的外部效应，尽量将地下交通、市政、公共活动系统整体建设，避免建设时序上的偏差导致形成地下空间安全避让距离增加，浪费空间资源。

四、沈阳大规模地下空间规划的10年中，取得了不菲的成就，在合理利用地下空间资源上有什么深刻的心得体会？

2008年以来的规划编制印证了沈阳对地下空间资源认识的逐步深化过程，也反映出精细化管理需求的日益增长趋势，较为明显地体现出"三结合、三转变"的特点：

一是与城市经济社会发展紧密结合，在认识上实现了从关注宏观价值判断向强调微观实施操作的转变，找准方向，逐步落实，保障规划能用、好用，落到实处，解决问题。

二是与规划管理需求紧密结合，在方法上实现了技术创新向管理平台构建的转变，弥补了既往地下空间一事一议、难以统筹的缺憾。

三是与法规体系建设紧密结合，在作用上实现了从化解表象矛盾向解决根源问题的转变，有效推进了地方法规体系和管理机制的完善，为地下空间建设夯实了制度基础。

我们不能在强调城市规划工作重要性的时候，认为自己是战略的、全局的、综合的，而在从事具体工作时，所起的作用或者真正擅长的又只是战术的、行业的、技术性的。

面对错综复杂、积重难返的地下空间现状问题，规划必须迎难而进、积极应对、突破束缚、敢于解决问题。我们的认识可以是阶段性的、方案可以是不成熟的，但是我们应该有敢于担当责任、正视自身不足、不断完善提升的勇气。

沈阳市地下空间控制性详细规划编制方法探讨

王磊　由宗兴　张晓科　顾琼 / 沈阳市规划设计研究院有限公司

摘要：地下空间控制性详细规划是指导地下空间规划管理的重要依据，也是地下空间规划编制领域的一个薄弱环节，并且缺少统一的行业标准和技术规范作为参考。在此背景下，沈阳市规划设计研究院有限公司充分结合沈阳市规划管理需求，创新性地开展了一定的探索和实践。

合理、有序开发利用地下空间资源是沈阳破解交通拥堵、市政瓶颈、空间饱和等问题的重要途径。随着地铁线网、地下街以及大型城市综合体密集开发建设，沈阳已经进入了地下空间大规模开发利用的新阶段。在巨大的开发需求面前，构建以地下空间控制性详细规划为核心的管理平台突显必要性、迫切性。怎样编制地下空间控制性详细规划（以下简称地下控规）才能兼顾成果的科学性与可行性并匹配管理需求呢？结合沈阳近年来规划编制实践，我们将经验教训总结如下。

一、技术特点解析

1. 在编制类型上可划分为"同步式"与"补救式"两种类型

地下控规不是独立的规划编制阶段，是从属于控规编制的一个重要组成部分。按照与城市控规的时序关系，地下控规主要可划分为"同步式"编制和"补救式"编制两种类型。

"同步式"编制主要针对新城整体开发，在概念规划到控规的落实过程中，地下空间内容逐步深化，最终形成专项规划、城市设计导则等成果形式（达到控规深度）。例如：《杭州钱江新城核心区块地下空间控制性详细规划》（2003年）、《上海虹桥商务核心区一期城市设计》（2009年）、《厦门集美新城地下空间开发利用专项规划》（2010年）等，是指导新区地下空间有序开发建设的重要依据（图1）。

"补救式"编制主要针对老城区，在各类规划已较为完

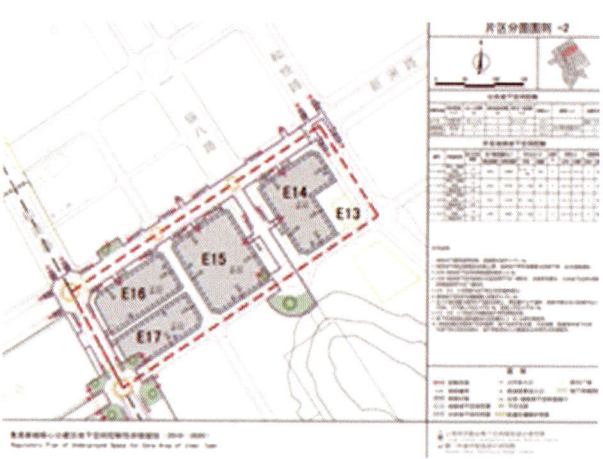

图1　厦门集美新城地下空间开发利用专项规划主要图纸

善的基础上，针对地下空间开发利用过程中不断出现的新情况、新需求，单独开展地下控规编制。此类实践较少，但在解决各类历史遗留问题、实现老城区内涵式空间拓展等方面具有积极的作用。沈阳目前开展的地下控规实践集中在这一类型上。

2. 在编制目的上更加强调对公共利益的优先保障

由于目前国内针对这一领域尚无统一的规范和标准，研究地下控规的编制目的仍然需要从城市控规着手。按照《城市、镇控制性详细规划编制审批办法》，编制城市控规总体从功能、容量、形态、安全、配套和品质六个方面，对用地开发建设进行控制和引导，并通过"四线"对城市公共服务设施、公用设施、开敞空间等要素进行重点控制。由于地下空间具有岩土属性和开发不可逆性，地下控规一旦短视，不仅会造成地下空间资源的浪费，还容易形成影响片区发展的瓶颈。因此，地下控规编制必须更加强调对长远利益、公共利益的保障，突出表现为如下4个方面的特点。

（1）充分考虑未来可能的地下空间发展需求，做好充分的空间预留。

（2）处理好地下交通、市政、人防、公共活动等系统的空间关系和建设时序。

（3）维护城市安全，保障战争防御和防灾减灾的双重功能。由于部分内容涉密，在规划编制过程中，我们积极征求、落实人防部门意见，保障规划符合人防要求。

（4）充分考虑人的需求和心理感受，创造便捷、健康、舒适的地下公共空间环境。

3. 在价值取向上更加强调地下空间的资源属性

地下控规的编制需求，在一定程度上是规划对地下空间资源属性认识的深刻调整。《城市、镇控制性详细规划编制审批办法》较少涉及地下空间内容，仅提出城市控规应明确地下管线控制要求。这种编制要求暗含了对地下空间的两种认识：一是地块的地下空间是地上空间的附属，规范了地上，就已经控制了地下；二是街路地下是市政设施的空间载体。在这种"附属观"的指导下，各类地下空间是自成系统、相互孤立的。相对于地下空间被赋予的扩展空间容量、缓解交通压力、提升基础设施水平、改善人居环境、提高综合防灾能力、促进可持续发展等作用，这种"附属观"是很难充分发挥地下空间应有的作用的。

我们认为，地面是景观体验最丰富、功能最复合的城市基面，是城市弥足珍贵的空间资源，发挥着城市功能组织平台和交通联系媒介作用。但随着地面开发强度不断提高，地面公共活动基面的有限容量和日益增加的交通压力之间的矛盾难以调和，这种现象在老区尤为突出。而地下空间是最具形成连续、完整步行空间，统筹布局交通、市政、公共活动等功能的城市新基面。地下控规是对这一基面的详细布局和系统安排，地下是可以堪比地上的重要空间资源。

二、编制要点归纳

按照功能不同，可将地下空间归纳为三个功能体系：以地下交通、市政、人防、仓储等设施为主体的城市公用设施体系；以公共步行、商业文化娱乐设施为主体的公共活动空间体系和项目配套体系，并分别在城市公共用地和开发地块开发建设中有所涉及。由于单体开发项目综合配套有系统化的停车、市政等规范指导，并且对周边不会产生结构性影响，地下控规的重点应该放在对城市公用设施、公共活动空间两大体系的控制和引导上。

1. 地下公用设施体系布局

结合沈阳实际，地下控规重点针对地下交通、市政系统展开研究。由于地下人防系统涉密，在规划编制过程中，我们积极征求和落实人防部门意见，维护公共安全，满足保密需求（图2）。

（1）地下交通系统。

地下交通系统可进一步拆解为地下轨道交通、地下道路、地下停车三部分内容。其中，轨道交通以《沈阳市快速轨道交通线网规划》为依据，确定规划范围内轨道线网布局及近期建设线路，明确安全控制范围及建设控制要求。地下道路以《沈阳市综合交通规划》《沈阳市快速路系统规划》为依据，明确地下道路的平面布局、埋深以及与地铁、综合管廊等设施的竖向关系。地下停车场（库）按照地下公共停车场和建筑物配建停车场两种类型分别提出选址、规模、配建指标等控制措施。

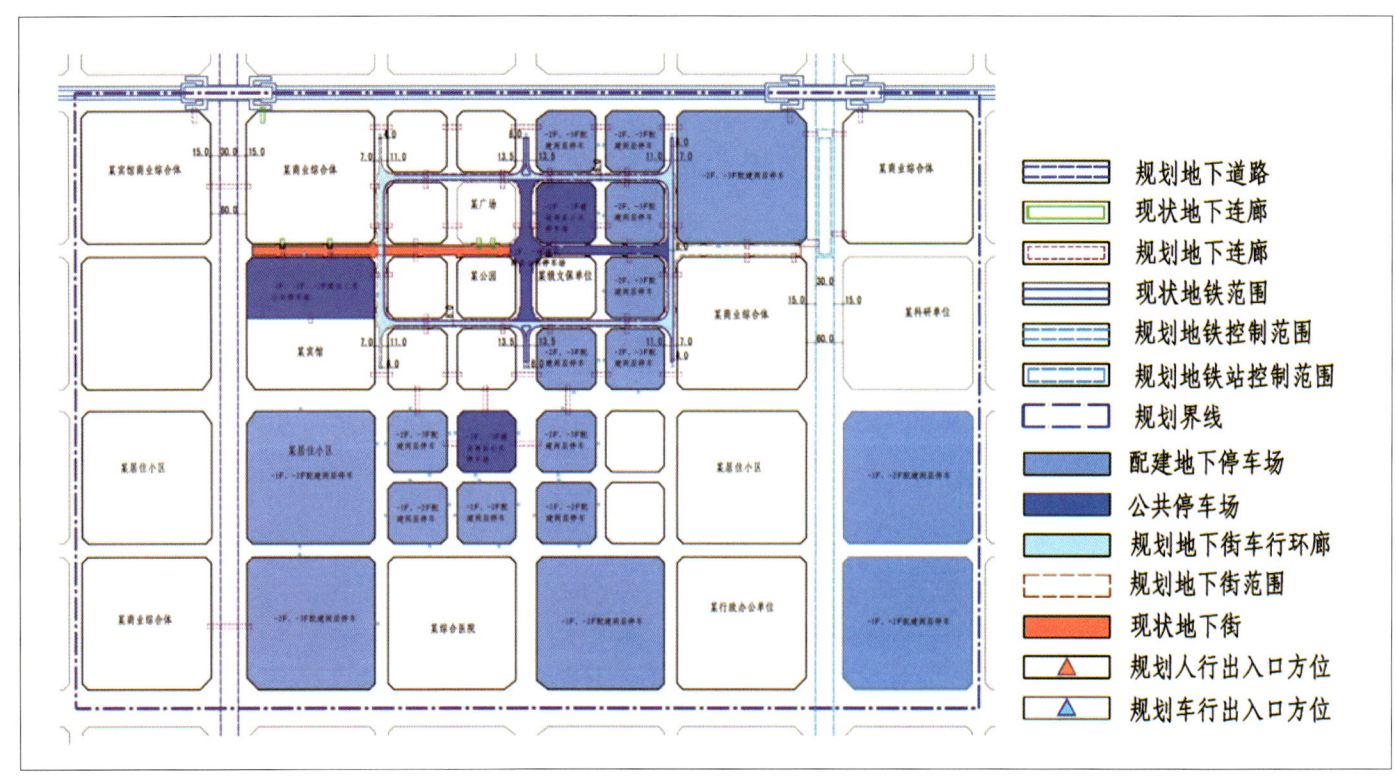

图 2　地下交通系统规划图纸示意

（2）地下市政系统。

地下市政系统在管线综合规划之前，对重要地下市政设施、管网干线及综合管沟等内容进行研究和布局。地下市政设施应明确空间位置、规模、建设深度、安全防护要求等内容。针对综合管沟应充分论证可行性，如有条件、有必要建设综合管沟，需明确综合管沟的敷设位置、深度、断面形式、安全防护、空间避让等要求。针对不具备综合管沟可行性地区，重点明确管网干线的平面布局、埋设深度、安全防护、空间避让等要求（图3）。

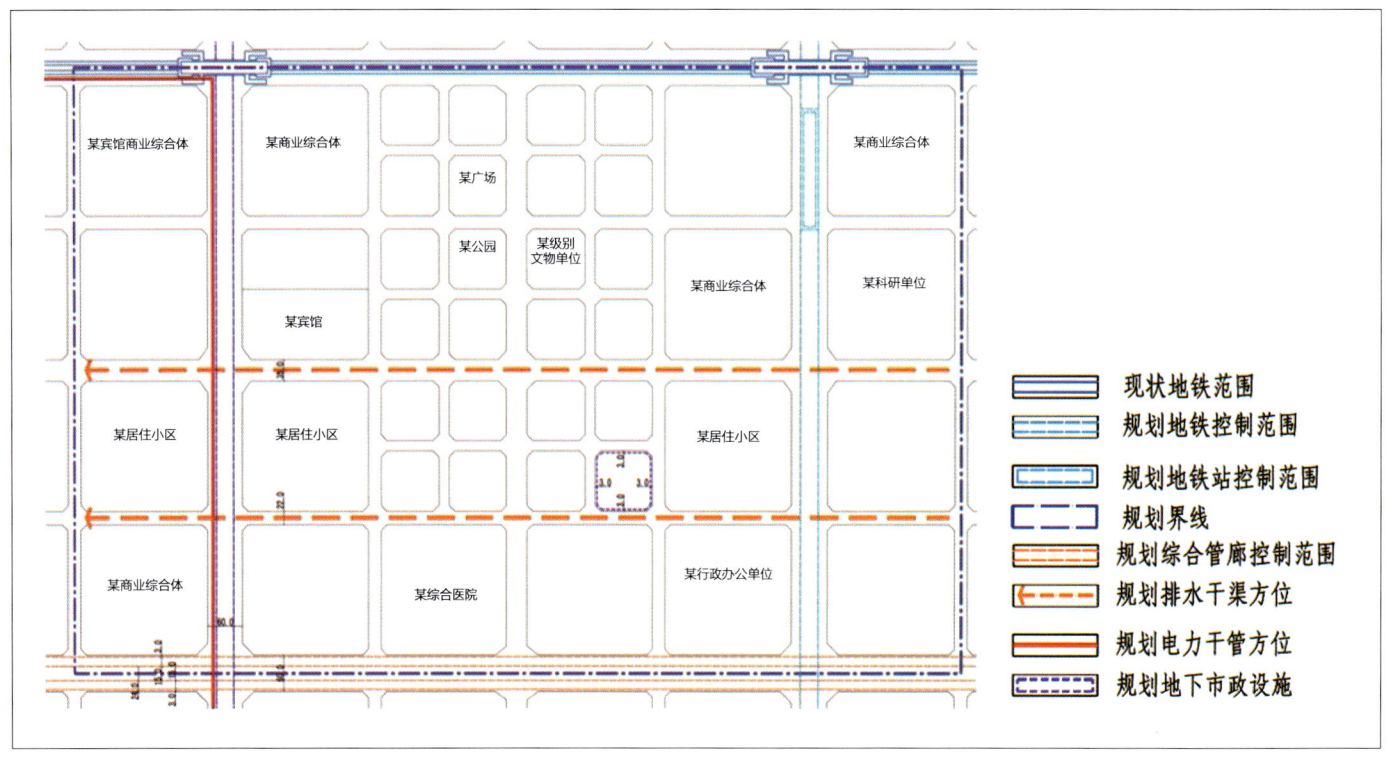

图 3　地下市政系统规划图纸示意

2. 地下公共活动空间体系塑造

蒙特利尔、芝加哥、大阪等地下城成功案例表明，地下公共活动空间体系对于提升中心区活力、解决地面问题等方面至关重要。形态上以地铁站、重要公共建筑地下空间为核心，通过地下街、地下连廊等公共步行通道串联商业、文化等主题空间，形成网络化的、不受季节气候及地面交通影响的、畅达、便捷的地下公共活动空间体系。规划分别对地下街、开发地块提出规划控制要求。

（1）地下街控制。

地下街重点控制新建地下街公共通道，实现地下街之间，地下街与地铁站、地下商业、文化、娱乐等其他地下公共空间的连通整合；地下街规划设计、开发建设应实现与市政设施更新、地铁线网建设相协调，坚持统筹布局、整体设计、分期实施；此外，由于地下街因消防、安全等需求必须设置大量直通地面的人行出入口，容易影响街路步行空间，因此出入口应尽量结合街头绿地、广场设置，尽量避免在人行道用地范围内设置。

（2）地块控制。

考虑人行的可达性、便捷性，根据实际需求，新建公共建筑作为连通开发地块进行控制。具体的控制要求包括：开发地下空间时，应该控制必要的地下连廊，实现与相邻地下街、地铁站及类似地块的步行连通，地块内部控制必要的公共步行通道，保障地下步行网络的逐步形成。地下连廊和内部公共通道最小宽度参照日本经验值，不应小于6米。地下负一层宜以商业、文化、娱乐等功能为主，配建停车场宜布置在地下负二层及以下（图4）。

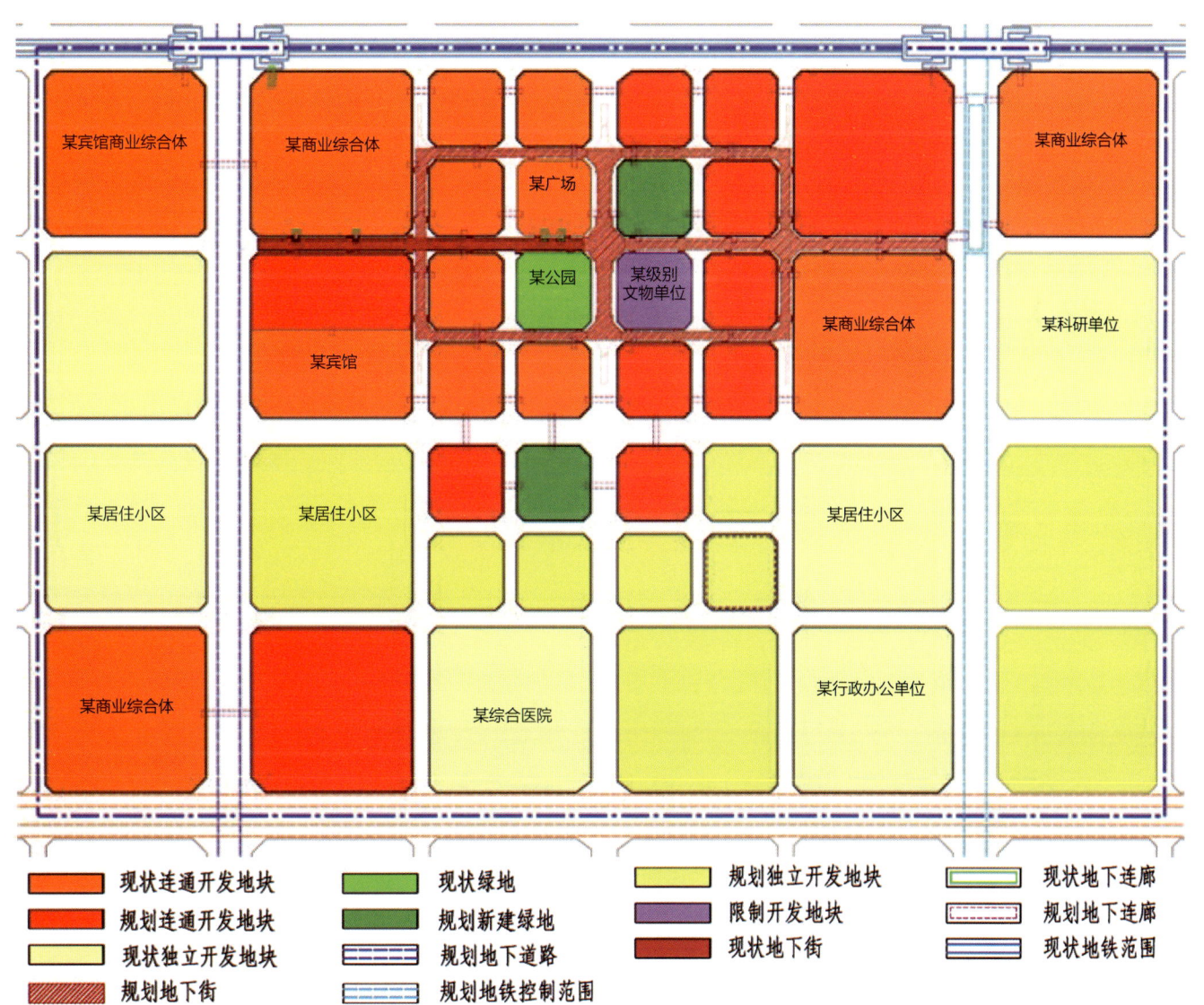

图4 地下公共活动空间体系规划图纸示意

与连通开发地块相对,按照连通性等控制要求的不同,规划进一步确定独立开发和限制开发两种类型。独立开发地块是指在满足国家和地方法律法规有关人防、消防、停车配建以及建设标准等方面要求的基础上,与周边地下空间连通不做强制性规定的地块。限制开发地块主要指各级文物及历史建筑地下,原则上不得开发地下空间,但可根据实际在地下安排必要的储藏、设备、基础设施等功能,并须履行相关文物部门报批程序。

3. 指标体系

将上述规划要求落实到具体指标,是保障规划可操作、便于实施的重要环节。参考城市控规指标体系,地下控规指标体系按照道路、广场、公园等城市公共用地和开发地块两大类,形成"9+3"的指标体系,包括9项基础指标和3项附加指标。其中,规模、分层和功能为引导性指标,保证规划控制具备必要的弹性(表1)。

表1 地下空间控规指标体系构成表

	指标要素分类	控制性	引导性	适用类型
9项基础指标	1 类别	√		各类地下空间开发地块。其中,规划重点明确新增连通开发地块的指标要求
	2 空间规模		√	
	3 竖向分层		√	
	4 使用功能		√	
	5 退线距离	√		
	6 地下连廊方位	√		
	7 配建停车位数量	√		
	8 公共步行通道宽度	√		
	9 出入口要求	√		
3项附加指标	1 用地范围	√		道路、广场、公园等城市公共用地
	2 与地铁衔接关系	√		
	3 与市政系统空间关系	√		

三、编制流程总结

城市控规编制流程可总结为现状普查与分析,容量测算,目标提出,规划结构,布局方案,专项引导,最终形成文本、图则及附件等成果形式。

由于地下空间的工程性较强,涉及的内容较多,地下控规的编制流程体现出自上而下落实和自下而上优化往复交替的特点。结合沈阳具体地下控规编制实践,我们将规划编制流程总结如下:

1. 落实片区规划,找准问题,明确发展方向

地下空间应该在片区发展中发挥怎样的作用,是地下控规的重要出发点,这需要将地下空间放在片区总体空间资源中统筹考虑。以沈阳金融商贸开发区为例,根据《东北区域金融中心核心区空间发展规划》《沈阳金融商贸开发区城市设计》等上位规划,该地区重点强化高端商务功能,成为金融机构总部集聚区域。根据该地区控制性详细规划,用地以商务、商业为主高强度开发。综合分析交通、市政设施承载力以及商业、商务设施空间容量,在地下控规层面,金融商贸开发区地下商业不能单纯地强调开发量,重点应加强对地面商务、商业等功能的补充、配套和完善;强调地下商业的连续性,与地铁站、地下步行体系的高度结合,提高可达性;注重商业、休憩、文化、休闲娱乐、餐饮等功能的多样化布局,与地面综合百货功能错位发展,提高地下空间吸引力(图5)。

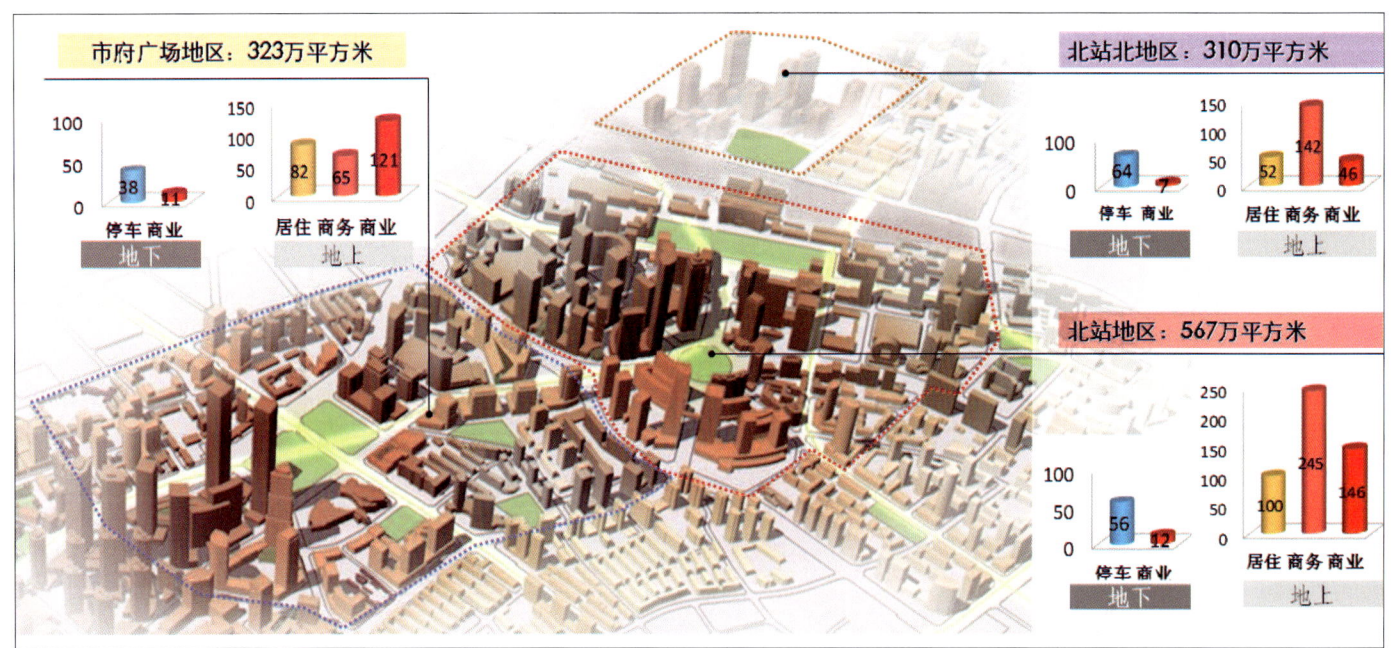

图5 金融商贸开发区建筑空间容量分析

2. 落实专项规划，形成技术平台

地下控规是整合轨道交通、道路、市政等专项规划的技术平台。各专项从各自系统出发制定的总体布局方案应在地下控规平台上予以充分落实、叠加，寻找到最优的空间布局方式。例如：按照《沈阳市综合交通规划》，市府大路应下穿市府广场，成为联系东西城区的重要交通干道，化解目前绕行市府广场带来的巨大交通压力。在金融商贸开发区地下控规方案中，对下穿段的深度、宽度、起讫点、断面形式等内容予以充分细化（图6）。

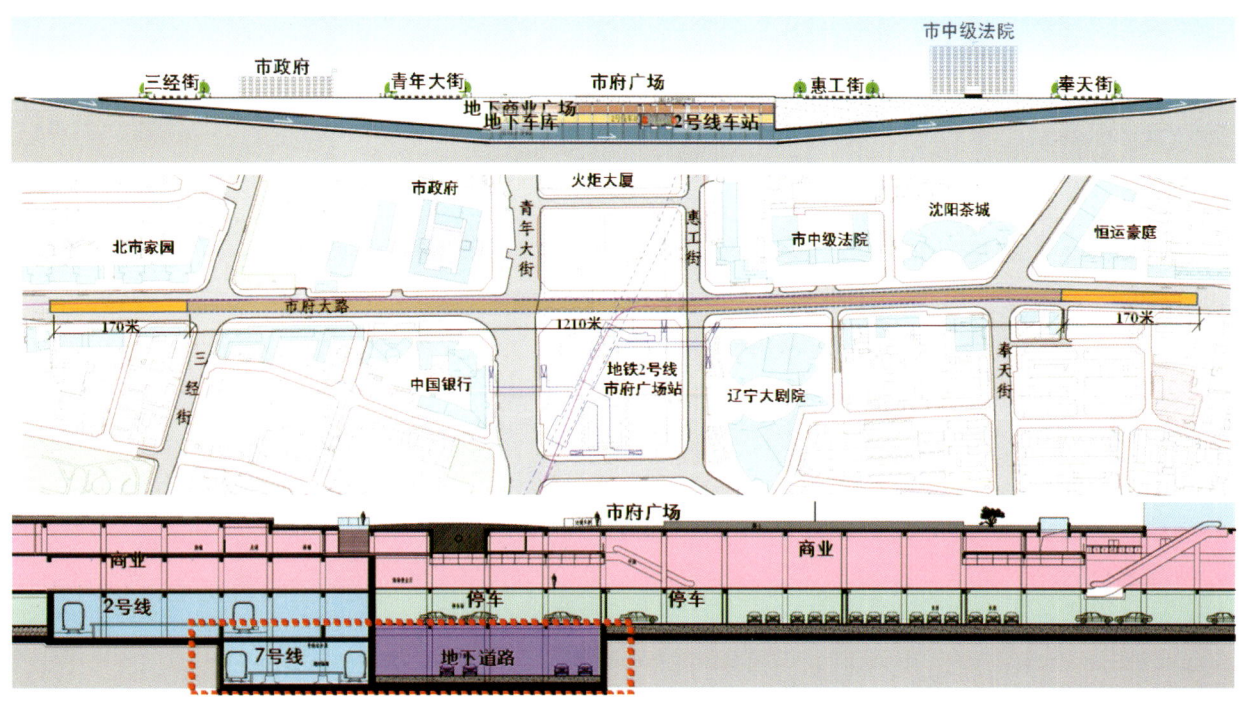

图6 市府大路下穿道路规划方案

再如：根据《沈阳市轨道交通线网规划》，南京街地下近期将实施的规划地铁4号线，根据《沈阳市排水规划》，南京街也是和平区重要的雨水排水廊道；根据《太原街地区综合提升改造规划》，南京街南五马路—北二马路段将开发建设地下街，连通周边地下街，完善该地区地下步行网络。在该地区地下控规编制过程中，我们将地铁、排水干管和地下街开发进行了充分整合，统一设计，整体开发建设，有效减少了单独建设地下设施所形成的安全防护距离，节约了空间资源，也将地下开发对城市正常运转的影响降到最低（图7）。

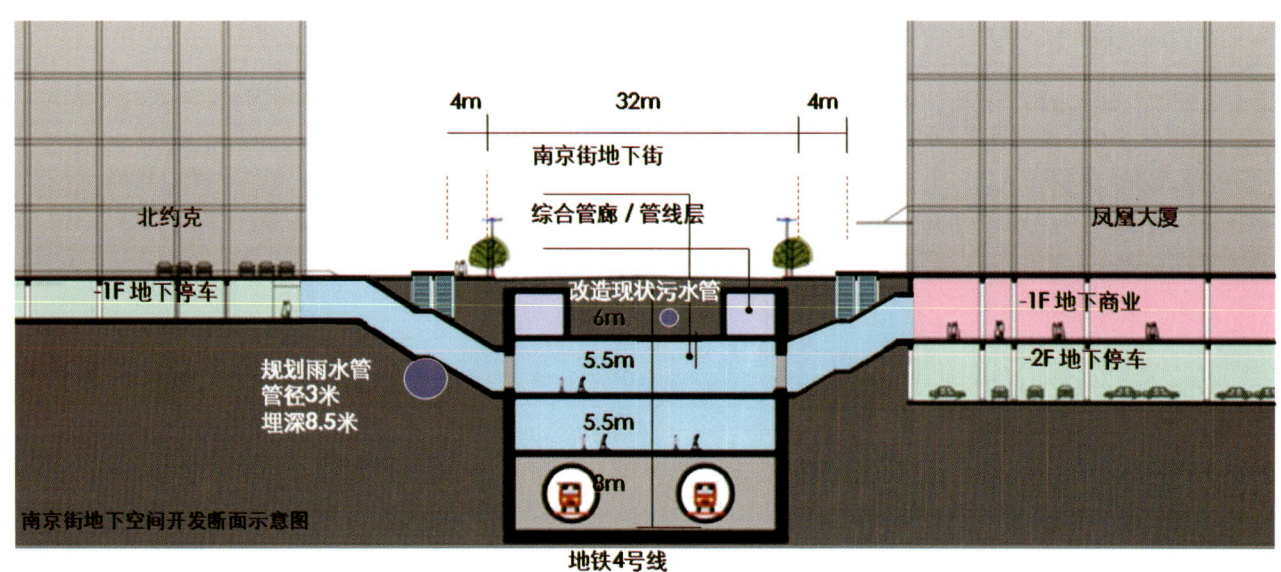

图7 南京街地下街、地铁、综合管廊和雨水干管整合方案

必须单独强调的是，数据表明，沈阳在工程地质、水文地质等方面十分稳定，不良地质情况较少。因此在地下控规中，工程条件对地下空间布局的影响可忽略。

3. 结合详细资料不断修正、优化方案

由于地下空间的工程性较强，按照从宏观定性到微观定量的自上而下编制思路，必须要经过详细设计加以论证、调整和优化，才能确保规划方案的可行性。强调与城市设计、详细规划、建筑设计的互动也成了地下控规编制的又一特点。例如：根据《沈阳市地下空间开发利用总体规划》，在金廊沿线规划形成8个地下空间网络化发展区域，其中，惠工广场地区可结合现有地下街进一步向南延伸，形成步行主通道。在编制该地区地下控规过程中，我们详细核实了地铁埋深、周边建筑分层平面、标高等信息，发现地下埋深过浅，地下街建设将挤占地下市政管线空间；沿线建筑地下一层以商业为主，有条件实现连通整合，贯穿多个地块的步行轴线。据此，我们开展了详细的城市设计，对上位规划提出的结构进行了动态的优化，并反推得出控制指标，保障了规划方案的可行性（图8、图9）。

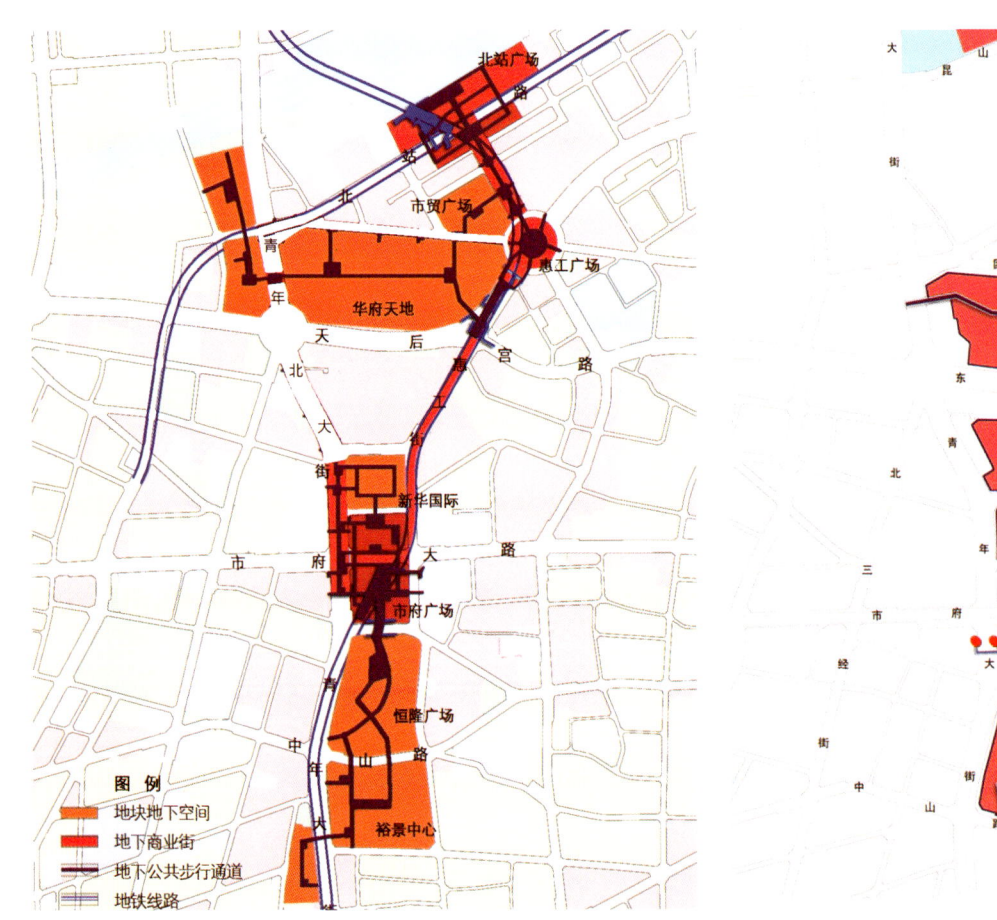
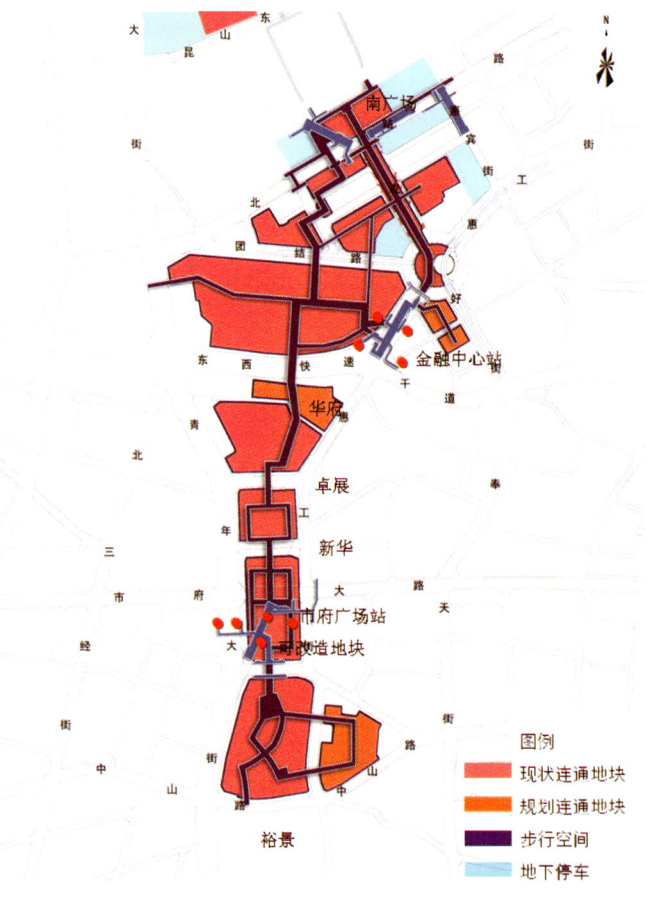

图8 《沈阳市地下空间开发利用总体规划》提出的惠工广场地区连通方案　　图9 地下控规对上位规划提出的连通方案进行的优化和修正

四、结论

针对沈阳的规划管理需求，我们先行开展了《沈阳市地下空间控制性详细规划编制办法》的研究编制工作，对控规的编制内容、成果深度和技术要点进行了深入的探讨。在《编制办法》指导下，我们已先后开展了多个重点地区的地下控规实践工作，并得到了建委、地铁、人防、消防、文保等部门的一致认可。目前，沈阳地下控规已作为有关部门实施地下空间管理的重要技术依据。在后续的工作实践中，我们将围绕管理需求，进一步完善地下控规编制技术体系。

集约城市土地利用，打造城市地下空间
——沈阳市地下空间开发利用规划研究

王磊　由宗兴　张腾龙　陈晨 / 沈阳市规划设计研究院有限公司

摘要：针对目前沈阳城市发展中存在的用地紧张、交通拥挤等问题，开发利用城市地下空间是解决这些问题的重要途径。本文首先对沈阳市城市地下空间开发利用发展阶段以及现状进行了判断与分析，提出了发展中存在的问题。在现状中存在的问题，结合沈阳市城市总体规划、社会经济发展条件等，提出了地下空间发展模式，空间布局模式；对地下交通、地下市政设施、地下公共空间重点内容等进行了系统研究和布局，并提出了沈阳市地下空间开发利用的实施机制和保障措施，从而推进沈阳市节约型城市的建设，实现城市的可持续发展。

一、引言——对地下空间资源的审视

合理、有序开发利用地下空间资源是沈阳解决城市问题、实现可持续发展的必然途径。目前，中心城区集中承载着中心城市的现代服务职能，土地开发强度高、人口密度大，地面交通拥堵、市政容量瓶颈、空间容量饱和、开敞空间不足等城市问题日渐突出，迫切需要地下空间予以疏导和解决。

同时，随着经济社会的发展，地下空间作为城市三维空间的重要组成部分，是支撑中心城区职能升级、空间拓展、运转效率提升、基础设施保障、环境品质改善的重要载体。需通过统筹布局、逐步构建地下各类功能系统，助力沈阳实现集约、协调、可持续发展。

二、大规模开发利用地下空间的时机

1. 经济基础——经济发展与地下开发规律相符

根据国际经验，人均GDP达到1000—3000美元，城市地下空间进入大规模开发利用的阶段，而沈阳市2010年人均GDP已达1万美元，具备了大规模开发利用地下空间的实力和时机（图1）。

2. 客观需求——较大的地下空间资源开发利用需求

随着沈阳经济与社会的高速发展，城市出现了诸如中心区拥挤、城市交通状况恶化、城市生态环境破坏严重等城市问题，需要以地下空间为载体，提供新的发展空间和解决途径。

3. 直接动因——地铁的开发建设带来的历史机遇

充分结合地铁的线网建设，整合地下空间资源，已成为沈阳城市空间实现内涵式发展、形成地下空

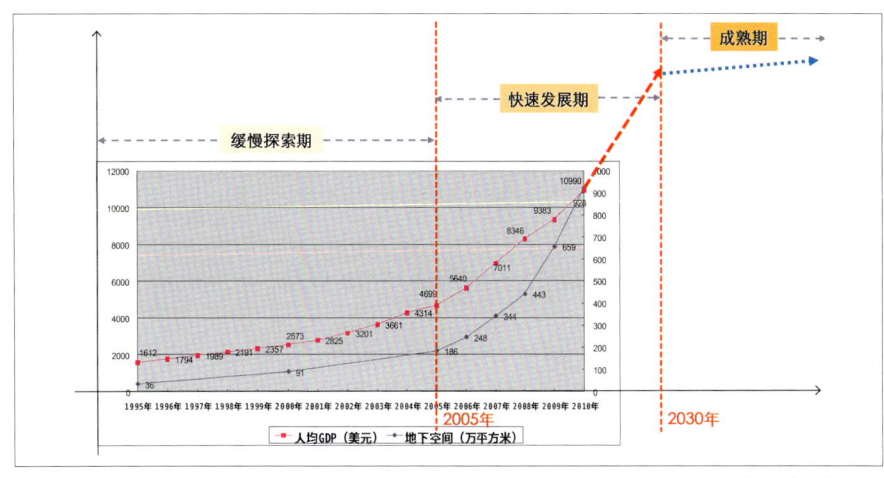

图1　地下空间发展阶段判断图

间整体效益的客观需求。

三、趋势判断——综合化、立体化、网络化

1. 地下空间发展历程——三大阶段

沈阳早期地下空间发展历程大体上可分为以下三个发展阶段：

第一阶段为1995年之前，地下空间开发利用以人防工程及高层地下室为主，并开始了地下空间"平战结合"的利用尝试，分散布置于二环以内。

第二阶段是从1995年至2005年，地下空间开发开始出现商业、文化娱乐、居住区等配建的停车及人防工程，局部商业建筑地下空间开始利用为商业，道路地下商业街开始出现，空间分散布置于二环以内。地下空间总规模约为186万平方米。

第三阶段是2005年至今，随着城市金廊的大规模开发，城市中心区更新和新区建设加快，特别是地铁1号线、2号线工程的全面开展，市场对地下空间的开发积极性日益高涨。目前沈阳地下空间开发利用已经被提升到拓展城市空间容量的高度。沈阳地下空间开发进入快速大规模发展阶段。

2. 发展趋势

根据发达国家经验，随着沈阳轨道建设全面展开，地下空间开发进入后30年的快速发展期，将以轨道建设、新区拓展、旧区更新的形式加快步伐，迎来地下空间综合化、网络化发展的关键时期。

四、现状地下空间开发误区

1. 开发利用概况

沈阳现状地下空间地域分布呈现区域聚集特征，主要分布在和平区、沈河区以及浑南新区等城市中心区，占中心城区总开发量的62%。金廊、太原街、方城等城市公共中心地区是地下空间开发最集中、开发强度最高的区域，三个地区的开发总量约占中心城区地下空间总量的37%（图2）。

以公共建筑地下室和居住用地地下配建为主，居住用地地下占45.3%、经营性公共设施用地地下占43.3%；道路及广场等公共用地地下占10.2%，主要为地下街和地铁；工业、中小学用地地下空间开发较少，仅占1.2%。地下空间使用功能主要有地下停车、地铁、人行通道、市政设施、商业、隧道等。

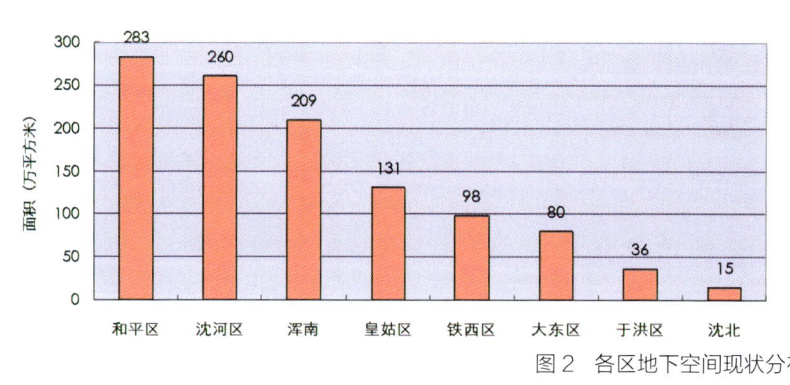

图2 各区地下空间现状分布

2. 开发误区

现状地下空间开发利用存在着一定认识上和实施上的误区，缺少公共优先的指导思想以及统筹布局、合理安排，现状问题突出表现为：

地下空间建设项目之间相互独立，不成系统。

地下街开发以商业功能为主，缺少公共通道、停车配建、安全疏散空间；与市政建设缺乏协调，与地铁站及周边地块缺少连通。

地铁埋深过浅、上部空间无法再利用。

在全市层面仍缺少对综合管沟的统筹考虑。

此外，公共中心地区人车混杂、交通拥堵、市政容量不足，急需开发地下空间予以解决。

五、地下空间开发利用的规划构想

为了有效引导沈阳地上、地下空间整体协调发展，保障公共利益优先，提升城市功能，提高土地价值，缓解土地和交通压力，增强综合防灾水平和基础设施服务能力，提出沈阳地下空间开发利用的规划构想。

1. 统一认识——强调公益优先的理念

从避免空间浪费的唯开发观点转向了审慎开发、做好预留的战略资源观点，逐步统一全市的思想，对地下空

间的价值判断应全面、科学，富有前瞻性。牢牢树立并全面贯彻公益优先的地下空间发展理念。从认识上正本清源，扭转了现状存在的商业主导开发误区，确保地下空间开发建设能够真正解决各类城市问题，促进沈阳集约、协调、可持续发展。

2. 发展模式——地上地下协调发展的立体化空间结构

地下空间开发与城市发展方向相一致，与城市整体空间发展相协调，形成地上地下协调发展的立体化空间结构。结合沈阳市城市总体规划，根据沈阳市主城区城市发展布局，形成"以地铁作为地下空间开发动源轴，对地铁车站地区进行统合规划、整体开发，实现地下空间的综合开发；以城市中心、副中心、商业区、交通枢纽、城市绿地、广场以及大型公共设施等为开发的节点，结合城市建筑物的地下空间开发，逐步形成点、线、面相结合的网络化地下空间体系"的发展模式。

3. 技术要点——系统化的规划控制与引导开发

规划将地下空间作为城市空间资源的重要组成部分，着力构建交通、市政、防灾、商业等综合功能协调发展的地下空间网络，保障城市可持续发展，并进一步细化了近期、远期、远景目标和发展策略。

确立了综合发展、公益优先、分层开发、连通整合、政府主导、平战结合等六条规划原则。

明确了依托地铁线网、紧密结合城市公共中心体系，形成点线面相结合的平面布局结构，以及浅、中、深三层次竖向结构（表1、图3）。

划分了战略储备区、综合功能区、混合功能区、简单功能区四类空间管制分区，制定相应的开发力度管制措施。

通过专题研究，重点对地下道路、轨道交通、基础设施廊道、综合管沟等重大设施进行系统研究、统筹布局和预先控制。

以建设舒适便捷、运转高效、保障有力的地下城为出发点，针对金廊、太原街、盛京皇城等问题集中、需求迫切的重点地区进行了规划引导。

六、结语

地下空间是城市重要的战略空间资源，在提高市政设施服务能力、缓解交通压力、改善公共环境品质、促进土地集约利用、提高综合防灾水平、保障城市安全等方面发挥着越来越重要的作用。当前，国内各大城市地下空间开发建设存在着先建设后规划、有规划难落实、可实施缺法规的困局，本文结合沈阳地下空间的具体问题，以集约城市土地利用、打造立体城市结构为出发点，结合工作实践《沈阳市地下空间总体规划》，对沈阳地下空间开发建设进行了全面的探讨，力求能为城市地下空间开发建设以及规划编制积累一点经验，本次研究还有很多不足和有待完善的地方，笔者将在以后实践工作和学习中不断补充和深化该方向的研究。

表1　地下空间竖向分层控制分类汇总表

层次划分	区位	主要功能引导
浅层地下空间0—-15米（地下3层）	道路	市政管线、公共步道、综合管沟、地铁站厅、地下街、地下道路等设施
	绿地广场	0—-3m原则上禁止地下空间开发，以保证地面植被生长的覆土要求；-3—-15m，适度开发停车场、地下市政设施、公共服务设施等功能
	开发地块	地下停车场、地下商业、地下仓库、设备层、建筑基础
中层地下空间-15—-30米（地下4—6层）	道路	地铁区间段、地下道路、地下物流管道
	绿地广场	地铁区间段、物流管道、地下道路、地下仓库、地下雨水收集
	开发地块	设备层、地铁区间段、物流管道、地下道路、各类建筑基础
深层地下空间-30米以下	道路	安排特种工程并作为远景开发资源加以保护
	开发地块	
	绿地广场	

图3　地下空间平面布局

行动导向下的城市地下空间规划编制关键技术及沈阳实践

由宗兴　曾繁忱　王磊　钟辉 / 沈阳市规划设计研究院有限公司

摘要：2008年以来，沈阳市针对地下空间领域开展了一系列编制探索。编制历程以2012年为节点，可划分为认知和实践两个阶段，体现出较鲜明的行动导向。其中，前决策认知阶段逐步实现了对地下空间功能属性与资源属性的认知平衡，明确了审慎开发、公共优先等原则的重要性；后决策实践阶段紧密围绕规划管理，强调对城市公共空间的重点控制和指标体系的构建。基于沈阳实践，笔者尝试提炼出地下空间规划编制的关键性技术要点，以期为其他城市相关规划编制提供参考。

城市规划可理解为在城市空间资源配置过程中对城市"意志力"的空间反映。按照教育心理学中行动控制理论（theory of action control），意志力（volition）即对行为调节的能力，是指为实现目标进行积极探索、优化策略、坚持方向的过程；较弱的意志力可称之为状态导向（state orientation），反之则为行动导向（action orientation）。借用这一理论，在现状地下空间规划领域缺少法律法规、技术规范指导的背景下，很多城市选择了暂时避让该领域，保守、被动地等待体系规范化后再付诸实践，具有一定的状态导向性。与之相比，沈阳主动开展了一系列规划编制实践，体现出较为鲜明的行动导向性。本文通过整理和评价沈阳地下空间规划编制历程，尝试总结出地下空间规划编制的特点和部分技术要点，解答如何完善规划编制、动态优化这一问题。

一、现阶段地下空间规划编制行动导向的必要性分析

1. 行动导向是新常态下规划创新的基本要求

（1）行动导向的基础概念及特点归纳。

按照库尔（Kuhl，1984）提出的行动控制理论，行动导向是指个人主动选择动态的控制模式，根据条件变化，处理好坚持方向和恰当调整之间的关系，使行动有效实现从当下到理想状态的跨越。库尔认为，行动控制的过程包括前决策阶段（pre—decisional phase，主要指动机选择与建立）与后决策阶段（post—decisional phase，主要包括行动控制和表现控制）两个阶段、三个环节。基于上述理论，行动导向下的行为过程应该具备如下三方面特点：

科学建立行动目标，并在实施过程中予以动态锁定；

制定合理的实施策略，并根据条件变化予以适时调整和修正；

主动发现、适应变化，保护行动意向，保障行动完成。

（2）行动导向的内涵挖掘。

行动导向反映了实践、认知、再实践、再认知的基本规律，是《实践论》中知与行关系的一种概念性表达。其本质在于主动探索未知领域，是务实、创新的重要途径。因此，行动导向下的规划编制是为构建和完善规划体系、满足规划管理需求而进行的主动性探索。这种直面问题、主动应对的认知态度本身也是行动导向的一种反映。

2. 地下空间规划行动导向具备的现实需求

（1）国家法律法规及技术标准仅构建了模糊的编制框架。

《中华人民共和国城乡规划法》（2008年）明确地下空间开发应"符合城市规划、履行规划审批手续"。目前，指导规划编制的法规标准主要包括《城市地下空间开发利用管理规定（修正）》（2011年）、《城市规划编制办法》（2006年），二者将地下空间规划分为专项和控制性详细规划两个层面，仅提出了原则性、方向性要求。此外，《城市、镇控制性详细规划编制审批办法》（2012年）仍未明确地下空间规划内容。法规标准的缺位导致规划编制必须主动探索。

（2）成熟的规划编制范例参考较少。

由于地下空间规划编制涉及水文地质、工程地质、市政管线设施、人防设施、建筑地下室、地铁等海量基础数据，并需要多部门协作完成，技术难度大。多数城市结合总规编制专项规划，对地下开发原则、方针进行定性描述。地下空间控制性详细规划长期以来滞留在学术探讨状态，编制实践较少，且集中在新城区整体开发控制层面，与城市设计的形式和作用相当，对规划管理的支持不足。

（3）地下空间管理政出多门，亟待整合。

地下空间管理分属人防、消防、城建、地铁、市政、房产等多个部门，标准不一，加剧了规划编制的技术难度。在此背景下，我们必须直面问题，在实践中积累经验，主动消除技术壁垒，统合部门需求，推动地下空间规划与管理步入规范化轨道。

二、沈阳地下空间规划编制历程回顾

1. 规划编制阶段划分

2008年以来，沈阳进入了以地铁为标志的地下空间大规模开发建设新时期，探索符合地方发展需求的地下空间规划编制体系已十分必要和迫切。沈阳市围绕将地下空间纳入规划管理体系目标，先后开展了3次地下空间开发利用专项规划、4个重点地区地下空间整体城市设计以及7个片区的地下空间控制性详细规划编制工作。总结编制历程，以2012年为节点，按照行动控制过程划分为如下两个阶段：

（1）前决策认知阶段：2008—2012年以宏观专项规划、片区城市设计为主进行的务虚探索，重点解答了沈阳地下空间是否应该利用，在哪里、该如何利用等方向性问题。

（2）后决策实践阶段：2013年以来以地下空间控制性详细规划编制为主进行的务实应用探索，重点搭建了规划管理与实施操作技术平台（图1）。

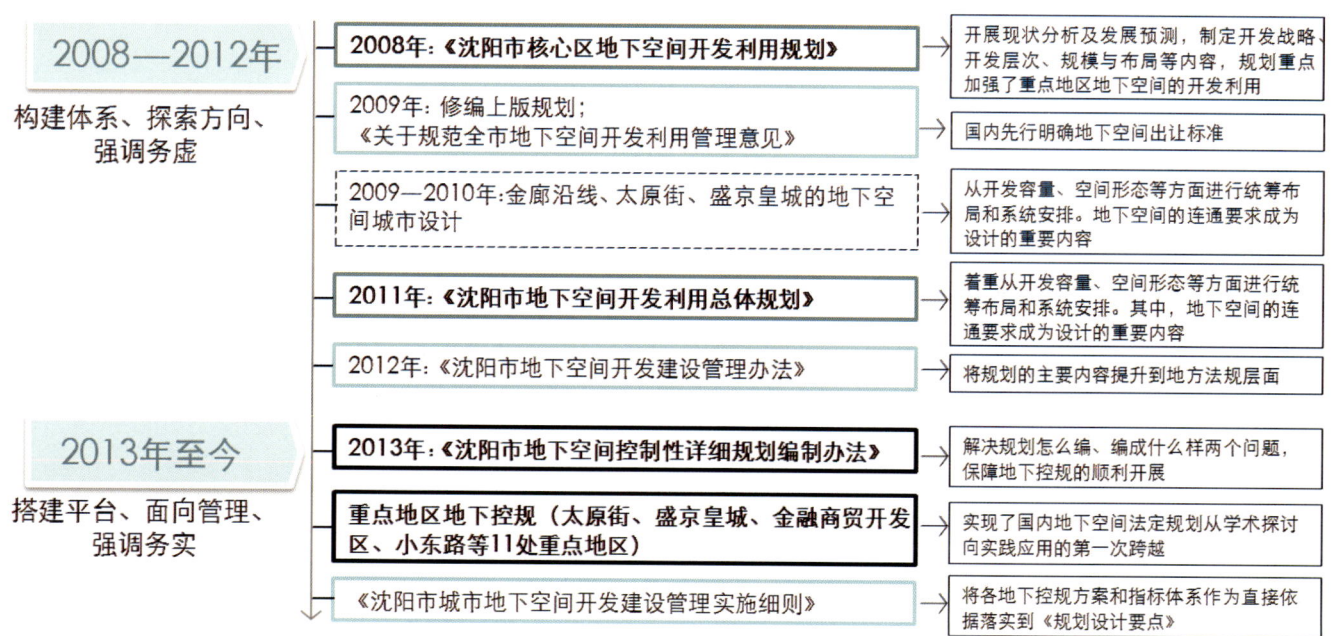

图1　沈阳市地下空间规划编制历程框图

2. 前决策认知阶段：从鼓励开发向审慎利用的思路转变

（1）《沈阳市核心区地下空间开发利用规划》（2008、2009年）——充分鼓励开发。

规划按照《城市地下空间开发利用管理规定》要求，开展了现状分析及发展预测，制定开发战略、开发层次、规模与布局等内容，强调对地下空间开发的充分鼓励，避免过浅开发造成资源浪费。同期，沈阳出台了《关于规范全市地下空间开发利用管理意见》，在国内率先规范了地下空间的供地方式、出让年限、地价确定等要求。2009年，规划对地下街布局和时序进行了进一步的扩充和调整（表1）。

2008—2009版专项规划高度关注地下空间的经济价值，强调重点地区街路地下空间的积极开发。长江街、太原街、中街三大商业中心十余条街路进行了地下街密集开发，迅速扩展了传统商业街区的空间容量。但由于管理和前瞻性不足，地下街的埋深过浅，未能统筹后续地下交通、市政系统的更新和扩展需求，对地区发展造成了限制。

表1　2008—2009年规划重点地区及地下街规划汇总表

名称	规划范围(hm²)	地下街规模(×10⁴m²)	名称	规划范围(hm²)	地下街规模(×10⁴m²)
金融商贸开发区	319.1	39.2	长江街	65.2	17
大西路	200.5	—	西塔北市	139.1	8
青年公园	218.3	10	五爱	99.7	7.1
五里河	347.6	11	北陵大街	122.8	—
兴华街	104.1	8	南塔	60.6	—
太原街	433.6	35	奥体中心	198.6	9
方城	177.2	48.1	21世纪广场	203.2	5
小东路	225.4	12	长白	197.5	—
总计	2787.4	209	—		

（2）重点片区地下空间城市设计（2008—2011年）——进一步强调地下设施高强度开发。

多家知名规划机构先后针对盛京皇城（同济大学，2008年，图2）、金融商贸开发区（阿特金斯，2010年，图3）、浑南新城（鹿岛设计，2010年）、太原街（2011年，图4）等地区开展了地下空间城市设计，地下商业空间的连通整合、地下道路以及综合管廊布局成为设计的重点。

通过城市设计方案，沈阳对地下空间的空间体属性和工程技术优先等认知逐渐深化，但仍然高度强调地下设施的集中投放和密集开发。由于缺乏法定规划成果和对规划管理的衔接，设计方案始终停留在概念阶段，无法实施。

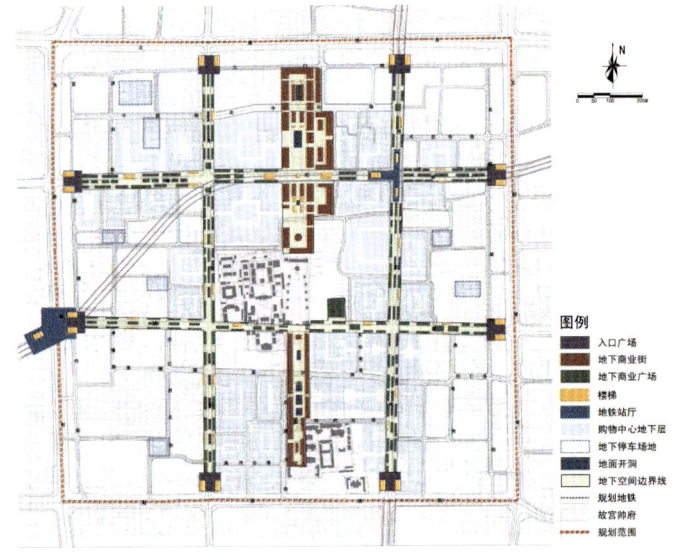

图2　盛京皇城地下空间城市设计

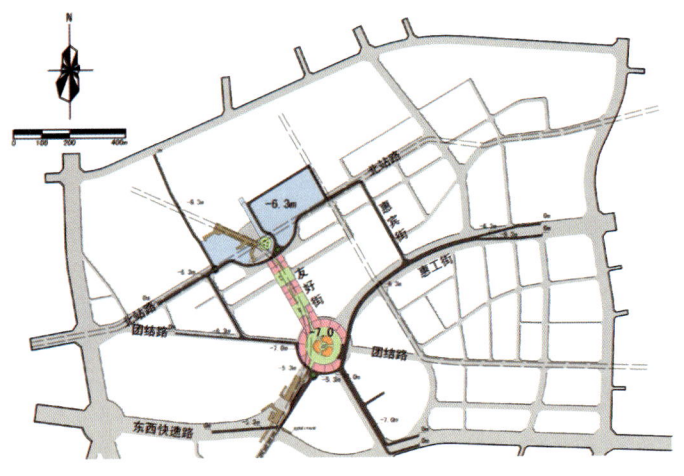

图3　金融商贸开发区地下空间城市设计

图4　太原街地区地下空间城市设计

（3）《沈阳市地下空间开发利用总体规划》（2012年）——树立审慎开发、公共优先原则。

针对2010年以来地铁、地下街、市政系统建设先后出现的协调不足等问题，规划重新树立了审慎利用、公共优先原则，高度强调地下空间资源的重要性和珍惜性，从避免空间资源浪费、片面强调地下空间短期经济价值的唯开发观点，逐步转变为关注地下空间远期综合效益发挥的战略资源观点上来，对地下空间开发利用的态度（动机选择）更加客观、理性。

3. 后决策实践阶段：构建适应管理需求的控制引导体系

（1）《沈阳市地下空间控制性详细规划编制办法》（2013年）——明确控制重点内容。

针对目前技术标准空白，《编制办法》研究充分结合规划管理过程中对地下空间平面及竖向空间形态、功能布局、公共空间、综合配套、设施衔接等控制需要，构建了"8+3"指标体系（表2），并按照城市公共用地和开发地块两种类型进行分类控制引导，为系统开展控规实践奠定技术基础。

（2）重点片区地下空间控制性详细规划编制——兼顾可操作性和规范性。

2013年以来，太原街、盛京皇城、金融商贸开发区以及金廊沿线7个重点地区的地下空间控制性详细规划编制工作全面展开，完成了市级公共中心的地下控规全覆盖。编制实践重点对城市公共用地地下空间提出了多设施整体建设及预留控制等要求；地块地下空间开发的各项指标控制直接纳入规划设计要点（图5），在用地出让之前

表2 沈阳市地下空间控制性详细规划指标体系汇总表

控制要素分类			控制类型
8项基础指标 适应于各类地下开发。重点明确新增连通开发地块的指标要求。	1	地块类别	控制
	2	竖向分层	引导
	3	使用功能	引导
	4	退线距离	控制
	5	地下连廊方位	控制
	6	配建停车位数量	控制
	7	公共步行通道宽度	控制
	8	出入口要求	控制
3项附加指标 适用于道路、广场、公园等城市公共用地	1	用地范围	控制
	2	与地铁衔接关系	控制
	3	与市政系统空间关系	控制

建设单位		—		地块名称	皇姑区体育场南地下空间
审批部门		—		地块位置	沈阳市皇姑区长江街控规单元
序号	类别		要 点 内 容		
1	建设用地范围	东至：划定的用地界线			
		西至：划定的用地界线			
		南至：规划9m道路红线			
		北至：划定的用地界线			
		注：以实测宗地图范围为准			
2	用地性质	地上规划用地性质：公园绿地、广场用地			
		地下使用功能：停车			
		其中	地下一层使用功能：停车		
			地下二层使用功能：停车		
			地下三层使用功能：停车		
3	强度指标	建设用地面积	约4217.55 m²		
			注：以实测宗地图面积为准		
		建筑面积	总建筑面积约5614.56 m²		
			其中	地下一层建筑面积约1871.52 m²	
				地下二层建筑面积约1871.52 m²	
				地下三层建筑面积约1871.52 m²	
		竖向要求	覆土深度应保证地面树木的成长要求，并满足园林绿化相关法规与技术要求		
4	交通组织	停车配建	按照《沈阳市建筑物机动车停车位配建标准规定(试行)》(沈规国土发(2011)97号)文件相关规定执行。全部设置在地下		
		交通衔接	在各层地空间东、西、北方向宜控制必要的连通接口，预留地铁站、周边地下空间的连通条件。地下车行通道净宽不小于7m，促进地下形成开敞、舒适、便捷的停车空间		
		出入口控制	出入口的数量及位置须满足安全和防灾相关规范要求		
5	市政规划	配套设施	地下空间开发应做好与相邻基础设施建设（如管铺铺设等）的衔接，不得影响现有及规划市政管网		
6	开发布局	退让要求	地下建筑退让（包括道路红线、绿线、地块边界线等）距离应满足施工安全、地下管线敷设以及现行规定等要求，依据《沈阳市建筑工程退让规定（试行）》进行合理退让		
		环境景观要求	地下建筑或设施露出地面的建筑物或构筑物应与城市地面环境相协调		
7	其他要求	1. 建设项目应满足人防、消防、安全、卫生防疫等有关技术规定的要求 2. 覆土深度应保证地面树木的成长要求，并满足园林绿化相关法规与技术要求 3. 市政基础设施配套应满足各专业部门具体要求 4. 基建施工前必须进行地下文物考古勘探			
备注		1. 本要点内的规划路名以沈阳市地名办批准路名为准 2. 凡本要点未做具体规定的，应按现行有关法规和规范执行 3. 经公开出让获得土地使用权的项目，自土地出让合同签订之日起，本要点内容进行如下变更：建设单位变更为土地受让人，签发日期变更为合同签订日期，有效期按合同规定的开工建设期限为准 4. 本规划设计要点图文一体为有效文件 5. 其他未尽事宜以竞买文件为准			

图5 地下空间规划设计要点示意图

先行明确控制要求，初步实现了地下空间规划管理的有据可依和规范化操作。

三、沈阳地下空间规划实施评价

沈阳地下空间规划始终坚持面向管理和实施的初始动机选择，通过持续的反思和密集的规划编制，动态地强化、完善，整个编制过程具有较明显的行动导向性。同时，特定阶段存在的价值取向误区和技术惯性思维一定程度上扰动了实现动机的行为控制，带有状态导向性。

1. 行动导向编制特点：宏观定性—中观定量的系统研究和动态优化

（1）系统开展——形成符合沈阳实际需求的规划编制体系。

沈阳市形成了"宏观规划定方向、中观规划定指标、微观规划塑形态"的地下空间规划编制体系（图6）。宏观规划明确开发理念和方向，控规强调管理和实施，城市设计主要落实和修正控规指标体系。地下空间分区规划、修建性详细规划的作用和意义相对较小。

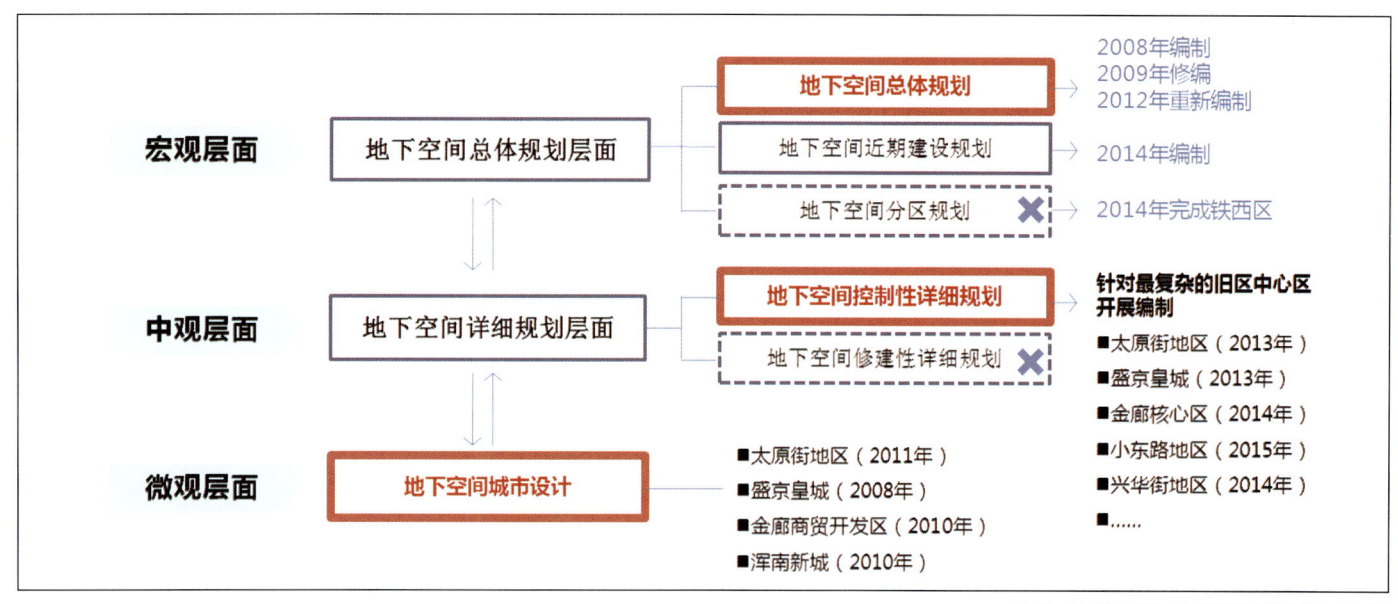

图6　沈阳市地下空间规划编制体系框图

（2）目标锁定——规范沈阳地下空间管理流程。

专项规划逐步统一了社会各界对地下空间不可逆性和珍贵性的认识，将审慎开发思想落实到地下控规当中，体现为各项规划指标的控制引导，真正达到了"先规划、后建设"的法定要求，确保地下空间的可持续发展，避免先建后改、侵占公共利益等现象。例如，某商业项目跨小东路进行分期开发，提出开发小东路局部段的意向。依据该地区地下空间控规（2015年），该路段应优先满足地铁1号线覆土安全，重点控制开发深度、内部预留东西向公共通道及连通接口，为远期地下空间成网发展预留可行性（图7）。

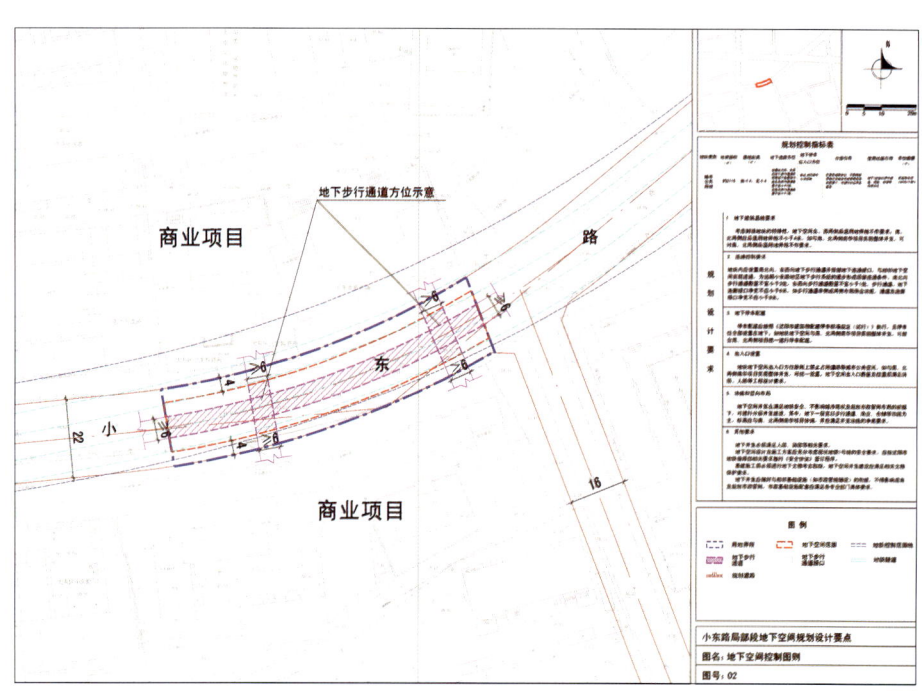

图7　小东路局部路段地下街规划设计要点图则

此外，规划促进了地方地下空间管理体制的创新。2013年末，沈阳成立了城市地下空间开发建设管理办公室，成为协调各部门管理诉求的责任主体，成为继人防主导、地铁主导以及地下空间联席会议等形式外全新的管理体制。

2. 状态导向技术缺憾：唯开发观点导致的前瞻性不足

（1）短视判断——片面强调近期利用，忽略长远效益。

受限于交通、市政、地面控规等上位规划修编、调整频繁，地下空间规划方案不同程度上存在断章取义、就点论点的误区，而这也更加说明了按照行动导向、动态调整和主动完善的必要性。例如，惠工广场地区是沈阳市金融商贸开发区内重要的标志性空间和金融功能节点，也是交通拥堵现象最为严重的地区之一。在编制《金融商贸开发区地下空间控制性详细规划》过程中，我们认为设置地下道路能够大幅缓解该地区机动交通压力（图8、图9、图10）。在履行上报程序过程中，交通、城建等部门认为地下设施应审慎开发，出行结构性问题需要放在全市整体考虑，如能通过区域调流等其他方式加以疏导，尽量避免地下道路开发，为该地区的空间扩容和功能完善尽量预留空间。跳出规划范围、规划编制阶段的限定，我们将原开发方案转变为空间预留，为远期更多设施整合建设实施预留条件。

图8 惠工广场地面景观效果图

图9 惠工广场地下一层效果

（2）深度不足——技术参数尚不明晰，未能充分适应管理需求。

地下空间后退红线距离、竖向分层、出入口方位、连通整合、开发时序以及综合管廊设置等内容仍停留在通则式的控制引导要求，对适用范围、调整区间考虑不足。面对具体项目开发，经常出现条件修正等现象。

四、地下空间规划编制技术要点梳理

总结沈阳得失经验，地下空间规划思路的形成实质上是行动导向下，时刻围绕管理需求初始动机选择，通过持续的实践对短视认识、技术盲区等带有状态导向的问题予以调整和解决，实现沈阳地下空间发展保持科学的方向和合理路径。在此过程中，部分关键性技术要点需要加以重视，现抛砖引玉。

图10 惠工广场地下二层效果图

1. 专项规划阶段：构建科学的前决策认知，理清发展方向

（1）锁定审慎开发、公共优先原则。

地下空间资源与地上空间的最大区别之一即为开发的不可逆性，一旦进行空间占用，除了控制必要的安全防护距离以外，同等或者相近埋深要求的市政管线、轨道交通、地下道路等重大基础设施很可能无法进行再次开发，导致所在片区地下空间失去可持续发展的可行性。因此，宏观地下空间开发利用专项规划必须充分考虑城市社会、经济的发展阶段，正确处理好地下空间开发和预留之间的关系，保障公共利益。

结合沈阳经验，宏观规划应实现城市公共用地和开发地块的区别对待。其中，对于开发地块，规划可采取积极鼓励的态度，尽量预留连通整合的可行性。对于道路、绿地、广场等城市公共用地宜以预留为主，突出规划的前瞻性和系统性，尽量考虑后续的设施增加和扩容需求。

（2）重点明确两个"上下限"控制要求。

在开发原则指导下，专项规划应进一步解答"需要在哪里进行重点开发"和"重点开发采取哪些方向性路径"两个问题，可按照两个"上下限"控制予以应对和解答。

首先，综合地质条件、用地适宜性以及开发现状等评价，结合城市公共中心体系、地铁线网布局，规划应在空间结构、空间管制中明确城市地下空间优先开发利用的重点地区和不适宜开发利用的限制地区，分别予以重点塑造和严格限制，其他地区宜进行一般性控制引导。

其次，规划应确立对城市公共用地严格控制和对地块充分鼓励的态度，重点控制城市公共用地地下空间的最优化组合和最不利情况控制，尽量避免中间状态。其中最优化组合（上限情况）是基于可行性论证，实现地下交通、市政、人防、公共活动等设施最大程度整体开发，避免相互影响。最不利情况（下限情况）是在条件未成熟时，尽量进行预留或衔接控制。中间状态是指单一设施开发未统筹后续设施布局，造成资源浪费或成本提高，应尽量避免，从源头上降低实施和改造难度。

（3）提出关键指标及控制通则。

地下空间开发利用规划应对部分关键性指标提出控制要求，例如地下街内部公共通道宽度、地块自身市政配套、地铁埋深及出入口布局等，这些指标通常在控规层面难以论证其合理区间。在专项规划中予以明确，能够为控规编制提供参考。

2. 地下控规阶段：构建规划控制管理平台，完善后决策实践

（1）形态引导方面：重点塑造城市公共空间地下新基面和空间秩序。

地下空间的岩土介质属性决定其具备形成没有时间、身份和行为限制的城市公共空间基面的条件，具有积极的城市属性与公共属性。以城市新基面为重点，在地下控规中需要明确地下公共活动空间与地铁、地下街、市政管线（含综合管廊）等重大基础设施的空间关系和建设时序，落实到具体控制指标，强调地下空间发挥应有的作用。

（2）管控方式方面：构建符合管理需求的控制指标体系。

地下控规指标是长期以来学界探讨的重点。以沈阳为例，地下控规指标主要应用于用地出让过程，作为规划条件、规划设计要点的直接依据，重点强调了地下空间退界、公共通道、连通、出入口等基础款项，旨在便于形成管理基础要件，明确地下空间开发利用的底线控制要求。如根据实际需要，还应参考相关学术研究，进一步提出地下开敞空间方位、标识系统、内部景观、竖向标高等附加款项，并根据具体项目动态完善指标参数，支撑地下空间精细化管理。

3. 沈阳太原街地区实证分析

（1）专项规划：从充分利用转向空间预留。

太原街地区是沈阳最重要的传统商业中心和交通枢纽，是沈阳开发强度和土地价值最高、人气最旺盛、最具区域知名度和品牌影响力的市级公共中心。历经百年发展，该地区已基本完成用地更新，空间容量基本饱和，交通拥堵、市政配套和环境建设不足等问题严重制约商业中心的转型升级。开发利用地下空间已成为破解太原街发展瓶颈的关键途径。

2008年《沈阳市核心区地下空间开发利用规划》将太原街地区作为地下空间开发利用的重点地区,高度强调街路地下空间利用,提出了6条地下街串联2处地铁站、50处地下商业等布局方案(图11)。2009年,中华路、太原街、中山路、民主路4条主要街路地下街先后开发建设。由于前瞻性不足,出现了较多问题,包括:中华路地下街与地铁1号线未能同步施工,造成了地铁区间段上方安全防护距离内资源浪费,并限制了市政系统的再更新(图12);地下街竖向标高差别较大,增加了连通难度,步行便利性受到影响;出入口挤占地面人行空间,与地面交通协调不足等。

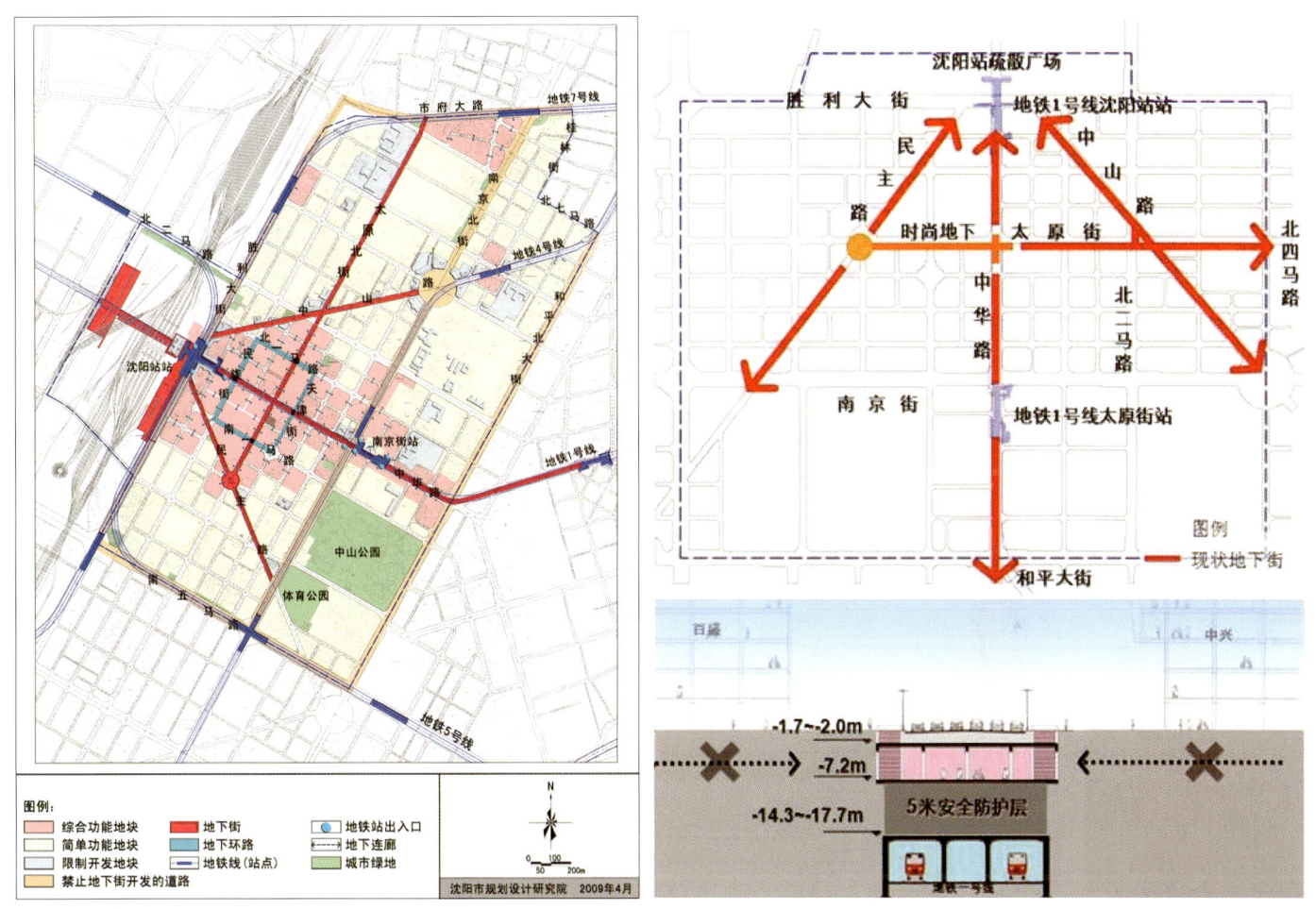

图11 太原街地区规划引导图(2008年)　　　　　　　图12 地下街建设现状及中华路断面示意图

针对上述问题,2012年《沈阳市地下空间开发利用总体规划》明确提出将地下空间纳入太原街地区空间资源,与地上、地面整体考虑,重点确定了地铁、市政廊道、地下步行通道等公共设施的优先使用权,并要求尽快开展地下空间控制性详细规划编制,指导该地区发展建设。

(2)地下控规:实现公共用地"上下限"开发和地块全覆盖控制。

2013年开展的《太原街地区地下空间控制性详细规划》方案,重点针对道路、广场、绿地等城市公共用地强调多设施整体开发和整体预留(图13)。按照连通、限制、独立三种类型控制地块地下空间开发。系统制定地下步行网络连通方案、高一中一低开发强度分区以及地下交通、市政专项,形成公共用地和开发地块规划指标。

规划为太原街地区地下空间管理提供了有力支撑。以华润北街公园为例,地面为公园用地,地下空间开发深度不小于3层,其中,地下一层以商业为主,停车功能布局在地下二层及以下,并对覆土深度和连通条件等内容进行了指标控制。目前,该项目充分预留了三个方向的地下步行和车行连通条件,保障了地面绿化植被生长空间

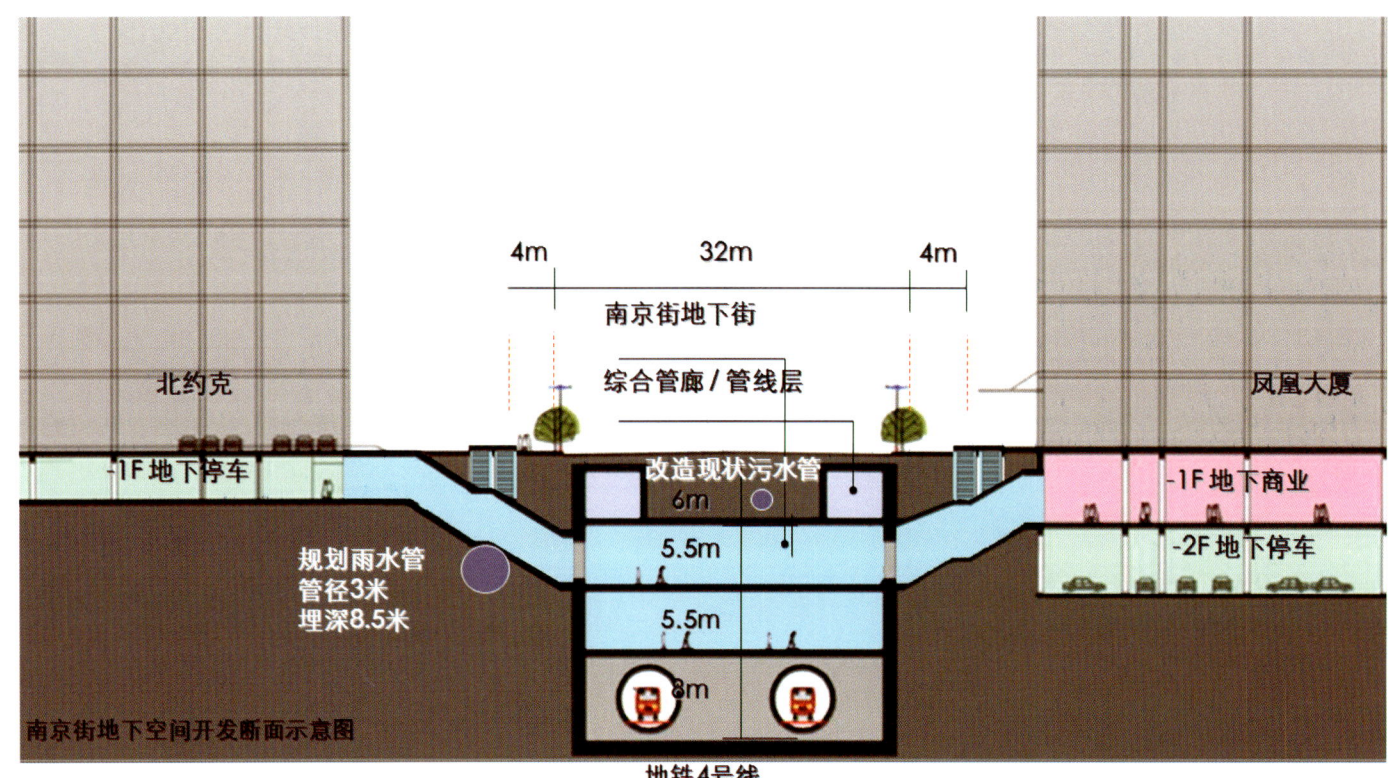

图 13 南京街多设施整合方案示意图

和地下商业、停车功能有序布局，为地下空间网络化发展预留了充分的可行性。

五、结语

面对错综复杂的地下空间现状问题和管理"盲区"，沈阳以实现地下空间规范化管理为目标，坚持行动导向，通过持续的规划编制，逐步走出了短视误区，树立了审慎开发、公共优先的科学利用思路，形成了符合管理需求的规划编制体系和控规技术平台。按照精细化管理要求，沈阳将进一步深化地下空间控制性详细规划研究和编制，完善指标构成与技术参数。

老城区地下空间控制性详细规划经验探索
——以沈阳太原街地区为例

王磊　由宗兴　张腾龙 / 沈阳市规划设计研究院有限公司

摘要：地下空间作为一种大量而优质的新型空间资源，已成为缓解老城区发展难题的重要突破点，一定程度上已成为地区能否实现可持续发展的决定性因素。目前老城区地下空间控规编制领域是地下空间规划的一个薄弱环节，并且缺少统一的行业标准和技术规范作为参考。太原街地区是沈阳市最重要的传统商业中心和交通枢纽区。经过多年更新建设，空间饱和、交通拥堵、市政配套不足等问题已经严重制约该地区的发展，同时太原街地区也成为沈阳地下空间开发最密集、功能最复杂、矛盾最集中的区域。如何剥丝抽茧，整合资源，发挥地下空间应有的扩容、治堵、配套和人性化空间塑造等重要作用，如何有效通过规划手段加强对该地区的地下空间开发管控，已经十分必要和迫切。

太原街地区位于沈阳市和平区中部，是沈阳旧城中心区最重要的商业中心和交通枢纽区，是沈阳服务区域、展示大都市形象的核心地区。随着多年来大规模更新建设，太原街地区的地上空间已日趋紧张，交通拥堵、市政基础设施容量不足、缺少人性化的街区环境等问题已经成为制约该地区发展的瓶颈。在此背景下，地下空间作为一种大量而优质的新型空间资源，正在成为缓解地区发展难题的重要突破点。

根据《沈阳市地下空间开发利用总体规划》的要求，太原街地区是沈阳市地下空间开发利用的重点地区，也是现状地下开发最密集、功能最复杂、问题最突出的地区。在此背景下，开展太原街地区地下空间规划研究（图1）具有下列重要意义。

图1　研究范围示意图

1. 有效拓展公共空间容量

充分落实保障公共利益的原则，强调地下空间的公共性、开放性，整合、拓展城市公共空间，为提升商业街区活力、提供全天候休闲娱乐场所、创造人性化的公共活动及步行体系创造条件。

2. 突破地区发展瓶颈

现状问题的根本原因在于平面扩展的公共空间和交通组织模式已经无法匹配公共活动与机动交通的不同需求，必须从根源入手，进行系统梳理和分层疏导。地下空间规划成为真正指导街区立体化发展、分层疏导交通、扩展空间容量与基础设施容量的重要措施。

3. 促进城市公共空间资源的有序开发

目前，太原街地区地下空间开发热点已经呈现出从地块配建逐步转向道路、广场、公园等城市公共空间开发的趋势。例如，地铁1号线已经建成通车，规划地铁4、5、7号线即将开展施工；民主路、中山路等地下街主体结构已经建设完毕；体育公园拓展地下空间作为商业、停车功能；一些大型商业、办公类项目跨路网开发，道路红线内地下空间成为建筑结构的一部分，与建筑整体设计。基于上述新现象、新趋势，地下空间规划，能够从太原街地区可持续发展出发，逐步构建地下空间秩序，充分整合、有效利用地下空间资源，避免过度开发或者资源浪费，为规划管理提供重要参考。

一、老城区地下空间开发中所面临的现实问题

1. 布局问题：以独立开发为主，未能形成连通网络

现状两处地铁站与中华路、中山路、民主路地下街之间未实现连通。除太原北街、中山路地下街由人和集团整体开发建设外，其他地下街均为独立建设，未实现系统连通。地下街的步行主通道作用未得到发挥。由于缺少连通，地下空间未能形成连续的网络格局，地铁站点无法发挥应有的辐射带动作用（图2）。

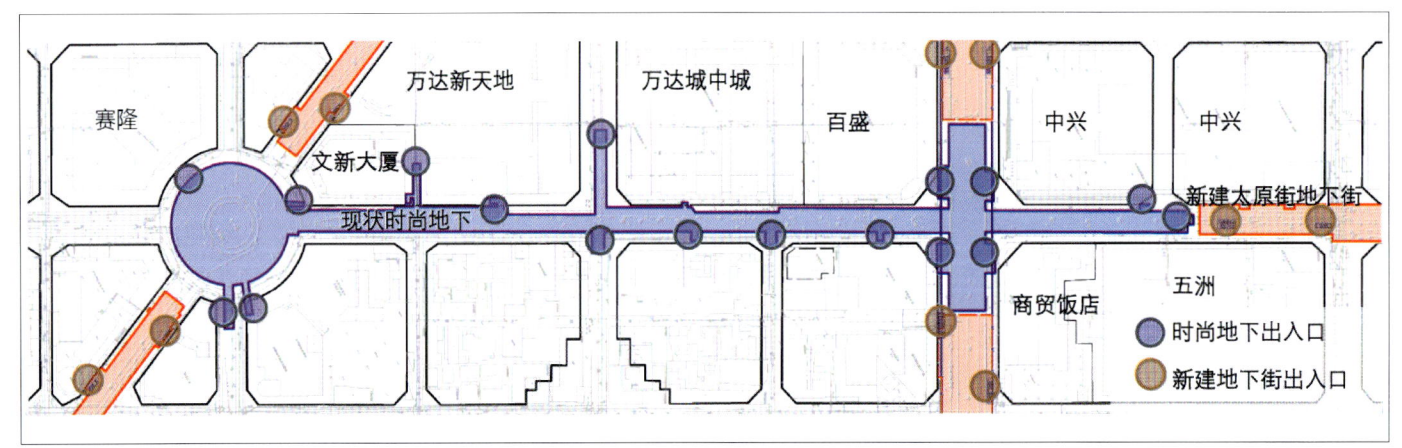

图2 时尚地下、中华路、民主路、太原北街地下街独立布局，缺乏连通

2. 利用问题：地下开发深度过浅，空间利用不合理

地下空间资源具有明显的不可逆性，受到建筑结构等因素的影响，一旦建设，便难以改造。现状地区地下空间普遍开发过浅，地下二层以内地下空间占地下空间总量的96%，造成了商业中心地下空间资源的浪费，也限制了地下空间网络的形成。

区域内现状市政管线多建于上世纪30年代，老化严重。随着开发强度的提高，管线设施负荷加大，亟待更新改造。由于道路宽度不足，管线横向排放空间饱和。地下街、地铁等建设对管线竖向空间排放也产生了较大影响。此外，现状各条地下街覆土过浅，中山路、民主路地下街覆土约3.5米，太原北街地下街覆土约3.8米，而中华路地下街最浅覆土仅为1.7米，对市政管线更新预留空间不足，挤占了市政管线的更新空间。未来其他街路

地下空间开发应优先考虑市政管线更新改造（图 3、表 1）。

3. 品质问题：地下街环境差，出入口与环境不协调

现状地下街公共通道狭窄，以时尚地下街为例，内部公共通道不足 3 米（图 4），两侧店面布置侵占了通道，

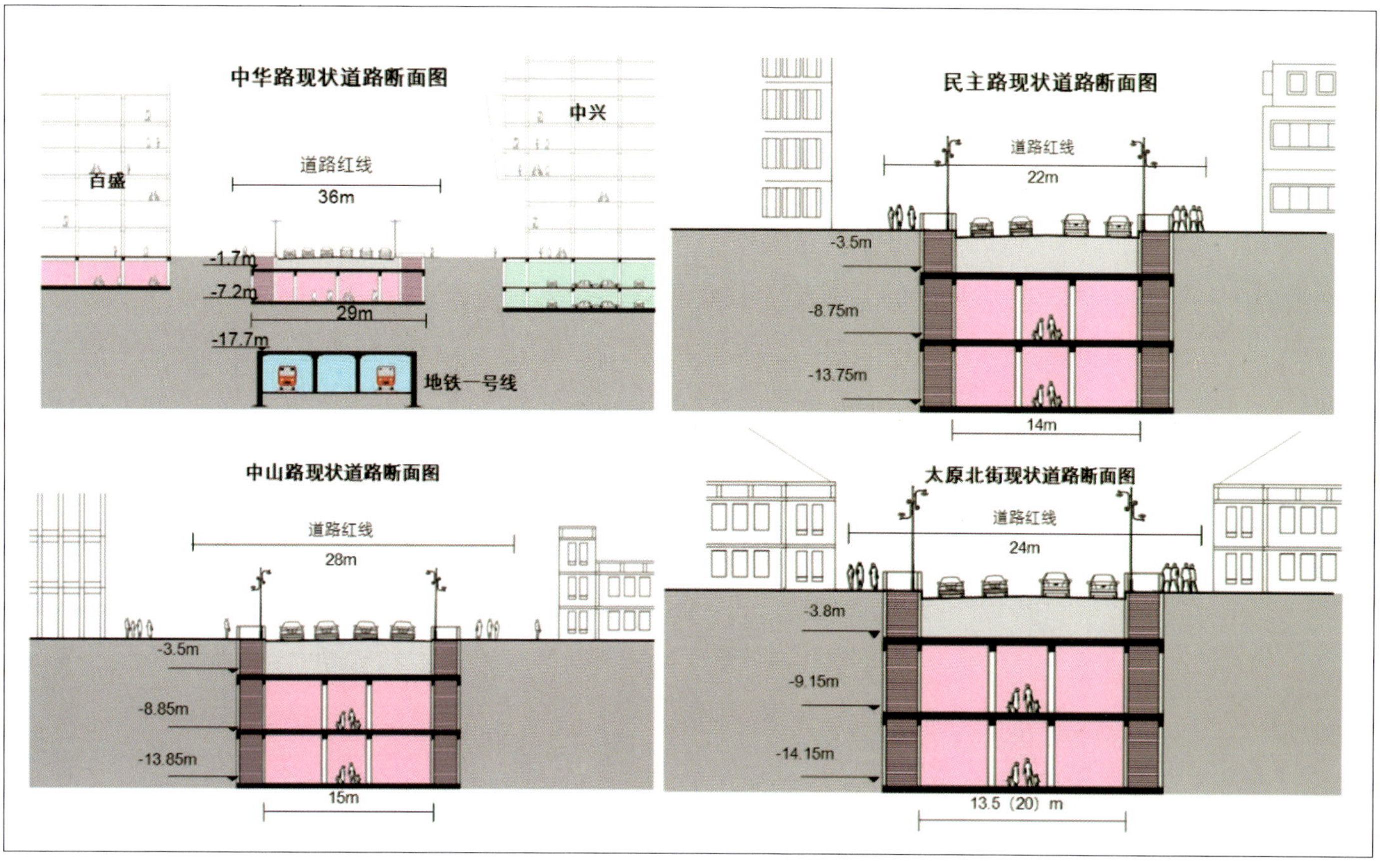

图 3　部分主要道路断面图

影响步行舒适性，疏散空间不足，存在安全隐患。缺少人性化、精品化的内部环境，不利于功能提升。地下街出入口全部设在人行道上，挤占人行空间，与沿线开敞空间结合不足。出入口形式与街区环境不协调。

4. 功能问题：以单一零售功能为主，难以吸引人群

现状地下商业总建筑面积（含地下街）已达 35 万平方米，以零售功能为主，缺少休闲、娱乐、体验等辅助功能，未能与地上功能实现互补，缺乏吸引力。大型商场地下商业以品牌折扣店、超市为主，功能重构，一定程度上降低了地下

表 1　国内外部分城市中心区地下空间开发规模一览表

街区名称	定位	用地面积（hm^2）	地面建筑量（$\times 10^4 m^2$）	地下空间开发量（$\times 10^4 m^2$）	地下与地上比率
蒙特利尔	商业、商务、文化中心区	300	270	91	34%
南京新街口	商业中心区	100	200	45	22.5%
深圳华强北	商业中心区	145	600	180	30%
太原街	商业中心区	288.54	510	106.6	20.9%

时尚地下街公共通道宽 2 米　　日本大阪梅田地下街公共通道宽 8 米

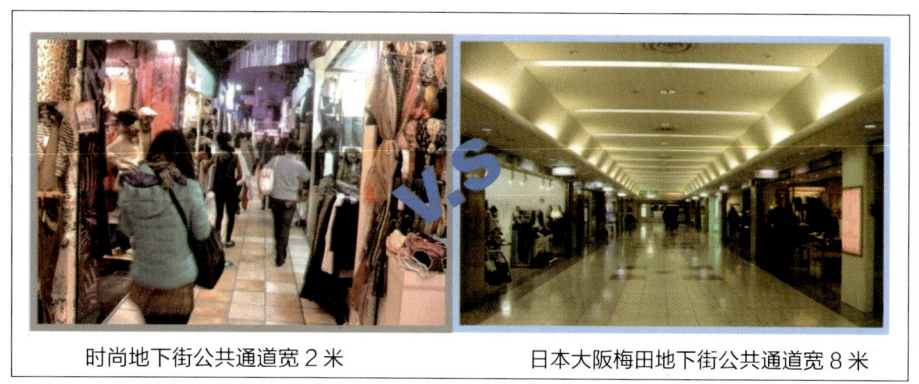

图 4　太原街现状时尚地下街与日本地下街对比

空间的使用效率（图5）。

参考加拿大蒙特利尔、日本大阪梅田地区等地下城经验，功能复合、业态丰富以及人性化的空间环境是地下城具备持久活力的重要保障。相比之下，太原街地下空间功能集中于零售商业和停车两大类型，未能充分按照体验者的综合需求提供多样化的场所和功能（表2）。

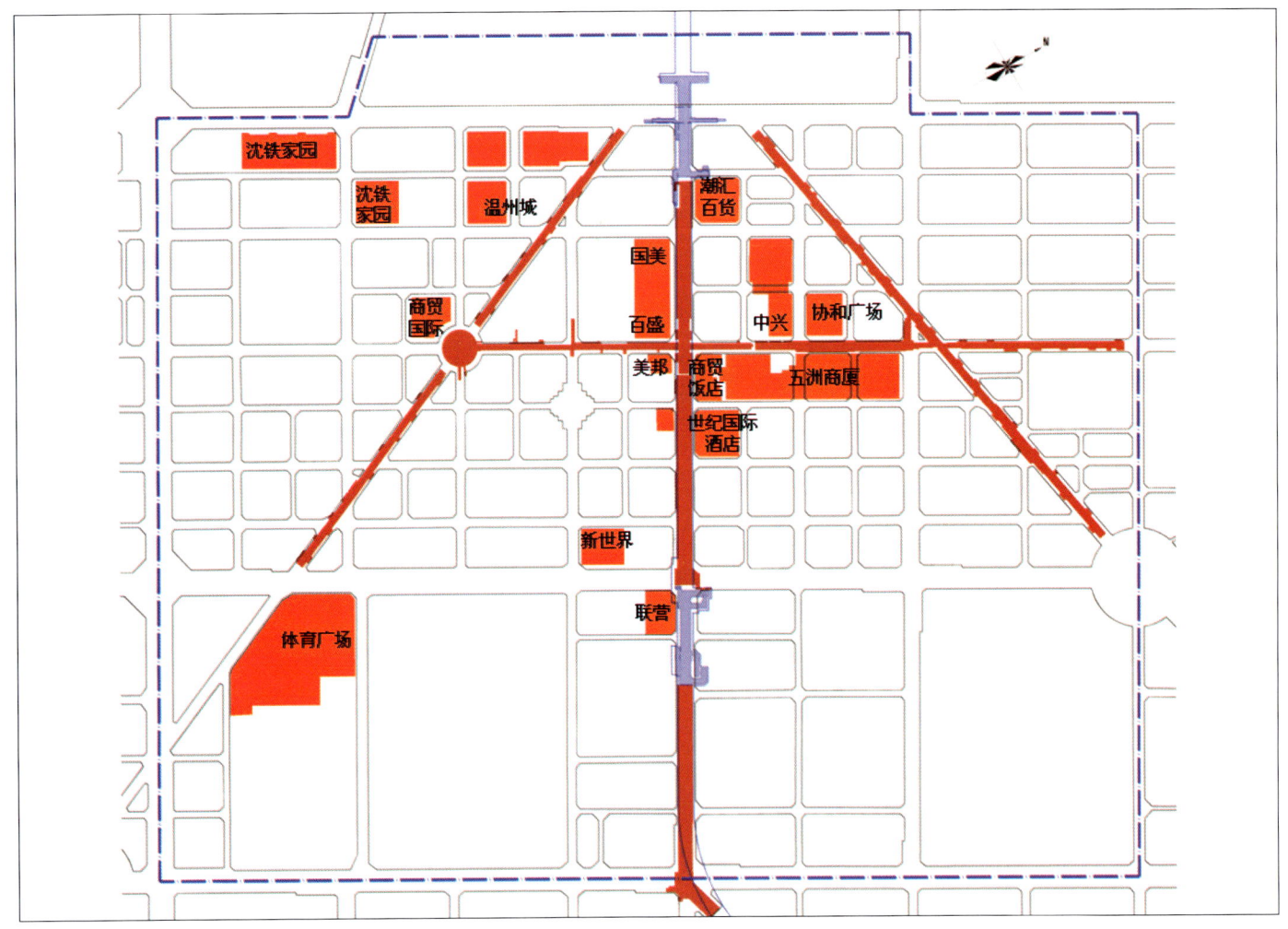

图5　太原街地区地下商业分布示意图

5. 交通问题：地下停车场利用率低，缺少步行系统

太原街地区现有停车位约9200个，其中路内停车位约3200个，地下停车位约6000个。由于地下停车管理和诱导不完善，空间分散独立，造成地面停车场严重饱和，地下停车场利用率不足65%。大量地面停车严重挤占了步行空间，造成人车混行，缺少人性化的步行环境，迫切需要构建地下公共步行系统加以解决（图6、图7）。

表2　太原街与世界知名地下城功能对比情况汇总表

地下城名称	地下空间主要功能类型
蒙特利尔地下城	公共步行通道、商业、文化、娱乐、停车
大阪梅田地下城	公共步行通道、商业、文化、停车
巴黎拉德芳斯地下城	商业、停车、地下快速路系统及换乘枢纽
沈阳太原街	商业、停车

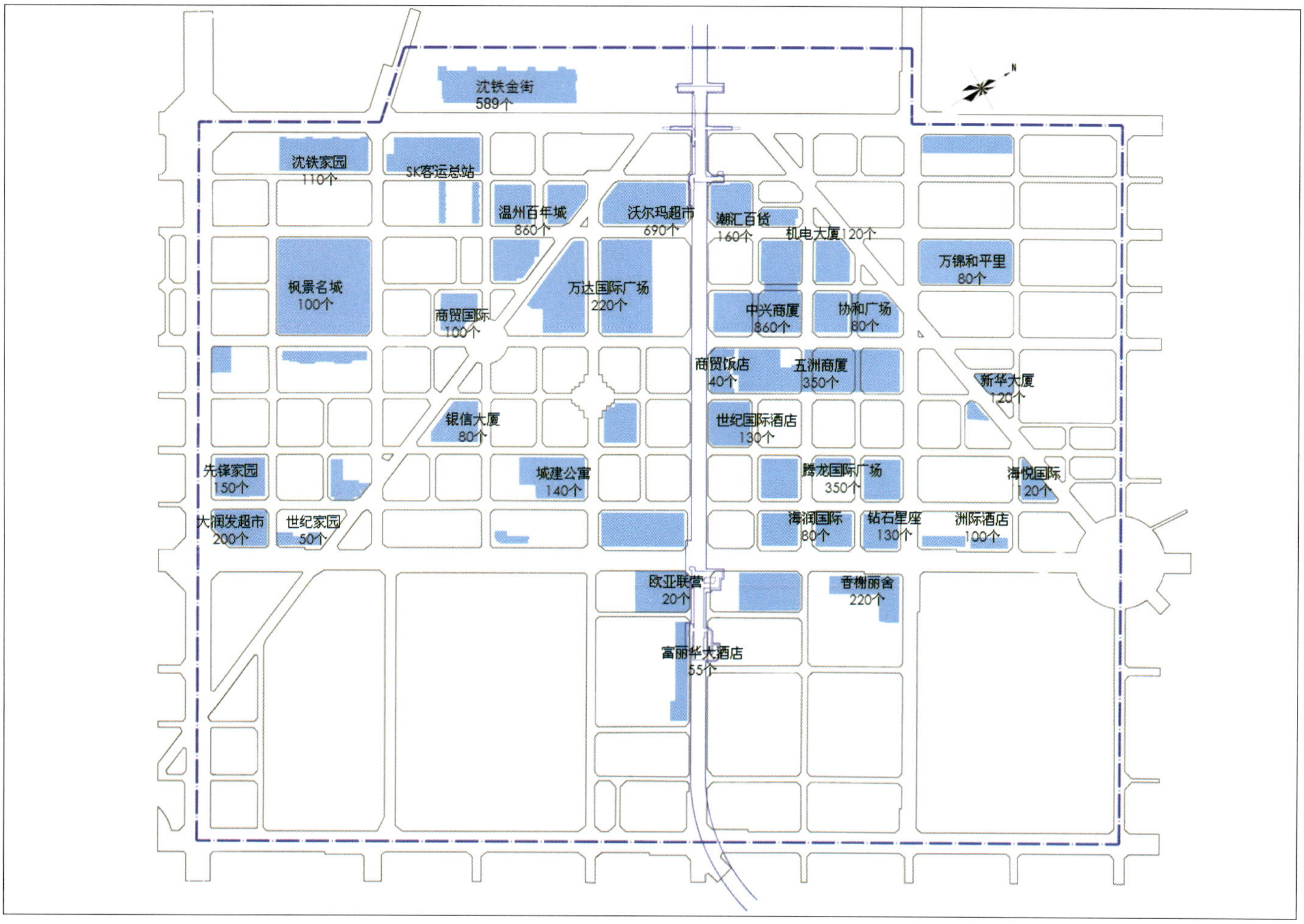

图 6 现状地下停车泊位分布图

图 7 现状交通问题照片

二、研究地区的地下开发条件

1. 地铁规划建设条件

按照《沈阳市轨道交通线网规划》，太原街地区近远期共规划地铁1号、4号、5号、7号线，分别位于中华路、南京街、南五马路、胜利大街地下。其中，地铁1号线已运行通车，设沈阳站、太原街站两处地铁站点。地铁4号线规划在南京街中华路南设置站点，地铁5号线规划在南五马路—南京街、南五马路—胜利大街设置站点，地铁7号线规划在胜利大街—南五马路、胜利大街中华路以西、胜利大街—北四马路设置站点（图8）。

2. 空间资源评价

地铁站点辐射范围是确定地下空间开发强度、连通必要性的重要依据。经验表明，地铁站点周边是公共建筑地下空间需求最旺盛区域。地铁车站出入口200米内通常需要地下高强度开发和高密度连通，又称一级需求区。200米外区域地下开发和连通需求次之，又称二级需求区。

结合商业服务业设施用地分布，中华路沿线两处地铁站周边是地下空间需求相对较高的辐射区域。由于南五马路沿线两处地铁换乘站周边以居住用地为主，连通需求较少，可不作为考虑的重点（图9）。

3. 可连通地块分布

现状可连通地块是指已预留通道，或根据商业、文化、娱乐等功能需求，通过工程处理能够建设地下连廊，与周边实现连通的地块。这些地块是实现太原街地区地下空间网络的基础条件，主要分布在太原街、民主路、南京街两侧，如百盛、温州城、中兴方城等。太原街地区新开发公共建筑时，应与周边地下

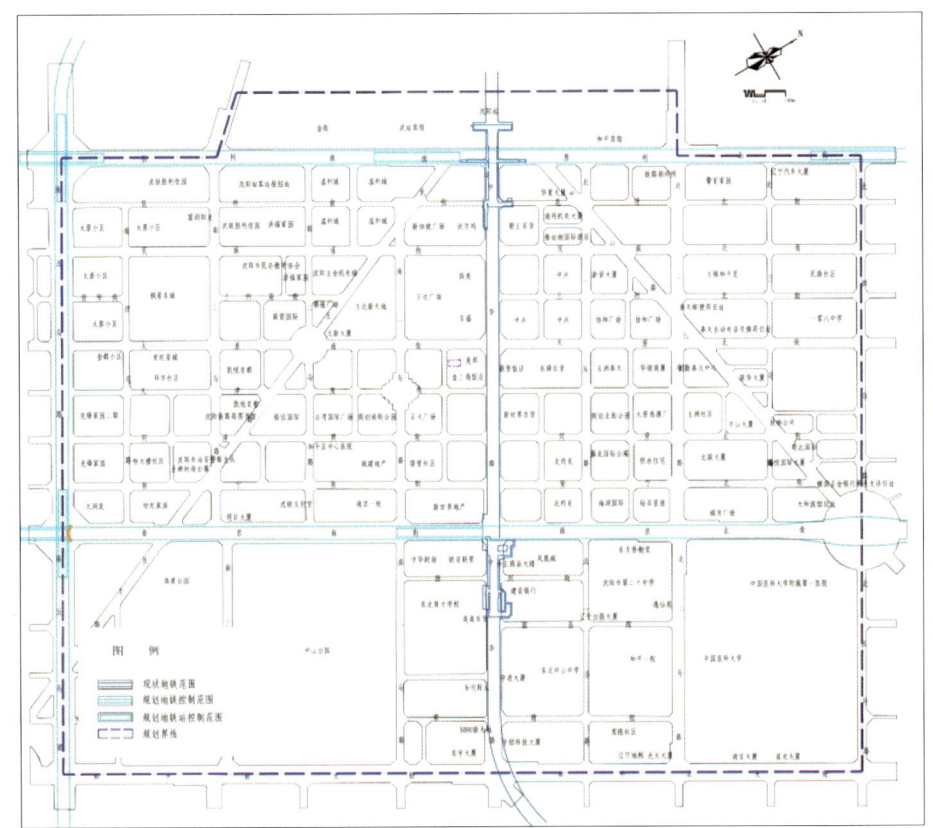

图8 地铁条件图

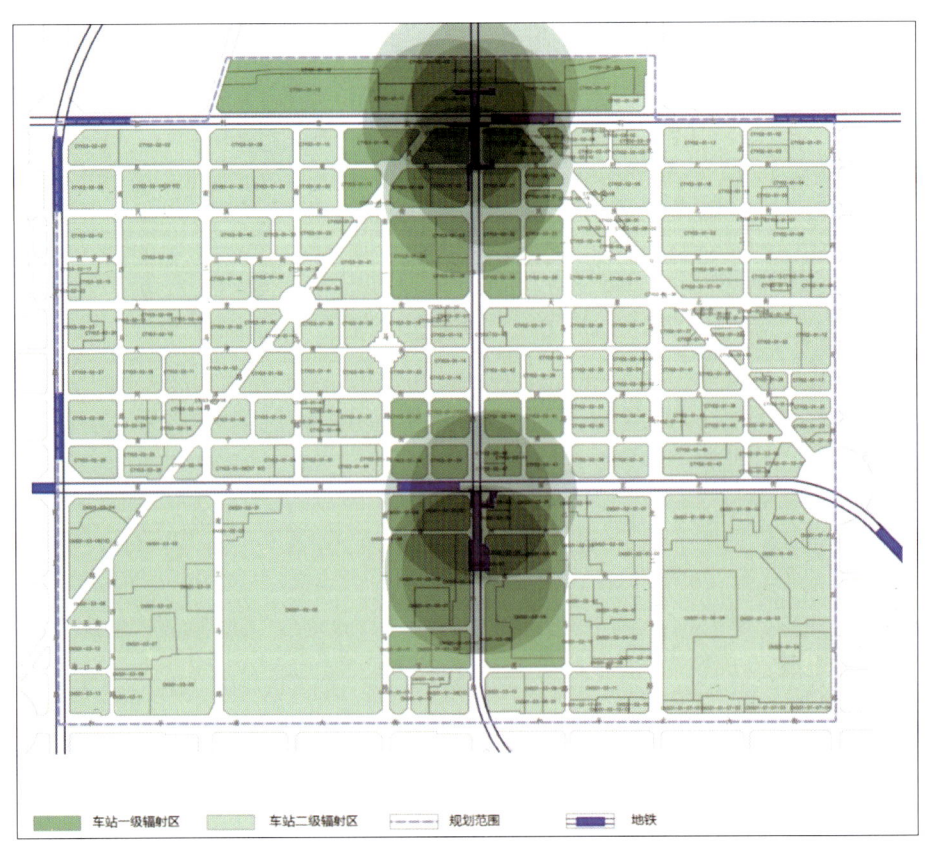

图9 地铁站点辐射范围分析图

公共空间、地铁站点、地下街等相互连通，以完善地下步行体系，提高地下空间使用效率。此类地块主要分布在南京街—胜利大街—南二马路—民主路—中山路—北二马路围合的商业核心区。通过连通整合上述地块，能够逐步实现地下空间的网络化布局，真正发挥拓展空间容量、改善街区环境等重要作用（图10、图11）。

4. 其他限制性条件分析

（1）文物及历史建筑分布。

太原街地区现有各类文物及历史建筑44栋，所在地块用地总面积约16.7公顷。其中用于教育等公共设施建筑22栋，商业金融等经营性建筑22栋。空间分布以中山路沿线最为集中，共17栋（图12）。

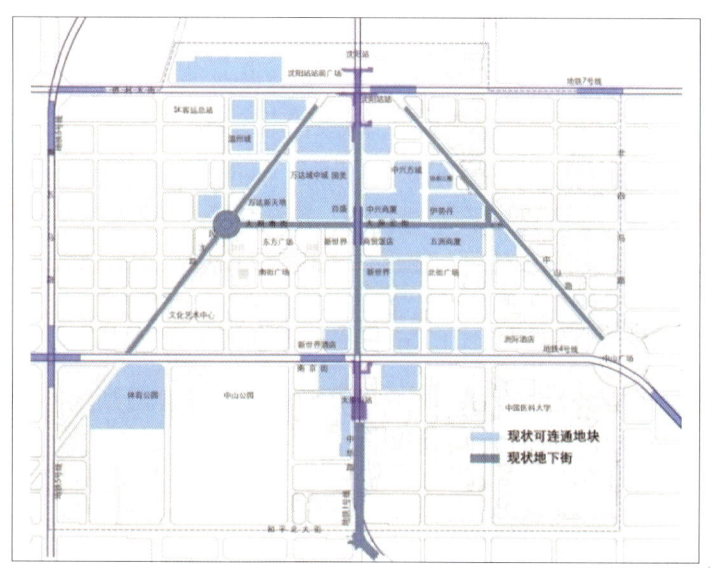

图10 现状可连通地块分布图　　　　　　　　　　图11 规划可连通地块分布图

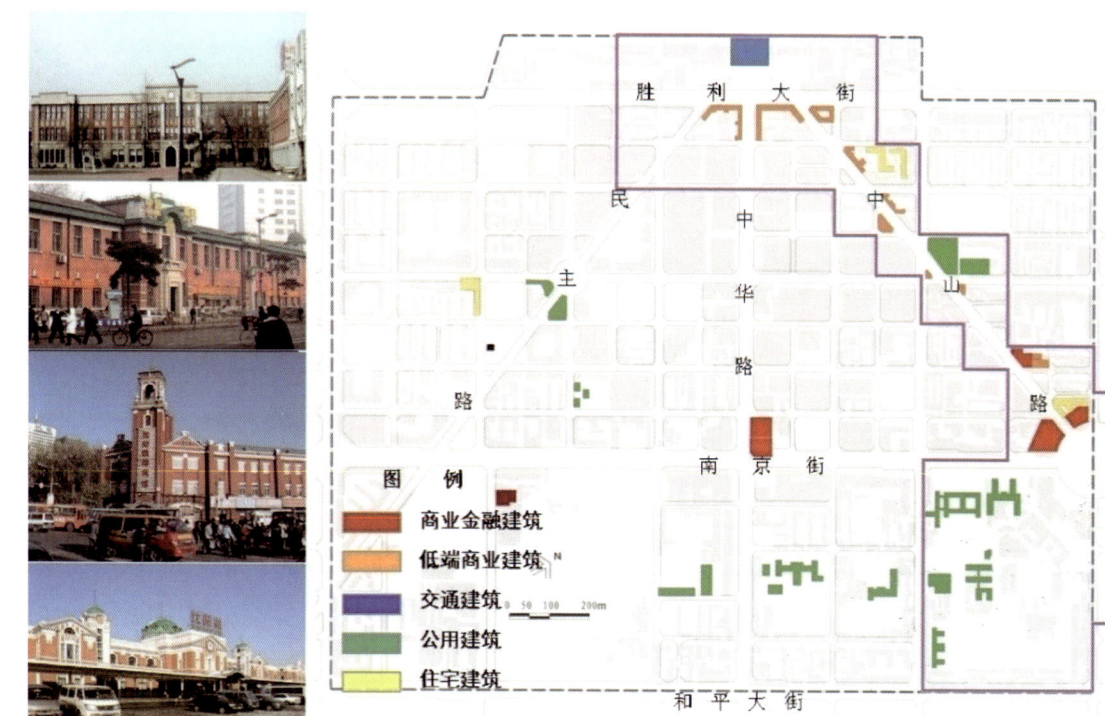

图12 太原街地区文物及历史建筑分布示意图

根据《中华人民共和国文物保护法》（2002年）第十七条规定：文物保护单位的保护范围内不得进行其他建设工程或者爆破、钻探、挖掘等作业。但是，因特殊情况需要在文物保护单位的保护范围内进行其他建设工程或者爆破、钻探、挖掘等作业的，必须保证文物保护单位的安全，并经核定公布该文物保护单位的人民政府批准，在批准前应当征得上一级人民政府文物行政部门同意；在全国重点文物保护单位的保护范围内进行其他建设工程或者爆破、钻探、挖掘等作业的，必须经省、自治区、直辖市人民政府批准，在批准前应当征得国务院文物行政部门同意。

（2）现状公园绿地分布。

现状已开发地下空间的绿地广场有3处，分别为体育公园、北街公园和凤凰城西南绿地。中山公园由满铁附属地时期的千代田公园保留至今，现有乔木覆盖良好，为切实保护公园内植物生长，原则上不建议进行大规模地下空间开发（图13、图14）。

图13　中山公园保留了大量乔木　　　　　　　　　　　图14　胜利大街沿线公园绿地现状

三、确立规划思路

针对太原街地区地下空间大规模、高密度开发建设等特点，秉承"远控近连、公益优先"的规划理念，按照三个步骤制定地下空间规划方案（图15）。

- 改善公共步行环境，减轻街路交通压力。

逐步整合

远控近连
公益优先

整体控制　　有序扩展

- 为交通、市政基础设施更新预留空间。

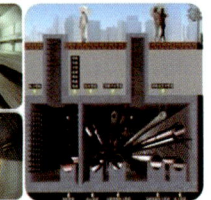
- 完善地下功能系统，实现网络化发展。

图15　地下空间规划方案

首先，逐步整合地铁站、地下街、地下商业等既有地下空间资源，率先形成地下空间网络骨架，将步行交通引入地下，大幅改善公共步行环境，减轻街路交通压力。

其次，整体控制城市道路、公园、广场等城市公共用地地下空间开发，为交通、市政基础设施更新预留充足空间。

再次，结合存量地块更新，有序扩展地下空间容量，优化功能布局，提升公共步行、停车配建等综合服务能力，逐步完善各类地下功能系统布局，实现网络化发展。

四、规划的基本构思

1. 确立规划原则和目标

规划确立了公益优先、上下协调、网络布局、平战结合等原则，以地铁站为重要节点、以地下街为骨架，加强与开发地块的连通整合，构建与现代核心商圈相匹配的安全、舒适、便捷、充满活力的地下城。

2. 制定分类控制方案（图16）

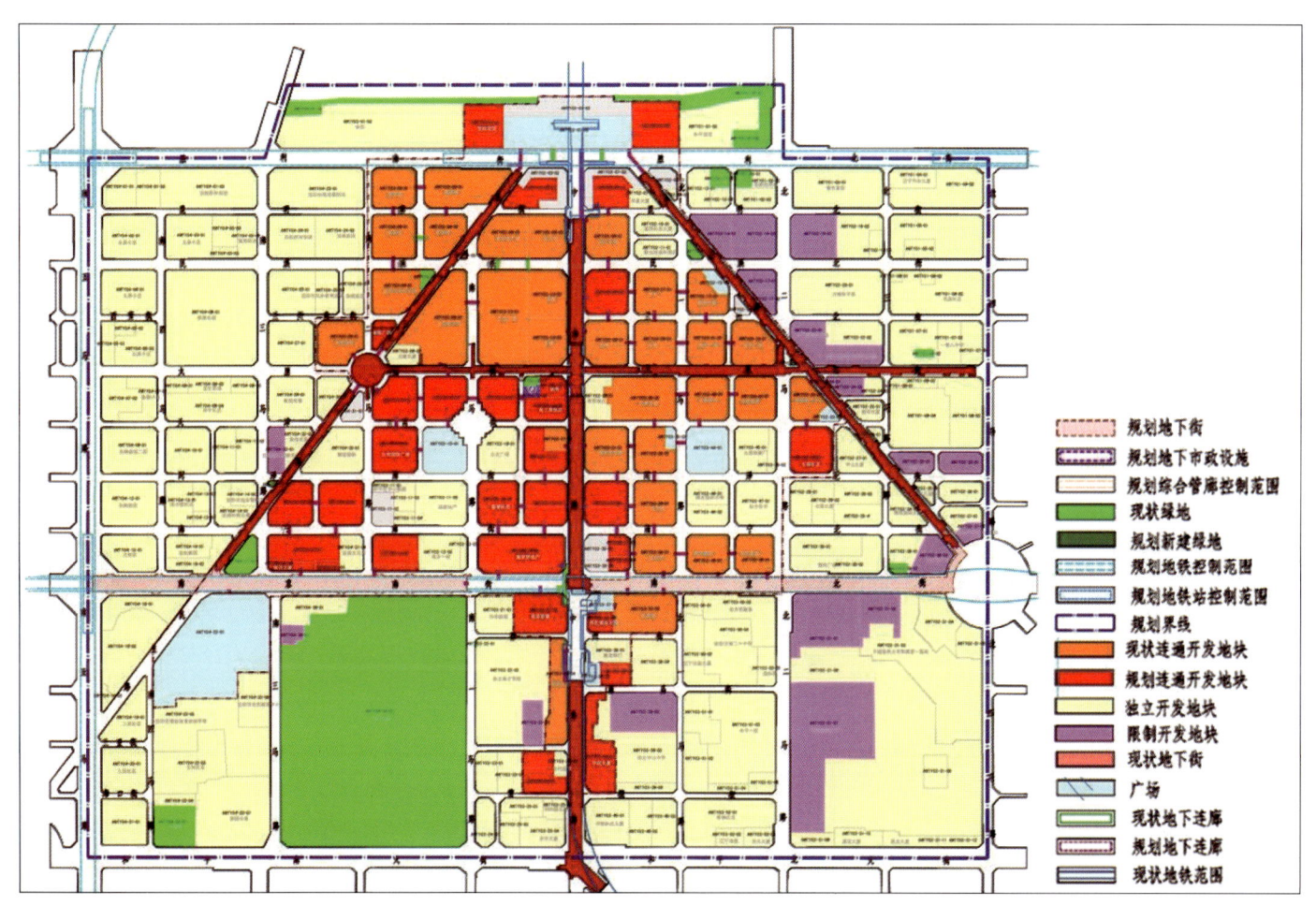

图16 地下空间分类控制方案图

按照城市公共用地和开发地块两大类进行布局与控制。城市公共用地包括道路、广场、绿地、公共停车场等，优先保障地铁、市政、地下道路等系统建设。开发地块按照地下空间开发的特点块分为连通开发、独立开发、限制开发三种类型（图17、图18）。

规划重点控制城市公共用地和连通开发地块的地下空间开发建设。

3. 明确竖向布局及功能引导

按照高、中、低三个强度分区，对可更新地块地下空间开发进行竖向引导。其中，连通开发地块地下一层应

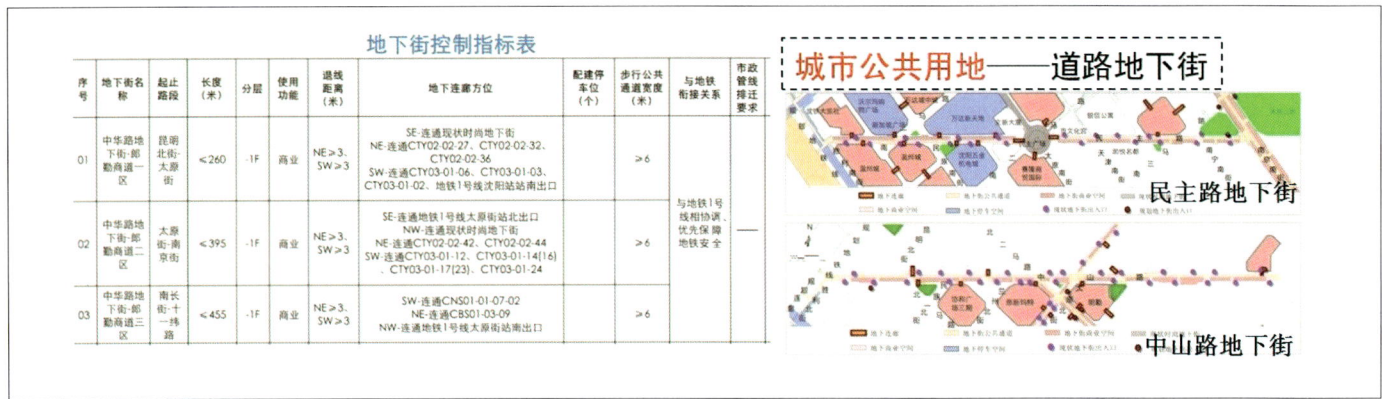

图17 城市公共用地地下空间控制

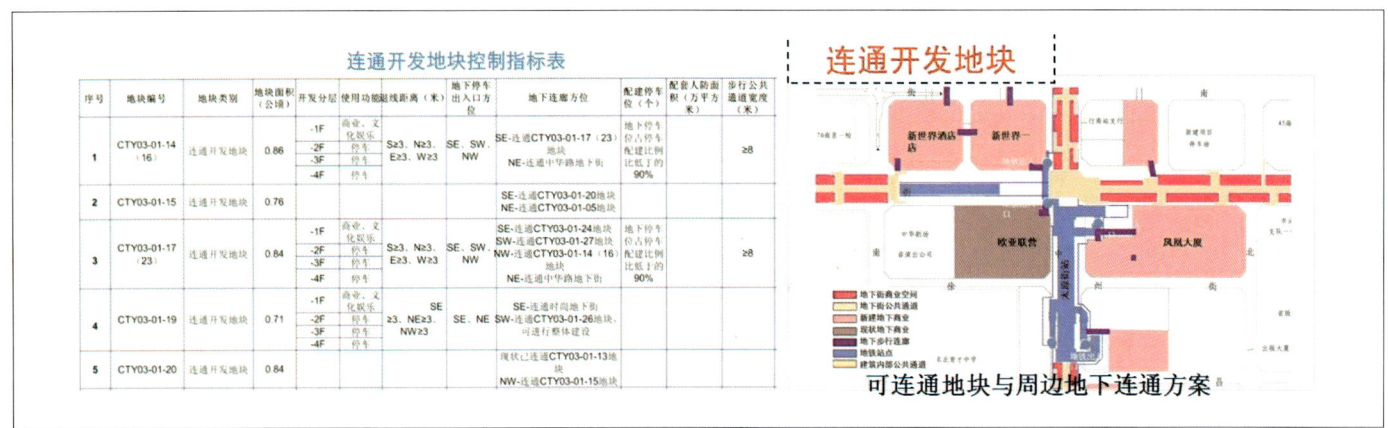

图18 连通地块地下空间控制

以商业、休闲、娱乐功能为主，并控制必要的公共步行通道，保障地下步行网络的连续性，停车功能应布局在地下二层及以下。

4. 完善专项控制

统筹轨道交通、地下停车和步行等地下交通系统布局，综合论证市政干线、综合管沟发展空间需求，明确街路地下空间预留控制和开发要求（图19、图20、图21、图22）。

5. 构建指标体系

结合规划审批管理需求，规划形成"8+3"指标体系。各类地下空间统一采用的基础指标8项，包括类别、退线、竖向、功能、连通、停车配建、公共步行通道、出入口；针对城市公共用地开发增加开发范围、与地铁衔接关系和市政系统空

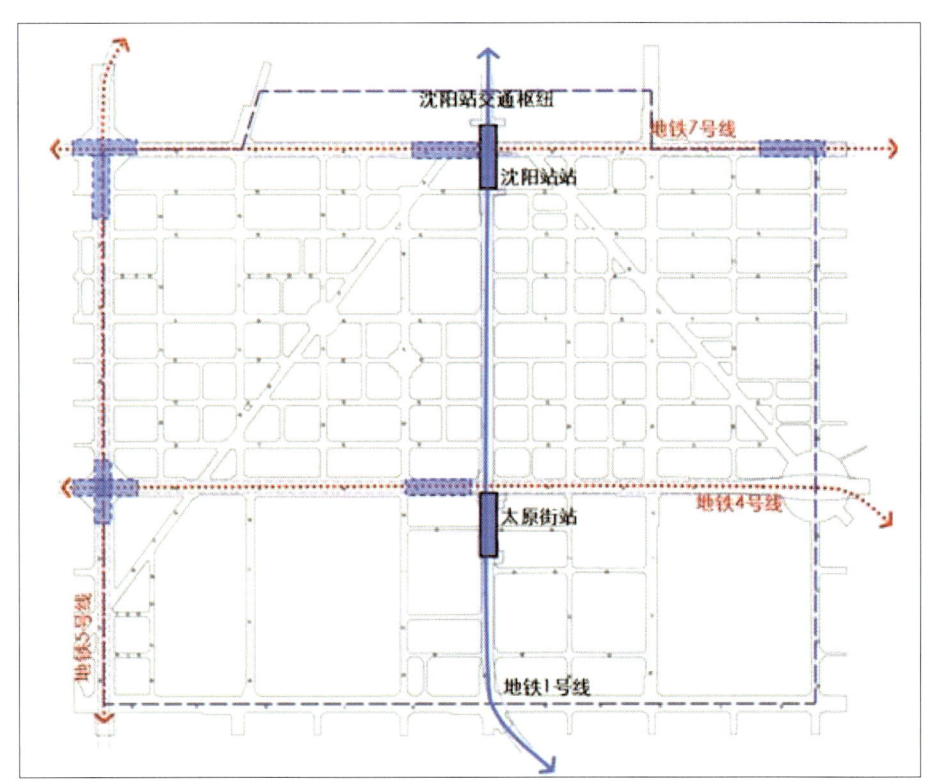

图19 轨道交通规划控制图

地下空间 / 179

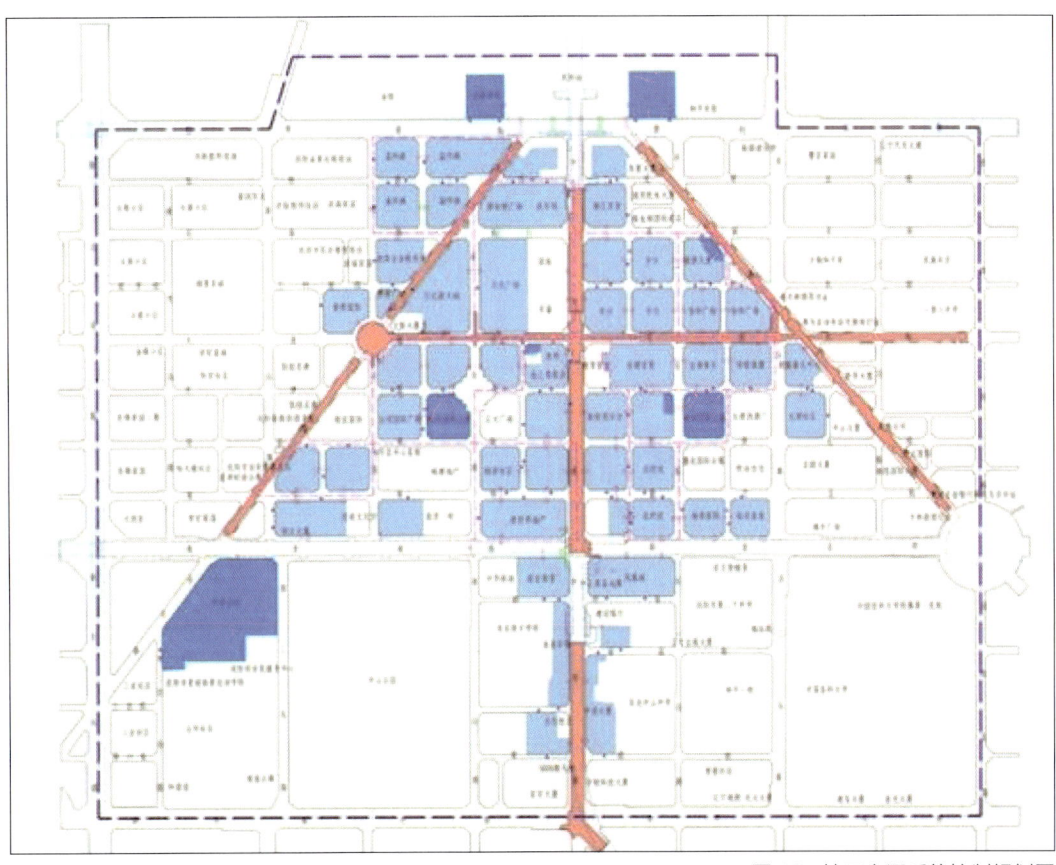

图 20 地下交通系统控制规划图

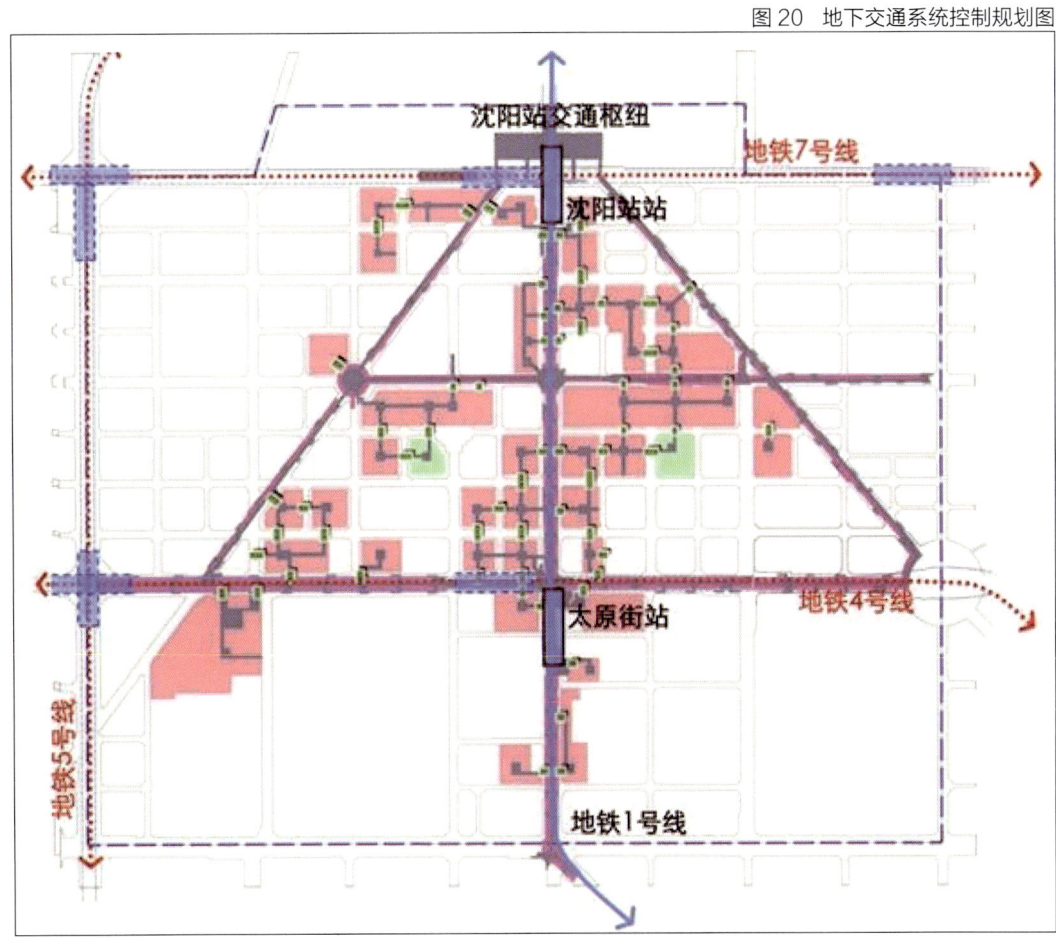

图 21 地下步行系统布局示意图

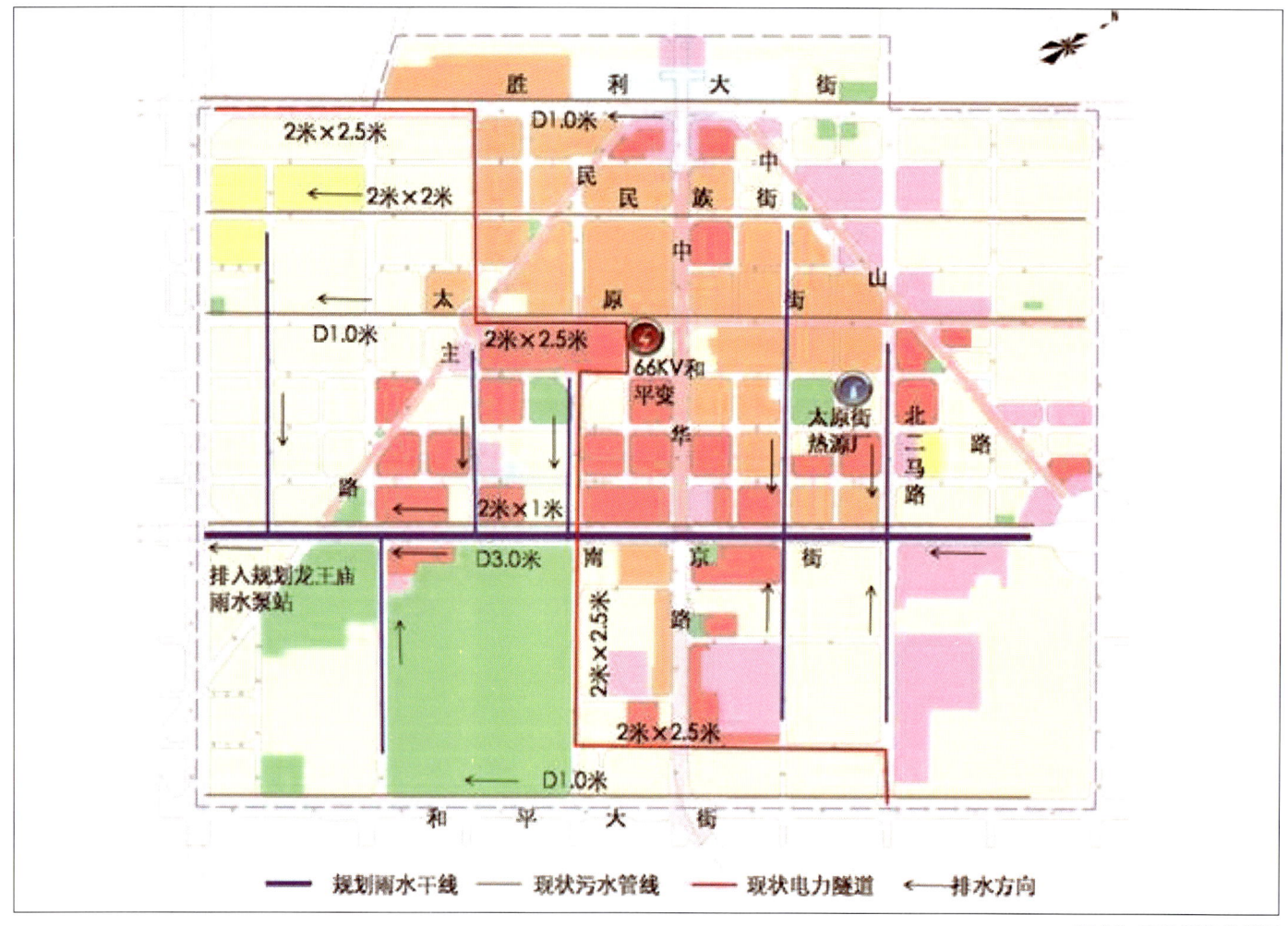

图 22 市政系统规划图

间关系 3 项附加指标。其中,除竖向分层和使用功能为引导性指标外,其他 9 项指标均为刚性控制要求,充分保障公共利益(表 3)。

表 3 地下控制指标体系构成表

要素分类指标			控制性	引导性	适用类型
8项基础指标	1	类别	√		各类地下空间开发地块。其中,规划重点明确新增连通开发地块的指标要求
	2	竖向分层		√	
	3	使用功能		√	
	4	退线距离	√		
	5	地下连廊方位	√		
	6	配建停车位数量	√		
	7	公共步行通道宽度	√		
	8	出入口要求	√		
3项附加指标	1	用地范围	√		道路、广场、公园等城市公共用地
	2	与地铁衔接关系	√		
	3	与市政系统空间关系	√		

五、编制流程总结

由于老城区地下空间的工程性较强,现状问题复杂,涉及内容较多,地下控规的编制流程体现出自上而下落实和自下而上优化往复交替的特点。具体通过本次地下控规编制实践,我们将规划编制流程总结如下。

1. 落实片区规划,找准问题,明确发展方向

地下空间应该在老城区所在片区发展中发挥怎样的作用,是地下控规的重要出发点,这需要将地下空间放在

片区总体空间资源中统筹考虑。以沈阳太原街地区为例，根据《太原街地区综合提升改造规划》，该地区重点定位为服务于区域的现代商业中心区，城市重要的市级公共中心，现代服务业集聚发展区。

综合分析交通、市政设施承载力以及商业、商务设施空间容量，在地下控规层面，太原街地区地下空间不能单纯地强调开发量，重点应加强对地面商业、商务等功能的补充、配套和完善；强调地下商业的连续性，与地铁站、地下步行体系的高度结合，提高可达性；注重商业、休憩、文化、休闲娱乐、餐饮等功能的多样化布局，与地面综合百货功能错位发展，提高地下空间吸引力。

2. 落实专项规划，形成技术平台

地下控规是整合轨道交通、道路、市政等专项规划的技术平台。各专项从各自系统出发制定的总体布局方案应在地下控规平台上予以充分落实、叠加，寻找到最优的空间布局方式。例如：根据《沈阳市轨道交通线网规划》，南京街地下近期将实施的规划地铁4号线；根据《沈阳市排水规划》，南京街也是和平区重要的雨水排水廊道；根据《太原街地区综合提升改造规划》，南京街南五马路—北二马路段将开发建设地下街，连通周边地下街，完善该地区地下步行网络。在该地区地下控规编制过程中，我们将地铁、排水干管和地下街开发进行了充分整合，统一设计，整体开发建设，有效减少了单独建设地下设施所形成的安全防护距离，节约了空间资源，也将地下开发对城市正常运转的影响降到最低（图23）。

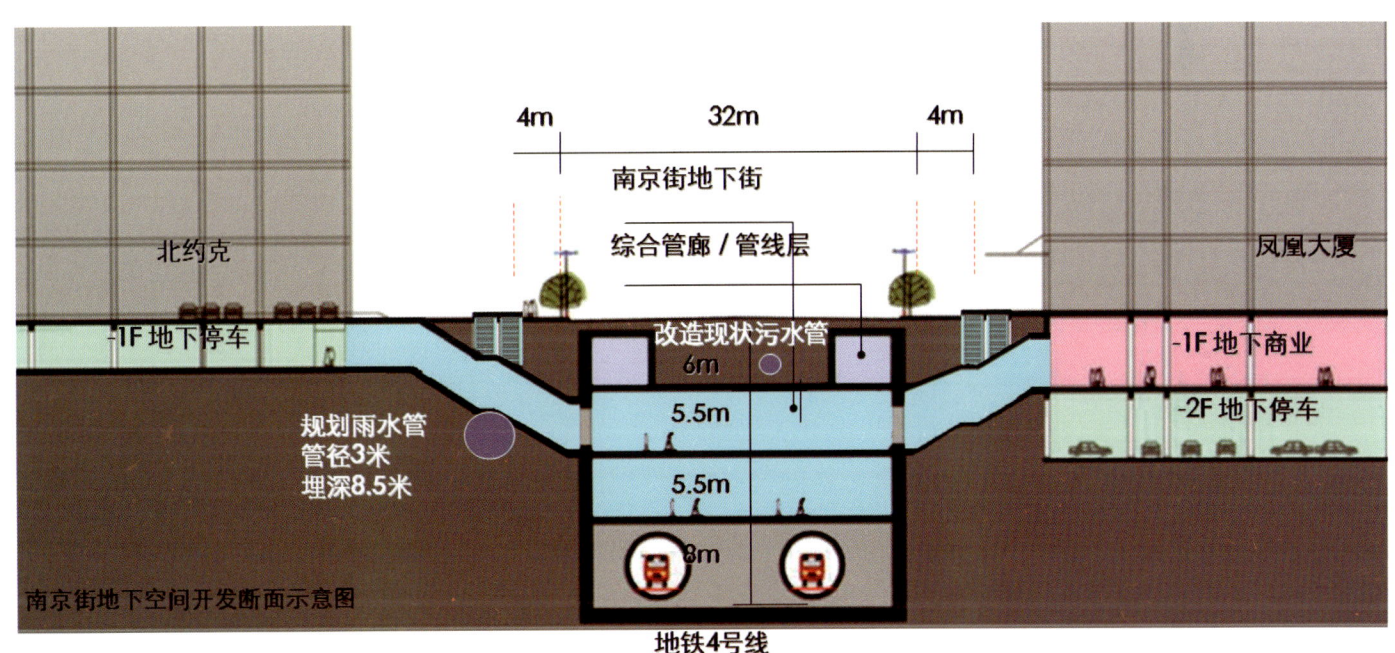

图23 南京街地下街、地铁、综合管廊和雨水干管整合方案

必须单独强调的是，数据表明，沈阳在工程地质、水文地质等方面十分稳定、不良地质情况较少。因此在地下控规中，工程条件对地下空间布局的影响可忽略。

3. 结合详细资料不断修正、优化方案

由于地下空间的工程性较强，按照从宏观定性—微观定量的自上而下编制思路，必须要经过详细设计加以论证、调整和优化，才能确保规划方案的可行性。强调与城市设计、详细规划、建筑设计的互动也成为地下控规编制的又一特点。

六、结论

针对老区传统商业中心区更新改造、功能提升的过程中，应改变既往的就点论点、重地上轻地下等现象，通过地下空间资源开发与保护的有机结合，实现地区作为旧城区限制因素叠加等矛盾特点，逐步解决历史遗留问题，促进可持续发展的务实规划途径。

沈阳市金融商贸开发区地下空间控制性详细规划研究

陈晨 / 沈阳市规划设计研究院有限公司

> **摘要**：面对地上空间越发难以满足城市发展需要的困境，合理开发利用城市地下空间已经成为必经之路。沈阳市金融商贸开发区作为国家战略层面的金融生态综合试验区，以高密度建设、商贸功能高度集聚为基本特征，也由此造成交通拥堵、市政失调、建设空间不足、环境恶化等一系列问题。为提升地区活力，改善整体环境，在《沈阳市地下空间开发利用总体规划（2011—2020年）》的指导下，针对金融商贸开发区地下空间进行控制性详细规划编制及研究，旨在建立贯彻上层规划精神、直接指导开发建设的规划策略。

一、沈阳市地下空间建设发展总体情况

沈阳市地下空间开发自20世纪末进入商业、文化娱乐、停车配套等多元功能的开发，结束了最初"平战结合"的基本功能时期。伴随20世纪初期金廊工程推进，城市更新逐步加快，地上土地容量迅速提升，带来一系列交通拥堵、侵占绿化、环境污染等问题。受到地铁1、2号线影响，以及在建4、9、10号线建设对周边地区发展的拉动，地下空间的建设和规划的关注度逐步提升，已经上升到城市及区域发展战略层面，成为推动城市可持续发展、与国际化接轨的关键一环。

2012年，《沈阳市地下空间开发利用总体规划（2011—2020年）》（后简称"地下总规"）顺利通过市规委会，确立市级地上、地下空间一体化、规模化、综合化发展目标，确定11个重点地区、20个次重点地区的发展布局结构，从平面布局、竖向利用等方面探讨规划策略，并综合考虑地下交通、地下市政、地下人防系统等综合性问题，建立综合性规划指导思想。在此背景下，2014年沈阳市开始针对重点地区进行地下空间控制性详细规划编制研究，以此落实地下总规的指导思想，充分结合实施考虑，为实现针对地块的量化控制建立重要基础。

二、金融商贸开发区地下空间基本现状

1. 现状规模及分布

金融商贸开发区是沈阳建设东北区域金融中心的核心区域，也是老城区内开发强度最高的区域。本次地下空间控制性详细规划范围为：北起宁山路，南至中山路，东起奉天街、黑龙江街，西至嫩江街、北三经街，面积约4平方公里，南北长约3.2公里，东西宽约2.0公里（图1）。

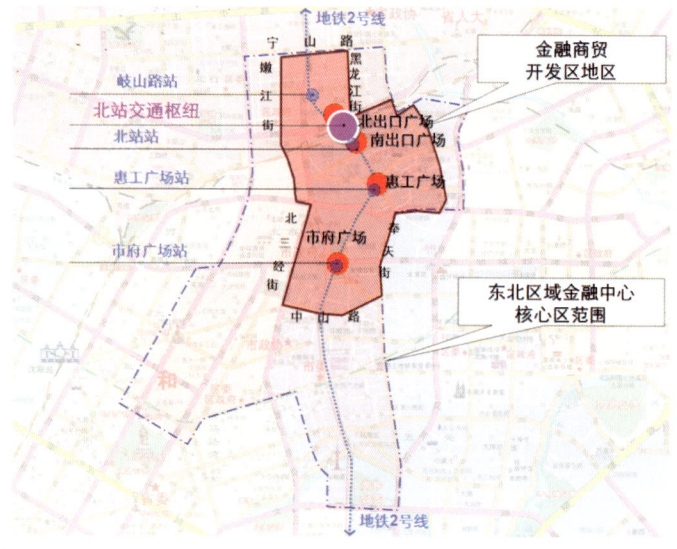

图1 金融商贸开发区地下空间规划范围示意图

规划范围内现状地下空间总量约为207万平方米，开发深度集中分布在地下负二层以内（-10米）。集中分布在青年大街与惠工街之间1.3平方公里的带型区域及北站北地区，外围地下空间零星开发。除了恒隆广场与市府广场、北站南广场与友好街地下街之间实现地下连通外，其他项目地下均独立布局。其中，地下一层约为79.73万平方米，地下二层约为64.58万平方米，地下三层约为44.97万平方米，地下四层约为17.48万平方米。

现状地下空间集中分布在青年大街—惠工街—北站路围合的范围内，以及北站北广场附近，围绕北站、惠工广场、市府广场三大核心分布，多以商业项目地下独立开发为主要模式（如：乐天世界、华府天地、卓展、恒隆等）（图2、图3）。

图2 现状地下空间分布示意图　　　　　　　图3 现状开发深度示意图

2. 使用功能及分层

现状主要分为商业、停车、设备、仓储四种功能为主，总面积约206万平方米，其中停车功能为主要开发利用形式，面积约占总面积的76%，商业为辅，面积约占总面积的14%。惠工街—团结路以北地下停车功能较为集中；惠工广场和市府广场周围地下商业空间（含友好街地下商业街）较为集中。设备、仓储等功能同时存在。

总体地下空间开发现状分为地下四层。开发区地下一层层高相对集中于-6—-4m，功能以停车、商业为主，地下停车功能约占本层总面积的62.0%，建筑地下商业及现状地下街合占本层总面积的31.8%；其余功能所占比重按照地下设备层、地下仓储功能依次递减。

地下二层层高相对集中于-11—-9m，功能以停车为主，地下停车功能约占本层总面积的84.7%，现状地下商业功能占本层总面积的7.3%；其余功能所占比重按照地下设备层、地下仓储功能依次递减。

现状开发区地下三层层高相对集中于-13m，集中于乐天世界、华府天地、新华国际、恒隆等地下，总规模较小。功能以停车为主，地下停车功能约占本层总面积的93.0%，地下设备约占7.0%。

现状开发区地下四层层高相对集中于-13m，集中于乐天世界、恒隆地下，总规模较小。功能以停车和设备为主，地下停车功能约占本层总面积的69.3%，地下设备约占30.7%。

三、金融商贸开发区地下空间规划总体思路

地下空间规划依据以下原则：在空间整合方面，统筹地上、地面、地下协调发展；在功能配比方面，统筹分配市政、商业、停车等空间；在操作实施方面，统筹规划、建设、管理有效衔接。

1．规划理念

（1）以人为本，体现人文关怀。

空间设计的要义在于从方便使用的角度出发，创造便捷、舒适的空间体验。相对地面而言，地下空间的交通可达性低、依赖机械采光通风等缺陷对空间使用造成一定的负面影响。因此，地下空间规划设计更应该从宏观布局到细部设计注重人性化，体现人文关怀，这也将成为金融区整体实现功能、环境品质再次提升的基本出发点。

（2）复合发展，提高运转效率。

单纯强调功能分区、强化地面机动交通疏解，一定程度上肢解了城市，也影响了太原街步行连续性与商业活力。通过连续的地下空间体系缝合割裂的城市，实现功能、空间、活动、活力的高度复合，有效提高公共服务功能的运转效率，促进街区实现可持续发展。

2．规划原则

规划强调的系统性和以人为本，即无论地下空间的形态还是功能，都应置于城市这个大的有机系统中进行综合分析。金融区地下空间规划需要从城市整体效益和长远利益出发，引导地下空间网络的逐步形成。

（1）空间整合方面，统筹地上、地面、地下协调发展的原则；

（2）功能配比方面，统筹分配市政、商业、停车等空间原则；

（3）操作实施方面，统筹规划、建设、管理有效衔接的原则；

（4）投资建设方面，统筹市场化为主，公共投入为辅的原则；

（5）保障安全方面，统筹考虑平战结合、兼顾综合防灾原则。

3．规划目标

金融商贸开发区的地下空间规划建设应以疏解交通压力、强化地铁站点的辐射带动作用、改善公共步行环境为重点，统筹布局地下公共步行、地下交通、市政基础设施等功能系统，为该地区建设国家优化金融生态综合试验区和东北区域金融中心最核心区域提供有效支撑。

四、金融商贸开发区地下空间规划的主要意义

1．打造贯穿南北的地下步行系统

目前金融商贸开发区（简称"开发区"）地下空间多以独立地下商业或者独立地下停车场形式存在，无车行或步行连通，有碍于地区商业规模扩大发展，更加不利于金融区品牌的树立。以沈阳北站为核心，打造地下步行系统，向南连通财富大厦、惠工广场、华府、卓展、新华国际、市府广场、恒隆等项目，向北连通乐天世界、沈阳天地等项目，连通北站金廊沿线大型商业项目和城市公共空间，增加空间互动性，提升商业品质。

2．疏解现状地面交通压力

由于长大铁路对南北向交通造成一定阻碍，加之青年大街限制左转的交通管制，现有地上交通道路系统难以满足金融区正常的过境交通和到发交通需求，北京街、敬宾街、北站路、惠工广场一直是交通拥堵非常严重的节点地区。现状急需发展地下车行系统疏解交通拥堵点，提升开发区交通效率，带动地区经济发展。

3．增加金廊沿线商业活力

金廊沿线是城市大型综合体项目最聚集、商业商贸活动最频繁的都市核心走廊区域，高频率的商品交换和快节奏的商贸活动越发对地区交通、市政承载力提出挑战。开发金融区地下空间有利于疏导地上高密度的车行人行流通，恢复秩序，提高区域活力和效益。

4．转变空间扩展方式

用地、交通、环境矛盾某种程度上是由于金融区上一轮更新过程中片面追求二维空间拓展，导致步行体验、客货运输、动静态交通等系统的不协调。地下空间所发挥的分流、疏导作用实质上是将既有的二维式空间扩展模式转变为三维式复合提升模式，从而促进该地区可持续发展。

5. 提高城市防灾能力

地下空间能够在战争威胁、气象灾害、环境公害、地质灾害、火灾、爆炸及化工产品灾害、交通事故与阻塞等灾害事件中发挥高效的防护和减灾作用。系统布局地下空间，不仅是提高地区防灾能力的需求，同时能够大幅提高整个城市的人防能力，对完善城市生命线系统、提高城市应对突发事件及灾害的能力也将发挥积极的推动作用。

地下空间发展对于金融区整体发展意义重大。金融区地下空间开发利用首先应坚持公共利益优先，注重对公共环境、动静态交通设施、市政设施容量的改善与提高；同时，注重地下空间对地面功能的补充和完善，强调地下空间的连通整合，为金融区功能结构、空间结构的再调整提供支撑。

五、引导建设"车行地下疏导、步行南北连通"的规划策略

1. 控制地下空间开发分类，加强公共用地地下开发引导

以三个地铁站为依托，强化地铁和商业的联系。最大程度发挥地铁站点的人流集散作用，提高商业的公共可达性和经营效益。最大程度利用商业空间，减少对市政道路地下空间的占用。为地下交通、市政设施预留发展空间，并减少政府公共投入。

结合地面用地性质，地下开发分为公共用地开发和地块开发两类。

（1）公共用地开发。

关于广场用地，控制开发深度不小于二层，优先满足交通需求。规划范围内有市府广场、惠工广场、沈阳北站南北广场。

关于道路用地，地下商业开发尽量少占道路用地；需设置地块连接通道时，应预留6米的市政管线层。

关于绿化用地，区域内绿化均为街头绿地，由于面积较小，原则上不进行地下空间开发。

（2）地块开发。

连通开发地块：规划28个地块进行地下连通，主要为商业和公建，重点加强地块与地铁站、地块之间的连通。

独立开发地块：共122个，主要分布在外围的居住、办公用地。主要满足内部停车及人防配建等要求，对连通不做强制性规定。

限制开发地块：共6个，主要指文保单位、历史建筑相关地块，原则上禁止地下空间开发（图4、图5）。

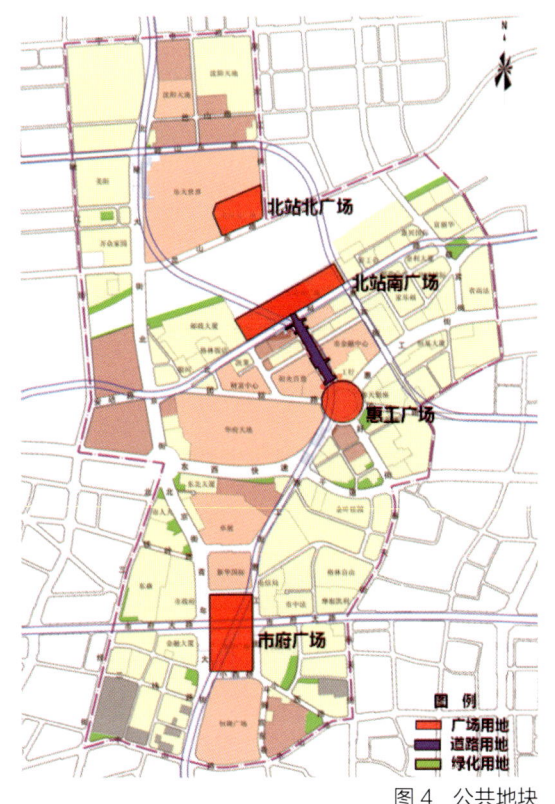

图4 公共地块

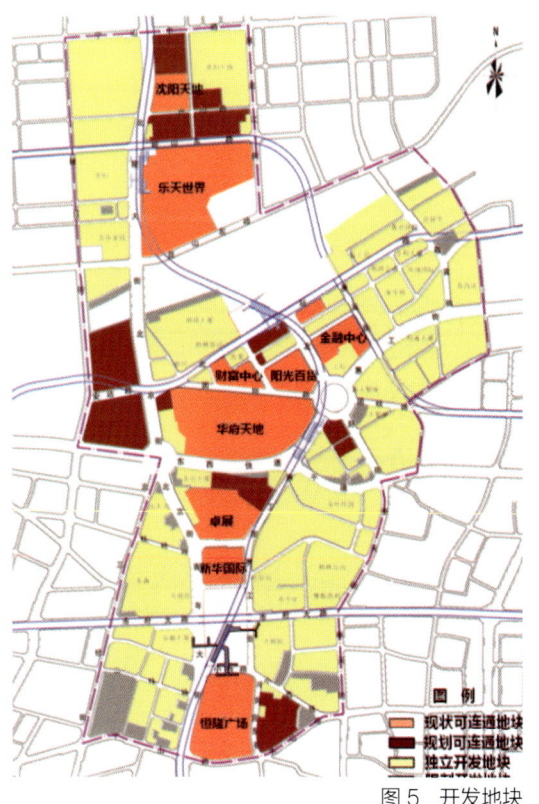

图5 开发地块

2. 建立南北贯通地下步行系统，提升地下空间综合活力

规划范围南北贯通形成北起北站、南至恒隆，长约2.5公里的地下公共步行系统，并预留向南发展的接口。

地下步行系统北起沈阳天地，向南连接乐天世界，穿过沈阳北站后，"双路径"到达华府天地，依次经过卓展、新华国际、市府广场衔接恒隆广场，步行系统长4.1公里。要实现步行系统的连续性，共需建设33处地下通道。其中现状4处，需新增29处。

地下步行系统建成后，将串联4个地铁站、4个广场、1条地下街以及28个地块，形成总建筑面积超过百万平方米的地下城（图6）。

（1）北站路—迎宾街—团结路节点详细设计。

北站路共规划4处地下过街通道，现状3处，新增1处。现有3号过街通道连通地铁站厅层及新建公交停车场地下一层商业。

通过地下连通，将快速路北站路对沈阳北站、路南停车场及商业设施的割裂，重新整合为一个整体。其中连通商业设施包括金融中心、阳光百货、财富中心、华府天地，充分利用友好街地下街现状条件，建立北站南广场—友好街地下街—惠工广场—金融中心站—华府天地、北站南广场—公交场站地块—财富中心—华府天地两条连通路径（图7、图8、图9）。

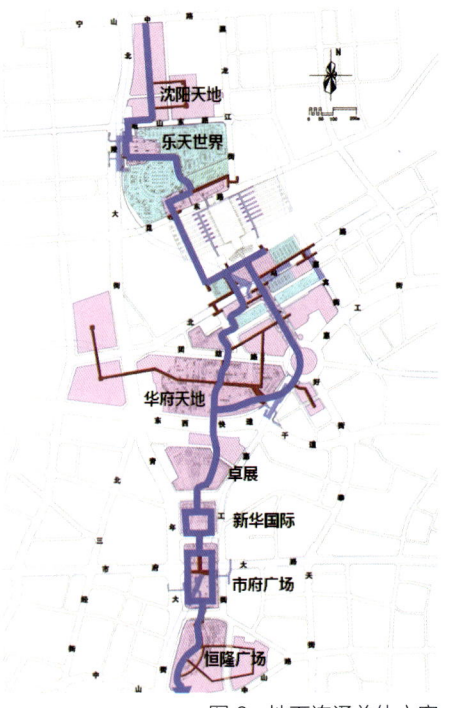

图6 地下连通总体方案

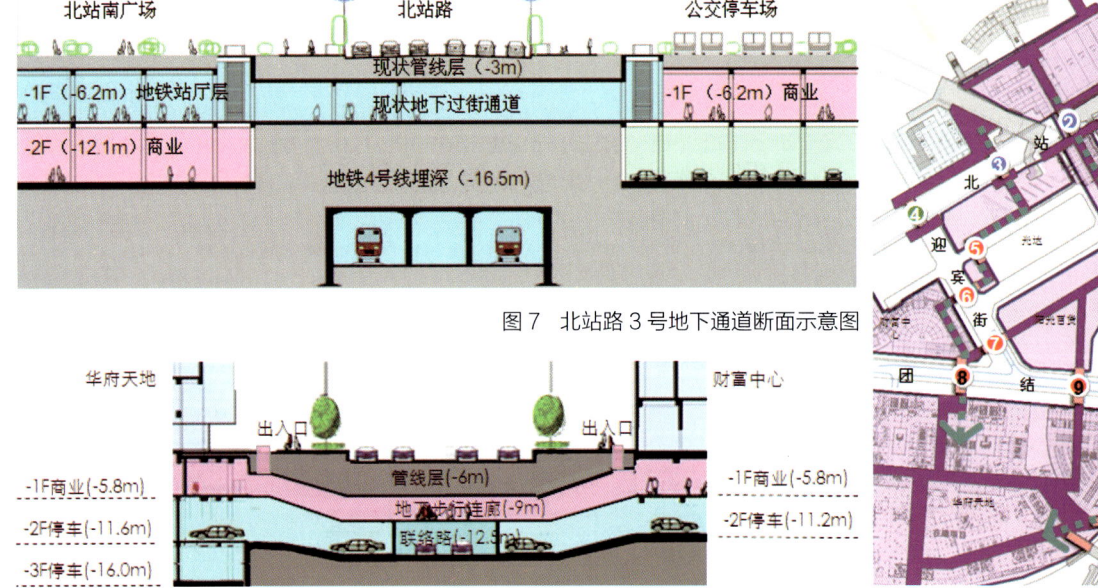

图7 北站路3号地下通道断面示意图

图8 团结路8号地下连廊断面示意图

图9 北站路—迎宾街—团结路节点平面图

（2）惠工广场节点详细设计。

惠工广场在定向立交西侧地下一层整体开发建设地下商业，向北连通现状友好街地下街，向南连通金融中心站，内部控制公共通道不小于8米。

结合停车场联络环岛，设置下沉广场和立体绿化，引入自然通风、采光，形成标志性城市景观。在惠工街—友好街定向立交西侧环岛下方，整体开发一层商业，约1万平方米。

（3）东西快速干道节点详细设计。

规划东西快速干道地下预留6米市政管线层。现状华府天地与金融中心站已连通，规划通过快速干道地下连廊连通华府、卓展北待建地块地下二层局部商业（建议改造），两侧存在0.6米高差通过连廊内部1%纵坡加以

解决，进而实现与卓展地块的连通。快速干道地下连廊在布置方位上应避让高架桥桥墩及桩基，确保高架桥安全（图10）。

（4）新华国际南北街路节点详细设计。

新华国际地下一层为停车，层高为4.7米，考虑到地下步行连通需求，建议地下一层改为商业、娱乐，并形成内部步行公共通道。

新华国际南北各设置1处地下连廊，分别连通卓展地下一层和市府广场地下二层（已预留接口）商业（图11、图12）。

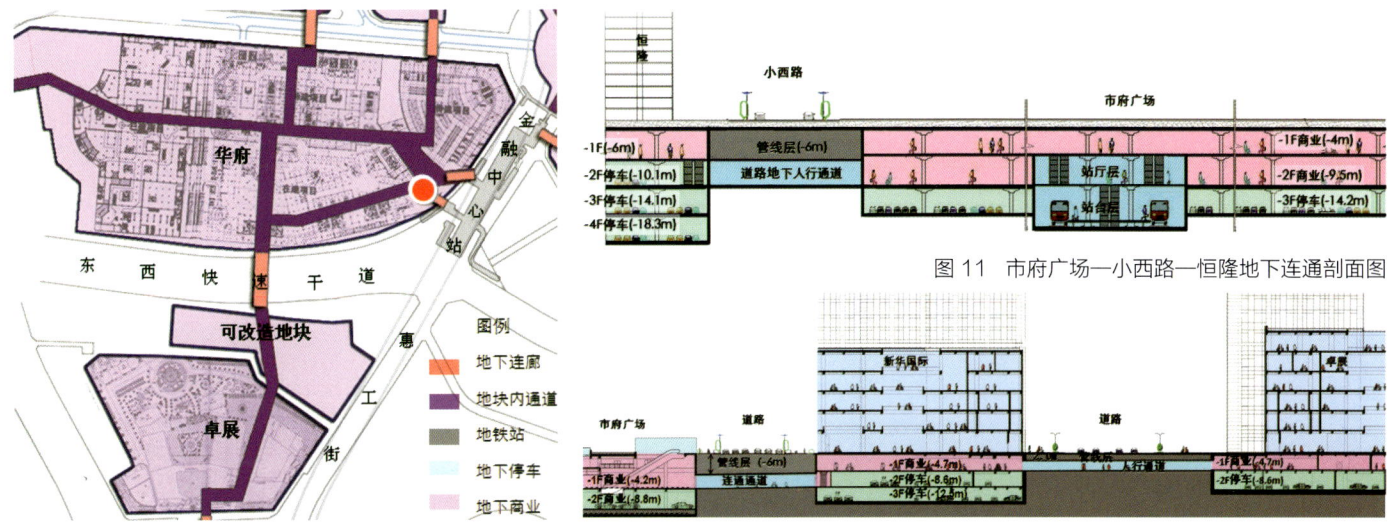

图10　东西快速干道地下步行连通平面图

图11　市府广场—小西路—恒隆地下连通剖面图

图12　市府广场—新华国际—卓展地下连通剖面图

考虑到新华国际南北街路为支路，市政干管理设较少，规划将南侧街路预留6米市政管线层，保障未来市政更新空间；北侧街路保留现状2.5米市政管线层，提高步行舒适性，并节省工程量。

（5）小西路地区节点详细设计。

规划小西路地下预留6米市政管线层。地下步行连廊标高地下6—11米，连通市府广场、恒隆地下二层商业空间及地铁2号线市府广场站站厅层。现状正在建设实施。

3. 开辟交通拥堵地段地下车行系统，分解地上交通压力

规划控制两处地下节点立交，解决北京街—北站路及惠工广场两个节点的拥堵问题，分流过境交通；控制一处地下停车场联络路，分流交通。

北京街—北站路节点立交：北起民富小区，东至格林大饭店，规划节点立交，长250米，在保证青年大街通行条件不变的情况下，拓宽现状地道桥引道，建设左转匝道，出口分两个流向，一个出北站路，另一个与团结路停车场联络路衔接，单向2车道。

惠工广场节点立交：分两层规划控制，地下一层北起方圆大厦，南至东西高架以北，长700米，起疏解过境交通作用，双向4车道。地下二层规划环路位于地铁2号线东侧，主要联系地下停车场，解决到发交通作用，并设置2对匝道联系地下一层。

停车场联络路：起点青年大街节点立交，终点惠工街节点立交。长700米，宽度为9—12米，地下埋深9.5—12.5米（图13）。

4. 健全实时保障管理机制，打造人性化的综合性地下城

（1）完善管理法规，保障地下公共通道定时开放。

明确维护和管理要求，统一地下连廊、商业公共通道的开放时间，保障其公共性和开放性。

（2）严格执行消防、人防相关规定，加强安全监管。

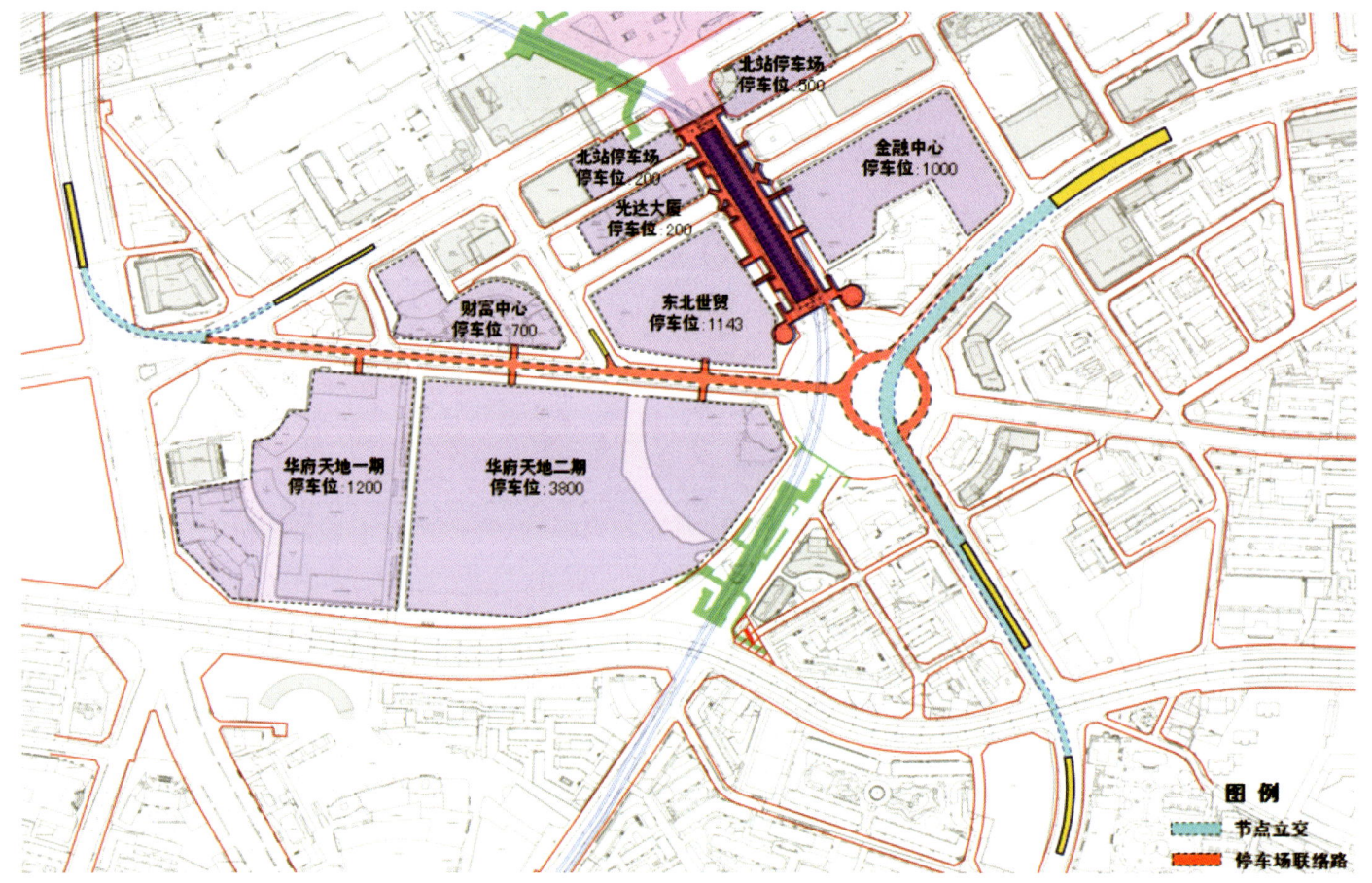

图 13 惠工广场节点地下车行系统总体方案

地下步行通道布局尽量规整,缩短安全疏散距离,提高对火灾、停电、犯罪等灾害的防范能力。

(3)强化景观设计,提升地下空间环境品质。

建议参考蒙特利尔经验,明确地下空间艺术化设计、人性化设施建设费用在工程预算中所占的比例,保障地下空间环境品质得到逐步提升。

六、结语

金融商贸开发区地下空间控制性详细规划,重点通过定性、定量相结合的控制手段,在详细夯实的现状情况研究基础上,建立科学的规划理念、确定明确的规划目标,重点解决拓展地下空间容量、缓解地上交通矛盾、提升地区整体活力等矛盾点,结合现状及规划地铁线路进行统筹规划,建立"控制公共用地地下开发、贯通南北地下步行系统、缓解地上交通压力、打造人性化地下城"等规划策略,为金融商贸开发区综合提升发展提供方向。

以沈阳太原街为例探讨商业步行街区地下空间整体设计方法

顾琼　由宗兴　霍焱　/　沈阳市规划设计研究院有限公司

摘要：如何看待地下空间开发对现代商业步行街区的作用与价值直接决定着设计的方向。除了满足必要的交通、市政、人防设施的扩容需求，地下空间的岩土介质属性决定其具备了为街区提供全新公共活动基面的潜质，这种公共活动基面的拓展对于现代商业步行街区而言往往更具重要性。在一定程度上，地下新基面能带给成熟街区升级、转型、获得活力"新生"的重要机遇。结合沈阳市太原街商业步行街区地下空间城市设计项目实践，笔者尝试通过侧重地下公共活动基面设计，整合分权属、分时序、分功能的地下空间单元，以期促进并保障步行街区地下空间的网络化与可持续发展。

一、提出问题——对设计方向的思考

对于建筑环境基本定型的成熟商业步行街区而言，地下空间通常被首先赋予解决地面交通冲突、拓展管廊设施容量等功能，并强调地下商业空间开发的重要性，以此为基础展开交通、市政、人防、地下商业街等分项设计。这种相对独立的分项式设计方法虽然能逐一排解现状矛盾与压力，但很难保证不同功能的地下空间能够优化组合，甚至会出现协调不足等问题。

以沈阳市太原街商业步行街区为例，作为沈阳最重要的商业核心区（图1），1990年以来已先后进行了数十次街路和地下市政设施改造规划、6次控制性详细规划、城市更新规划设计（阿特金斯，2005）、现代商贸集聚区发展规划（GFS & 法勃瑞，2008）、地下空间有效利用规划（日本丰海技术咨询，2008），同时该地区也是轨道交通线网规划、综合交通系统规划重点涉及的核心地区。但由于缺少统一而详细的地下空间整体设计，分项规划之间相互制约，存在短期内重复施工等问题，造成了空间和资源的浪费。如在中华路地下（图2），地铁1号线管廊上拟开工建设地下街，这不仅增加了设计和施工的难度，重复投资建设，如处置不当还可能危及城市基础设施安全。诸多矛盾面前，协调时空的地下空间整体设计呼之欲出。

显然，基础设施开发时间排序与空间避让只是保障地下空间整体效益发挥的一个必要组分。那么，设计应如何体现整体化、系统化呢？我们结合沈阳太原街案例进行了如下尝试。

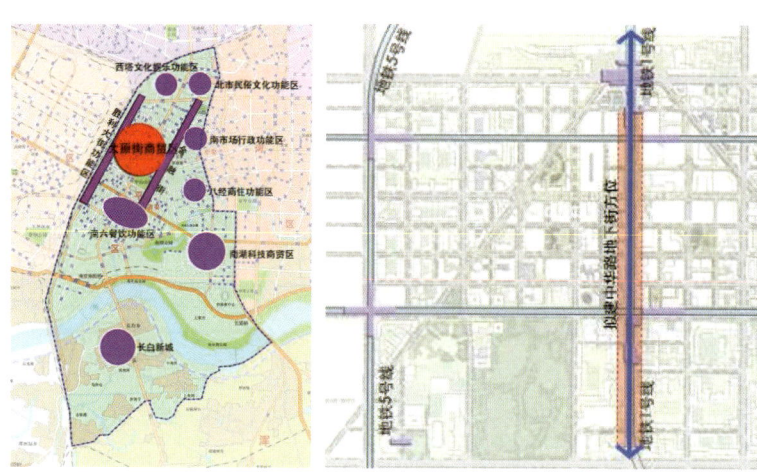

图1　太原街地区区位图　　　　图2　中华路重复建设项目区位图

二、拨云现日——地下新基面应成为设计的切入点

1. 设计基础条件分析

（1）现状规模与分布。

深入、详细地了解现状基础和发展条件是合理进行地下空间设计的前提。通过对沈阳城建档案馆等机构关于项目地下空间建设信息的整理以及现场探勘核定，我们对太原街地区现状地下空间（含部分在建项目）的空间范围、层数及层高、功能及使用情况、出入口方位等进行了细致的空间落位和统计分析。现状地下空间总建筑面积约为 $55×10^4 m^2$，开发深度集中分布在地下二层（-11m）以内，其中，地下一层约占69.6%，地下二层约占30.4%。空间分布集中于南二马路→天津街→中山路、北二马路→胜利大街空间范围内以及胜利大街、中山路、南京街、中华路沿线地区（图3）。这说明在市场推动下，商业价值较高及交通可达性较好的地区已优先完成了城市更新，地下空间随之成型，构成设计整合的空间基础。

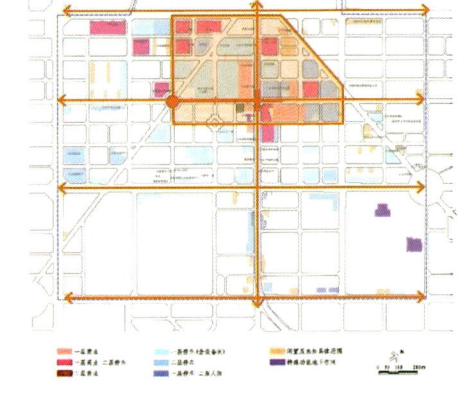

图3 现状地下空间分布示意图

（2）现状功能布局。

按照地下层数和使用功能的不同，现状地下空间类型可划分为如下8个种类：地下一层商业、地下一层商业+地下二层停车、地下二层商业、地下一层停车、地下一层停车+地下二层人防、地下二层停车、特殊功能（医院配建地下室等）、闲置地下空间（图4、图5）。其中，地下停车空间为最主要的开发利用形式，占总面积的67.47%，集中于中华路等交通干道两侧（图6）；地下商业空间次之，占地下空间总面积的23.02%，总体围绕太原街、胜利大街沿线商业设施集中布局（图7）。

图4 现状地下功能空间分层布局示意图

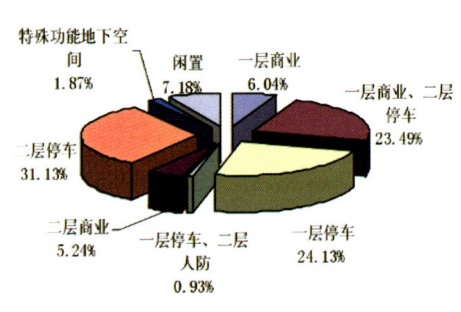

图5 现状地下空间功能构成饼状图

（3）现状存在的问题。

考察太原街地区地下空间的发展路径，现状布局隐含着无序和短视问题，亟待设计解决。

地下空间开发整体处于无序蔓延状态，表现为毗邻的关联功能地下空间之间缺乏连通，尚未形成系统。

图6 现状地下停车空间分布示意图

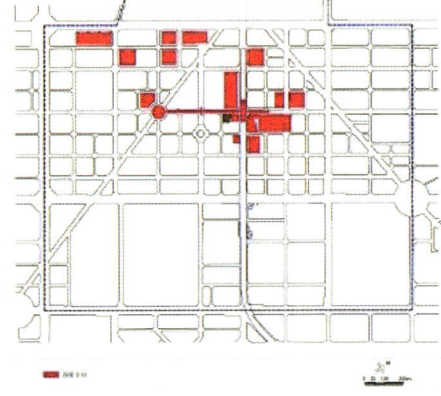

图7 现状地下商业空间分布示意图

地下停车功能居主体地位，但使用欠佳，说明地下空间对地面商业活动的支撑作用以及对地上交通的疏导作用尚未充分发挥，上下发展衔接不足。

单体地下空间开发存在一定的短视行为，突出表现在部分位于高商业价值地区的建筑综合体地下空间仅开发地下一层，过浅开发制约了功能的复合与拓展。

(4) 整合条件分析。

根据相关部门提供的资料，太原街地区近远期拟建商业、文化等公共服务设施所在开发地块的用地范围约为 32.33hm^2，空间分布相对集中于南京街北侧的各条交通干道沿线（图 8）。因此，南京街→北二马路→胜利大街→南三马路范围内将基本实现地下空间满铺开发（图 9）。

按照沈阳市地铁线网规划，太原街地区近远期共规划 4 条地铁线，其中，地铁 1 号线设有两处地铁站点（图 10），成为设计重要的结合点。

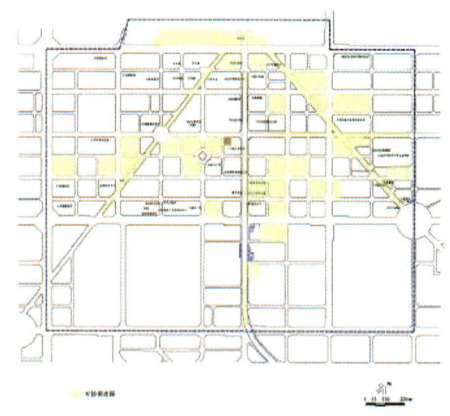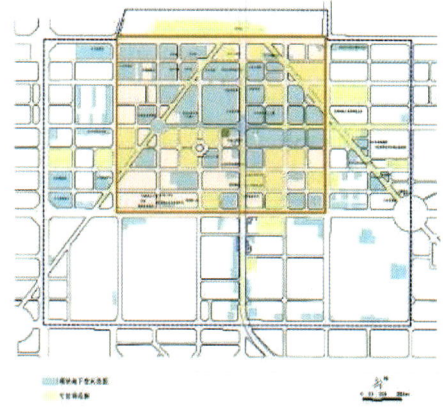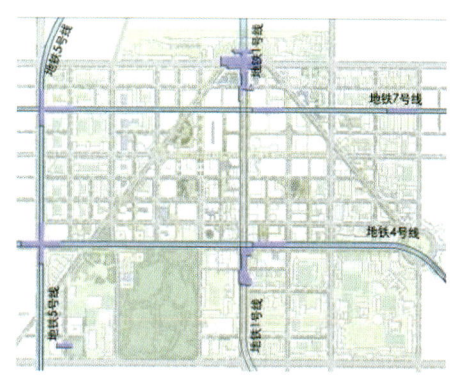

图 8　拟建公共服务设施地块分布示意图　　图 9　远期地下空间满铺开发空间范围示意图　　图 10　地铁线网规划示意图

现状地下空间分层标高接近，地下一层集中于-5.5——5m，地下二层集中于-10.5——9.5m，完全有条件进行建筑综合体地下分层的连通整合，获得最大的可达性。

在现状访谈调研中，各商家意愿比较统一，均希望建设地下公共通道体系，打破中华路等交通干道对步行街区的切割，形成整体效益。

2. 地下空间开发利用定位

基于现状及潜力分析，如何定位地下空间开发利用直接影响着设计的开展和深化，这取决于街区发展的外部需求与地下空间的内在功能发挥两方面因素。

(1) 街区提升对地下空间开发提出的新要求。

作为沈阳最重要的商业核心区，太原街步行街久负盛名，早在 1985 年就被国家商业部命名为"全国文明商业街"，2007 年亦被评为"中国著名商业街"。截至 2008 年底，全市营业面积在 5000m^2 以上的大型零售商场中，有 1/3 的企业和 2/5 的营业面积集中于太原街地区，其商业面积达到 110×10^{4}m^2，是沈阳最密集的商业发展区。2006—2009 年太原街地区社会零售品消费总额年均增长 12%，增幅已落后所在和平区平均水平 10 个百分点。面对商业量下滑、竞争优势减弱、部分商厦闲置等问题，和平区已提出"复合提升"战略，以提高太原街的吸引力与凝聚力，其中，地下空间是重要的空间发展途径。

在巨大的商业空间存量和销售总额基础上，不难发现：地下空间在太原街复合提升过程中所发挥的作用不会是一个简单的商业空间总量拓展的问题，而在于如何促进购物环境向高品质、舒适化、宜人化升级，实现质的飞跃。

(2) 地下空间内在功能的有效发挥。

作为新型的国土资源，地下空间开发利用无论对于沈阳还是太原街地区，都是扩展空间容量、缓解交通压力、提升基础设施水平、改善人居环境、提高综合防灾能力、促进可持续发展的重要途径。而在现状用地调整基本完成、大量更新项目已经落地、待开发用地散布在设计范围外缘的条件下，地下空间对太原街发展的本质促动作用到底应该是什么呢？

我们借用"城市公共空间基面"的概念，对地下空间在提升步行街区品质和集聚人气等方面的作用进行分析。城市公共空间基面是对城市人没有时间限定、身份限定与行为限定的城市空间的主要活动层面，是融入城市实体中的公共开放空间，具有强烈的城市属性与公共属性。连续、完整、步行化、人性化的公共空间基面对现代商业步行街是最具魅力和吸引力的核心要素。通常，街区尺度的公共空间基面包括空中、地面、地下三部分（图11）。

空中公共空间基面以空中连廊连通建筑内空间，形成室内化的空中流线。但由于空中连廊在数量、位置和尺度等方面受到风貌保护和工程技术的制约，不适于太原街地区作为旧城历史街区进行体系化建设。

地面公共空间基面是景观体验最丰富、功能最复合的城市基面，是城市弥足珍贵的空间资源，发挥着城市功能组织平台和交通联系媒介作用。但由于机动交通的切割，地面基面步行连续性难以保障，直接影响了街区空间环境品质和使用效果。南、北太原街的人气悬殊差异与中华路干道的切割直接相关。

从基面出发，地下空间无疑是最具形成连续、完整步行空间潜质的城市新基面。首先，地下空间的岩土介质属性决定其能够通过满铺开发，在水平方向实现空间拓展，可行性和技术优势明显（图12）。同时，这种室内

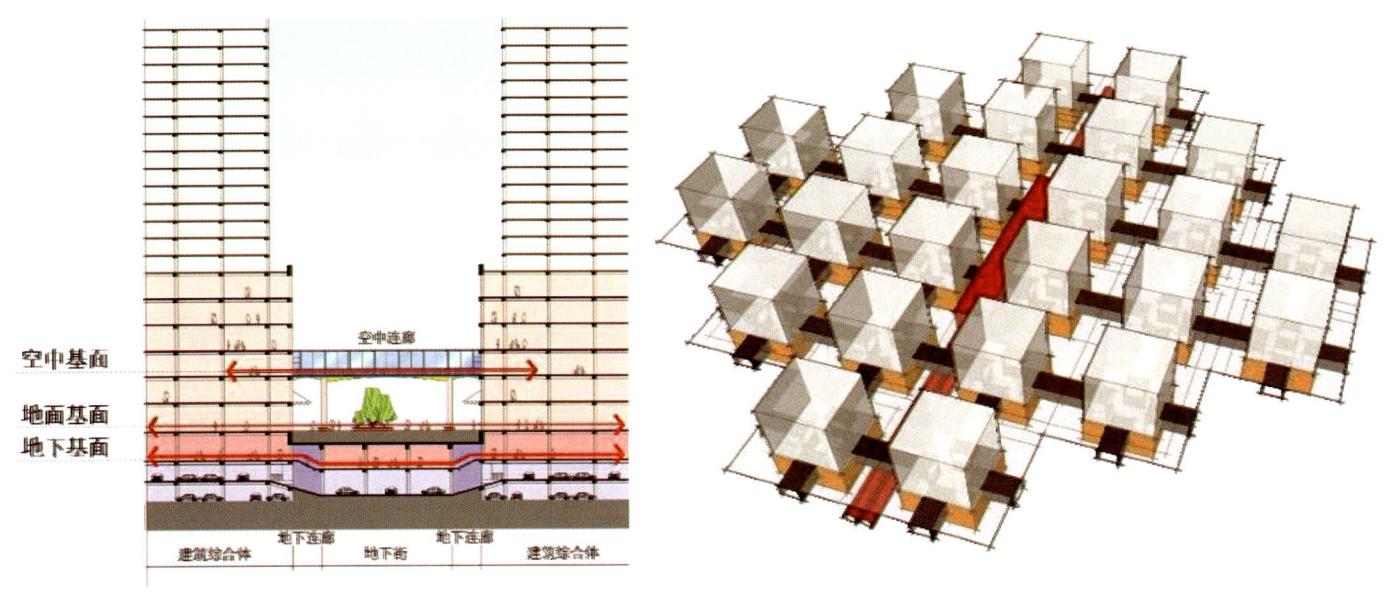

图11 三层次空间基面示意图　　　　图12 地下空间形成水平延展地下公共空间基面布局示意图

化的公共空间体系相对适合于沈阳作为北方城市的冬季极端气候。其次，地下空间功能布局几乎不受地面交通影响，地下轨道交通埋深较深，为地下基面的形成预留了充足的空间。因此，塑造具有高可达性、公共性、舒适性的地下空间基面对于无法摆脱机动交通切割的现代商业步行街区而言，是完善步行体系、提高环境品质的重要机遇。

3. 地下空间设计切入点选择

综上分析，太原街地区地下空间设计应选择公共基面整体设计作为切入点，统领设计。

设计首先应挖掘地下空间对街区形象与活力的重塑作用，并提升到战略层面加以充分重视，避免单纯强调单体活力、忽略地下公共空间整体性而错失步行基面拓展的机会。

设计应重点实现地下公共活动基面的连续完整、宜人舒适和清晰便捷，从而有效延伸地面活力，塑造人性化的魅力地下基面。

在充分保障和预留地下市政、交通基础设施发展空间的前提下，以地下公共空间基面为平台，统筹功能空间，协调开发时序，保障地下空间发挥最大化的综合效益。

三、研磨推敲——以连通整合为主要手法的地下基面设计

街区层面的地下空间整体设计应面向管理，为街区寻找到一个优化的发展方向，构建一个可操作性强的规划管理平台，而不是超越市场调节，机械设计。北美地区经验表明：过分强调刚性的、事无巨细的规划设计通常是"想防止最坏的情况，但往往只是对最佳的发展造成了限制"。因此，设计应该区分主次，加强对影响整体的关键要素进行重点设计，融合管理，切中肯綮。

1. 结构制定

结合地块满铺化开发趋势，设计在网络化布局的基础上，选择可生长型的地下公共空间基面作为结构，确保设计具有足够的弹性和可行性。网络化布局要求相关地下空间之间应实现近便、快捷的相互连通；可生长型基面则能保障不同时序的地下空间开发建设均有机会融入既有地下公共空间系统，同时，增强系统的协同性、完整性和整体性（图13）。

参考蒙特利尔城市建设经验，地下城是一个由点及面的网络化发展过程，并以地铁的开发为初始动力。在形成过程中，政府通常利用各个地块之间的公共空间的控制权，促成建筑地下室、地下城各部分之间的连接。在太原街地区，这些地

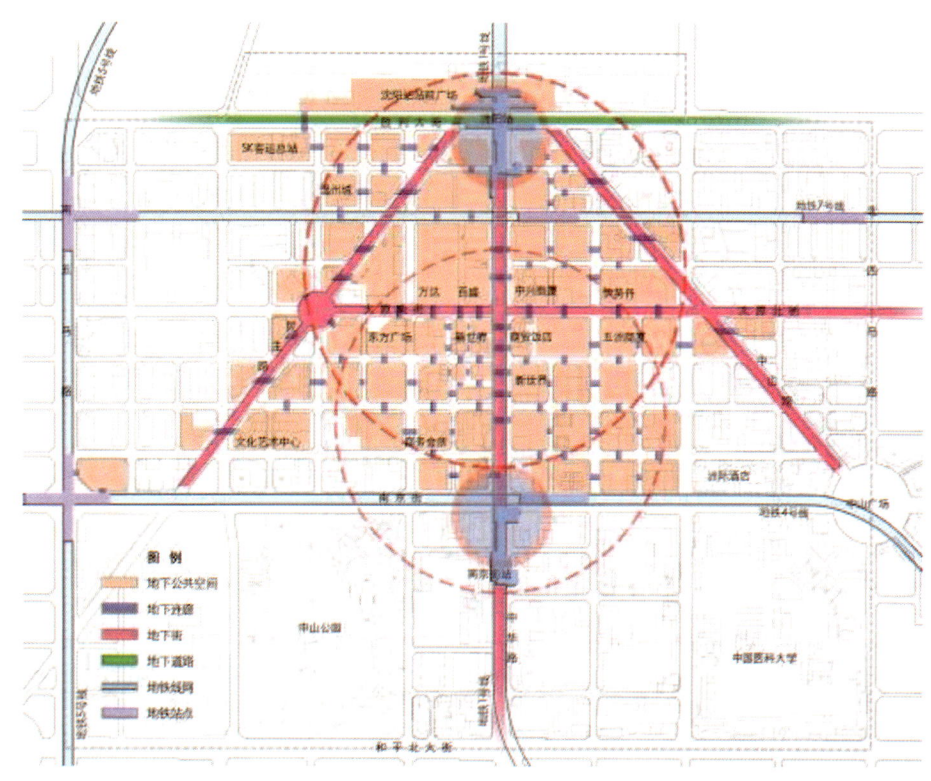

图13 太原街地区地下空间结构示意图

块之间的公共空间包括道路、绿化、广场等开发地块以外的公共用地。据此，设计应区别地块项目地下空间和公共用地地下开发，以地铁站点作为发展动力源，设置地下街作为骨架，系统布局地下连廊，连通地块地下公共空间，落实结构，保障整体协调。

2. 竖向布局

创造宜人的地下公共空间网络和疏导地区交通压力客观上要求太原街地区地下空间应以立体化承接，加以解决。因此，设计要求总体不少于两层进行开发建设，避免地下单层过浅开发造成短视。地下一层基面集中布局各种公共活动空间，地下二层基面以交通、停车空间为主。

同时，地下一、二层基面的标高整合是竖向布局的另一个重点。通常，建筑地下一层集中于-5.5—0m，地下二层集中于-11—-6m，建筑地下同层之间的地下连廊建设可直接以坡道的形式进行相应的高差平整。而地下街需要对市政基础设施进行必要的避让与排迁，地下一层集中在-8—-3m，地下二层集中于-14—-8.5m。这样，地下街与建筑综合体地下层通常会存在约3m的高差，设计通过台阶、坡道、垂直景观梯等方式予以连通处理（图14），并结合必要的休憩展示、体验功能提高购物者步行期间的舒适度（图15）。

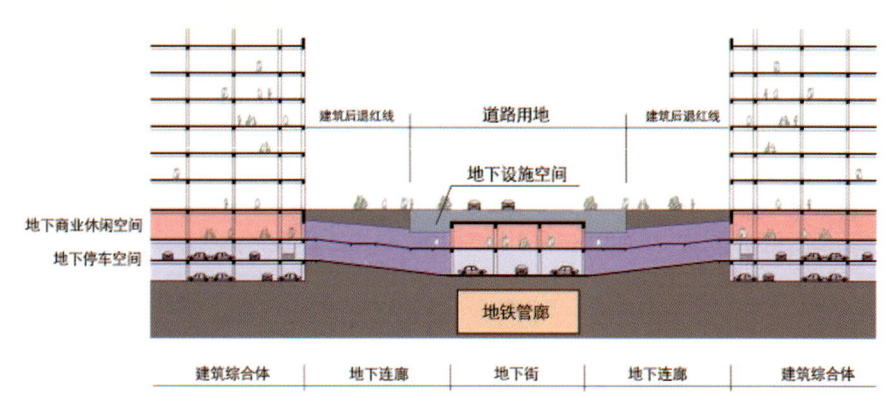

图14 地下空间基面高差处理示意图　　图15 地下连廊的展示功能示意

3. 基面设计

如前所述，设计重点进行综合商业、文化博览、娱乐游憩、休闲体验等公共活动空间在地下基面上的系统布局和统筹安排，并实现开发地块和公共用地的连通整合。具体在地下各基面上，进行如下详细设计。

（1）地下一层基面设计。

地块单元划分

地下一层是公共活动相对集中、功能相对复杂的地下公共基面。设计采用单元化的方式，将开发地块划分为协同开发、独立开发、局部开发、禁止开发四类，从而保证设计在覆盖整个地区的同时，突出重点，并能够与后续规划管理紧密衔接。

协同开发地块是指公共建筑所在地块，通过与毗邻地下公共空间连通能够有效提升可达性，形成整体效益（图16）。独立开发地块则是指住宅等单体地下工程功能较为单一、相对封闭、水平方向不具备与周边连通必要性的开发地块（图17）。局部开发地块是指各类公园绿地，其地下空间的开发利用应以保证地上树木的成长要求为前提进行小范围开发（图18）。禁止开发地块主要指各级文保单位及部分历史建筑地下，原则上不得开发地下空间，以保护文物安全（图19）。

图16 协同开发地块　　图17 独立开发地块　　图18 局部开发地块

协同开发地块必须与毗邻协同地块、地铁站点、地下街建设无障碍通道或预留接口，这一要求将直接细化到建筑设计层面，通道所在界面应预留足够的空置面，不应沿界面全部建设楼梯间、管道井、设备间等，以保证预留通道建设。同时，建议局部开发地块与周边实现连通，对独立地块除了满足相关消防、人防要求，不进行连通设计。

地下街设计

设计在太原街、中山路、中华路、民主路地下设置四条地下街（图20）。结合区位特点和地上功能分区，对各条地下街路进行差异化功能定位和精致化环境建设。其中，太原街地下街结合原有时尚地下基础，以延续零售商业功能为主，中华路地下街以精品商业、文化娱乐功能为主，民主路地下街以文化展示、休闲娱乐功能为主，中山路地下街以休闲时尚、文化艺术功能为主，从而与地上形成景观互动和功能互补。

设计各条地下街公共通道宽度不小于8m，与地面的垂直交通出入口平均间距约为80m，地下街尽端袋状走廊不大于20m，并在地下开敞空间节点位置设置景观梯，满足不同人群的使用要求。

地下连廊设计

地下连廊是连通毗邻地下公共空间的地下无障碍通道，设置于协同开发单元、地下街、地铁站等地下公共空间之间。地下连廊宽度应根据人流量进行推算和确定，参考重庆、深圳等城市经验值，设计地下连廊的最小

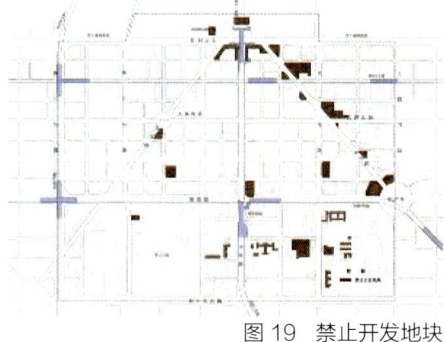

图19 禁止开发地块

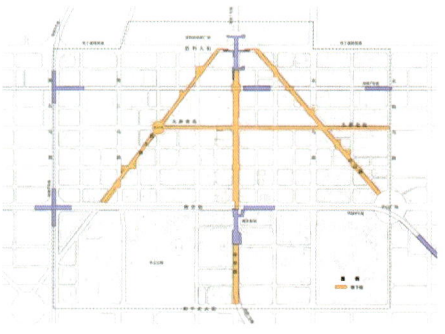

图20 地下街空间范围示意图

宽度为6m，净高为3m，通过建设无障碍通道或接口预留控制保障地下连廊的实施。

地下广场等开敞空间设计

地下广场是地下街的块状开放空间节点，位于地下街交会点、街区放射性道路与该地区方格路网肌理交叉形成的三角地等地下（图21）。地下广场的功能与地面场所主题紧密结合，主要设置展示、休憩、文化娱乐功能，辅以精品商业功能，增加自然采光设计，提高地下街景观趣味性，丰富功能性，方便使用。

综上，设计形成地下一层基面总平面（图22）。

市政设施协调

地下一层基面各地下街开发与地下市政设施系统排迁进行了协调，保障地下市政主管廊安全。另外，南京街等交通干道是城市快速路系统的重要组成部分，设计为远期地下交通系统、市政管廊系统等预留空间，并建议禁止地下街的开发，避免空间占用，影响城市功能。

（2）地下二层基面设计。

地下二层基面主要满足地下交通、停车配建和市政设施要求，布置停车空间、地下道路等功能（图23）。其中，地下街的停车设施配建应满足相关交通、建筑设计标准要求。地下停车库的出入口方位，禁止在城市快速路和主干道上开设，并符合人防、消防相关规范中关于尺度、坡度、距离城市道路交叉口距离、安全间距等规定。

设计在胜利大街设置地下道路，分流来自周边地区的穿越性交通以及由沈阳站交通枢纽吸引的机动交通。地下道路出入口避开胜利大街与南五马路、北四马路交叉口，满足必要的缓冲要求，并与沈阳站站

图21 地下广场空间范围示意图

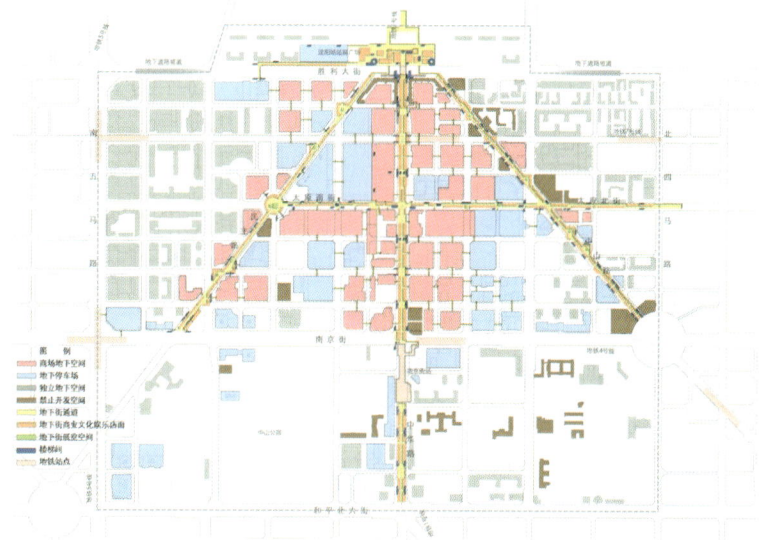

图22 地下一层基面总平面图

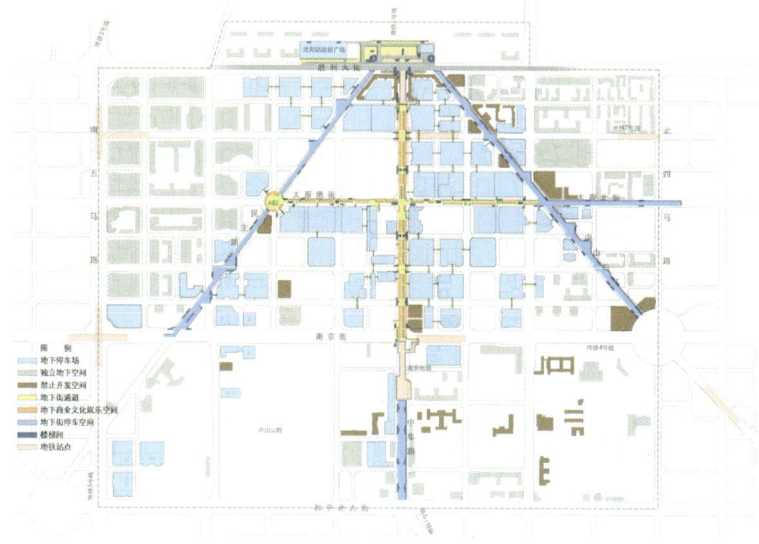

图23 地下二层基面总平面图

前广场地下停车场及机动交通流线、公路客运站等交通枢纽实现连通。

4. 节点设计

现状矛盾最集中的节点地区，如步行街区的出入口、沈阳站站前广场，同时是商业步行街区的门户区域，传递着街区给人的第一印象。因此，设计结合各节点的区位和作用，进行了深入的详细设计，以期重点突破，率先破局。

沈阳站站前广场地下空间设计主要通过系统化分流地下机动交通流，确保进出沈阳站的公共交通和其他机动交通顺畅接驳、无缝换乘。在此基础上，设计在地下各层分别设置了必要的步行空间，保障行人能够安全、近便地进入太原街地区地下公共空间网络中来（图24）。

民主广场、中华路节点（图25、图26）是太原街步行街的重要门户。设计主要强化其景观标志、交通引导作用，通过景观塔、露天下沉广场等方式，在地下街线性封闭空间中引入自然采光，丰富地下空间的景观体验。

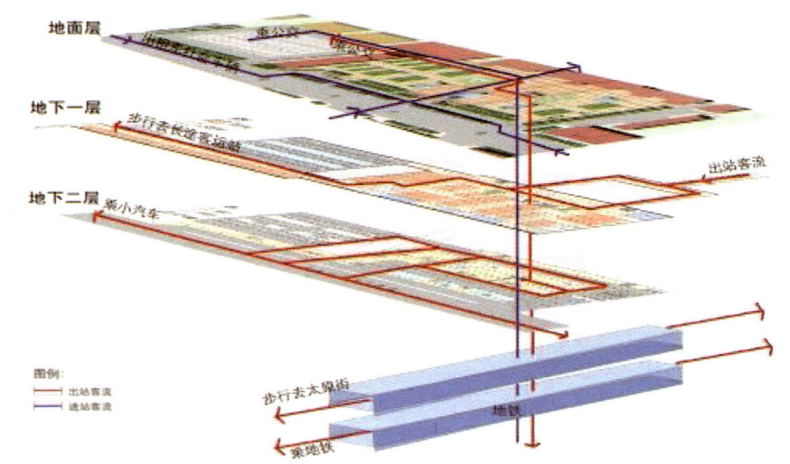

图24 沈阳站站前广场节点立体开发示意图

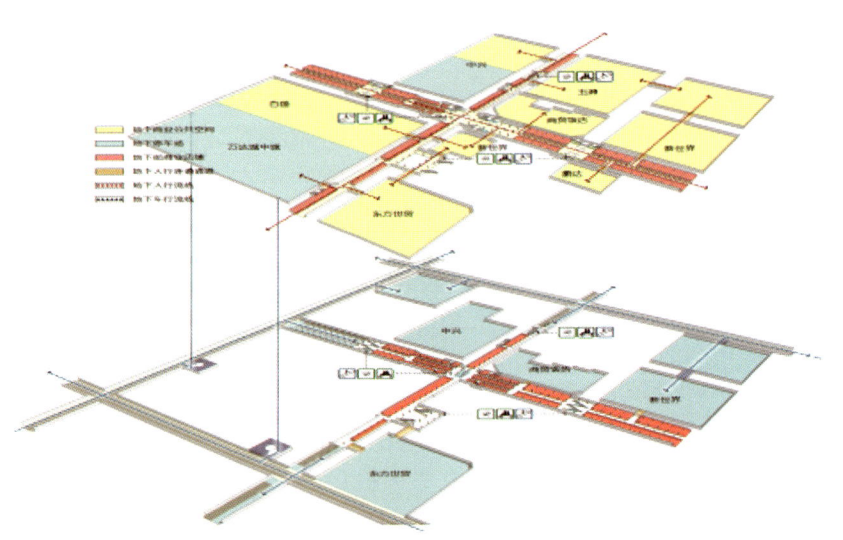

图25 中华路节点详细设计示意图

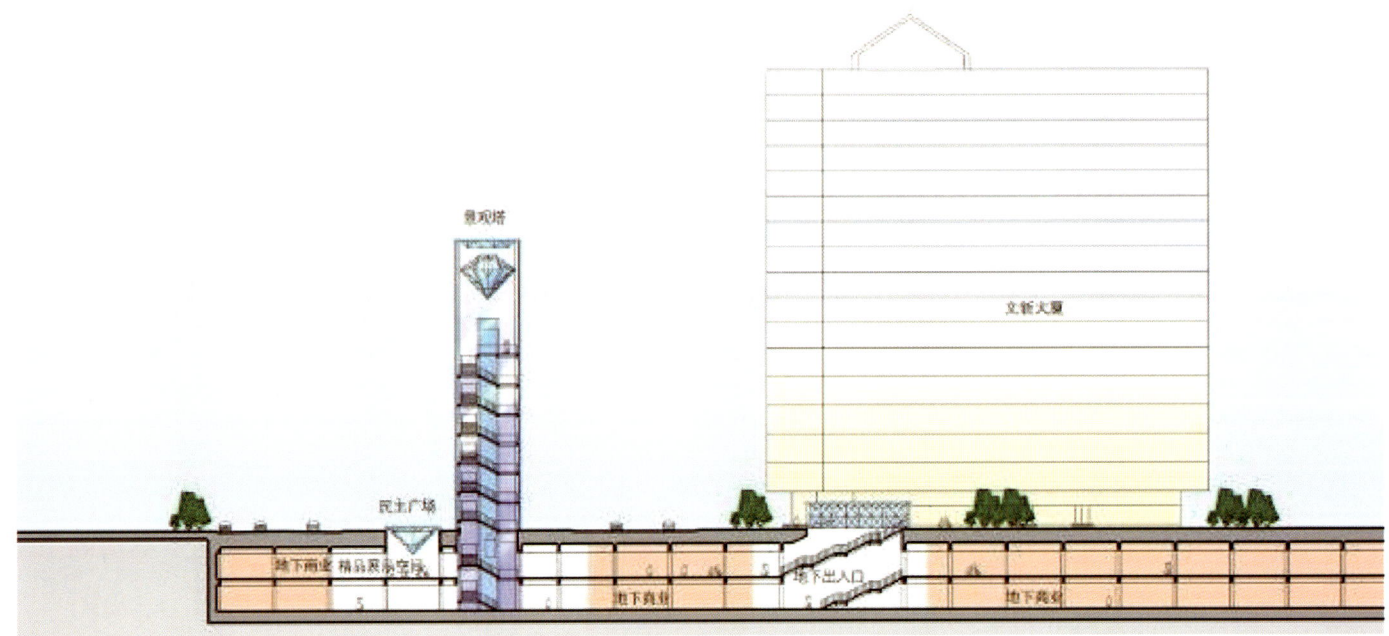

图26 民主广场节点剖面示意图

5. 导则设计

结合太原街地区控规管理需求，设计对地下空间的总体结构、功能定位、整体规模、地块划分及连通管理、地下街的空间范围与出入口布局及相关防护标准、地下连廊布局、地下道路方位、地下停车配建要求以及市政设施协调等内容进行了提炼和整合（图27），转化为管理语汇，形成的地下空间设计导则与控规较好地实现了对接，有效补充了控规对地下空间建设引导的不足。

四、温故知新——设计方法归纳总结

对比既往规划设计方案，本次设计从地下空间的本源功能角度出发，对影响全局的关键性要素进行了重点设计和引导，从而更具合理性和可行性。系统总结太原街地区地下空间整体设计方法，具备如下几个方面特点：

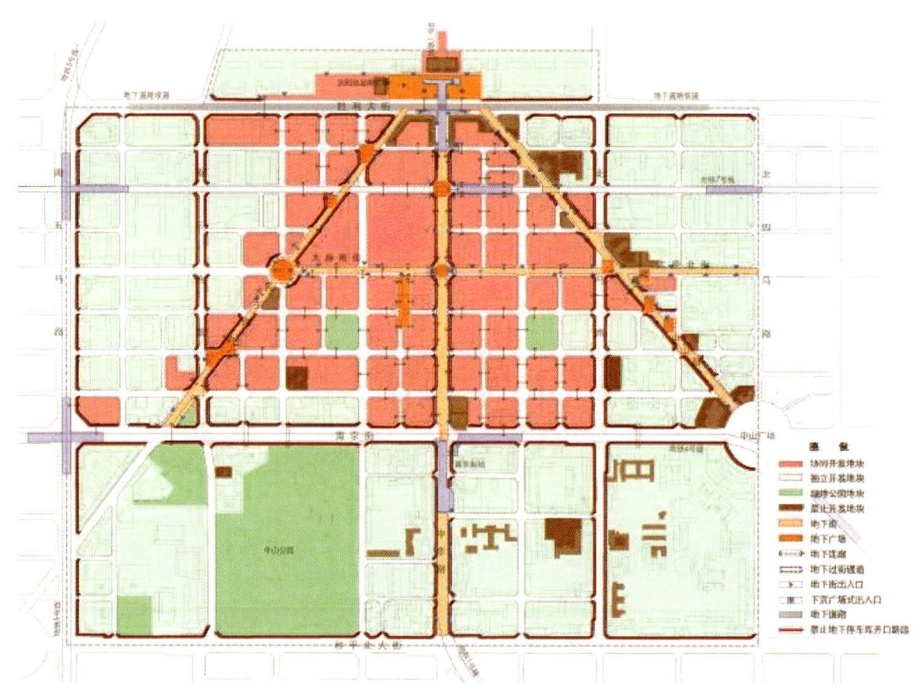

图27 地下空间设计导则图

设计重点回归——将地下空间的基面扩展作用提升到战略高度，强化地下基面的连通整合设计，真正发挥地下空间的综合效益，避免短视。

设计要点概述——在系统化调研、分析现状的基础上，密切结合地面功能布局和发展需求，制定弹性的空间结构，整合地下分层基面的标高，确保整体性。对地下基面进行分层功能布局、公共通道设计、连通设计以及出入口、停车配建等标准设计，同时，优先确保地下市政设施、交通管廊布局安全，整体协调。

实施要点——将设计成果转化为导则，与控规结合，有效指导下层次规划设计。

由"地权"向"空间权"转变的地下空间规划方法探索
——以《沈阳市小东路地区地下空间控制性详细规划》为例

张腾龙　韩玉鹤　由宗兴　王晓颖 / 沈阳市规划设计研究院有限公司

摘要：在城市地下空间开发建设多样化发展的趋势下，以传统"地权"思维为指导的地下空间规划在实施过程中出现了诸多不适用性。笔者结合 2008 年至今沈阳市地下空间规划编制与开发建设实践，总结分析传统规划方法面临的新问题，并以近期编制完成的《沈阳市小东路地区地下空间控制性详细规划》为例，探讨城市地下空间规划由"地权"向"空间权"思维转变的创新点，对未来城市地下空间领域各类规划编制及地下产权制度的完善具有参考意义。

近年来，沈阳市地下空间开发建设发展迅速，全市重点地区地下空间已开发总量达 $933.8 \times 10^4 m^2$（2015 年数据），规划总量达 $1435 \times 10^4 m^2$（规划期至 2020 年）。重点地区地下建筑占开发总量的比重由原有的 1/10 提高到现在的近 1/3，接近蒙特利尔等国外优秀地下城的数值（图 1）。

在这一快速增长过程中，以《沈阳市地下空间开发利用总体规划》（2011 年）以及 10 个重点地区地下空间控制性详细规划为主要组成部分的沈阳市地下空间规划体系发挥了重要作用。地下空间的设计指导、行政审批、实施论证等过程均以地下空间规划体系为技术参考。然而，随着地下空间开发由扩容向提质转变，加之经营模式、施工工艺、投资渠道等多种外部因素的快速变化，地下空间领域催生出一系列较以往更复杂的情况，地下空间

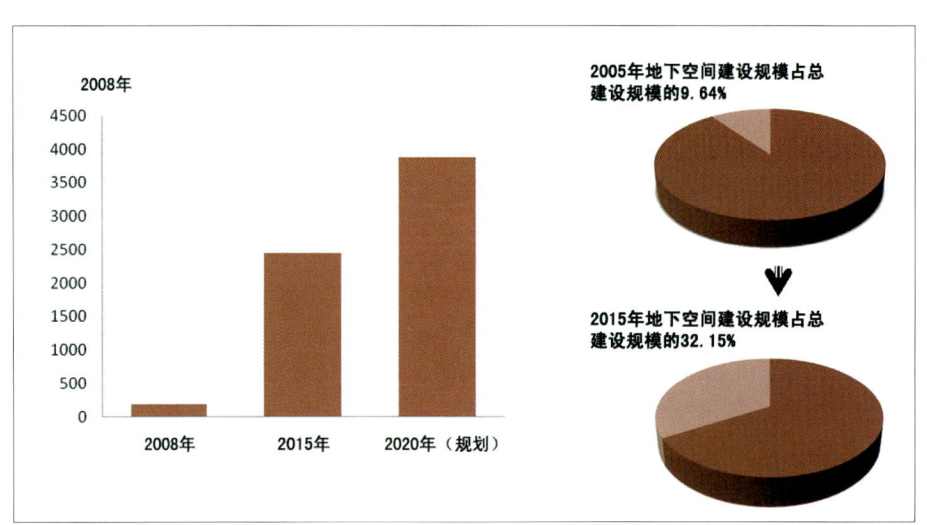

图 1　重点地区地下空间开发规模对比图

规划一直以来秉承的"地权"思维难以应对新问题，导致实施过程存在一定的技术和管理困难，亟须突破与创新。

一、传统地下空间规划的"地权"思维

1."地权"制度的发展与规划应用

"地权"由土地使用权有偿出让制度产生，并随《物权法》进一步明确。因此，城市建设用地的一切开发建设活动都必须以获得土地使用权为前提。在规划管理方面，各类权属界线将城市建设用地分割成块，通过制定规划指标，"地权"进一步涵盖了用地主体的"空间开发权"。

考虑到与地上规划的协调性，沈阳市地下空间规划体系发展伊始自然承袭了这一"地权"思维。在地上控规较为完善的"五线控制"基础上，进一步将城市地下空间用地属性归纳为公共用地、开发地块两大类。对于由绿地、广场、道路等组成的城市公共用地，重点做好重大基础设施、地下街的空间预留；对于开发地块，进一步划分为连通开发地块、独立开发地块、限制开发地块三种类型，重点控制各类开发地块的建设范围、规模容量、连通方式等方面内容（图2）。

2. 现有地下空间规划的意义与作用

在指导思想方面，现有的地下空间规划立足于沈阳大规模用地开发现实，面向城市的可持续发展，审慎、合理利用城市空间资源，促进地下与地上协同、综合发展，实现土地资源的集约、高效、科学利用。城市地下空间首次以"公共资源"的身份加入到城市土地利用范畴中来。

在规划方法方面，规划通过设定用地界线内各项指标，实现鼓励、限制、禁止等规划意图，使地下空间开发建设活动始终在政府的有效主导下有序进行，填补了传统地上规划与行政审批过程的空白，切实保障了城市公共资源的合理利用。

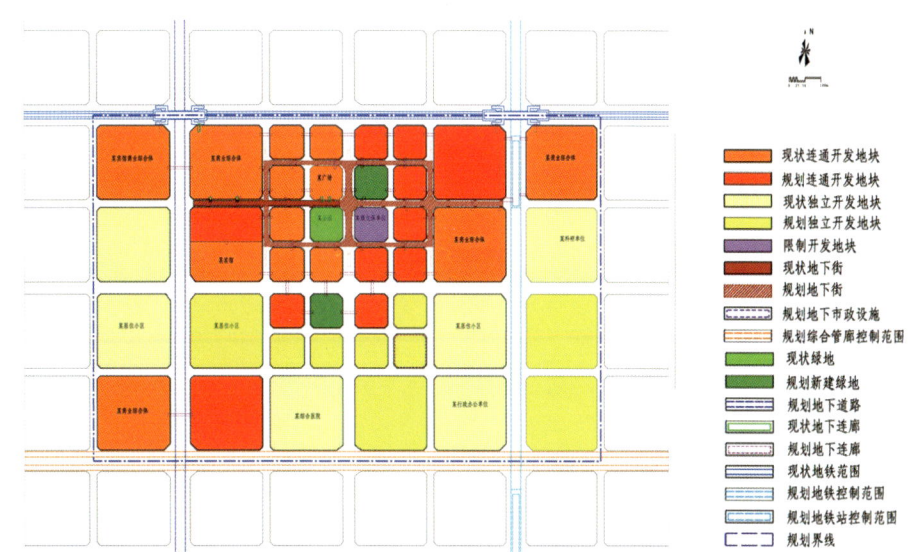

图2　沈阳市地下空间规划用地分类图

在管理措施方面，地下空间规划汇总了多部门地下空间管理内容和技术标准，建立了以规划为平台的综合论证制度，在地下空间供地、设计、实施过程中为各行政主管部门提供选址意见、规划条件、规划要点、方案审评报告等一系列技术文件，一定程度上改变了以往地下空间多头管理、事权模糊的情况，有效保证了行政审批效率（图3）。

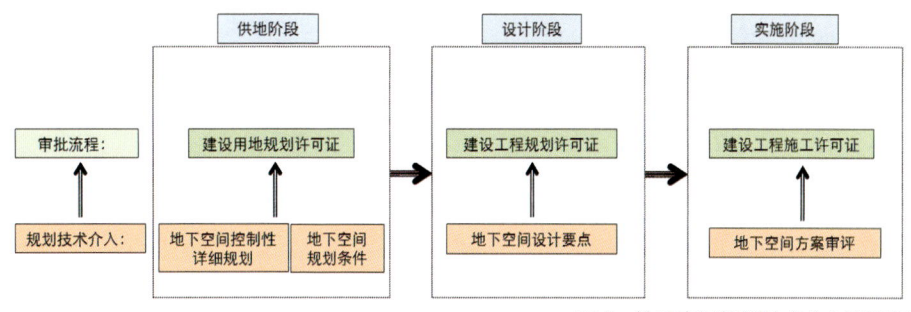

图3　地下空间规划技术介入流程图

3. 存在问题分析

（1）地下空间外部因素变化。

地下空间领域外部因素的变化对传统规划思维带来了原则性的改变：首先，商业经营模式的改变使空间划分更复杂；其次，地下空间投资主体更多元，对其环境、功能等也提出多样化要求；再次，施工技术的不断进步也引发了关于地下空间分层权属的思考。

（2）"地权"思维下的主要问题。

①地下主体严守"红线"，统筹建设难度较大。

单建类地下空间往往利用道路、绿地等城市公共用地进行开发。以沈阳市较为常见的单建类地下空间——地下商业街为例，由于地权被限制于道路红线以内，导致此类地下空间直通地面的出入口只能挤占地面非机动车、人行空间（图4）。比较理想化的解决方案是将出入口腾挪至道路红线以外的周边地块内，在地权限制下，须由政府回购出入口所在范围的建设用地使用权，变更规划用地性质，并重新出让给地下街开发单位，操作难度较大。

②连通通道权责不明，地下公共步行体系无法完整贯通。

依照现有规划，地下主体间的平面连通须通过各类地下连廊实现，地下连廊的特性决定了其必须跨越地权边界。因此，连通工程本身以及因连通而产生的管理责任、收益分配等问题成为主要限制因素。对于能给商业项目带来直观客流的地铁—地块间地下连廊，商业项目持积极态度，往往不计产权，主动出资建设，并承担连廊的后期运行维护（图5）。

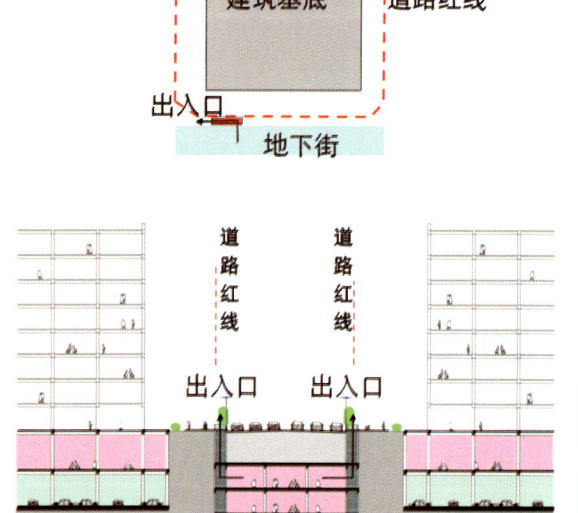

图4 地下商业街现状出入口设置模式　　图5 已建成地铁—地块间地下连廊

反之，对于短期收益无法量化、实施建设完全依靠地权主体间签订商业协议的地块—地块间连通工程，即便政府着力斡旋，连通双方往往无法轻易达成一致，最终导致滞后实施。在这种情况下，沈阳市现阶段形成的地下城多以地铁站周边"一层皮"式结构为主，地铁—商业项目间地下连通较为完善，地块间欠缺连通。与国外优秀案例相比，沈阳市仍处于地下空间发展的初级形态（图6）。

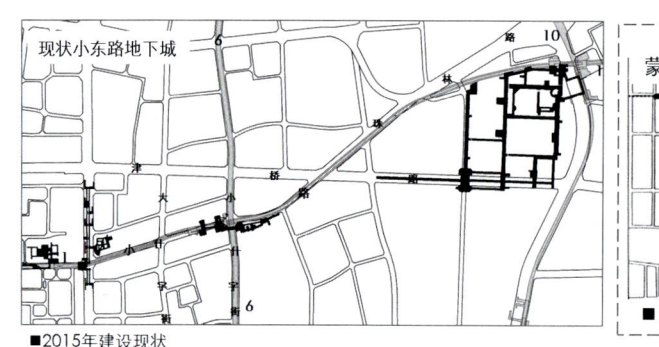
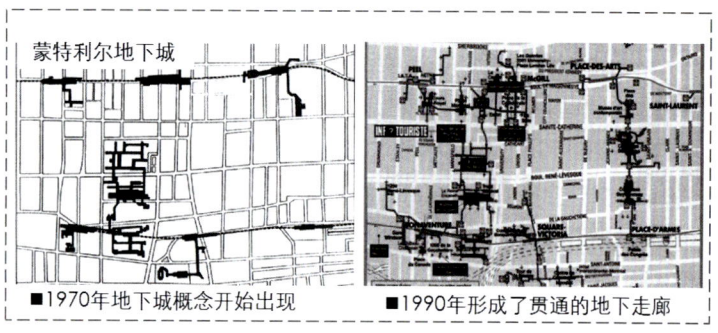

图6 沈阳市地下城发展现状

③地下建筑、设施"公私分明"，自成体系，资源利用时效性较差。

在现有地权分割模式下，公益性设施与营利性设施的投资主体往往各自为政，始终无法实现利益一致。例如，在尚未进行地下空间开发利用的道路区段，地铁建设不考虑其商业价值，采取最少成本投入，限制了一些地段地下空间未来拓展的可能性；另如，一些地下商业街开发主体不具有整体建设综合管廊的能力和权限，只能对自身施工过程中形成影响的管线进行排迁，增加了市政管线后期运行维护的成本，也错过了结合项目整体建设综合管廊的最佳时机。

（3）矛盾分析。

对于地上空间而言，地面层公共用地一直以来即为天然的无成本的连通空间，二维平面的"地权"划分即可达到有效的规划控制意图。而对于地下空间而言，地下主体间的连通、公用设施的运行等必须依赖实体建筑，其空间归属、公共性等要素无法在"地权"视角下进行限定（图7）。

在地下空间开发的初始阶段，建设重点主要为竖向扩容与单体空间的建设，因此地权模式并没有出现过多的不适应，随着城市地下空间步入新阶段，开发重点由"扩容"转变为"提质"，地权反而成为限制因素，需要在三维空间视角下引入全新的"空间权"概念，以适应新发展阶段的新要求，解决实施过程中的矛盾。

二、基于"空间权"思维的地下空间规划方法探索

1. 空间权的界定与规划适用性

目前，国家及一些地下空间开发较成熟的城市提出了土地分层开发权的相关概念，但仍为基于地权的竖向使用权划分，与本文阐述的"空间权"仍有一定差别。因此，现阶段城市建设用地"空间权"尚无可依据的法律、法规。

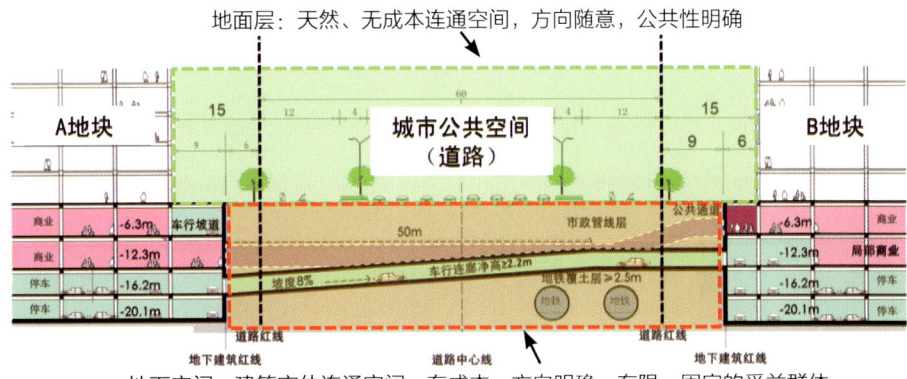

图7 地上、地下空间连通空间区别示意

在规划技术层面，地下"空间权"可理解为用三维空间权属代替平面权属以指导地下空间规划建设的思维方式。"空间权"思维的根本目的，是以地下主体的使用功能为出发点，充分考虑地下主体的形态特征，明确各类地下主体的优先使用范围，并统筹制定合法的技术标准和合理的建设时序，以此减小"地权"对空间发展的限制，达到地下空间资源的高效利用（图8）。

2. 基于空间权思维的《小东路地区地下空间控制性详细规划》编制实践

（1）规划主要内容。

小东路地区是具有悠久历史的传统商业街区，在1.86km²规划范围内新型商业综合体密集建设。地下空间控规重点加强已有地铁站、地下街、地下商业的连通整合，形成2站、4街、14个连通开发地块、20个连廊，整合地下商业面积约$50 \times 10^4 m^2$的地下步行与商业空间体系（图9）。

2站：围绕小东路地下城核心要素1、6号线东中街换乘站和1、10号线滂江街换乘站展开周边地下空间连通整合与规划预控。重点结合换乘节点周边更新地块和商业项目进行统筹布局。

4街：规划在现状东顺城街、津桥路、龙之梦大街3条地下街基础上，预留控制小东路—津桥路地下街，形成串联沿线11处连通开发地块以及地铁1号线东中街站、滂江街站的地下步行主通道。

14个连通开发地块：重点针对连通开发地块，新建大型公共建筑时，应与周边地铁站点、相邻连通开发地块间的连通方式、连廊净宽、功能布局以及竖向标高等方面进行规划控制，加强空间权思维在控制指标体系中的应用。

（2）空间权思维在规划中的运用。

基于"空间权"思维，规划在《沈阳市地下空间控制性详细规划编制办法》和重点地区地下空间控制性详细规划的经验基础上，全面展开节点精细化设计，将规划方案由平面过渡到三维空间，实现对地下主体"空间权"的控制。具体列举如下4处节点加以阐述：

6号线换乘站点预控：走行小什字街的地铁6号线是新一轮轨道线网规划近期实施线路，规划打破地权限制，对节点空间展开设计（图10）。

202 / 规划视野

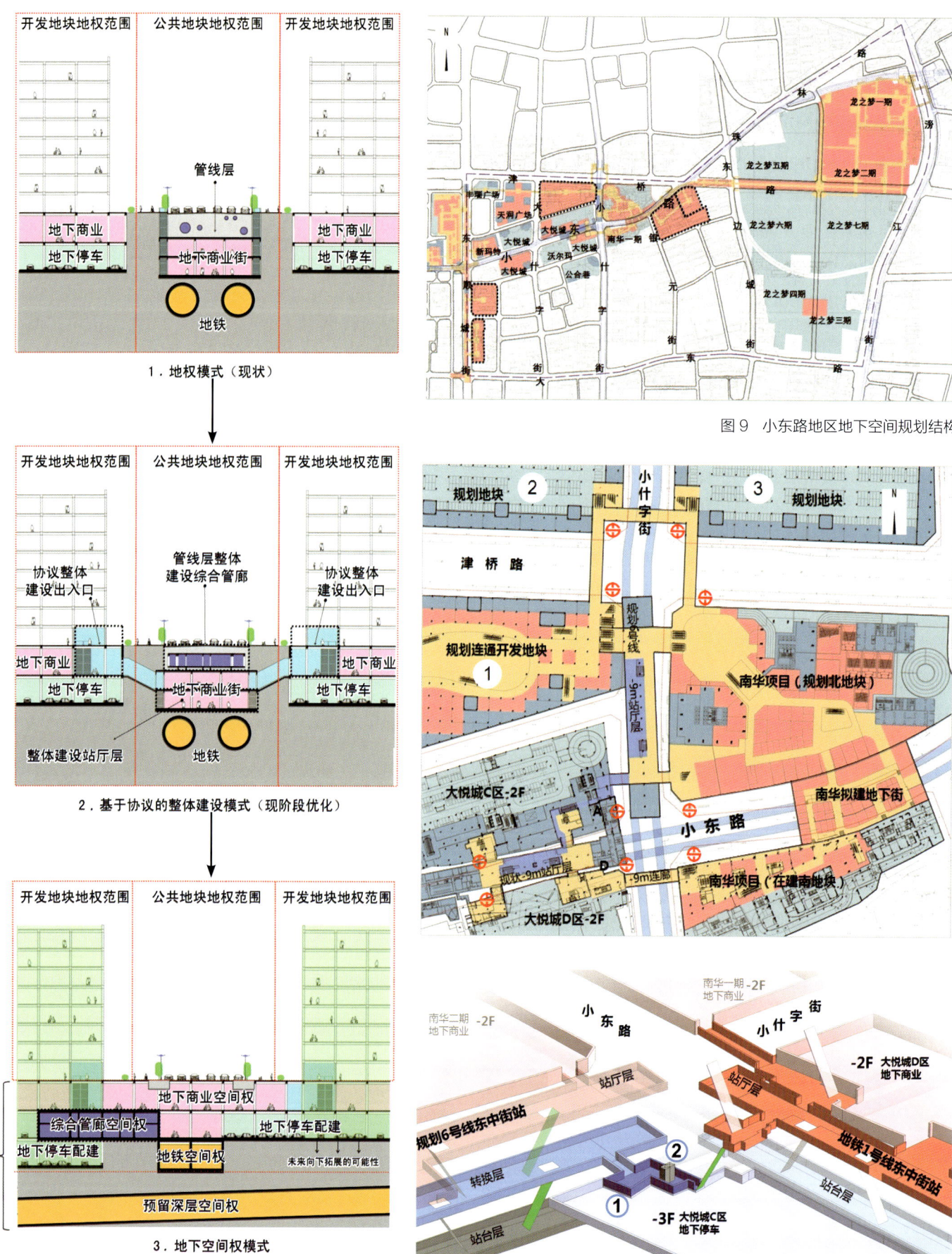

图8 "空间权"思维的演化示意

图9 小东路地区地下空间规划结构

图10 6号线换乘站规划预控方案

站点预控：规划首次依照轨道交通线网规划方案，利用小什字街道路红线内以及大悦城北局部地块预留站台位置。线位及竖向控制要求等内容将纳入相关地块出让条件。

连通控制：预留控制4处地铁出入口，全部结合地块开发与建筑实现统筹建设，一次性解决跨津桥路立体过街问题，同时带动周边4个地块未来更新。

空间置换：方案明确提出对现状大悦城地下设备间约360m²空间权进行置换，实现地铁1号线与6号线付费区内部换乘，符合城市远期发展要求。

东顺城节点综合提升：小东路进出中街人车混杂问题是长期困扰政府部门、影响商圈发展的瓶颈之一，规划整合盛京皇城风貌恢复，东顺城地下街过街通道，统筹地面交通管制，形成开敞式地下过街通道，方向清晰，便捷舒适，为该节点整治提供了整合思路（图11）。

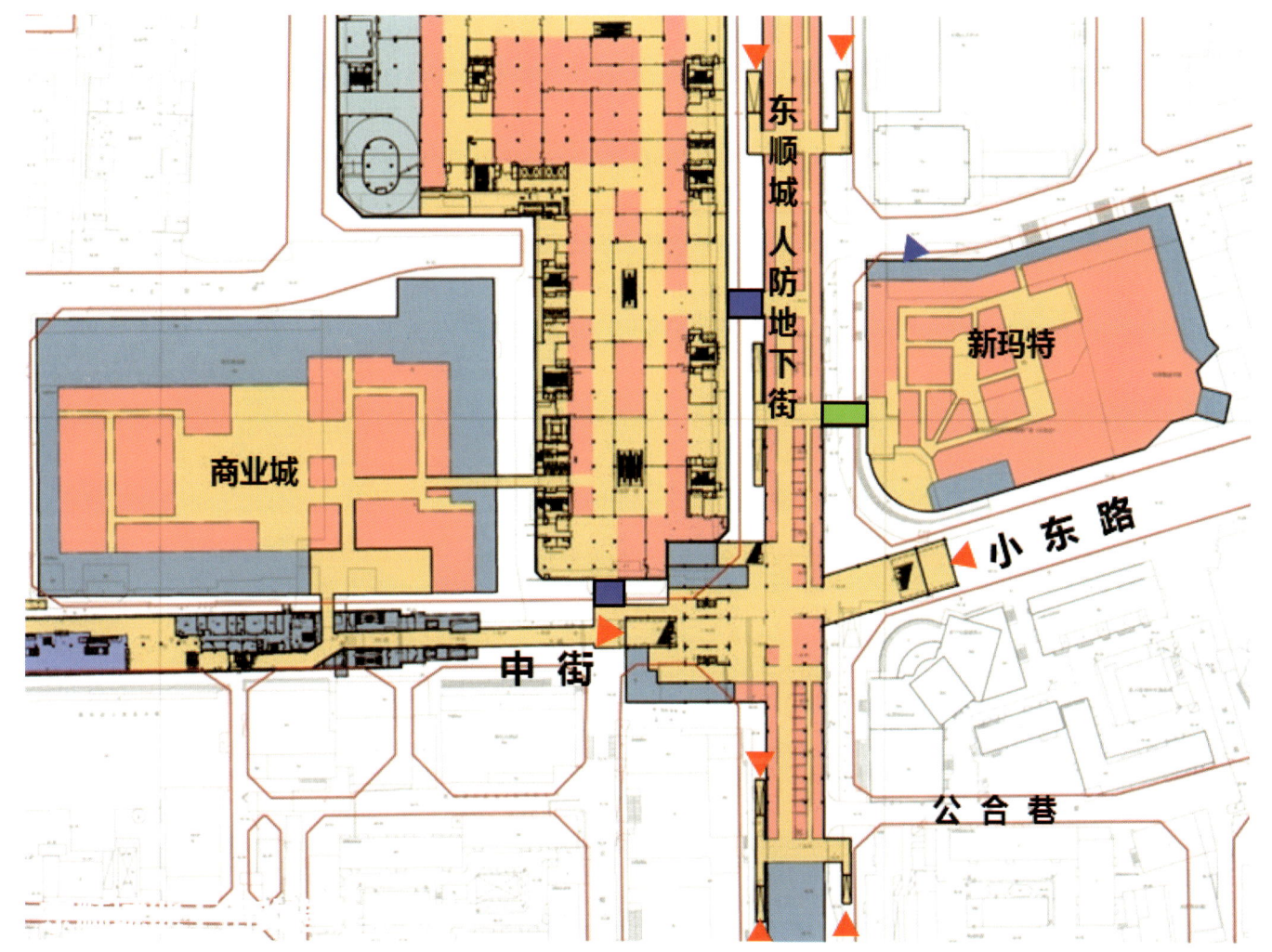

图11 东顺城节点地下空间综合提升方案

连通控制：拓宽东顺城地下街内部步行主通道，新增1处地下连廊连通丰瑞广场（新世界）；西侧打通与中兴新一城之间3处预留连通点位。

过街节点整体改造：结合盛京皇城内治门复建，整体改造中街—小东路过街通道及出入口，布局下沉广场，将原通道移至步行街中心线位置，实现方向清晰，畅通便利。地上空间随之取消人行横道，彻底解决该节点人车混行问题，实现地上、地下统筹建设。

龙之梦片区综合提升：考虑在建10号线与1号线滂江街站、龙之梦公交首末站将出现大规模人流集散情况，规划扩展10号线与1号线换乘集散空间；10号线西南口向西连通龙之梦地下商业，出站人流直接进入龙之梦及地面公交首末站、地上长途客运站，减轻1号线出入口压力（图12）。预计方案实施后将显著提升漕江街换乘节点的地铁运力，使人流交织等现象得到明显改善。

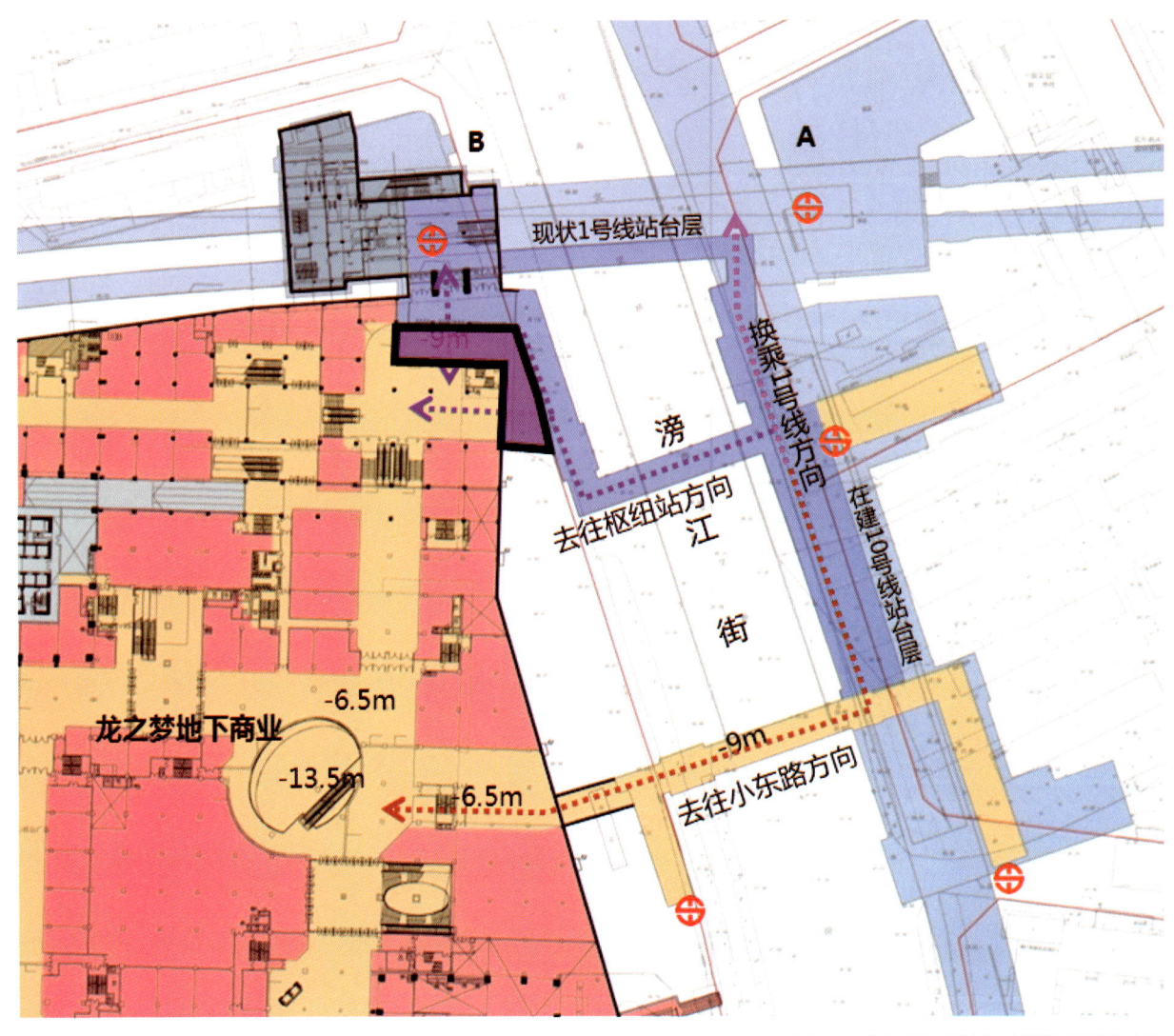

图12　龙之梦片区地下空间综合提升方案

打通地下街：规划预留小东路—津桥路地下街建设条件，实现与沿线14个地块、3处站点地下步行连通，形成公共活动与步行轴线。

（3）经验总结。

《小东路地下空间控制性详细规划》的空间权思维主要体现于各节点的精细化设计，通过对地下主体的分类梳理，节点方案无一例外打破了地权限制，在以往规划经验的基础上真正做到了地下主体间相互融合，地上地下协调发展。规划成果在原有控详成果基础上增加针对三维空间的管控类目。诸如划定地铁—建筑整体设置出入口范围，划定空间权置换范围等。

三、结语

目前，国内外的一些地区在法律层面已对土地的空间权进行明确认定。例如，中国台湾地区《大众捷运法》重点针对捷运系统"穿越"地块时造成的不同程度影响，制定补偿、征收、奖励等政策；日本民法典明确提出开发地块所具有的"地上权"，即地块在地上、地下一定空间范围内开发使用的权限。我国大陆地区尚未在法律层面将地下空间权与地权完全分离，在规划层面率先应用"空间权"思维，能够有效应对地下空间开发建设过程中的现实要求，为进一步推动地下空间相关立法进程做出积极贡献。